建筑装饰工程
施 工 手 册

陆　军　叶远航　杨一夫　周　洁　主编

中国建筑工业出版社

图书在版编目（CIP）数据

建筑装饰工程施工手册 / 陆军等主编 . — 北京：中国建筑工业出版社，2019.12（2022.7 重印）

ISBN 978-7-112-24759-2

Ⅰ. ①建… Ⅱ. ①陆… Ⅲ. ①建筑装饰-工程施工-技术手册 Ⅳ. ① TU767-62

中国版本图书馆 CIP 数据核字（2020）第 022241 号

责任编辑：范业庶 徐仲莉
责任校对：姜小莲

建筑装饰工程施工手册

陆 军 叶远航 杨一夫 周 洁 主编

*

中国建筑工业出版社出版、发行（北京海淀三里河路9号）

各地新华书店、建筑书店经销

北京建筑工业印刷厂制版

北京中科印刷有限公司印刷

*

开本：880×1230毫米 1/32 印张：$14^{3}/_{8}$ 字数：446千字

2020年4月第一版 2022年7月第二次印刷

定价：**98.00**元

ISBN 978-7-112-24759-2

（35070）

版权所有 翻印必究

如有印装质量问题，可寄本社退换

（邮政编码 100037）

建筑装饰工程施工手册

编写委员会

主　　　　任：朱荣斌

主　　　　审：谭立新　宋　涛　张兆强

主　　　　编：陆　军　叶远航　杨一夫　周　洁

主要参编人员：周晓聪　沈　斌　孙志高　蒋祖科

吉荣华　陈　玄　陈　曦　林　燕

林銮兵　陈剑宇　郭　翔　张德扬

如切如磋如琢如磨

铸就匠心品质标杆

陈新

Introduction

前言

在固定资产投资增速与城镇化居住消费升级的双重拉动下，从公建至住宅批量精装修领域所派生出的需求不断增长。面对行业的迅猛发展与规模的逐年递增，人才培养已经成为制约行业快速发展的关键因素。

装饰工程作为建筑工程专业中的一个分部工程，大多数建筑类院校未开设“装饰工程”专业，多数开设“装饰设计”或“环境艺术”等设计方向的专业。而国内多数装饰企业的施工一线管理人员均由“装饰设计”或“土木工程”专业转行而来，人才专业度与行业发展需求极不对称。另一方面，装饰工程又是一门较为繁杂的学科，同其他专业有较密切的关联，新的材料、工艺和机具也日新月异。为了适应行业的快速发展，为装饰施工与技术人员提供一些借鉴与帮助，为此，由世界500强企业阳光城集团联袂名筑装饰工程有限公司、新鸿天装饰工程有限公司、上海创地建筑工程装饰有限公司组织编写了《建筑装饰工程施工手册》。

本手册依据最新颁布的规范，分别介绍了室内装修相关分项工程的施工技术标准。内容把握各分项工程间的联系，切合实践技能的培养目标，侧重实操，弱化理论，图解每道施工工艺流程，并以表格形式描述施工要点和验收标准、质量通病与防治等内容。同时，对相关工程的“人工”与“材料”消耗量进行了统计，为现场工料管控与进度安排提供参考依据。文字与图表相结合，便于广大施工人员“按图索骥”，快速查找、使用、掌握相关技术标准。

本手册在编写过程中，参考并引用了已公开发表的文献资料和相关书籍的部分内容，并得到了许多领导和朋友的帮助与支持，对此我们表示衷心的感谢！由于编者的经验有限，难免有不足之处，恳请广大同仁批评指正。

陆军

2019年10月1日于上海

目录

Contents

1 砌体工程

砌体工程 是采用砂浆将砖、砌块或石块砌筑而成的砌体结构，一般应在装修进场前施工并验收完成。但由于各种因素造成此工序遗留，致使装修单位前置到砌体工程的施工当中去，这就要求装修单位对其基本分类与组成、原材料及工艺有一定的了解。

根据砌筑材料的不同，砌体工程可分为砖砌体工程、砌块砌体工程、配筋砌体工程、石砌体工程。由砖和砂浆砌筑而成的砌体称为砖砌体，砖有烧结砖、蒸压灰砂砖、粉煤灰砖、混凝土砖等。由砌块和砂浆砌筑而成的砌体为砌块砌体，常用的有混凝土空心砌块、加气混凝土砌块、水泥炉渣空心砌块、粉煤灰硅酸盐砌块等。而为了提高砌体的受压承载力和减小构件的截面尺寸，可在砌体内配置适量的钢筋形成配筋砌体。

1.1 砌体工程构造组成

根据不同的抗震设防与设计要求，采用水泥砂浆、水泥混合砂浆、石灰砂浆等将砖或砌块组砌而成，配以构造柱、芯柱、止水反梁、圈梁、过梁等二次结构。

1.1.1 墙体

墙体主要包括承重墙与非承重墙，本章特指由砖或砌块砌筑的填充墙体，起围合和填充作用。

砖砌体见图 1–1。

图 1–1 砖砌体

1.1.2 构造柱

在砌体的规定部位，按构造配筋，并按先砌墙后浇灌混凝土的施工顺序制成的混凝土柱。

1.1.3 芯柱

在砌体小砌块的孔洞内浇灌混凝土形成的柱，有素混凝土芯柱和钢筋混凝土芯柱。

1.1.4 止水反梁

指在厨房、卫生间等有水房间与外界隔离时，在墙根部设置的钢筋混凝土反梁或止水带。

1.1.5 圈梁

沿砌体水平方向设置封闭状的按构造配筋的混凝土梁式构件。

1.1.6 过梁

当砌体上开设门窗洞口且洞口大于 300mm 时，为了支撑洞口上部砌体所传来的各种荷载，并将这些荷载传给洞口两边的砌体，常在门窗洞口上设置横梁，该梁称为过梁。

1.2 砌体工程材料选用

砌筑块体分为砖、砌块和石块三大类。砖与砌块通常是按块体的高度尺寸划分的，块体高度小于 180mm 者称为砖；大于等于 180mm 者称为砌块。

1.2.1 砖

常用砖有烧结普通砖、非烧结硅酸盐砖和承重黏土空心砖等。

烧结普通砖主要以黏土压制成砖坯，经高温熔烧而成的实心或孔洞率不大于 15% 的砖。孔洞率大于 15% 的承重黏土砖则称为承重黏土空心砖。见图 1–2。

非烧结硅酸盐砖是用硅酸盐材料压制成坯，经高压釜蒸气养护制成的砖。如以石英砂及熟石灰制作的灰砂砖；以粉煤灰、石灰及少量石膏制作的粉煤灰砖；以矿渣、石英砂及石灰制作的矿渣砖等。见图 1–3。

图 1–2 烧结普通砖

图 1–3 非烧结硅酸盐砖

通常标准实心砖的规格为 240mm×115mm×53mm。实心黏土砖重力密度 $\gamma = 16-18kN/m^3$，实心硅酸盐砖的重力密度 $\gamma = 14–15kN/m^3$。

实心黏土砖的强度可以满足一般结构的要求，且耐久性、保温隔热性好，生产工艺简单，砌筑方便，故生产应用最为普遍，多用作砌筑单层及多层房屋的承重墙基础、隔墙和过梁，以及构筑物中的挡土墙、水池和烟囱等，同时还适用于作为潮湿环境及承受较高温度的砌体。

实心硅酸盐砖不宜砌筑处于高温环境下的砌体结构。实践证明，只要制作时保证质量，实心硅酸盐砖的耐久性仍能满足要求，可砌筑清水外墙和基础等砌体结构。

所选用砌筑砖的品种、规格、强度等级须符合设计要求，有出厂合格证，按规范要求进行复验，砖进场应进行尺寸偏差、外观质量等检查。

1.2.2 砌块

砌块主要有混凝土、轻骨料混凝土、加气混凝土砌块以及蒸压粉煤灰砌块。当前采用的主要类型有实心砌块、空心砌块和微孔砌块。

砌块按尺寸大小分为手工砌筑的小型砌块和采用机械施工的中型、大型砌块。高度为 180 ～ 350mm 的块体一般称为小型砌块；高度在 360 ～ 900mm 之间的称为中型砌块。小型砌块与砖相比，尺寸就大得多，因而可提高砌筑工效和节约砂浆，且使用仍然较灵活，适应面广。见图 1–4。

空心砌块重力密度较小，一般为实心砌块的一半左右。我国生产的空心砌块以混凝土空心砌块为主。混凝土小型空心砌块的主要规格尺寸为 390mm×190mm×190mm；混凝土中型空心砌块的块高一般为 850mm。

实心砌块重力密度为 $\gamma = 15-16kN/m^3$，并以粉煤灰、硅酸盐为主。粉煤灰硅酸盐砌块是以粉煤灰、石灰、石膏和骨料等为原料，加水搅拌、成型经蒸气养护制成，生产工艺简单，主要规格有：长 880mm、180mm，宽 180mm、190mm、200mm、240mm，高（即厚）380mm。见图 1–5。

图 1–4　砌块

图 1–5　空心砌块

微孔砌块通常采用加气混凝土和泡沫混凝土制成，重力密度在 $10kN/m^3$ 以下。主要规格有：长 600mm，宽度分别为 200mm、250mm 及 300mm，厚度分别为 250mm、300mm、150mm、100mm。由于重力密度小，有条件制成大尺寸板材，可进一步减轻结构自重。

砌筑选用砌块的品种、规格、强度等级须符合设计要求，有出厂合格证、试验单。砌筑填充墙时，轻骨料混凝土小型空心砌块和蒸压加气混凝土砌块的产品龄期不应小于 28d，蒸压加气混凝土砌块的含水率宜小于 30%。进场砌体应按品种、规格堆放整齐，堆置高度不宜超过 2m。堆垛旁应设材料标识牌，堆放现场做好排水。

1.2.3 砌筑砂浆

砂浆的作用是在砌体中将单块的块体连成整体，填满块体间的缝隙，垫平上、下表面，使块体应力分布均匀，以利于提高砌体的抗压强度和抗弯、抗剪性能，同时还减少砌体的透气性，提高砌体的防水、防风等围护功能。

砌筑砂浆按胶凝材料不同组成，可分为水泥砂浆、水泥混合砂浆、石灰砂浆。见图 1–6。

图 1–6 砌筑砂浆

水泥砂浆为不掺塑化剂（石灰、石膏、黏土等）的砂浆，又称刚性砂浆。这种砂浆强度高、耐久，但和易性较差，水泥用量大，适用于对强度有较高要求的砌体。

水泥混合砂浆是在水泥砂浆中掺塑化剂的砂浆，一般为水泥石灰砂浆。这种砂浆因水泥用量减少，强度略有降低（10% ～ 15%），但其和易性好，便于砌筑，且保水性较好，砌体强度又可提高 10% ～ 15%，适用于砌筑一般的墙、柱砌体。

石灰砂浆、黏土砂浆及石膏砂浆，这类砂浆不含水泥，又称为柔性砂浆。这类砂浆强度低，耐久性较差，只适用于砌筑受力不大的砌体，以及简单或临时性建筑的砌体。

砂浆强度等级是用边长为 70.7mm 的立方体标准试块，在温度为 15 ～ 25℃环境下，自然硬化达 28d 时的抗压强度来确定的，分别为 M15、M10、M7.5、M5、M2.5、M1 及 M0.4 七个等级。常用的砂浆为 M1 ～ M5，潮湿环境下的砌体应采用不低于 M5 的水泥砂浆。当验算施工阶段砂浆尚未硬化的新砌体强度时，可按砂浆强度为零来确定。如砂浆强度在两个等级之间时则采用相邻较低值。

施工中应进行砂浆试验取样，在搅拌机出料口、砂浆运送车或砂浆槽中至少从 3 个不同部位随机集取。每一楼层或 250m² 砌体中的各种强度等级的砂浆每台搅拌机应至少检查一次，每次至少应制作一组试块（每组 6 块）。如砂浆强度等级或配合比变更时，还应制作试块。

砂浆的制备必须按试验室给出的砂浆配合比进行，严格计量措施，其各组成材料的重量误差应控制在以下范围之内。水泥、有机塑化剂、冬期施工中掺用的氯盐等不超过 ±2%。砂、石灰青、粉煤灰、生石灰粉等不超过 ±5%。其中，石灰膏使用时的用量，应按试配时的稠度与使用的稠度予以调整,即用计算所得的石灰膏用量乘以换算系数。同时还应对砂的含水率进行测定，并考虑其对砂浆组成材料的影响。

砂浆搅拌时应采用机械拌和，先加入水泥和砂，干拌均匀，再加入石灰膏和水，搅拌均匀。若砂浆中掺入粉煤灰，则应先加入水泥、砂和粉煤灰以及部分水，干拌均匀，再加入石灰膏和水，搅拌均匀。砂浆的搅拌时间，自投料完起算，不得少于 1.5min，其中掺加微沫剂的砂浆为 3 ～ 5min。

砂浆拌成后和使用时，均应盛入贮灰器内。如砂浆出现泌水现象，应在砌筑前再次拌和。砂浆应随拌随用。水泥砂浆和水泥混合砂浆必须分别在拌成后 3h 和 4h 内使用完毕；如施工期间最高气温超过 30℃，必须分别在拌成后 2h 和 3h 内使用完毕。

1.2.4　钢筋

钢筋按其化学成分，分为低碳钢钢筋和普通低合金钢钢筋（在碳素钢成分中加入锰、钛、钒等合金元素以改善性能）。钢筋按其强度分为 Ⅰ ～Ⅴ 级，其中 Ⅰ ～Ⅳ 级为热轧钢筋，Ⅴ 级为热处理钢筋，钢筋强度和硬度逐级升高，但塑性逐级降低。Ⅰ 级钢筋表面为光圆，Ⅱ 级、Ⅲ 级钢筋表面为人字纹、月牙形纹或螺纹，Ⅳ 级钢筋表面有光圆与螺纹两种。为便于运输，ϕ6 ～ ϕ9 钢筋常卷成圆盘，大于 ϕ12 的钢筋则轧成长度为 6 ～ 12m 的单根钢筋。见图 1–7。

图 1–7　钢筋

钢筋出厂应有出厂质量证明书或试验报告单。每捆（盘）钢筋均应有标牌。运至工地后应分别堆存，并按规定抽取试样对钢筋进行力学性能检验。对热轧钢筋的级别有怀疑时，除作力学性能试验外，尚需进行钢筋的化学成分分析。使用中如发生脆断，焊接性能不良和机械性能异常时，应进行化学成分检验或其他专项检验。对国外进口钢筋，应按住建部的有关规定办理，亦应注意力学性能和化学成分的检验。

钢筋应在钢筋车间加工，然后运至施工现场安装或绑扎，钢筋加工过程取决于成品种类，一般的加工过程有冷拉，冷拔、调直、剪切、镦头、弯曲、焊接、绑扎等。

1.3 砌体工程质量验收

1.3.1 质量文件和记录

（1）施工图、设计说明及其他设计文件。

（2）材料的产品合格证书、性能检验报告、进场验收记录和复验报告。

（3）隐蔽工程验收记录。

（4）施工记录。

1.3.2 隐藏工程验收

（1）拉结筋的布设方式、位置、数量、强度等级、接头方式。

（2）构造柱钢筋的布设方式、位置、数量、强度等级、接头方式。

（3）箍筋间距、弯钩方式，马牙槎留置情况。

（4）水泥砂浆强度、安定性及其他必要的性能指标。

1.3.3 检验批划分

（1）所用材料类型及同类型材料的强度等级相同。

（2）不超过 250m^3 砌体。

（3）主体结构砌体一个楼层（基础砌体可按一个楼层计）；填充墙砌体量少时可多个楼层合并。

1.3.4 检查数量规定

砌体结构分项工程中检验批抽检时，各抽检项目的样本最小容量除有特殊要求外，按不应小于 5 确定。

1.3.5 材料及性能复试指标

砖块或砌块的抗压强度。

1.3.6 实测实量（图1-8、图1-9）

图1-8 砌块砌体垂直度验收：用垂直检测尺检查，偏差≤5mm，合格

图1-9 砌块砌体表面平整度验收：用2m靠尺和塞尺检查，偏差＞8mm，不合格

1.4 砌体工程施工要点

1.4.1 砖砌体

（1）烧结普通砖、多孔砖及蒸压灰砂砖和蒸压粉煤灰砖视气候及失水速度提前1～2d浇水，不得干砖上墙；经雨水淋透的砖，表面有水迹不得上墙。

（2）砌砖宜用一铲灰、一块砖、一挤揉的“三一”砌砖法，即满铺、满挤。灰缝宽一般为10mm且误差不超过±2mm，砂浆饱满度不得小于90%。

（3）砖墙日砌筑高度不超过1.8m，当墙高度超过4m应设置中水平系梁，墙长超过5m应设置构造柱，填充墙顶应用立砖斜砌挤紧。

（4）砌体转角、交接处应同时砌筑或留斜槎，留槎长度大于墙体高度的2/3。除抗震设防地区及转角外，如无法留斜槎也可做成阳槎，并加设拉结筋。沿墙高每500mm预埋2根ϕ6钢筋。

（5）构造柱按“先砌墙、后浇柱”的顺序，马牙槎从每层柱脚开始，先退后进，槎口沿高度方向不宜超过300mm，齿深60～120mm，沿墙高每500mm设2根ϕ6拉结筋，两侧各伸入墙内不小于1m。

（6）过梁在砖墙上的搁置长度每边不小于 120mm，其余搁置长度能满足设计要求的可采取预制过梁。

1.4.2 砌块砌体

（1）吸水率较小的普通混凝土空心砌块如遇天气干燥可适当喷水润湿；吸水率较大的轻集料混凝土空心砌块、加气混凝土砌块施工前可适量洒水。

（2）在构造柱钢筋及水平拉结筋位置植入钢筋。按要求的锚固深度及孔径打孔并用气泵清孔，植筋胶饱满至钢筋旋入溢出为宜。

（3）空心混凝土砌体应遵循“对孔、错缝、反砌”的规则，即上下皮砌块应对孔错缝搭砌，且保持反砌；加气混凝土砌块也应错缝搭砌。搭砌长度不足时，应在水平灰缝中设置拉结钢筋或钢筋网片，且每端均超过该垂直灰缝 400mm。

（4）砌块日砌筑高度应控制在 1.8m。墙长度超过 5m 或墙长大于 2 倍层高时应加设构造柱，墙高超过 4m 时宜设置水平系梁。

（5）填充墙墙顶应用实心砖斜砌并与梁底挤紧，当墙长大于 5m 或抗震设防 6 度以上，填充墙与结构架、底板应留空隙，待墙砌完 14d 后补砌。

（6）加气混凝土砌体应连续砌完不留接搓，如不可避免则应留成斜搓。空心混凝土砌体间断处亦应砌成斜槎，斜槎长度不应小于斜槎高度的 2/3；如留斜槎有困难，除抗震设防地区及墙转角外，其余可砌成阳槎，并沿高度方向每三皮砌块设拉结筋或钢筋网片。

1.5 砖砌体施工技术标准

1.5.1 适用范围

本施工技术标准适用于一般工业与民用建筑中砖砌体工程。

1.5.2 适用范围

（1）施工温度应该在 5℃以上，35℃以下。

（2）砂浆由试验室做好试配，准备好砂浆试模（6 块为一组）。

（3）砌筑前应按照设计要求，做好砂浆配合比，施工中严格按照配合比集中拌制砂浆，并做砂浆试块强度试验。

1.5.3　材料要求

（1）砖：品种、强度等级必须符合设计要求，并有出厂合格证、试验单。清水墙砖应色泽均匀，边角整齐。

（2）水泥：宜采用硅酸盐水泥或普通硅酸盐水泥，强度等级不应低于42.5级，不同品种、不同标号严禁混用。应有出厂证明及复试单，若出厂超过三个月，应增加复试并按试验结果使用。

（3）砂：宜选用中砂，M5以下砂浆所用砂的含泥量不超过10%，M5及其以上砂浆的砂含泥量不超过5%，使用前用5mm孔径的筛子过筛。

（4）掺和料：宜采用石灰膏或粉煤灰；生石灰熟化成石膏时，应用孔径不大于3mm×3mm的网过滤，熟化时间不少于7d，严禁使用脱水硬化的石灰膏。使用袋装磨细生石灰粉，其熟化时间不少于2d。

1.5.4　工器具要求（表1-1）

工器具要求　　表1-1

机具	砂浆搅拌机、振捣器
工具	手推车、大铲、铁锹、瓦刀、灰槽、灰桶、试模、水桶、喷水壶、扫帚
测具	激光投线仪、皮数杆、靠尺、水平尺、钢卷尺、线坠

1.5.5　施工工艺流程

1. 工艺流程图（图1-10）

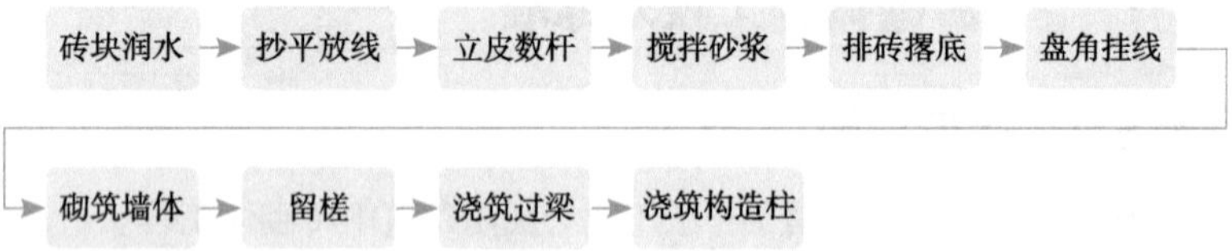

砖块润水 → 抄平放线 → 立皮数杆 → 搅拌砂浆 → 排砖撂底 → 盘角挂线 → 砌筑墙体 → 留槎 → 浇筑过梁 → 浇筑构造柱

图1-10　砖砌体施工工艺流程图

2. 工艺流程表（表 1-2）

砌砖体工艺流程表　　表 1-2

工序	内容
砖块润水	烧结普通砖、烧结多孔砖及蒸压灰砂砖和蒸压粉煤灰砖视气候条件及砖失水速度提前 1 ～ 2d 浇水，不得干砖上墙；雨期应采取防雨措施，经雨水淋透的砖，表面有水迹不得上墙
抄平放线	清除墙基底灰土等杂物，并用水泥砂浆或 C10 细石混凝土找平；以预先引测的墙身中心线为基准，用经纬仪或吊线坠，将墙身中心线投放至墙基底面，并弹出墙边线及门窗洞口位置
立皮数杆	砌筑前应先设置**皮数杆**①，在皮数杆上标明砖块皮数、灰缝厚度及墙体竖向构造的变化部位。皮数杆立于墙角及纵横墙交接处，间距不大于 15m。用水准仪抄平皮数杆，使其楼地面标高线位于相应标高位置
搅拌砂浆	砂浆宜用机械搅拌 2 ～ 5min，**稠度**②控制在 70 ～ 90mm，配合比应经试配后确定。砂浆随配随用，水泥砂浆与水泥混合砂浆分别在 3h 和 4h 内使用完毕；温度 30℃ 以上则各缩短 1h
排砖撂底	按组砌方式，在墙基放线位置试摆砖样（生摆，即不铺灰），尽量使门窗垛符合砖的模数，偏差可通过竖缝微调，以减小砍砖数量，并保证砖及砖缝排列整齐、均匀，以提高砌砖效率
盘角挂线	砌砖前应先**盘角**③，每次盘角不要超过五层，新盘的大角及时吊垂靠直，如有偏差及时修正。盘角时仔细对照皮数杆的砖层和标高，控制好灰缝厚度，使水平灰缝均匀一致。盘角平整度和垂直度合格后，再依据墙厚，单面挂线或双面挂线，一砖半墙须双面挂线。如遇长墙多处同时使用一根通线，中间应设几个支线点，小线要拉紧，每层砖都要穿线看平，使水平缝均匀一致，平直通顺
砌筑墙体	砌砖宜采用一铲灰、一块砖、一挤揉的“三一”砌砖法，即满铺、满挤。砌砖一定要“上跟线，下跟棱，左右相邻要对平”。水平与竖向灰缝宽一般为 10mm 且正负不超过 2mm，灰缝的**砂浆饱满度**④不得小于 90%。砌**清水墙**⑤应随砌、随划缝，缝深 8 ～ 10mm，墙面及时清扫。砖墙日砌筑高度不得超过 1.8m，当墙高度超过 4m 应设置中**水平系梁**⑥，墙长超过 5m 应设置构造柱，填充墙墙顶应待墙体沉降到位后用立砖斜砌挤紧
留槎	砌体转角处或交接处应同时砌筑，如不能避免应留斜槎，留槎长度不应小于墙体高度的 2/3。除抗震设防地区及墙转角处外，如无法留斜槎也可留直槎，但须做成**阳槎**⑦，并加设拉结筋。沿墙高每 500mm 预埋 ϕ6 钢筋 2 根，埋入墙体长度从留槎处起算，每边均不小于 500mm 且末端加 90° 弯钩

续表

浇筑过梁	宽度超过300mm的洞口上方，应设置钢筋混凝土**过梁**[8]。钢筋混凝土过梁两端伸入墙体内的长度不宜小于250mm。混凝土强度不低于设计强度的75%时，方可拆除过梁底模板
浇筑构造柱	钢筋混凝土**构造柱**[9]按“先砌墙、后浇柱”的顺序，与墙体连接处的**马牙槎**[10]，从每层柱脚开始，先退后进，槎口沿高度方向不宜超过300mm，齿深60～120mm，沿墙高每500mm设2ϕ6拉结筋，两侧各伸入墙内不小于1m。模板必须与墙的两侧严密贴紧、支撑牢固，防止漏浆。浇灌混凝土前，应将砌体及模板浇水湿润，利用柱底预留的清理孔清理落地灰、砖渣及其他杂物，构造柱混凝土应分段连续浇筑，每段高度不大于2m，振捣时，严禁振捣器触碰砖墙

1.5.6　过程保护要求

（1）墙体拉结筋、构造柱钢筋、大模板混凝土墙体钢筋及各种预埋件、暖卫及电气管线等，均应注意保护，不得任意拆改或损坏。

（2）砂浆稠度应适宜，砌墙时应防止砂浆溅脏墙面。

（3）安拆脚手架、模板、吊放预制构件时，防止碰撞砌好的砖墙。

1.5.7　质量标准

1. 主控项目

（1）内容：砖和砂浆的强度等级必须符合设计要求。

检验方法：检查砖和砂浆试块试验报告。

（2）内容：砖墙水平灰缝的砂浆饱满度不得低于80%，砖柱水平灰缝和竖向灰缝的砂浆饱满度不得低于90%。

检验方法：用百格网检查砖底面与砂浆的粘结痕迹面积，每处检测3块砖，取其平均值。

（3）内容：砖砌体的转角处和交接处应同时砌筑，严禁无可靠措施的内外墙分砌施工。

检验方法：观察；检查施工记录。

2. 一般项目

（1）内容：砖砌体组砌方法应正确，上、下错缝，内外搭砌。

检验方法：观察。

（2）内容：砖砌体的灰缝应横平竖直，厚薄均匀。水平灰缝厚度宜为10mm。

检验方法：观察；尺量检查。

3. 允许偏差（表1-3）

砖砌体允许偏差表　　表1-3

项目			允许偏差（mm）	检验方法
轴线位移			10	用经纬仪和尺检查或用其他测量仪器检查
基础、墙、柱顶面标高			±15	用水准仪和尺检查
墙面垂直度	每层		5	用2m拖线板检查
	全高	≤10	10	用经纬仪、吊线和尺检查或用其他测量仪器检查
		＞10	20	
表面平整度	清水墙、柱		5.0	用2m靠尺和楔形塞尺检查
	混水墙、柱		8.0	
水平灰缝平直度	清水墙		7.0	拉5m线和尺检查
	混水墙		10.0	
门窗洞口高、宽（后塞口）			±10	用尺检查
外墙上下窗口偏移			20	以底层窗口为准，用经纬仪或吊线检查
清水墙游丁走缝			20	以每层第一皮砖为准，用吊线和尺检查

1.5.8　质量通病及其防治

1. 砌体裂缝

（1）原因分析：砖砌体温度变形；主体结构不均匀沉降。

（2）防治措施：

①避免在低于5℃或高于35℃的温度环境中施工。

② 填充墙墙长超过5m或墙长大于2倍层高时，应在墙体中部增设构造柱，砌体无约束端部必须增设构造柱。

③砌筑砂浆应采用中砂，严禁使用细砂和混合粉。

④砌筑砂浆应随拌随用，严禁在砌筑现场加水二次拌制。

2. 砖缝砂浆不饱满，粘结不良

（1）原因分析：

①砂浆强度等级低，水泥砂浆和易性差，砂浆不饱满。

②砂浆早期脱水而强度降低，砖表面的粉屑隔离，减弱粘结。

③铺浆法铺浆过长，砂浆中的水分被底砖吸收，失去黏度。

（2）防治措施：

① 改善砂浆和易性是确保灰缝砂浆饱满度和提高粘结强度的关键。

②改进砌筑方法。不宜采取铺浆法，推广“三一”砌砖法。

③严禁干砖上墙。砌筑前1～2d应将砖浇湿至适宜湿度。

④ 正温度条件下应将砖面适当湿润后再砌筑。负温度条件下施工无法浇砖时，应适当增大砂浆的稠度。对于9度抗震设防地区，在严冬无法浇砖的情况下，严禁砌筑。

3. 清水墙面游丁走缝

（1）原因分析：

① 砖的尺寸误差较大，如砖长为正偏差，宽为负偏差，砌一顺一丁时，易产生游丁走缝。

②砌墙摆砖时，未考虑窗口对砖竖缝的影响，导致上下错位。

（2）防治措施：

①砌筑清水墙，应选取边角整齐、色泽均匀的砖。

② 砌清水墙前统一摆底，并先对砖的尺寸进行实测，确定组砌方法和竖缝调整宽度。

③ 摆底时应将砖的竖缝尽量与窗口边线相齐，如安排不开，可适当移动窗口位置（一般不大于20mm）。当窗口宽度不符合砖的模数（如1.8m宽）时，应将**七分头砖**[11]留在窗口下部的中央，以保持窗间墙处上下竖缝不错位。

1.5.9 构造图示（图1-11～图1-16）

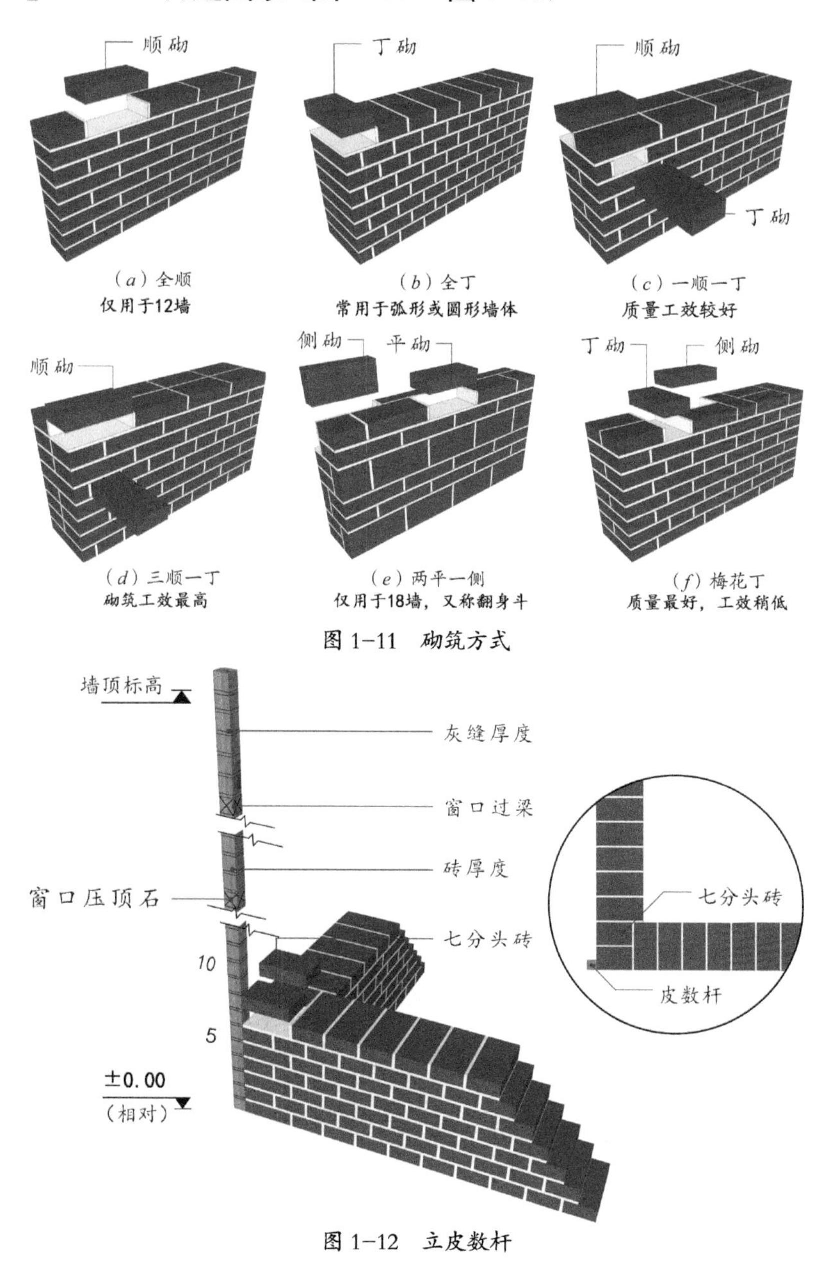

图1-11 砌筑方式

图1-12 立皮数杆

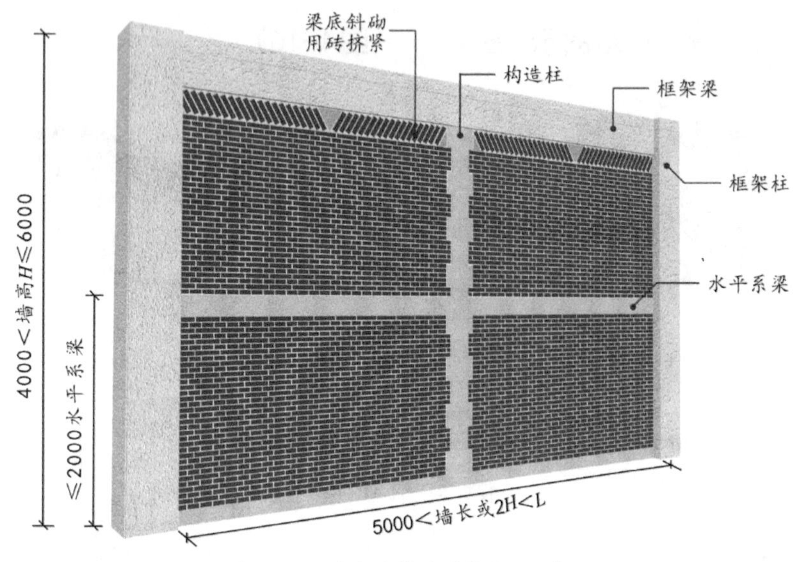

图 1–13　砖砌体构造（单位 mm）

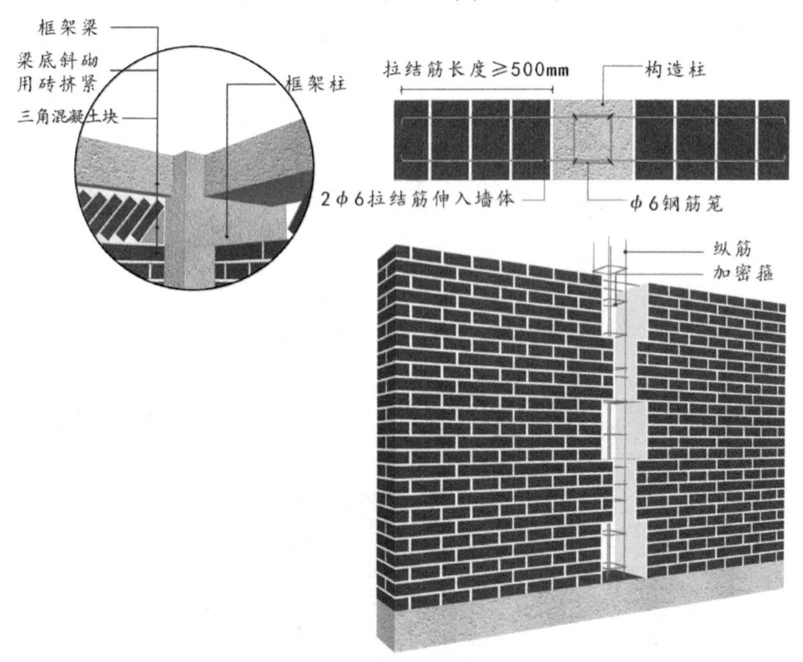

图 1–14　马牙槎及构造筋

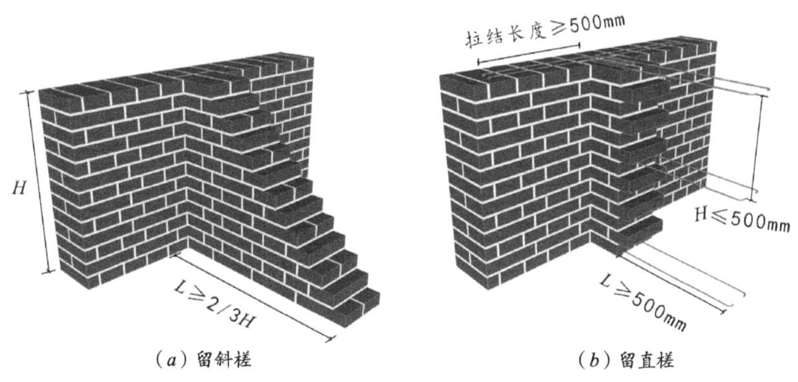

(*a*) 留斜槎　　　　(*b*) 留直槎

图 1-15　砖砌体留槎方式

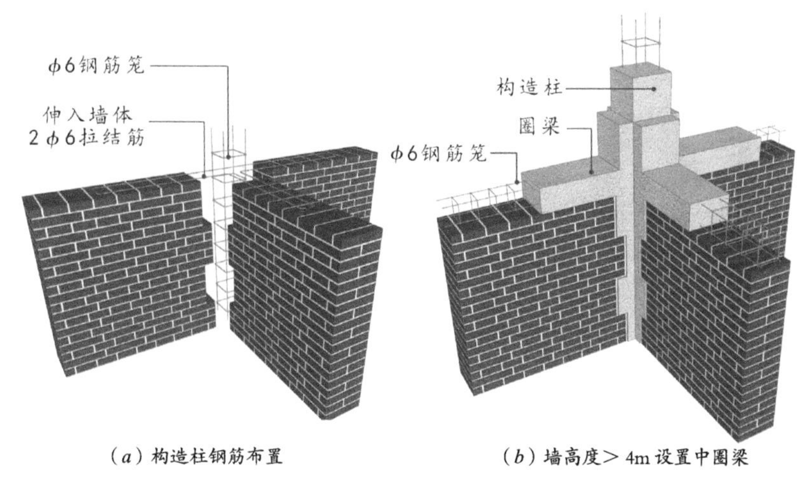

(*a*) 构造柱钢筋布置　　　　(*b*) 墙高度＞4m 设置中圈梁

图 1-16　构造柱及圈梁

1.5.10　消耗量指标（表 1-4）

消耗量指标　单位：m^3　　　　**表 1-4**

序号	名称	单位	消耗量							
			标准砖墙	多孔砖			空心砖		C20 混凝土过梁	构造柱
				90 厚	190 厚	240 厚	90 厚	190 厚		
1	综合人工	工日	1.32	1.21	1.24	1.28	1.55	1.27	0.09	0.10
2	圆钢 ϕ10	kg	0.17	0.17	0.17	0.17	0.17	0.17	—	—
3	植筋胶	kg	0.02	0.02	0.02	0.02	0.02	0.02		

续表

序号	名称	单位	消耗量							
			标准砖墙	多孔砖			空心砖		C20混凝土过梁	构造柱
				90厚	190厚	240厚	90厚	190厚		
4	烧结普通砖 240×115×53	块	554.40	35.00	34.10	27.00	36.00	34.10	—	—
5	烧结多孔砖 190×90×90	块	—	263.82	53.70	—	—	—	—	—
6	烧结多孔砖 190×190×90	块	—	—	228.20	—	—	—	—	—
7	烧结多孔砖 240×115×90	块	—	—	—	323.00	—	—	—	—
8	烧结空心砖 190×90×90	块	—	—	—	—	28.30	—	—	—
9	烧结空心砖 190×190×90	块	—	—	—	—	255.00	26.80	—	—
10	烧结空心砖 190×190×190	块	—	—	—	—	—	114.10	—	—
11	砌筑混合砂浆 M5（42.5）	m^3	0.21	0.11	0.17	0.19	0.12	0.12	—	—
12	普通钢筋混凝土 C20（42.5）碎石 40mm 坍落度 30 ~ 50mm	m^3	—	—	—	—	—	—	1.02	0.99
13	电动滚筒式混凝土搅拌机	台班	—	—	—	—	—	—	0.05	0.05
14	混凝土振捣器	台班	—	—	—	—	—	—	0.10	0.10
15	工作内容	砖块润水→抄平放线→立皮数杆→砂浆搅拌→排砖摞底→盘角挂线→砌筑墙体→留槎→浇筑过梁→浇筑构造柱								

装饰小百科
Decoration Encyclopedia

① 皮数杆
② 稠度
③ 盘角
④ 砂浆饱满度
⑤ 清水墙
⑥ 水平系梁
⑦ 阳槎
⑧ 过梁
⑨ 构造柱
⑩ 马牙槎
⑪ 七分头砖

皮数杆：亦称“皮数尺”。即在其上划有砖皮数和砖缝厚度，以及门窗洞口、过梁、圈梁、楼板梁底等标高位置的标志杆。

稠度：指砂浆在自重力或外力作用下是否易于流动的性能，用沉入量（或稠度值）mm 表示。稠度越大，流动性越大。

盘角：砌筑前将墙角边盘起成为方正，复核盘角方正平整、垂直后再挂线砌筑。

砂浆饱满度：砌体灰缝中的砂浆与砖的有效粘结程度，以砖与砂浆的接触面积和砂浆面上有效粘结面积的百分比表示，一般用百格网检验。

清水墙：砖墙砌成后，只需勾缝即为成品，不做任何墙面装饰。砌砖质量要求高，砖缝灰浆饱满、规范美观。

水平系梁：砌体填充墙中，当墙高超过 4m 时，墙体半高宜设置与柱连接且沿墙全长贯通的钢筋混凝土水平系梁，以减少填充墙对主体结构的不利影响。

阳槎：区别于阴槎，指砌筑墙体时留槎处凸出来的槎。

过梁：当墙体上开设门窗洞口且墙体洞口大于 300mm 时，为了支撑洞口上部砌体所传来的各种荷载，并将这些荷载传给门窗洞口两边的墙，在洞口上方设置的横梁。

构造柱：为增强砌筑的整体性和稳定性，在砌体中设置的与圈梁结构底板相连接，形成能够抗弯、抗剪的空间框架的钢筋混凝土柱。

马牙槎：多用于设置构造柱时，墙砖与构造柱相交处的砌筑方法，即砖体一进一出像锯齿一样的接槎。

七分头砖：也叫大半头砖，将砖长砍去 30%。常用于墙角处，便于对横砖结构层进行压缝，接下来就是用条砖结构垒砌。同类型的砖还包括二分头砖、三分头砖、五分头砖。

1.6 砌块砌体施工技术标准

1.6.1 适用范围

本施工技术标准适用于一般工业与民用建筑中**砌块砌体工程**。

1.6.2 作业条件

（1）施工温度应该在5℃以上，35℃以下。

（2）砌筑前先画好排块图，根据砌块尺寸和垂直与水平灰缝计算砌块砌筑皮数和排数。

（3）木砖应预埋至预制混凝土块，再将混凝土块砌筑于墙体。

（4）砌筑前应按照设计要求，做好砂浆配合比，施工中严格按照配合比集中拌制砂浆，并做砂浆试块强度试验。

1.6.3 材料要求

（1）砌块：品种、强度等级必须符合设计要求，有出厂合格证、试验单。进场的砌体应按品种、规格堆放整齐，堆置高度不宜超过2m。堆垛旁应设材料标识牌，堆放现场做好排水。

（2）水泥：宜采用硅酸盐水泥或普通硅酸盐水泥，强度等级不应低于42.5级，不同品种、不同强度等级严禁混用。应有出厂证明及复试单，若出厂超过三个月，应增加复试并按试验结果使用。

（3）砂：宜选用中砂，M5以下砂浆所用砂的含泥量不超过10%，M5及其以上砂浆的砂含泥量不超过5%，使用前用5mm孔径的筛子过筛。

（4）掺和料：宜选用石灰膏或粉煤灰；生石灰熟化成石膏时，应用孔径不大于3mm×3mm的网过滤，熟化时间不少于7d，严禁使用脱水硬化的石灰膏。使用袋装磨细生石灰粉，其熟化时间不少于2d。

1.6.4 工器具要求（表1-5）

工器具要求表　　表1-5

机具	砂浆搅拌机、振捣器、电锯
工具	夹具、铁锹、锤子、手锯、大铲、小铲、灰槽、灰桶、水桶、喷水壶、扫帚
测具	激光投线仪、皮数杆、靠尺、水平尺、钢卷尺、线坠

1.6.5 施工工艺流程

1. 工艺流程图（图1-17）

砖块润水 → 排块放线 → 浇筑坎台 → 立皮数杆 → 后植钢筋 → 搅拌砂浆 → 搭砌转角 → 砌筑墙体 → 留槎 → 灌实砌体 → 芯柱施工

图1-17 砌块砌体工艺流程图

2. 工艺流程表（表1-6）

砌块砌体工艺流程表　　表1-6

工序	内容
砌块润水	吸水率较小的普通混凝土空心砌块不宜浇水，如天气干燥炎热，可适当喷水润湿；吸水率较大的**轻集料**[①]混凝土空心砌块施工前可洒水，但不宜过多。加气混凝土砌块可提前适量洒水。龄期不足28d及较潮湿的混凝土砌块不得进行砌筑
排块放线	绘制砌体平、立、剖面图，优化排块图，明确构造柱、门窗洞口、配电箱、过梁、墙下坎台、非标准砌块等位置及尺寸。按排块图，放出砌体的轴线、边线、洞口线及砌体的分块线
浇筑坎台	墙身底部可先**眠砌**[②]4皮实心砖，厨房、卫生间、开敞阳台外墙等处墙底部宜现浇高度200mm混凝土坎台，混凝土的强度不低于C20
立皮数杆	在墙体转角处设立皮数杆，间距不超过15m。皮数杆上画出各皮砌块的高度及灰缝厚度及墙体竖向构造。在皮数杆上相对砌块上边线之间拉准线作为砌块砌筑基准
后植钢筋	在构造柱钢筋及水平拉结筋位置植入钢筋。按要求的锚固深度及孔径打孔并用气泵清孔，植筋胶饱满至钢筋旋入溢出为宜。固化期间禁止扰动钢筋，固接牢固后拉拔试验
搅拌砂浆	宜采用砂浆搅拌机拌制2～5min。砂浆拌制应先将砂与水泥干拌均匀，再加掺和料及水拌和。如砂浆出现**泌水现象**[③]，应在砌筑前再次拌和。砂浆应随拌随用，水泥砂浆和水泥混合砂浆必须分别在拌成后3h和4h内使用完毕；气温超过30℃时，2h和3h内使用完毕
搭砌转角	墙体转角处或纵横墙交接处应同时砌筑，并咬槎交错搭砌。转角处应使砌块隔皮露端面，交接处应使横墙砌块隔皮露端面。空心混凝土砌体，纵墙在交接处应改砌两块**辅助规格砌块**[④]。加气混凝土砌体，则横墙露端面砌块应坐中于纵墙砌块之上

续表

砌筑墙体	**空心混凝土砌体**⑤应遵循“对孔、错缝、反砌”的规则，即上下皮砌块应对孔错缝搭砌，且保持**反砌**⑥；**加气混凝土砌块**⑦也应错缝搭砌。搭砌长度不足时，应在水平灰缝中设置拉结钢筋或钢筋网片，且每端均超过该垂直灰缝400mm。砌体水平、竖向灰缝的砂浆饱满度均不得低于90%，不得出现**瞎缝**⑧、**透明缝**⑨。砌块日砌筑高度应控制在1.8m。墙长度超过5m或墙长大于2倍墙高时应加设构造柱，墙高超过4m时宜设置水平系梁。填充墙墙顶应用实心砖斜砌并与梁底挤紧，当墙长大于5m或抗震设防6度以上，填充墙与结构架、底板应留空隙，待墙砌完14d后补砌
留槎	加气混凝土砌体应连续砌完不留接槎，如不可避免，则应留成斜槎，或至门窗洞口侧边间断。空心混凝土砌体间断处亦应砌成斜槎，斜槎长度不应小于斜槎高度的2/3；如留斜槎有困难，除**抗震设防**⑩地区及墙转角处外，其余可从砌体面伸出200mm砌成阳槎，并沿高度方向每三皮砌块设拉结筋或**钢筋网片**⑪，接槎部位宜延至门窗洞口
灌实砌块	空心混凝土砌体处于底层室内地面以下或防潮层以下、无圈梁的檀条及楼板支承面下的一皮砌块，未设置混凝土垫块的屋架、梁等构件支承面下体，挑梁支承面下内外墙交接处等部位均须用C20混凝土灌实空心混凝土砌块的孔洞
芯柱施工	空心混凝土砌体**芯柱**⑫施工，钢筋应与结构预埋钢筋连接，与上下层楼板钢筋搭接，搭接长度不应小于30d。芯柱应沿墙体全高贯通，并与圈梁整体现浇。沿墙高每隔400mm应设ϕ4钢筋网片拉结，每边伸入墙体不小于600mm。墙体砌筑砂浆强度达到1MPa时方可浇筑芯柱，清除孔洞内砂浆杂物，并用水冲洗。先注入适量的与混凝土相同的去石水泥砂浆，再分层、连续浇筑，不得留施工缝，每浇灌400～500mm捣实一次，或边浇边捣，宜选用微型插入式振动棒振捣

1.6.6 过程保护要求

（1）墙体拉结筋、构造柱钢筋、混凝土墙体钢筋及各种预埋件、电气及暖卫管线等，均应保护，不得任意拆改或损坏。

（2）砂浆稠度应适宜，砌墙时应防止砂浆溅脏墙面。

（3）砌块在运输、装卸过程中，严禁抛掷和倾倒，防止损坏棱角边，并计算好各房间的用量，分别码放整齐。搭拆脚手架时不要碰坏已砌墙体和门窗洞口边角。

1.6.7 质量标准

1. 主控项目

（1）内容：烧结空心砖、小砌块和砌筑砂浆的强度等级应符合设计要求。

检验方法：查砖、小砌块进场复试报告和砂浆试块试验报告。

（2）内容：填充墙砌体应与主体结构可靠连接，其连接构造应符合设计要求，未经设计同意，不得随意改变连接构造方法。每一填充墙与柱的拉结筋的位置超过一皮块体高度的数量不得多于一处。

检验方法：观察检查。

（3）内容：填充墙与承重墙、柱、梁的连接钢筋，当采用化学植筋的连接方式时，应进行实体检测。锚固钢筋拉拔试验的轴向受拉非破坏承载力检验值应该为6.0kN。抽检钢筋在检验值作用下应基材无裂缝、钢筋无滑移宏观裂损现象；持荷2min期间荷载值降低不大于5%。

检验方法：原位试验检查。

2. 一般项目

（1）内容：填充墙砌体砂浆饱满度及检验方法应符合表1–7的规定。

砌体砂浆检验方法表　　表1–7

砌体分类	灰缝	允许偏差（mm）	检验方法
空心砖砌体	水平	≥90%	采用百格网检查块体地面或侧面砂浆的粘结痕迹面积
	垂直	填满砂浆，不得有透明缝、瞎缝、假缝	
蒸压加气混凝土砌块、轻骨料混凝土小型空心砌块砌体	水平	≥90%	
	垂直	≥90%	

（2）内容：填充墙留置的拉结钢筋或网片的位置应与块体皮数相符合。拉结筋或网片应置于灰缝中，埋置长度应符合设计要求，竖向位置偏差不应超过一皮高度。

检验方法：观察和用尺检查。

（3）内容：砌筑填充墙时应错缝搭砌，蒸压加气混凝土砌块塔砌长度不小于砌块长度的1/3；轻骨料混凝土小型空心砌块塔砌长度不应小于 90mm；竖向通缝不应大于 2 皮。

检验方法：观察检查。

（4）内容：填充墙的水平灰缝厚度和竖向灰缝宽度应正确，烧结空心砖、轻骨料混凝土小型砌块砌体的灰缝应为 8 ～ 12mm；蒸压加气混凝土砌块砌体当采用水泥砂浆、水泥混合砂浆或蒸压加气混凝土砌块砌筑砂浆时，水平灰缝厚度和竖向灰缝厚度不超过 15mm；当蒸压加气混凝土砌块砌体采用蒸压加气混凝土砌块粘结砂浆时，水平灰缝厚度和竖向灰缝厚度宜为 3 ～ 4mm。

检验方法：水平灰缝厚度用尺量 5 皮小砌块的高度折算；竖向灰缝宽度用尺量 2m 砌体长度折算。

3. 允许偏差（表 1-8）

砌块砖体允许偏差　　表 1-8

项目		允许偏差（mm）	检验方法
轴线位移		10	用尺检查
垂直度（每层）	≤ 3m	5	用 2m 拖线板或吊线、尺检查
	＞ 3m	10	
表面平整度		8	用 2m 靠尺和楔形尺检查
门窗洞口高、宽		±10	用尺检查

1.6.8 质量通病及其防治

1. 灰缝大小不匀

（1）原因分析：砌筑前对灰缝大小未进行计算，未作分层标记，未拉通线，使灰缝大小不一致。

（2）防治措施：立皮数杆要保证标高一致，盘角时灰缝要掌握均匀，砌筑时小线要拉紧，防止一层线松，一层线紧。

2. 砌体裂缝

（1）原因分析：温度变形裂缝；不同材质干缩裂缝；结构不均匀沉降。

（2）防治措施：

① 避免在低于 5℃或高于 35℃的环境温度区间施工。

② 填充墙墙长大于 5m 或墙长大于 2 倍层高时，墙体中部应增设

构造柱，砌体无约束端部必须增设构造柱。

③ 砌筑砂浆应采用中砂，严禁使用细砂和混合粉。

④ 砌筑砂浆应随拌随用，严禁在砌筑现场加水二次拌制。

3. 砌块组砌错误

（1）原因分析：墙面数皮砌砖同缝（通缝、直缝）里外两张皮，砖柱采用包心法砌筑，里外皮砖层互不相咬，形成周围通天缝等，影响砌体强度，降低结构整体性。

（2）防治措施：对工人加强技术培训，严格按规范方法组砌，缺损砌块应分散使用，禁用碎砌块。

4. 拉结钢筋遗漏或未设置

（1）原因分析：施工时粗心大意，现场管理人员责任意识不强。

（2）防治措施：拉结筋应作为隐检项目对待，应加强检查，并填写检查记录存档。施工中，对所砌部位需要的配筋应一次备齐，以备检查。尽量采用点焊钢筋网片，适当增加灰缝厚度。

1.6.9 构造图示（图 1-18～图 1-31）

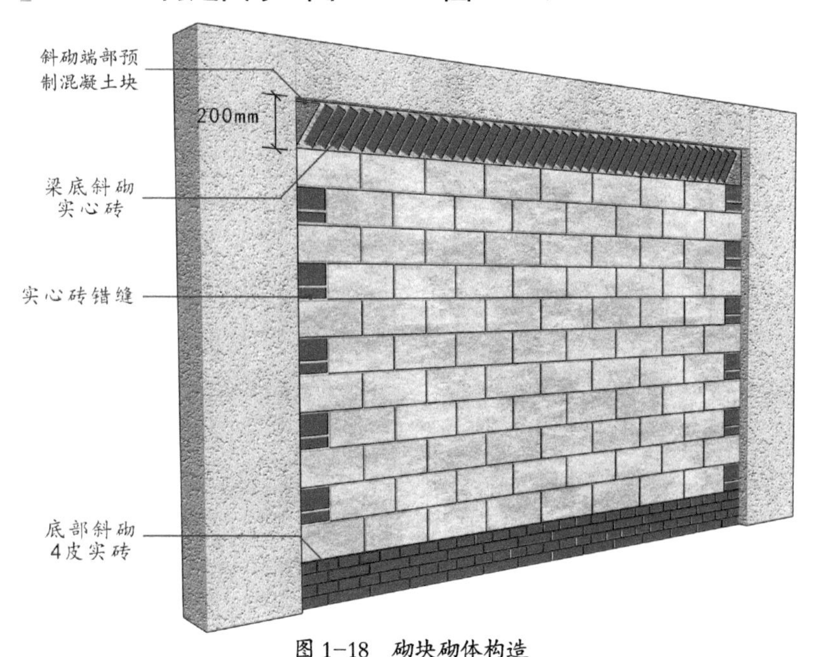

图 1-18 砌块砌体构造

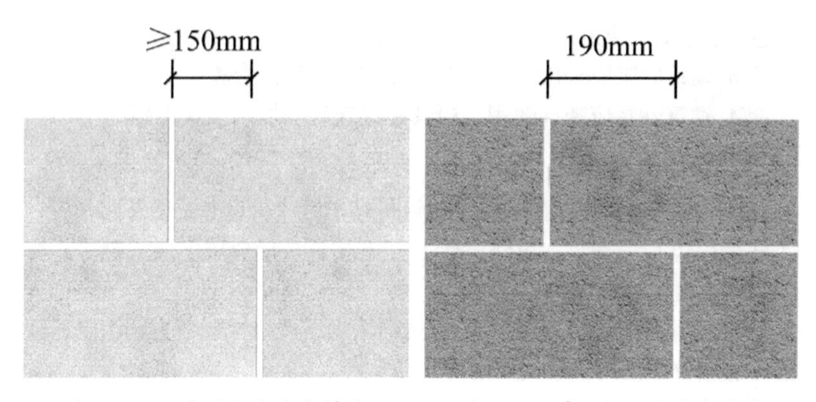

图 1-19　加气混凝土砌块错缝

加气混凝土砌块应错缝搭接，上下皮应互相错开不小于砌块高度的 1/3 且不小于 1500mm

图 1-20　空心混凝土砌块错缝

空心混凝土砌块应遵循“对孔、错缝、反砌”的原则，竖向灰缝相互错开 190mm

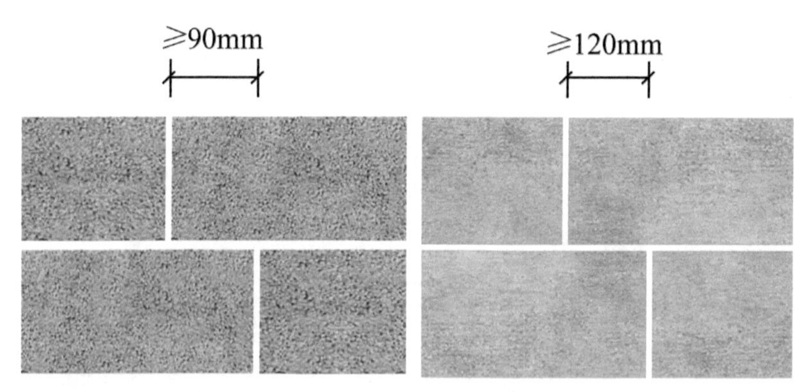

图 1-21　普通混凝土砌块错缝

普通混凝土砌块错缝不小于 90mm

图 1-22　轻骨料混凝土砌块错缝

轻骨料混凝土砌块错缝距离不应小于 120mm

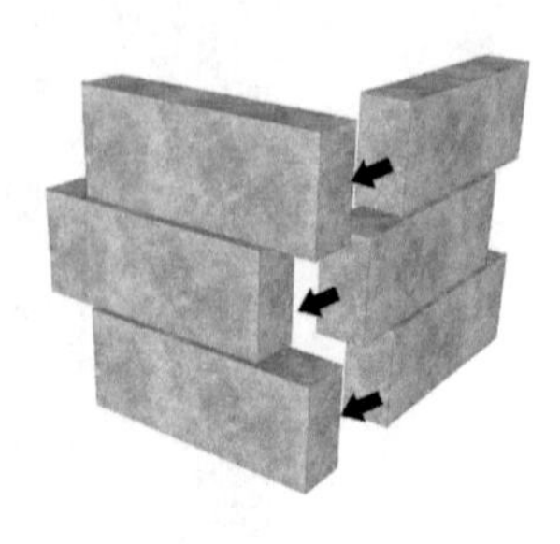

图 1-23　加气混凝土砌体转角处砌法

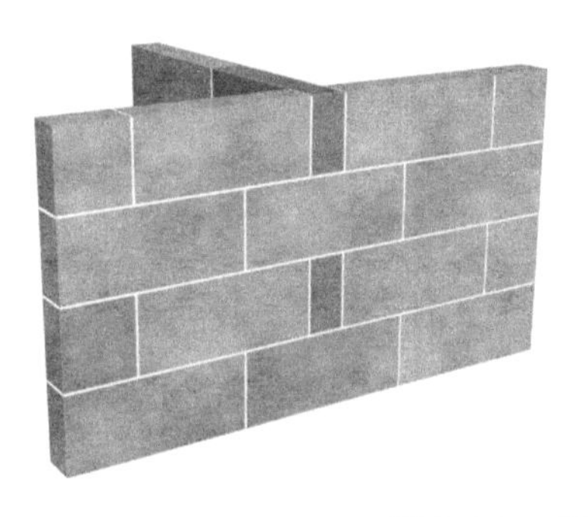
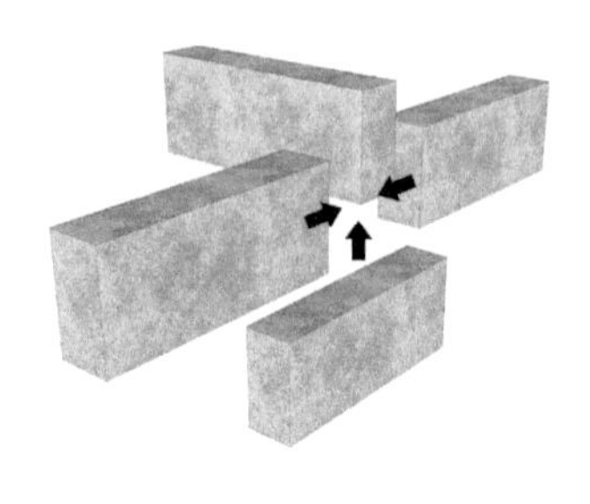

图 1-24 “T”型交接处砌法

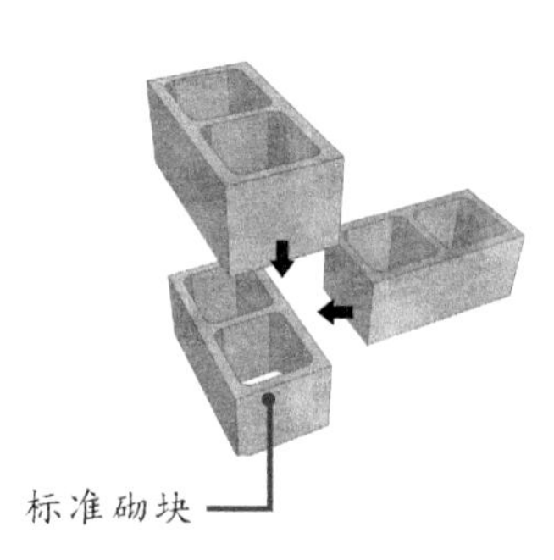

图 1-25 空心混凝土砌体转角处砌法

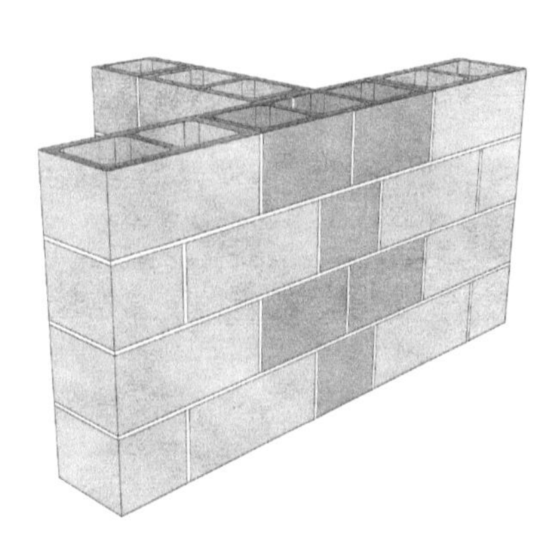
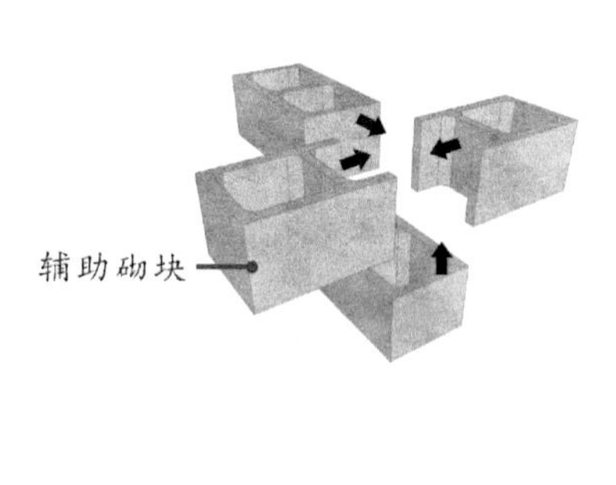

图 1-26 “T”形交接处砌法

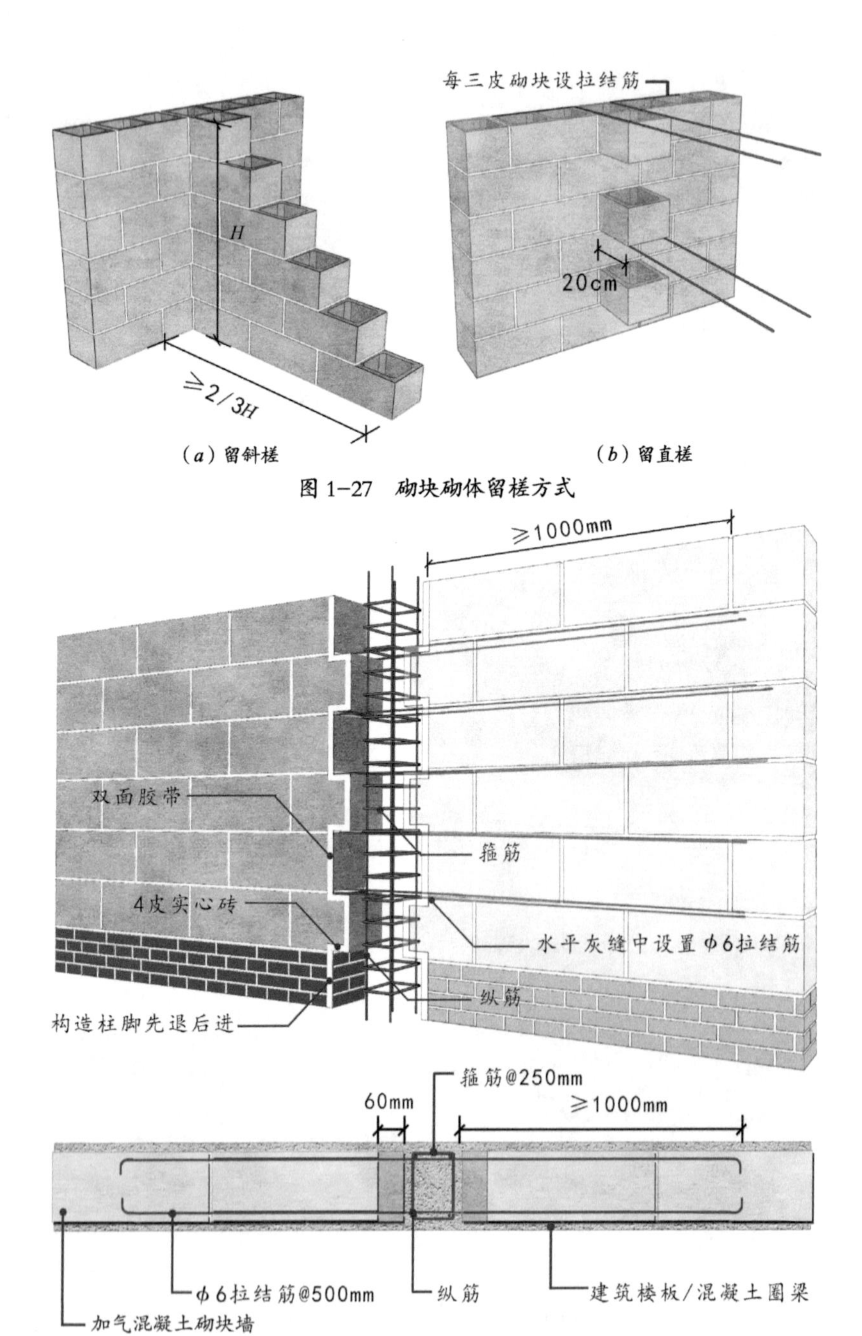

图 1–27　砌块砌体留槎方式

图 1–28　加气混凝土砌体拉结筋构造

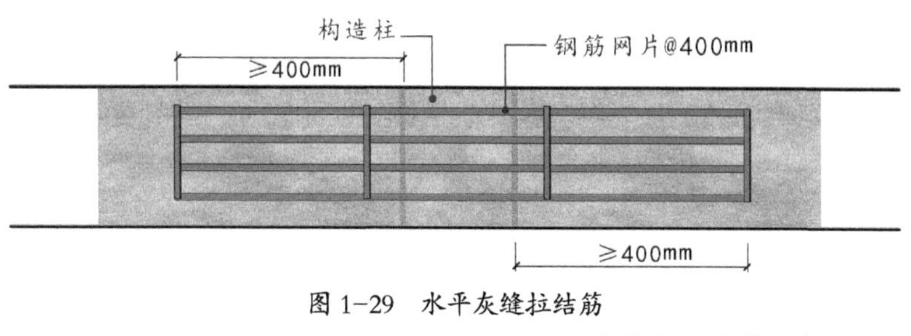

图 1-29 水平灰缝拉结筋

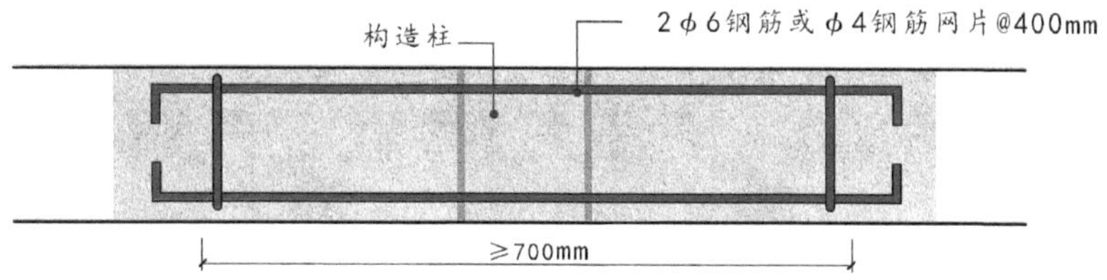

图 1-30 加气混凝土砌体墙中拉结筋

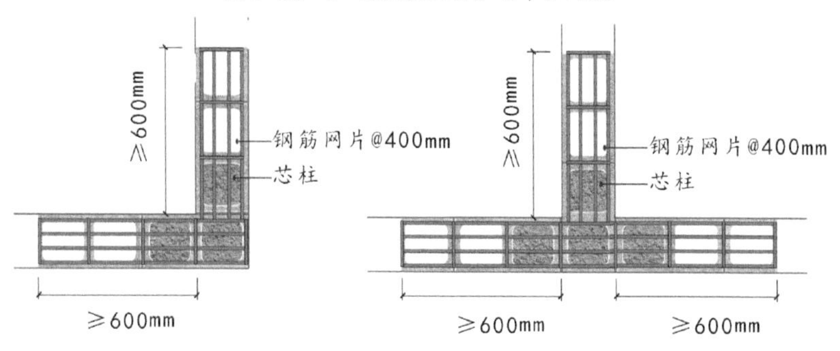

图 1-31 芯柱中拉结筋

1.6.10 消耗量指标（表 1-9）

砌块砖体消耗量指标表 单位：m^3 表 1-9

序号	名称	单位	消耗量		
			加气混凝土砌块	C20 混凝土过梁	构造柱
1	综合人工	工日	0.14	0.07	0.07
2	圆钢 φ10	kg	0.17		
3	加气混凝土砌块 A3.5	m^3	0.97	—	—
4	砌筑混合砂浆 M5（42.5）	m^3	0.06		

续表

序号	名称	单位	消耗量		
			加气混凝土砌块	C20 混凝土过梁	构造柱
5	普通钢筋混凝土 C20（42.5）碎石 40mm 坍落度 30 ～ 50mm	m^3	—	0.76	0.74
6	电动滚筒式混凝土搅拌机	台班		0.04	0.04
7	混凝土振捣器	台班		0.08	0.08
8	工作内容	砖块润水→排版放线→筑浇坎台→立皮数杆→后植钢筋→砂浆搅拌→搭砌转角→砌筑墙体→留槎→灌实砌体→柱芯施工			

装饰小百科
Decoration Encyclopedia

轻集料：一种干拌复合轻集料。主要用以配制轻集料混凝土、保温砂浆和耐火混凝土等，还可用作保温松散填充料。与普通集料相比，轻粗集料的松散容重为 200 ～ 1200kg/m^3，仅为普通粗集料的 1/4 ～ 2/3，但强度较低，吸水率也较大，价格较高。

眠砌：相对空斗墙与实墙中的侧砌而言，即每块砖平放实砌。

泌水现象：砂浆在运输、振捣、抹平的过程中出现粗骨料下沉、水分上浮的分层现象。

辅助规格砌块：与主要规格砌块搭配使用的专用规格砌块。

空心混凝土砌块：以水泥为胶凝材料，添加砂石等骨料，经计量配料、加水搅拌，振动加压成型，经养护制成的具有一定空心率的砌块材料。

反砌：砌块底面朝上砌筑的一种砌筑方法。

加气混凝土砌块：以硅质材料（砂、粉煤灰及含硅尾矿等）和钙质材料（石灰、水泥）为主要原料，掺加发气剂（铝粉），经加水搅拌，由化学反应形成孔隙，通过浇筑成型、预养切割、蒸压养护等工艺过程制成的多孔硅酸盐砌块。

瞎缝：砌体中相邻砌块间无水泥砂浆，砌块彼此接触的缝。

透明缝：由于灰浆不饱满导致砌体透光的砌块之间的缝。

抗震设防：为达到抗震效果，在工程建设时对建筑物进行抗震设计并采取抗震措施。

钢筋网片：纵向钢筋和横向钢筋分别以一定的间距排列且互成直角、全部交叉点均焊接在一起的网片。

芯柱：砌块内部空腔中插入竖向钢筋并浇灌混凝土后形成的砌体内部的钢筋混凝土小柱。

2 抹灰工程

抹灰工程 是房屋建筑的重要组成部分，其既可增加建筑物的防潮、保温、隔热性能，改善使用环境，同时又对结构主体起到保护作用，延长使用寿命。

抹灰工程分为普通抹灰和高级抹灰。普通抹灰为一底、一面，两遍成活；高级抹灰为一遍底层、数遍中层，一遍面层，多遍成活。主要工序有阳角找方，设置标筋，控制厚度与表面平整度，分层赶平、修整和表面压光；当设计无要求时，一般按普通抹灰要求施工与验收。普通抹灰包括水泥砂浆、水泥混合砂浆、聚合物水泥砂浆、粉刷石膏抹灰等。

2.1 抹灰工程构造组成

为了使抹灰层与基层粘结牢固，防止开裂、起鼓，保证工程质量，抹灰一般分层涂抹成活。按施工规范要求，内墙普通抹灰层的平均厚度不大于 18mm，高级抹灰厚度不大于 25mm。见图 2–1。

2.1.1 底层

基层粘结并起到初步找平作用。所选材料因基层的不同而异，厚度一般为 5 ～ 9mm。

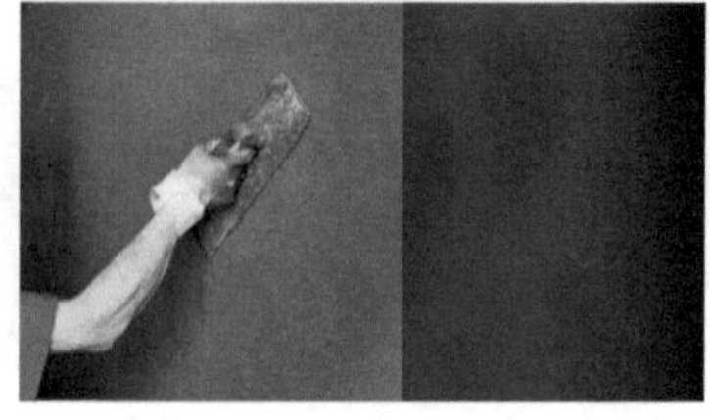

图 2–1 抹灰

2.1.2 中层

起分层找平作用，根据不同的质量要求，将一次抹成变为分层施工，材料同底层，厚度一般为 5 ～ 12mm。

2.1.3 面层

起罩面作用，厚度一般为 2 ～ 5mm，要求表面光滑，无抹痕、无裂纹。

2.2 抹灰工程材料选用

2.2.1 水泥

水泥是一种常用的胶凝材料，呈粉末状、与水混合后经水化，由可塑浆体变成坚硬固体；也可将砂、石等松散材料胶结在一起，形成整体块材。抹灰工程通常采用 42.5 级以上、同一强度等级、同一生产批次的普通硅酸盐水泥或硅酸盐水泥，不同强度等级或品种严禁混运或混用。见图 2–2。

图 2–2 水泥

水泥进场时应具有产品合格证书、性能检测报告、进场验收记录，并应对其强度、安定性及其他必要的性能指标进行复检；入库后水泥应按品种、强度等级、出厂日期分别堆放，做好标识牌，水泥堆垛及地面垫板分别距墙及地面大于 300mm。水泥应先到先用，从出厂日期起算 3 个月内应使用完，如超过 3 个月，应进行检验，重新确定强度后，按实际强度使用。

2.2.2 石灰

建筑工程所用的石灰膏一般用块状生石灰（主要成分为氧化钙，图 2–3）淋制，用孔径不大于 3mm 的筛过滤，并储存在石灰池中熟化而成（图 2–4）。规范规定，石灰膏熟化时间一般不少于 15d；用于罩面灰时，熟化时间不应少于 30d，使用时，石灰膏内不应含有未熟化颗粒和其他杂质。石灰池中石灰膏表面应保留一层清水以隔绝空气避免碳化。

图 2–3 生石灰

生石灰在运输过程中，要做好防雨防潮，且不能与易燃易爆物品混合运输与存放。生石灰运到现场应立即熟化，存放在淋灰池中。保管期不宜超过 1 个月，若需长期贮存，可将生石灰预先在熟化池内熟化后用砂子铺盖。

图 2–4 熟石灰

2.2.3 石膏

常用的建筑石膏是由天然二水石膏在温度 107 ～ 170℃下煅烧磨细而成，加水后凝结硬化较快。规范规定，初凝不得早于 6min，终凝不得超过 30min。抹灰用石膏入库存放须有严格的防潮措施，其变质较快。储存 3 个月后，强度降低 30% 左右，储存超过 6 个月原则上不得使用。见图 2–5。

图 2–5 石膏

2.2.4 砂

普通砂为岩石风化后形成的 0.5mm 以下的岩石颗粒，按来源可分为海砂、山砂、河砂。工程常选用平均粒径 0.35 ～ 0.5mm 的河砂。

使用前，应根据要求用孔径不大于5mm筛子过筛。砂粒要求坚硬洁净，不得含有黏土（不得超过3%）、草根、树叶、碱物质及其他有机物等有害物质；海砂混有贝壳碎片及盐分，严禁在工程中使用。砂使用前应按规定取样复试，提供试验报告。见图2–6。

图2–6　砂

2.2.5　水

水在砂浆中起着重要作用，部分水与石灰或水泥起水化作用，另一部分水起润滑作用，使砂浆具有流动性与和易性，便于施工操作。抹灰用水必须是饮用水或河水、淡湖水，不能使用工业废水、污水、沼泽水、海水等。见图2–7。

图2–7　水

2.3　抹灰工程质量验收

2.3.1　质量文件和记录

（1）抹灰工程的施工图、设计说明及其他设计文件。

（2）材料的产品合格证书、性能检验报告、进场验收记录和复验报告。

（3）隐蔽工程验收记录。

（4）施工记录。

2.3.2　隐藏工程验收

（1）抹灰总厚度大于或等于35mm时的加强措施。

（2）不同材料基体交接处的加强措施。

（3）水泥砂浆强度、安定性及其他必要的性能指标。

2.3.3 检验批划分

相同材料、工艺和施工条件的室内抹灰工程每50个自然间应划分为一个检验批，不足50间也应划分为一个检验批，大面积房间和走廊可按抹灰面积每30m^{2}计为一间。

2.3.4 检查数量规定

每个检验批应至少抽查10%，并不得少于3间，不足3间时应全数检查。

2.3.5 材料及性能复试指标

（1）砂浆的拉伸粘结强度。

（2）聚合物砂浆的保水性。

2.3.6 实测实量（图2-8～图2-11）

图2-8 普通抹灰表面平整度：用2m靠尺及塞尺检查，平整度误差≤4mm，合格

图2-9 普通抹灰立面垂直度：用垂直检测尺检查，平整度度误差≤4mm，合格

图2-10 普通抹灰阴角方正度：用200mm直角检测尺检查，方正度误差≤4mm，合格

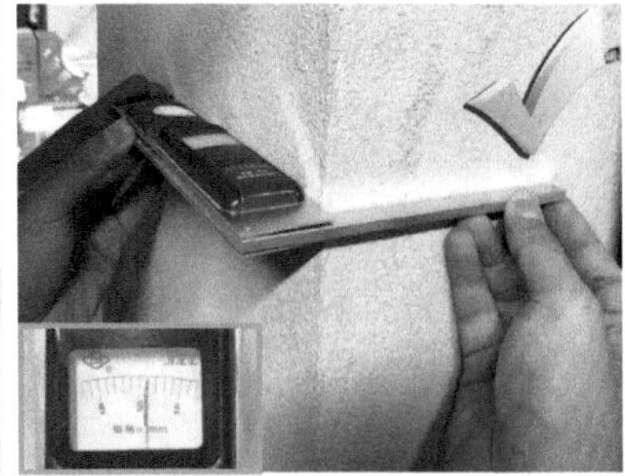

图2-11 普通抹灰阳角方正度：用200mm直角检测尺检查，方正度误差≤4mm，合格

2.4 抹灰工程施工要点

（1）抹灰采用 42.5 级以上、同品种、同强度等级、同批号进场水泥；运输与存储过程中注意防潮，生产日期 3 个月内须使用完毕。

（2）抹灰用粉刷石膏在运输与存储过程中要防止受潮，使用中发现少量结块应过筛后使用；石膏料浆应在初凝前用完，已初凝的料浆不得加水继续使用。

（3）抹灰前应认真测量放线，横线找平，立线吊直，弹出准线，四角规方，找好规矩；根据墙体平整与垂直测定抹灰厚度，做灰饼、冲筋。

（4）抹灰基体灰尘、油污等应清理干净并充分均匀润水处理；对于表面光滑基体应采取涂抹界面剂、錾子剔毛等毛化处理。

（5）抹灰基体不同材质交接处、部分埋管敷管处与埋墙设备箱背面须增加钢板网或网格布等防裂措施，每边搭接宽度不小于 100mm；抹灰总厚度超过 35mm 时须采取增加一层玻璃纤维网格布等防裂措施。铺设防裂板网前宜先批一层薄灰，将其敷设在两遍抹灰内部，以较好的发挥其抗裂性能。

（6）严格控制各层抹灰厚度及各层之间的粘结力，防止一次抹灰过厚干缩率大，造成空鼓、开裂等问题。基层每遍厚度不宜超过 7mm，面层总厚度不宜超过 7mm。

（7）水泥砂浆封补线槽的时候，应分层抹灰，待第一次强度达到 50% 以上方可抹面层砂浆，然后做界面剂贴玻璃纤维网格布，随后贴纸胶带刮腻子。

（8）线槽开槽完成后须清理槽内垃圾并且洒水润湿。

（9）预埋管线深度（管线外表面与原粉刷面层或原砖墙面的距离）应达到 15mm。

2.5 水泥砂浆 / 粉刷石膏抹灰施工技术标准

2.5.1 适用范围

本施工技术标准适用于一般工业与民用建筑中水泥砂浆 / 粉刷石膏抹灰工程。

2.5.2 作业条件

（1）抹灰层硬化初期不得受冻；实施过程至完成 7d 内室内温度不应低于 5℃。

（2）主体结构及砌体工程（砌筑完 30d 以上）完工并验收合格。

（3）门窗框安装正确牢固，窗框缝隙处理按设计要求嵌缝。埋设的接线盒、电箱、管线、管道等牢固可靠。

（4）混凝土柱、梁、过梁、梁垫、圈梁等表面凸出部分剔平，蜂窝麻面、疏松部分剔到实处，并刷胶粘性素水泥浆或界面剂。

（5）脚手眼和废弃的孔洞堵严，外露钢筋头、铅丝头及木头等要剔除，墙与楼板、梁底等交接处应用斜砖砌严补齐。

2.5.3 材料要求

（1）水泥：宜采用普通硅酸盐水泥或硅酸盐水泥，也可采用矿渣水泥、火山灰水泥、粉煤灰水泥及复合水泥。水泥强度等级宜采用 42.5 级以上。不同品种、不同强度等级的水泥严禁混用，水泥进场验收要有出厂合格证明和相应的检测报告，并进行复试，试验合格后方可使用。

（2）普通砂：宜采用平均粒径 0.35 ～ 0.5mm 的中砂，或中砂与砂混合掺用，尽可能少用细砂，不宜使用特细砂。使用前须过筛，灰泥、粉末等含量不得超过 3%。

（3）磨细石灰粉：过 0.125mm 的方孔筛，累计筛余量不大于 13%，使用前用水浸泡充分熟化，熟化时间不小于 3d，其他掺合料胶粘剂、外加剂掺入量应通过试验决定。

（4）石灰膏：用块状**生石灰**①淋制时，用筛网过滤，储存在沉淀池中，使其充分熟化。熟化时间常温一般不少于 15d，用于罩面时不少于 30d，**石灰膏**②内不得含有未熟化的颗粒和其他杂质。在沉淀池中的石灰膏要加以保护，防止其干燥、冻结和污染。

（5）水：抹灰用的水必须是饮用水或河水，不能使用工业废水、污水、沼泽水、海水。

（6）防裂网：镀锌钢丝网或耐碱网格布，必须有产品合格证书。

2.5.4 工器具要求（表2-1）

工器具要求　　表2-1

机具	砂浆搅拌机
工具	手推车、锤子、錾子、钢丝刷、灰槽、灰桶、木抹子、铁抹子、阴阳角抹子、木杠、捋角器、铝合金靠尺、喷壶、水桶、扫帚
测具	激光投线仪、钢卷尺、水平尺、塞尺、直角检测尺、线坠、墨斗

2.5.5 施工工艺流程

1. 工艺流程图（图2-12）

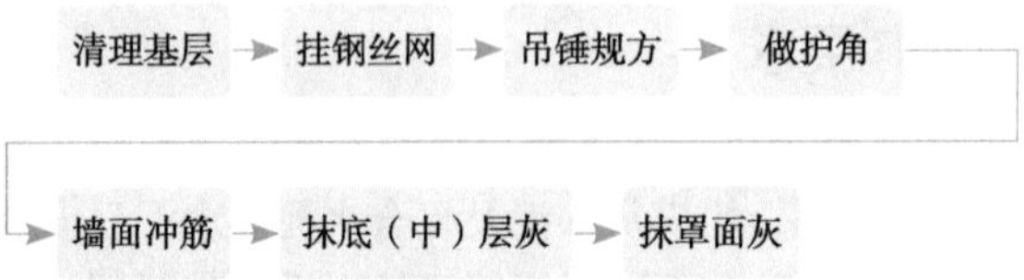

清理基层 → 挂钢丝网 → 吊锤规方 → 做护角 → 墙面冲筋 → 抹底（中）层灰 → 抹罩面灰

图2-12　水泥砂浆/粉刷石膏抹灰施工工艺流程图

2. 工艺流程表（表2-2）

水泥砂浆/粉刷石膏抹灰施工工艺流程表　　表2-2

清理基层	清除砌体表面杂物，残留灰浆、**舌头灰**[③]、尘土等；加气砖砌体及混凝土基体应在表面洒水润湿后涂刷一层掺入适量胶粘剂或界面剂的聚合物水泥砂浆；混凝土基体可采用表面凿毛，以使基层达到粗糙不平的效果。基层处理后顺墙自上而下浇水湿润，每天宜浇水两次
挂钢丝网	不同材料基层结合处、暗埋管线孔槽及抹灰厚度超过35mm的找平层均应挂镀锌钢丝网片加强；加强网与不同基层搭接处宽度不小于100mm；加强网宜敷设在两遍抹灰内部
吊垂规方	四角规方、横线找平、立线吊直。空间面积较大时先在地面弹十字中心线，按墙基层平整度弹出墙角线，距墙角100mm处吊线坠吊直并弹出铅垂线，按墙角线往墙上返，引弹出阴角两侧墙上的抹灰层厚度控制线，以此用1∶3水泥砂浆抹成50mm见方形状灰饼，间距小于1.5m，须保证抹灰时刮尺能同时刮到2个以上，上下灰饼用靠尺找好垂直与平整

续表

做护角	抹灰前用 1∶2 水泥砂浆对墙柱及洞口边角做**护角**[④]，高度从地面至 2m 处，每侧宽度不小于 50mm。在阳角正面立靠尺，靠尺突出阳角侧面厚度与成活抹灰面平齐。然后在阳角侧面，依靠尺边抹水泥砂浆，并用铁抹子将其抹平，按护角宽度将多余的水泥砂浆以 45° 斜面铲除。待砂浆稍干后，将靠尺移至抹好的护角面，在阳角的正面，依靠尺抹水泥砂浆，并用铁抹子将其抹平，按护角宽度将多余的水泥砂浆铲除。抹完后用素水泥浆涂刷护角尖角处，并用**捋角器**[⑤]自上而下捋一遍，使其形成小钝角
墙面冲筋	当**灰饼**[⑥]砂浆达到七八成干时，即可用与抹灰层相同砂浆**冲筋**[⑦]，冲筋根数应根据基层尺寸确定，一般标筋宽度为 50mm。当墙面高度小于 3.5m 时宜做立筋，高度大于 3.5m 时宜做横筋
抹底（中）层灰	一般情况下，冲筋完成 2h 左右可开始抹底层灰，先抹一层薄灰，用力压实使砂浆挤入细小缝隙内，接着分层装档压实，抹平至与标筋平齐，每遍厚度控制在 5 ~ 7mm，再用木杠刮找平整，用木抹子搓压使表面平整密实。然后全面检查底子灰是否平整，阴阳角是否方正、垂直，与墙顶板交接处是否光滑平整、顺直，并用 2m 靠尺检查墙面垂直与平整度
抹罩面灰	在底灰六七成干时，开始抹罩面灰，两遍成活，每遍厚度约 3mm。操作时最好两人同时配合进行，一人先刮一遍薄灰，另一人随即抹平。按先上后下的顺序进行，然后压实赶光，用抹子通压一遍，最后用塑料抹子收光，并随即用毛刷蘸水将罩面灰轻刷一遍。施工时不宜甩破活，如遇有预留施工洞时，可甩下整面墙待抹为宜。罩面灰后次日洒水养护

2.5.6 过程保护要求

（1）抹灰后随即清除粘在门窗框上的残余砂浆。对铝合金门窗框要粘贴保护膜，并保持到竣工前清擦玻璃时为止。

（2）推小车或搬运模板、脚手管、钢筋等材料时，注意不要碰坏边角和划破墙面。抹灰用的大木杠、铁锹把、跳板等不要靠墙放置，以免碰破墙面。严禁蹬踩窗台，防止损坏棱角。

（3）随抹灰随注意保护墙上预埋件、墙上的电线盒、水暖设备预留洞及空调线的穿墙孔洞等，不要随意堵死。

（4）注意保护好楼地面、楼梯踏步和休息平台，不得直接在其表面拌和灰浆。

2.5.7 质量标准

1. 主控项目

（1）内容：一般抹灰所用材料的品种和性能应符合设计要求及国家现行标准的有关规定。

检验方法：检查产品合格证书、进场验收记录、性能检测报告和复验报告。

（2）内容：抹灰前基层表面的尘土、污垢、油渍等应清除干净，并应洒水润湿或进行界面处理。

检验方法：检查施工记录。

（3）内容：抹灰工程应分层进行。当抹灰总厚度≥ 35mm 时，应采取加强措施。不同材料基体交接处表面的抹灰，应采取防止开裂的加强措施，当采用加强网时，加强网与各基体的搭接宽度≥ 100mm。

检验方法：检查隐蔽工程验收记录和施工记录。

（4）内容：抹灰层与基层之间及各抹灰层之间必须粘结牢固，抹灰层应无脱层、空鼓，面层应无爆灰和裂缝。

检验方法：观察；用小锤轻击检查；检查施工记录。

2. 一般项目

（1）内容：一般抹灰工程的表面质量应符合规定：普通抹灰表面应光滑、洁净、接槎平整，分格缝应清晰；高级抹灰表面应光滑、洁净、颜色均匀、无抹纹，分格缝和灰线应清晰美观。

检验方法：观察；手摸检查。

（2）内容：护角、孔洞、槽、盒周围的抹灰表面应整齐、光滑；管道后面的抹灰表面应平整。

检验方法：观察。

（3）内容：抹灰层的总厚度应符合设计要求；水泥砂浆不得抹在石灰砂浆层上；罩面石膏灰不得抹在水泥砂浆层上。

检验方法：检查施工记录。

（4）内容：抹灰分格缝的设置应符合设计要求，宽度和深度应均匀，表面应光滑，棱角应整齐。

检验方法：观察；尺量检查。

（5）内容：有排水要求的部位应做滴水线（槽）。滴水线（槽）

应整齐顺直，滴水线应内高外低，滴水槽的宽度和深度应满足设计要求，且均不应小于 10mm。

检验方法：观察；尺量检查。

3. 允许偏差（表 2-3）

水泥砂浆 / 粉刷石膏抹灰施工允许偏差　　表 2-3

项目	允许偏差（mm）		检验方法
	普通抹灰	高级抹灰	
立面垂直度	4.0	3.0	用 2m 垂直检测尺检查
表面平整度	4.0	3.0	用 2m 靠尺和塞尺检查
阴阳角方正	4.0	3.0	用 200mm 直角检测尺检查
分格条（缝）直线度	4.0	3.0	拉 5m 线，不足 5m 拉通线，用钢直尺检查
墙裙、勒脚上口直线度	4.0	3.0	拉 5m 线，不足 5m 拉通线，用钢直尺检查

2.5.8 质量通病及其防治

1. 抹灰空鼓、裂缝

（1）原因分析：基层清理不干净或处理不当；配制砂浆和原材料质量不符合要求，使用不当；墙面浇水不透，抹灰后砂浆中的水分很快被基层（或底灰）吸收，影响粘结力。

（2）防治措施：

① 抹灰前认真做好基层处理是确保抹灰质量的关键之一。

② 抹灰用的原材料和使用砂浆应符合质量要求。

③ 抹灰用砂浆必须具有良好的和易性及粘结强度。

④ 抹灰前墙面应浇水，浇水程度根据季节、操作环境酌情掌握。

2. 墙面抹灰层析白[⑧]

（1）原因分析：水泥在水化过程中产生 $Ca(OH)_2$，同空气中的 CO_2 化合成白色粉末状 $CaCO_3$ 析出于墙面；选用外加剂不当。

（2）防治措施：

① 拌和砂浆掺一定量减水剂，可减轻 $Ca(OH)_2$ 游离而渗至表面。

② 在拌和砂浆中掺加一定数量的促凝剂，以加快硬化，减少泌水现象，也就减少了表面的析白现象。并选择适宜的其他外加剂。

3. 抹灰面不平，角不垂直方正

（1）原因分析：抹灰前没有事先按规矩找方、挂线、做灰饼和冲筋，冲筋用料强度较低或冲筋后过早进行抹面施工；冲筋离阴阳角距离较远，影响了阴阳角的方正。

（2）防治措施：

① 抹灰前按规矩找方、横线找平、立线吊直，弹出基准线。

② 事先用测具检查墙面平整度和垂直度，决定抹灰厚度。

③ 抹阴阳角随时检查方正并修正。抹灰前应进行质量验收，不合格处须修正后再进行罩面层施工。

4. 抹纹、气泡、接槎不平

（1）原因分析：

① 抹完罩面灰后，压光工序跟得太紧，灰浆没有吸水，压光后产生气泡现象。

② 基层浇水不均匀，砂浆原材料不一致，压光方法不当。

③ 墙面接头处罩面灰过厚。

④ 墙面无分格或分格过大，抹灰留槎位置不当。

（2）防治措施：

① 认真操作，待面灰稍干后压光。

② 墙面不能一次做完的，注意接槎部位的操作，避免发生高低不平、色泽不一现象。接头处罩面可抹得薄一点。

2.5.9 构造图示（图 2-13 ～图 2-17）

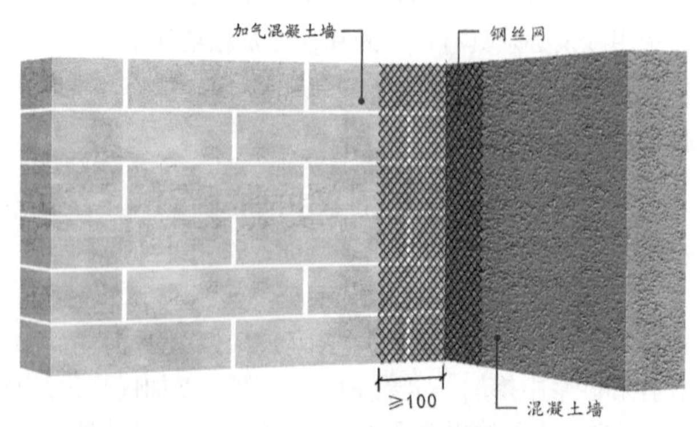

图 2-13 不同基层接缝处理

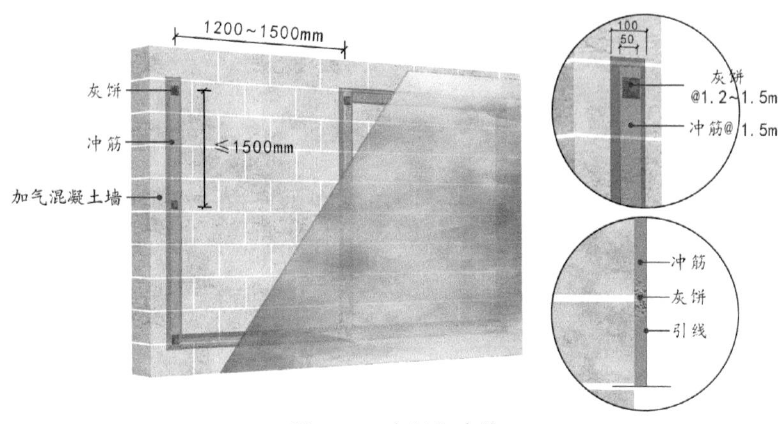

图 2-14　灰饼与冲筋

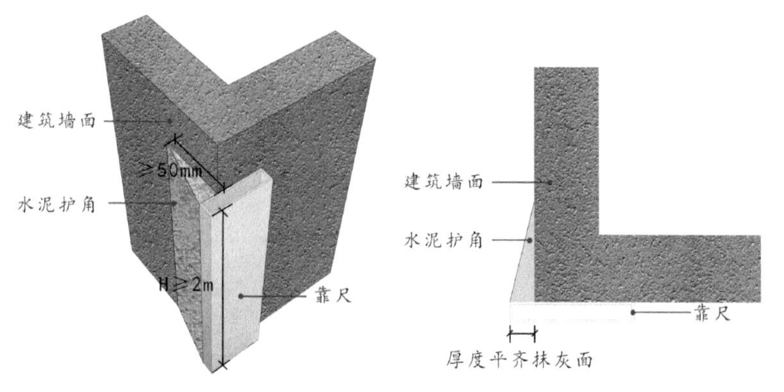

第一步：靠尺出墙尺寸按抹灰完成面取值

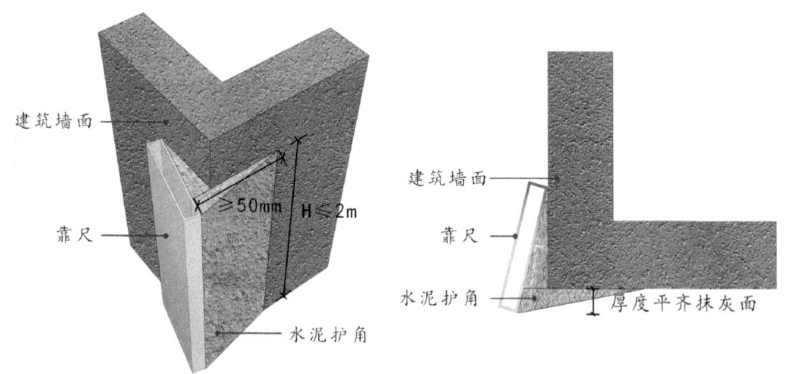

第二步：靠尺斜出墙尺寸为抹灰完成面

图 2-15　水泥护角做法

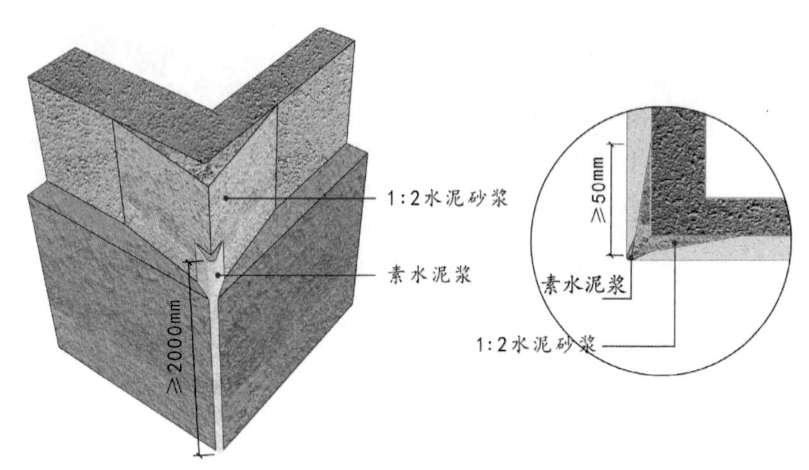

图 2-16　墙、柱阳角护角构造

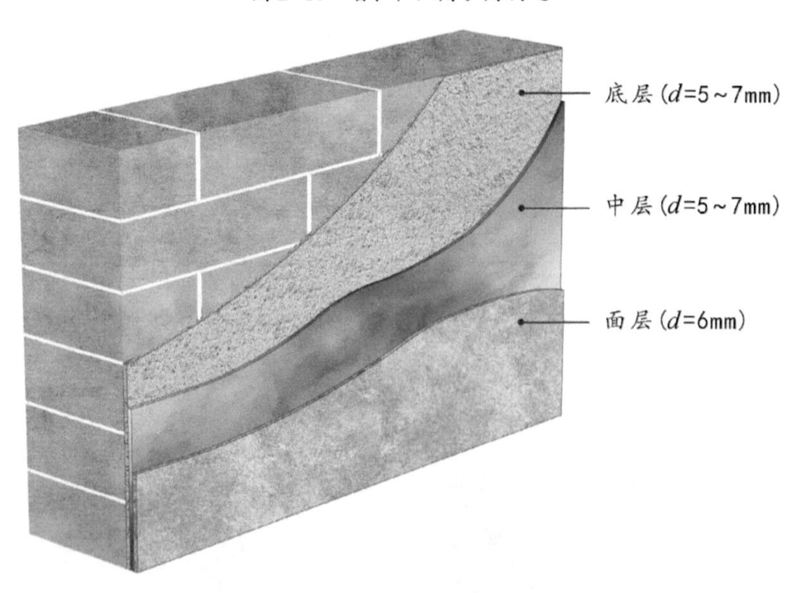

图 2-17　抹灰层构造

2.5.10 消耗量指标（表2-4）

水泥砂浆 / 粉刷石膏抹灰施工消耗量指标　单位：m^2　表 2-4

序号	名称	单位	消耗量
1	综合人工	工日	0.06
2	玻璃纤维网格布（用于加气混凝土砌块墙满铺）	m^2	1.05
3	钢丝网（用于不同材质墙面交接处）	m^2	0.48
4	水泥砂浆 1：3（42.5）（14mm 厚）	m^3	0.02
5	工作内容	清理基层→挂钢丝网→吊垂规方→做护角→墙面冲筋→抹底（中）层灰→抹罩面灰	

装饰小百科
Decoration Encyclopedia

生石灰：又称云石，主要成分为氧化钙，通常制法为将主要成分为碳酸钙的天然岩石，在高温下煅烧，即可分解生成二氧化碳以及氧化钙。

石灰膏：是指已经被水消解而变熟的石灰，分子式 $Ca(OH)_2$，这种软的可塑性浆体材料可用作抹灰。注意石灰膏≠石膏。

石膏：是主要化学成分为硫酸钙（$CaSO_4$）的水合物。可用于水泥缓凝剂、石膏建筑制品、模型制作、医用食品添加剂、硫酸生产、纸张填料、油漆填料等。

粉刷石膏：粉刷石膏是装修中最常用的墙体找平材料，按用途分为面层粉刷石膏（*F*）、底层粉刷石膏（*B*）和保温层粉刷石膏（*T*）。其中：面层粉刷石膏（*F*）通常不含集料，用于粉刷石膏或其他基底上的最外一层抹灰材料；底层粉刷石膏（*B*）通常含有集料，用于基底找平；保温层粉刷石膏（*T*）具有较好的热绝缘性，通常含有轻集料，并且硬化体体积密度不大于500kg/m^3。粉刷石膏的生产配方主要有石膏、硅砂、石膏添加剂等。

舌头灰：砌筑过程中，灰缝处水泥砂浆或水泥混合砂浆过满致使部分灰超出墙面的部分。

护角：为使阴阳角部位垂直、美观而采取的一种基层表面施工工艺。

捋角器：用于捋水泥抱角素水泥浆的工具。

灰饼：抹灰墙面或浇筑地坪时用来控制墙地面的平整度及完成面的水泥块。

冲筋：墙地面抹灰厚度、面积较大时，一般在抹灰前用砂浆按一定间距做出小灰饼，然后沿小灰饼垂直和水平方向继续用砂浆做出一条或几条灰筋，一般间距不大于1.5m，以控制平整度及完成面厚度，此过程称为冲筋。

析白：水泥在水化过程中产生 $Ca(OH)_2$，同空气中的 CO_2 化合成白色粉末状 $CaCO_3$ 析出于墙面。

3 防水工程

室内防水工程是室内装修施工中最易出问题的相关工程之一，因其渗漏后维修往往需要破坏装饰面层，所造成的财产损失不可预估，引起客户投诉的占比大。所以，在装修施工时要尤为重视。

室内涂膜防水是在楼地面、墙面基层上涂刷防水涂料，经固化后形成一定厚度和弹性的整体涂膜，从而达到防水目的的一种防水形式。常用的防水涂料有合成高分子防水涂料，如聚氨酯防水涂料、丙烯酸防水涂料、有机硅防水涂料等，以及以聚丙烯酸酯乳液、乙烯-醋酸乙烯酯共聚乳液等聚合物乳液与水泥等无机填料及各种添加剂所组成的双组分、聚合物水泥防水涂料。

3.1 室内防水构造组成

针对不同防水部位、防水等级及不同适用环境选用不同的防水材料与工法。涂膜防水一般分为打底层、下层、中层、面层，对于特殊的须加强的部位，也可在下层中间增设无纺布或网格布胎体作为增强层。

3.1.1 打底层

其主要作用是隔绝基层潮气，提高涂膜与基层的粘结力。

3.1.2 下层

为涂膜防水对基层的初道渗透与填充。

3.1.3 中层

等级较高及重要建筑物的防水可根据需要增加中层，做法同下层，涂刷方向与前道防水垂直。

3.1.4 增强层

一般设于下层防水下涂与上涂之间，铺设时与前后施涂连续作业。主要作用是对墙角、墙根、管根、管口等易漏水部位进行加强处理。

3.1.5 面层

对之前防水层施工中出现的空鼓、气孔、砂、灰尘等缺陷进行修补后施涂面层，做法同下层，涂刷方向与前道防水垂直。

卫生间防水见图 3–1。

图 3–1 卫生间防水

3.2 室内防水材料选用

3.2.1 聚氨酯防水涂料

聚氨酯防水涂料可在形状复杂的基层上形成连续、高弹、无缝、整体的涂膜防水层，具有基层附着力强，对基层伸缩、变形适应性强，涂膜坚韧，拉伸强度高，延伸性好，耐老化性能强，抗结构伸缩变形能力强，使用寿命长等特点。聚氨酯防水涂料分为单组分和双组分型，其中双组分聚氨酯含“三苯”挥发性，不可应用于室内工程中。而其单组分型用于室内墙面防水时，因其成膜光滑易造成饰面砖空鼓、脱落，所以在最后一遍聚氨酯防水涂料干透前撒石英砂处理或干透后用界面剂掺水泥做界面拉毛处理。见图 3–2。

图 3–2　聚氨酯防水涂料

3.2.2　聚合物水泥防水涂料

简称 JS 防水涂料，是以聚丙烯酸酯乳液、乙烯—醋酸乙烯酯共聚乳液等聚合物乳液与水泥、石英砂、轻重质碳酸钙等无机填料及各种添加剂所组成的双组分、水性、刚柔并济的建筑防水涂料。聚合物水泥防水涂料与基层粘结性牢固、干燥较快（4～8h），受基层含水率限制小，普遍适用于室内厨房、卫生间、阳台等防水区域。根据粉料与液料的配比不同，产品分为Ⅰ、Ⅱ、Ⅲ型，柔韧性呈递减、强度呈递增趋势，其中Ⅰ型不适宜用于长期浸水环境中，如泳池、水景系统内。市场上不同厂家材料稳定性差异大，使用前需进行性能检测。见图 3–3。

图 3–3　聚合物水泥防水涂料

3.2.3　聚合物水泥防水灰浆

聚合物水泥防水灰浆适用于卫生间、厨房、阳台、地下室的防水、防潮，其在刚性防水材料的基础上增加了一定的柔韧性能，可抵抗基层细微变形。其具有优异的粘结性能，可直接在表面进行瓷砖铺贴；干燥速度快，工期短，可在潮湿基面直接施工。防水砂浆的水泥砂浆、素灰（纯水泥浆），水泥品种应按设计要求选用，其强度等级不应低于42.5级，不得使用过期或受潮结块水泥；砂宜采用粒径3mm以下、含泥量不得大于1%的中砂，硫化物和硫酸盐含量不得大于1%。

3.2.4 胎体增强材料

用于防水要求较高的特殊部位增加层，也称加筋材料、加筋布。主要选用聚酯化纤无纺布（图3–4）和玻璃纤维网格布（图3–5）。

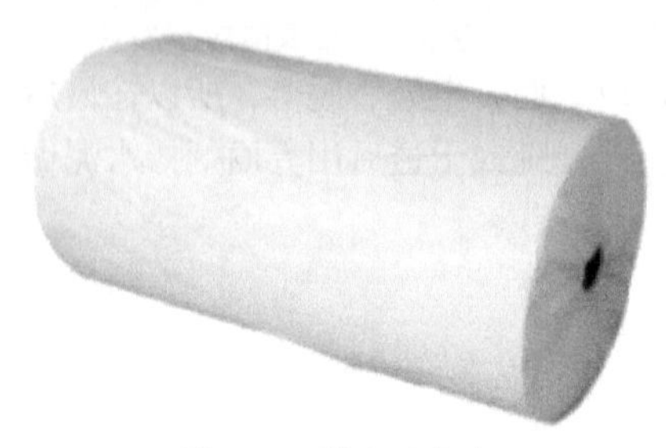

图3–4 聚酯无纺布

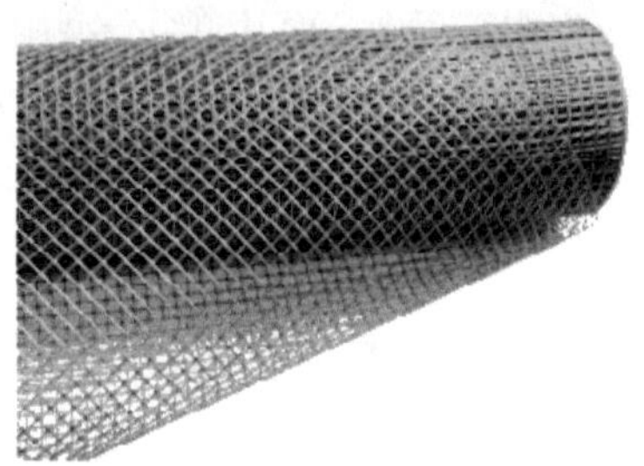

图3–5 玻璃纤维网格布

3.3 室内防水质量验收

3.3.1 质量文件和记录

（1）防水工程的施工图、设计说明及其他设计文件。

（2）材料的产品合格证书、性能检验报告、进场验收记录和复验报告。

（3）施工方案及安全技术措施文件。

（4）现场闭水及淋水检验记录。

（5）隐蔽工程验收记录。

（6）施工记录。

（7）施工单位的资质证书及操作人员的上岗证书。

3.3.2 隐藏工程验收

（1）不同结构材料交接处的增强处理措施。

（2）防水层在变形缝、门窗洞口、穿墙管道、预埋件及收头等部位的节点。

（3）防水层的搭接宽度及附加层。

3.3.3 检验批划分

室内防水工程按每一层次或每层施工段（或变形缝）作为检验批，高层建筑的标准层可按每三层（不足三层按三层计）作为检验批。

3.3.4 检查数量规定

室内防水工程的分项工程施工质量每检验批抽查数量应按其房间总数随机检验不应少于 4 间，不足 4 间，应全数检查。

3.3.5 材料及性能复试指标

（1）防水砂浆的粘结强度和抗渗性能。

（2）防水涂料的低温柔性和不透水性。

（3）防水透气膜的不透水性。

3.3.6 实测实量（图 3-6～图 3-9）

图 3-6 涂料涂刷表观：防水涂料涂刷均匀，无流淌、鼓泡、漏槎等缺陷，合格

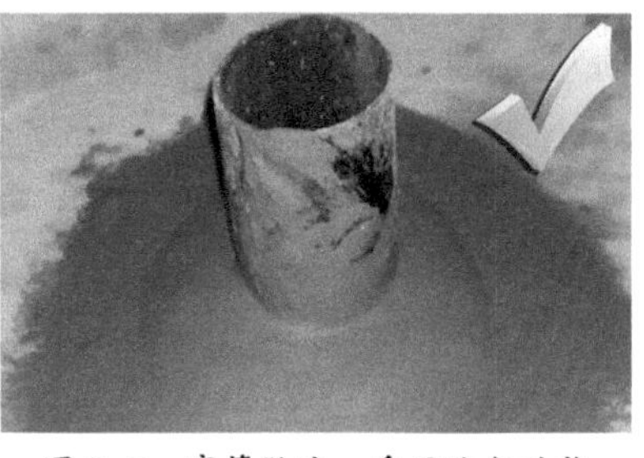

图 3-7 穿管做法：采用防水砂浆将管根抹成圆台，合格

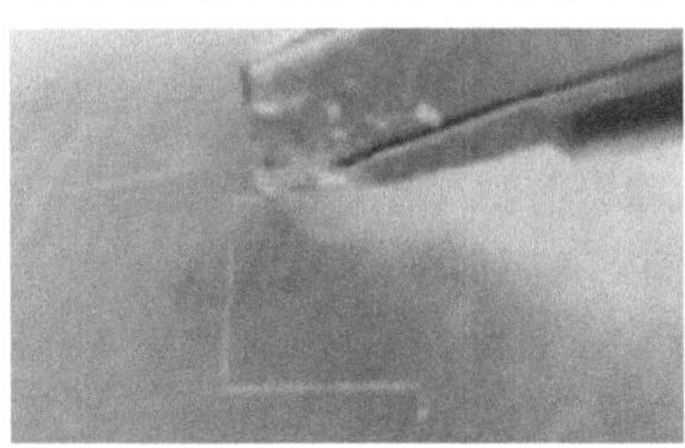

图 3-8 柔性防水层厚度检测：用壁纸刀切 20mm×20mm 方块，将防水层割开，并与基层拉开至少 10mm，用游标卡尺或测厚仪测量其厚度，最小厚度不低于设计厚度 90% 为合格

图 3-9 闭水试验：防水层完工干燥 48h 后应做 24h 蓄水试验，蓄水高度不低于 50mm，不渗不漏为合格

3.4 室内防水施工要点

（1）基层需清理干净，凸出部位应铲平，凹陷处用砂浆补齐，确保基层表面干净、无砂眼、孔洞、空鼓、开裂、毛刺等现象，含水率小于9%。

（2）施工前，所有穿过楼板的立管、套管须施工完毕并经验收合格，管孔吊洞须分两次浇筑，第一次采用细石混凝土封堵，第二次采用细石混凝土加膨胀剂进行封堵，并抹成小圆角。应对排水管口做临时封堵保护，避免后续施工所产生的垃圾、杂物掉入造成管道堵塞。

（3）卫生间门槛石下部须浇筑C20细石混凝土止水坎，浇筑之前对基层进行凿毛处理，并刷界面剂，如门槛石须采用湿铺法，止水坎与墙体交接处宜伸入墙体20mm，并与地面统一做防水处理。

（4）墙角、墙根、门槛等处应采用防水砂浆抹成内圆弧，管根用防水砂浆抹成圆台，以便防水施涂；地漏管口与楼板面处预留30mm内圆弧凹槽，灌聚氨酯密封胶嵌缝处理。

（5）严格按产品配合比要求进行防水涂料配料拌和，尽量采用机械充分搅拌至浆料无粉团、气泡；配置好的防水涂料须在1h内用完，变稠或初凝不得加入稀释剂重新拌和使用。

（6）地面防水涂膜向墙面防水层上翻搭接高度不低于300mm，门洞处防水涂膜墙地面各向外延伸300mm；淋浴区墙面防水涂刷至高度1800mm，洗手台墙面涂刷至高度1000mm，其他墙面防水涂刷至高度300mm。

（7）防水涂料的涂刷顺序应先墙面后地面，先细部后大面；后一道涂刷方向与前一道相互垂直，每次涂刷前要对上一道涂膜的空鼓、气孔、砂、卷入涂层的灰尘和固化不良等进行修补。

（8）涂膜防水层与基层应粘结牢固，表面平整，涂刷均匀，不得有流淌、皱折、鼓泡、露胎体和翘边等缺陷。

（9）防水施工完成且防水层实干后做蓄水试验，蓄水高度50mm，须监理、甲方验收合格后方可进入下道工序。

3.5 室内涂膜防水施工技术标准

3.5.1 适用范围

本施工技术标准适用于一般工业与民用建筑中室内涂膜防水工程。

3.5.2 作业条件

（1）冬期施工温度应该在 5℃以上，基层表面温度应保持在 0℃以上。夏期施工温度应该在 35℃以下，禁止烈日照射下施工。

（2）土建交接验收合格，结构闭水 24h，楼板无渗漏。

（3）有防水要求的填充墙底部设高 200mm 混凝土坎台。

（4）淋浴房地面应浇筑混凝土挡坎或安装止水钢板，高度按照高于淋浴房内侧最高处地面完成约 20mm 控制，应深入墙体 20mm。

（5）门槛石处应用 C20 细石混凝土浇筑与墙体同宽的挡水坎，标高低于门槛石完成面约 30mm。

3.5.3 材料要求

（1）防水涂料：应具有出厂合格证、产品认证文件、质量检测报告、复试报告，拉伸强度和不透水性能应符合设计要求。防水层厚度应符合表 3-1 要求。

防水层厚度表　　表 3-1

防水涂料	防水层厚度	
	水平面（mm）	垂直面（mm）
聚合物水泥防水涂料①	≥ 1.5	≥ 1.2
聚合物乳液防水涂料	≥ 1.5	≥ 1.2
聚氨酯防水涂料②	≥ 1.5	≥ 1.2
水乳型沥青防水涂料	≥ 2.0	≥ 1.5

（2）防水砂浆：配合比一般采用水泥：砂＝1：2.5～3，水灰比在 0.5～0.55 之间，水泥应采用 42.5 级的普通硅酸盐水泥，砂应采用级配良好的中砂。防水砂浆厚度应符合表 3-2 要求。

防水砂浆厚度表　　表 3-2

防水砂浆	砂浆层厚度（mm）	
掺防水剂的防水砂浆	≥ 20	
聚合物水泥防水砂浆	涂刮型	≥ 30
	抹压型	≥ 15

3.5.4 工器具要求（表 3-3）

工器具要求　　表 3-3

机具	手提电动搅拌机
工具	锤子、铲子、钢丝刷、灰桶、木抹子、铁抹子、喷壶、水桶、扫帚、毛刷
测具	台秤、钢卷尺、水平尺

3.5.5 施工工艺流程

1. 工艺流程图（图 3-10）

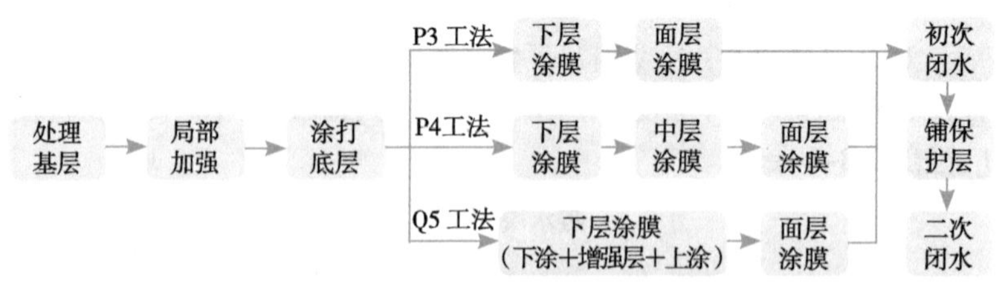

图 3-10　室内涂膜防水施工工艺流程图

2. 工艺流程表（表 3-4）

室内涂膜防水施工工艺流程表　　表 3-4

处理基层	采用配合比 1：3 水泥砂浆对墙面、管槽覆埋与地面垫层找平，厚度 20mm 左右。基层面应平整光滑、坚实牢固、清洁无浮土、砂粒等污物，局部凸出部分铲平，凹陷处用砂浆填平
局部加强	墙角、墙根、**门槛**③等处应采用防水砂浆抹成半径 20mm 的内圆弧；穿楼板、穿墙管道定位后，管根处用防水砂浆堵严，缝大于 20mm 时视情况用 C20 细石**抗渗混凝土**④堵严或吊模浇筑。地漏管口与楼板面连接处预留 30mm 内圆弧槽，嵌塞止水条或灌**聚氨酯密封胶**⑤进行嵌缝处

续表

局部加强	理，管根用防水砂浆抹成圆台。热水及暖气立管穿越楼板时需加设套管，套管高出楼板 20 ～ 40mm，留管缝 2 ～ 5mm，上缝用密封胶封严。施工中要求砂浆与基层结合牢固、密实无空鼓，易发生渗漏的薄弱部位收头圆滑，结合严密平顺，同时注意排水坡度
涂打底层	防水涂料指派专人严格按产品要求的配合比负责配料，涂料装搅拌桶内，用手提电动搅拌器搅拌均匀，呈浆状无团块即可，已拌和好的涂料必须在 1h 内用完。打底层涂膜可隔绝基层潮气，提高涂膜与基层的粘结力。先用毛刷沾打底层防水涂料，将墙角、墙根、门槛、落水口、预埋件等细部均匀细致地涂刷一遍，再用长把滚刷进行大面积滚刷，涂刷量以 0.3kg/m^2 为宜。注意涂刷均匀、厚薄一致，不得漏涂，待打底层防水涂料固化干燥后，方可进入下道工序
涂防水层	涂料涂刷顺序应先墙面后地面，先细部后大面。地面向墙面防水翻边搭接不低于 300mm，门洞、地面防水各向外延伸 300mm，淋浴区、洗面台、其他部位墙面防水涂刷高度分别为 1800mm、1000mm、300mm。每层涂膜涂抹方向应相互垂直 下层涂膜：打底层涂膜固化干燥后，用滚刷或毛刷将搅拌好的底层涂料均匀涂刷在基层表面上，涂刷量以 0.9kg/m^2 为宜。涂膜未固化前不宜踩踏，施工应从内向外退着操作 增强层：建筑物异形部位（墙根、墙角、门槛、管根、预埋件、施工缝及基层裂纹处）和防水等级较高的部位可采用增补涂刷与增加**聚酯无纺布**[⑥]、聚丙烯无纺布或网格布的增强措施。无纺布按需剪裁，若涂层厚度不够，可加一层或数层。下涂、增强层、上涂三道工序须连续作业，无纺布铺贴平整，不得有鼓泡、褶皱、翘边等现象，防水涂料须浸透完全覆盖增强胎体 中层涂膜：下层涂膜固化后（一般不小于 4h，手触不粘）即可涂刷下道涂膜，方法同上道，方向与上道垂直。涂层厚度均匀，涂刷量以 0.9kg/m^2 为宜，多遍涂刷以达到涂膜的厚度要求 面层涂膜：在上道涂膜固化后，对所抹涂膜的空鼓、气孔、砂、卷入涂层的灰尘和固化不良等进行修补后涂刷面层膜，涂刷量以 0.9kg/m^2 为宜，涂刷方向须与上道涂刷方向垂直
初次闭水	防水施工完成后，禁止人员进入。最后一遍防水涂层干固 24h 后，进行初次闭水试验。先用水泥砂浆在门槛处筑一道高度 50mm 以上挡水带，蓄水深度不低于 50mm，闭水时间不小于 24h，无渗漏为合格

续表

铺保护层	初次闭水试验经验收合格后，应立即铺设 20mm 厚水泥砂浆保护层，随铺随拍实找平，终凝前用铁抹子压光平整。铺设时应穿软底鞋，防止对防水层造成破坏
二次闭水	墙地砖等装饰面层施工结束验收前宜进行二次闭水试验，蓄水深度不低于 50mm，闭水时间不小于 24h，无渗漏为合格。如有渗漏不合格，须对防水层及饰面层返工

3.5.6 过程保护要求

（1）施工人员应穿软质胶底鞋，严禁穿带钉的硬底鞋。

（2）防水层上堆料放物，都应轻拿轻放，并加以木方铺垫。

（3）防水层验收合格后，及时做好保护层。施工用的小推车腿均应做包扎处理，防水层严禁搭设临时架子。

（4）施工中若有局部防水层破坏，应及时采取相应的补强措施。

3.5.7 质量标准

1. 主控项目

（1）内容：涂料防水层所用的材料及配合比必须符合设计要求。

检验方法：检查产品合格证、产品性能检测报告、计量措施和材料进场检验报告。

（2）内容：涂料防水层的平均厚度应符合设计要求，最小厚度不得低于设计厚度的 90%。

检验方法：用针测法检查。

（3）内容 ：涂料防水层在转角处、变形缝、施工缝、穿墙管等部位做法必须符合设计要求。

检验方法：观察检查和检查隐蔽工程验收记录。

2. 一般项目

（1）内容：防水层应与基层粘结牢固、涂刷均匀，不得流淌、鼓泡、露槎。

检验方法：观察检查。

（2）内容：涂层间夹铺胎体增强材料时，应使防水涂料浸透胎体覆盖完全，不得有胎体外露现象。

检验方法：观察检查。

（3）内容：侧墙涂料防水层的保护层与防水层应结合紧密，保护层厚度应符合设计要求。

检验方法：观察检查。

3.5.8 质量通病及其防治

1. 管根、管口渗漏至下层

（1）原因分析：管根、管口等部件松动、粘结不牢、涂刷不严或防水层局部损坏产生空隙，部件接槎封口处搭接长度不足所造成。

（2）防治措施：管口、地漏口预留凹槽应使用嵌塞止水条、聚氨酯密封胶进行嵌缝并填嵌严密、牢固；穿管洞口封墙严禁铁丝吊模，并应对洞口清理、润湿、分层浇筑；管口处在涂刷防水涂料时，先细部后大面。采用增补涂刷、增加聚酯无纺布或网格布的增强措施；防水层搭接宽度不应小于 100mm。

2. 防水层脱落导致面砖空鼓

（1）原因分析：基层与防水砂浆粘结不牢固；基层含水率过大。

（2）防治措施：认真处理基层，确保防水砂浆与基层粘结牢固无空鼓后方可涂刷防水涂料；施工中应控制基层含水率。

3. 墙面渗漏起泡

（1）原因分析：基层含水率过大；防水层施工不到位。

（2）防治措施：施工前确保基层含水率小于 9%；按规定高度分三次涂刷防水涂料，确保防水层厚度符合设计要求。

4. 门槛外侧地板及门套发霉

（1）原因分析：未采取局部加强措施。

（2）防治措施：门洞、门槛处防水涂刷面积须向外延伸 300mm；应用防水砂浆在门槛处做一道止水坎；门槛石与墙体的缝隙须用堵漏砂浆做密闭处理；门套木基层和木饰面须刷防潮油漆，并离地面安装，木饰面与门槛石缝隙应打胶封闭。

3.5.9 构造图示（图3-11～图3-13）

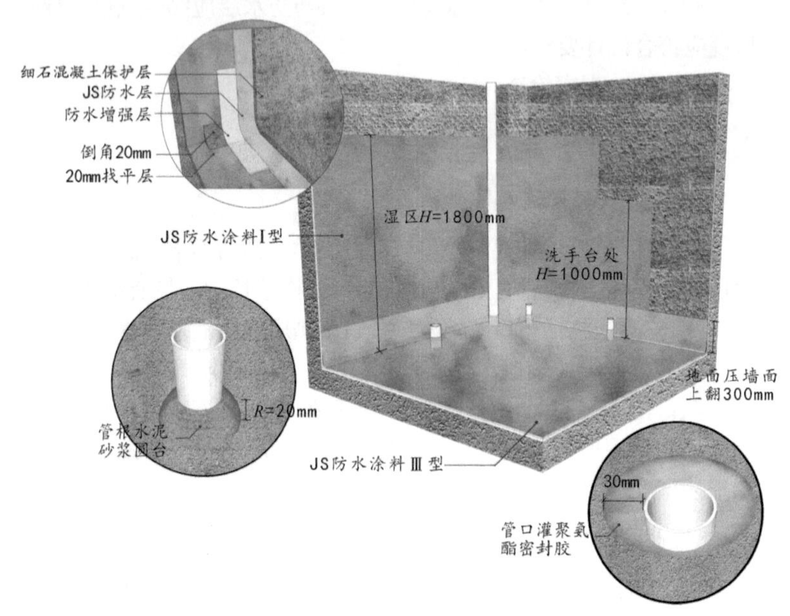

图3-11 卫生间防水构造

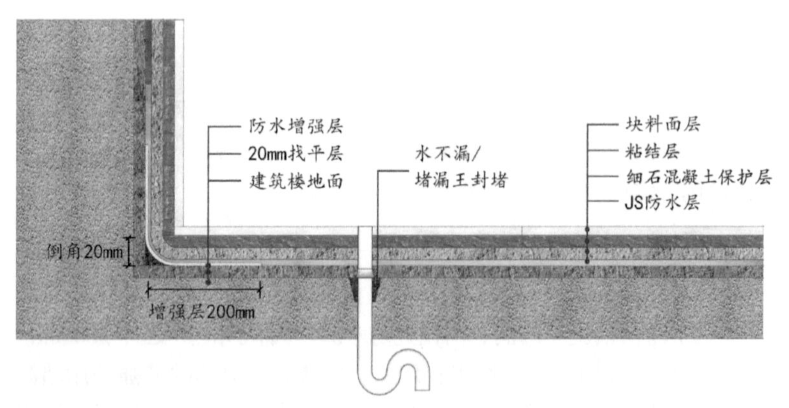

图3-12 防水构造剖视

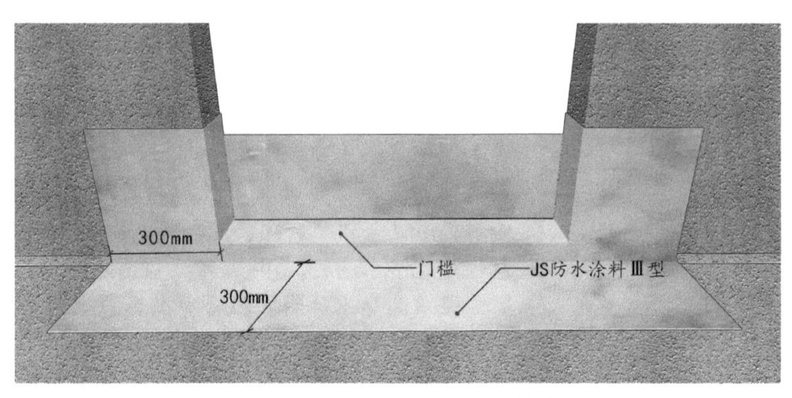

图 3-13　门洞、门槛处防水构造

3.5.10　消耗量指标（表3-5）

室内涂膜防水施工消耗量指标　单位：m²　　　**表 3-5**

<table>
<tr><th rowspan="2">序号</th><th rowspan="2">名称</th><th rowspan="2">单位</th><th colspan="3">消耗量</th></tr>
<tr><th>找平层施工 20mm</th><th>JS 聚合物水泥基防水涂料 1.5mm</th><th>水泥砂浆保护层 20mm</th></tr>
<tr><td>1</td><td>综合人工</td><td>工日</td><td>0.04</td><td>0.03</td><td>0.04</td></tr>
<tr><td>2</td><td>水泥砂浆 1 : 3 (42.5)</td><td>m³</td><td>0.02</td><td rowspan="2">—</td><td>0.02</td></tr>
<tr><td>3</td><td>素水泥浆</td><td>m³</td><td>0.01</td><td>0.01</td></tr>
<tr><td>4</td><td>增强材料（玻璃纤维网格布 / 聚酯无纺布）</td><td>m²</td><td rowspan="3">—</td><td>0.20</td><td rowspan="3">—</td></tr>
<tr><td>5</td><td>JS 聚合物水泥基液料</td><td>kg</td><td>1.23</td></tr>
<tr><td>6</td><td>JS 聚合物水泥基粉料</td><td>kg</td><td>0.87</td></tr>
<tr><td>7</td><td>工作内容</td><td colspan="4">P3 工法：处理基层→局部加强→涂打底层→下层涂膜→面层涂膜→初次闭水→铺保护层→二次闭水。
P4 工法：处理基层→局部加强→涂打底层→下层涂膜→中层涂膜→面层涂膜→初次闭水→铺保护层→二次闭水。
Q5 工法：处理基层→局部加强→涂打底层→下层涂膜（下涂＋增强层＋上涂）→面层涂膜→初次闭水→铺保护层→二次闭水</td></tr>
</table>

装饰小百科
Decoration Encyclopedia

① 聚合物水泥防水涂料
② 聚氨酯防水涂料
③ 门槛
④ 抗渗混凝土
⑤ 聚氨酯密封胶
⑥ 聚酯无纺布
⑦ P3 工法
⑧ P4 工法
⑨ Q5 工法

聚合物水泥防水涂料：又称JS（“J”指聚合物、“S”指水泥）防水涂料，是一种以聚丙烯酸酯乳液、乙烯—醋酸乙烯酯共聚乳液等聚合物乳液及各种添加剂组成的有机液料，和水泥、石英砂、轻重质碳酸钙等无机填料及各种添加剂所组成的无机粉料，通过合理配合比、复合制成的一种双组分、水性建筑防水涂料。

聚氨酯防水涂料：以异氰酸酯、聚醚为主要原料，配以各种助剂制成的反应型柔性防水涂料。其原来一般由聚氨酯与煤焦油作为原材料制成，由于挥发的焦油气毒性大，且不易清除，已禁止使用。现有聚氨酯防水涂料，是用沥青代替煤焦油作为原料。但使用这种涂料时，一般采用含有二甲苯等有机溶剂来稀释，因而也含有毒性。

门槛：同门坎，指门框下部紧挨地面的石条、横木条或金属条。

抗渗混凝土：是指抗渗等级等于或大于P4级的混凝土。抗渗混凝土通过提高混凝土的密实度，改善孔隙结构，从而减少渗透通道，提高抗渗性。

聚氨酯密封胶：以聚氨酯橡胶及聚氨酯预聚体为主要成分的嵌缝密封材料，具有较高的拉伸强度、优良的弹性、耐磨性、耐油性和耐寒性。

聚酯无纺布：是一种无须纺纱织布而形成的织物，主要用于建筑防水，也可用于防止墙地面开裂。

P3 工法：分为打底层、下层、面层。总用料量2.1kg/m^2（不包括水），涂刷厚度约1mm，适用于等级较低及旧楼维修的防水。

P4 工法：分为打底层、下层、中层、面层。总用料量3.0kg/m^2（不包括水），涂刷厚度约1.3～1.4mm，适用于等级较高及重要建筑物的防水。

Q5 工法：分为打底层、下层（下涂、增强层、上涂）、面层。总用料量：3.0kg/m^2（不包括水），涂刷厚度约1.5～1.7mm，适用于建筑物异形部位（管根、墙根、雨水口、阴阳角等）的防水和等级较高的防水。

4 楼地面工程

楼地面工程 包括建筑物的地面和楼面，是建筑的主要部位。楼地面装修须在满足改善室内环境和提高人居品质的同时，还应具有隔声、保温、找坡、防渗、防滑等功能。

通常楼地面应具有：高强耐腐，可以抵抗多数侵蚀、摩擦及冲击作用；坚固耐久，对主体结构能起保护作用；根据不同的使用环境，还应具有防静电、隔声吸声、保温隔热、防火阻燃等性能。

楼地面工程按面层形式不同，可分为整体面层与板块面层；按面层材料不同，可分为水泥砂浆、细石混凝土、自流平、砖板块、石材板块、木竹地板、活动地板、地毯织物及塑料地板等楼地面工程。

4.1 楼地面工程构造组成

地面的基本构成主要有面层、垫层和基土（地基）；楼面的基本构成主要有面层和楼板。根据不同的使用要求，面层与基层之间还会有构造层。如结合层、找平层、填充层、隔离层、垫层等。

4.1.1 面层

楼地面装饰面层（图4–1），承受各种荷载并起装饰美化和保护结构层作用。

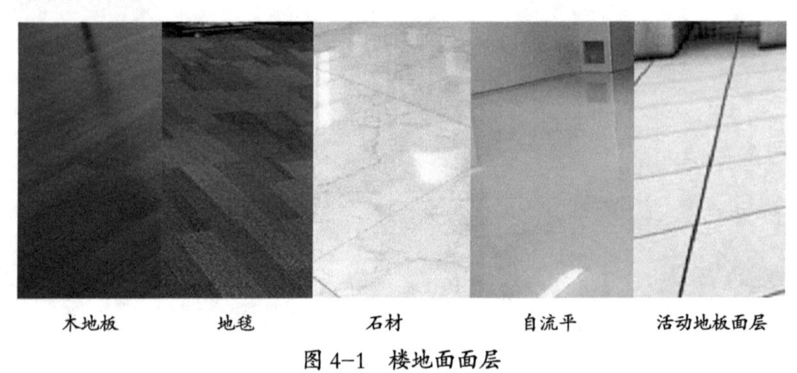

木地板　地毯　石材　自流平　活动地板面层

图4–1　楼地面面层

4.1.2 结合层

连接底层与装饰面层的中间层，有承上启下的作用。

4.1.3 找平层

在垫层、楼板或填充层（轻质或松散材料做成）上起整平、找坡或加强作用的构造层，其施工质量直接影响到楼地面工程的质量。

4.1.4 填充层

起隔声、保温、找坡、敷暗管线等作用的构造层。

4.1.5 隔离层

防止建筑地面上各种液体（含油渗）或地下水、潮气渗透到地面的构造层，亦称防水（潮）层。

4.1.6 垫层

仅用于地面上，承受并传递地面荷载于基土上的构造层。

4.1.7 基土

是地面垫层下的土层（含地基加强或软土地基表面加固处理）。

4.1.8 楼板

即结构楼面板，可将建筑物竖向分隔为若干楼层，并将竖向荷载通过梁、柱、墙传递至基础。

4.2 楼地面工程材料选用

4.2.1 胶凝材料

（1）水泥：宜采用强度等级不低于 42.5 的硅酸盐水泥或普通硅酸盐水泥，冬期施工水泥强度不低于 42.5。过期受潮、结块、变硬、安定性不合格的水泥均不得使用，严禁使用不同品种、不同强度等级的水泥。

（2）白水泥：宜采用强度等级不低于 42.5 的白色硅酸盐水泥，初凝不得早于 45min，终凝不得迟于 12h，0.080mm 方孔筛筛余不得超过 10%。白水泥在运输与保管时不得受潮和混入杂物，不同强度等级和白度的水泥应分别贮运，不得混杂。主要用于粘结浅色石材，可减少石材表面“泛碱”的发生。

（3）砖 / 石专用胶粘剂：由水泥、石英砂、聚合物胶结料配以多种添加剂经机械混合均匀而成，具有粘结强度高、硬化速度快、施工方便、良好的保水性、和易性、抗流坠性，无毒、无味、无污染。楼地面选用浅色石材或结合层厚度较薄时，可采用专用粘结剂。

（4）砂：宜采用中砂或粗砂，在使用前应根据要求过筛，筛子孔径不大于 8mm，筛好后保持洁净。砂颗粒要求坚硬洁净，含泥量不得超过 3%，不得有草根、树叶、碱性物质及其他有机物等有害物质。

4.2.2 自流平

自流平地面材料是一种以无机胶凝材料或有机材料为基材，与超塑剂等外加剂复合而成的楼地面面层或找平层材料。

水泥基自流平砂浆性能应符合现行行业标准《地面用水泥基自流平砂浆》JC/T 985 的规定；水泥基自流平砂浆用界面剂应符合现行行业标准《水泥基自流平砂浆用界面剂》JC/T 2329 的规定；环氧树脂自流平材料性能应符合现行国家标准《地坪涂装材料》GB/T 22374 规定。有出厂合格证、性能检验报告、产品说明书；有苯、甲苯＋二甲苯、挥发性有机化合物（VOC）、游离甲苯二异氰酸酯（TDI）限量合格的检测报告。

4.2.3 地砖

地砖具有平整、防滑、强度高、耐磨损、抗腐蚀、抗风化的优点；施工方便，湿作业快捷，在普通、中级、高级楼地面装修工程中应用广泛；品种多样，有陶质砖、瓷质砖、釉面砖、通体砖、抛光砖、玻化砖、陶瓷锦砖等。见图 4–2。

图 4–2 地砖

选用地砖要求其材质、品种、规格、图案、色泽及抗压抗折强度应符合设计要求；边角整齐、表面平整、色泽均匀，无翘曲、掉角、缺楞等缺陷；产品有出厂合格证、出厂检验报告、放射性限量合格的检测报告；瓷质砖使用面积大于 200m^2 时，应对不同批次产品进行放射性指标复试。砖的物理性能应符合现行国家标准《陶质砖》GB/T 4100 的规定。

4.2.4 石材

石材地面面层材料有花岗岩、大理石、人造石及碎拼石等种类。天然花岗岩硬度高、耐磨、耐压、耐腐蚀，适用于室内外地面；天然大理石有美丽的天然纹理，表面硬度低，化学稳定性和大气稳定性较差，一般较多用于室内地面；人造石花纹图案模仿天然石材，其抗污耐久及易于加工性均得到较好的改良；碎拼石是以各种花色高级石材边角，经挑选分类，稍加整形后拼接成艺术图案铺贴于地面，具有美观大方、经济实用等优点。见图 4-3。

图 4-3　石材

所选用的铺地石材的技术等级、光泽度、外观质量应符合设计要求及国家现行标准，其技术要求的规格公差、平整度偏差、角度偏差、光泽度、棱角缺陷、裂纹暗痕均符合标准要求（注：民用建筑工程室内饰面采用的天然花岗岩石材，当面积大于 200m² 时，应对不同产品分别进行放射性指标复试）。

石材板块质量要求见表 4-1。

石材板块质量要求　　表 4-1

种类	花岗石板材（mm）	大理石板材（mm）
长度 / 宽度	±0、－1	
厚度	±2	＋1、－2
平均最大偏差	长度≥ 400，0.6	长度≥ 800，0.8
外观要求	表面要求光洁明亮、色泽鲜明无刀痕、旋纹；板块角方正、无扭曲、缺角、掉边	

4.2.5　塑料地板

塑料地板面层采用塑料板块或卷材以粘贴、干铺在水泥基层上铺设。板块、卷材可采用聚氯乙烯树脂（PVC）、聚氯乙烯—聚乙烯共聚物、聚乙烯、聚丙烯树脂等面层材料。塑料地板板材和卷材应平整、光洁、色泽一致、图案美观，无气泡、裂纹，材质符合行业生产各项技术指标。见图 4-4。

图 4-4　塑料地板

4.2.6　木竹地板

木竹地板按原材料及生产工艺不同，可分为实木地板、竹地板、实木复合地板、软木地板、强化地板等。其具有天然纹理，给人温暖、柔和、高雅、名贵的感觉，有弹性良好、脚感舒适、导热性小、保温性好的优点，也有易虫蛀、易燃、易腐蚀、耐水差、易形变、工艺要求严、造价高等特点。因此木竹地板施工时要注意防蛀、防腐、通风措施。见图 4–5。

图 4–5　木地板

所选用木竹地板材料外观质量、规格尺寸、强度须符合设计要求和国家现行相关标准，应有出厂合格证、性能检验报告、产品说明书，苯、甲苯＋二甲苯、挥发性有机化合物（VOC）、游离甲苯二异氰酸酯（TDI）限量合格的检测报告（注：当民用建筑工程室内装修中采用的某一种人造木板面积大于 500m^2 时，应对人造木板进行游离甲醛含量或游离甲醛释放量复试）。

4.2.7　活动地板

活动地板根据使用要求不同，可分为网络地板与防静电地板。以其特制的平压刨花板为基材，表面饰以装饰面层、底层用镀锌钢板、经粘结胶合组成或以全钢冲压成型，空腔内填发泡水泥的活动板块。配以横梁、橡胶垫条和可调节支架组装而成，架空铺设在楼地面水泥基层上。见图 4–6。

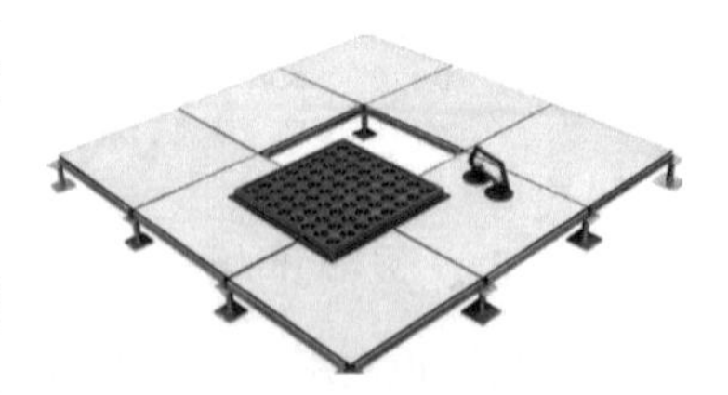

图 4–6　活动地板

4.2.8　地毯

地毯作为软性铺地织物的总称，具有保温、吸声、隔声，抑尘等作用，且质地柔软、脚感舒适，图案与色彩丰富，是一种较高级的地面装饰材料。地毯按材质不同，可分为纯羊毛、羊毛与化纤混纺、化纤、塑料、剑麻等地毯；按编织工艺不同，可分为手工枪刺地毯、无纺地毯及簇绒地毯等。选择地毯时须满足基本的防火、防静电性能，其生产工艺、材质、花色、绒高、密度等技术指标均应满足设计要求。

4.3 楼地面工程质量验收

4.3.1 质量文件和记录

（1）楼地面工程的施工图、设计说明及其他设计文件。

（2）材料的产品合格证书、性能检验报告、进场验收记录和复验报告。

（3）隐蔽工程验收记录。

（4）施工记录。

4.3.2 隐藏工程验收

（1）地面工程的基层处理和面层铺设，各构造层用材料品种、规格、厚度、强度、密实度等。

（2）防水涂料涂刷高度及厚度，地漏、穿管处渗漏情况。

（3）各相邻构造层之间的粘结强度、密实度。

（4）沟槽及暗管预埋、水管试水通水。

4.3.3 检验批划分

基层（各构造层）和各类面层的分项工程的施工质量验收应按每一层次或每层施工段（或变形缝）划分检验批，高层建筑的标准层可按每三层（不足三层按三层计）划分检验批。

4.3.4 检查数量规定

（1）每检验批应以各子分部工程的基层（各构造层）和各类面层所划分的分项工程按自然间（或标准间）检验，抽查数量应随机检验不应少于3间；不足3间，应全数检查；其中走廊（过道）应以10延长米为1间，工业厂房（按单跨计）、礼堂、门厅应以两个轴线为1间计算。

（2）有防水要求的建筑地面子分部工程的分项工程施工质量每检验批抽查数量应按其房间总数随机检验不应少于4间，不足4间，应全数检查。

4.3.5 材料及性能复试指标

（1）天然石材、瓷砖的放射性能及有害物质含量。

（2）木地板、木龙骨、垫木等木材甲醛释放量。

（3）胶粘剂、涂料中苯、甲苯＋二甲苯、挥发性有机化合物（VOC）、游离甲苯二异氰酸酯（TDI）等材料的污染物含量。

（4）水泥砂浆强度、安定性及其他必要的性能指标。

4.3.6 实测实量（图4-7～图4-16）

图 4-7 石材感观：石材表面色泽基本一致，无裂缝、色差，合格

图 4-8 石材接缝宽度：用钢直尺检查地面石材，接缝宽度误差≤1.0mm，合格

图 4-9 地砖空鼓：响鼓锤敲击地面地砖或石材贴面，无空鼓，合格

图 4-10 地砖表面平整度：用 2m 靠尺及塞尺检查，平整度误差≤ 2mm，合格

图 4-11 木地板感观：表面洁净，无沾污、磨痕、毛刺等。安装牢固，行走时无明显响声

图 4-12 木地板感观：表面有明显刮痕，不合格

图 4-13　木地板表面平整度：用 2m 靠尺及塞尺检查，地面平整度误差 ≤ 2mm，合格

图 4-14　踢脚线直线度：用 2m 靠尺和塞尺检查，直线度误差 ≤ 2mm，合格

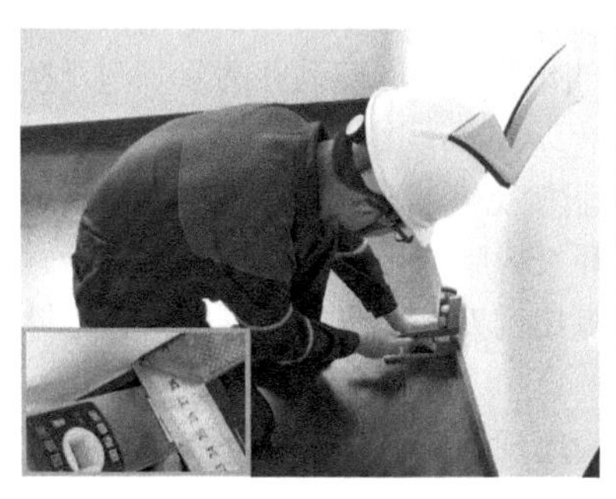

图 4-15　踢脚线与墙面间隙：用直角检测尺和钢尺检查，缝隙宽度误差 ≤ 1.0mm，合格

图 4-16　踢脚线与地板间隙：用塞尺检查，缝隙宽度误差 ≤ 1.0mm，合格

4.4　楼地面工程施工要点

4.4.1　水泥砂浆面层

（1）做面层之前应先将基层清扫干净，铲除基层上的浮皮，最后冲洗干净、晾干，做面层时随刮水泥素浆，随铺面层砂浆，面层砂浆应刮平、压实。

（2）用干硬性水泥砂浆在地面打 50mm 见方灰饼，纵横间距约 1.5m，冲筋以控制铺灰厚度与平整度。如局部厚度薄于 10mm 时调整水泥砂浆做法。

（3）控制好压光时间，初凝（铺抹 0.75h 前）前抹光，终凝（铺抹

6.5h 前）后压光，收压至少 3 遍，不可过夜收压水泥砂浆面层。

（4）视气温高低，夏季在面层压光交活 24h 后，其余季节 48h 后，铺锯末或草袋护盖，并洒水保持湿润，养护时间不少于 14d。

4.4.2　自流平面层

（1）施工温度和地表温度以 10 ～ 25℃为宜，空气相对湿度小于 80%。

（2）无机类自流平，界面剂按相互垂直方向各涂刷一遍。第一遍界面剂涂刷表干后，再涂刷第二遍，表面无积液，干燥后方可进行自流平施工。

（3）无机类自流平，将搅拌好的浆料一次性倒出，辅以刮板使其流展找平，静置 2 ～ 3min 后，用排气滚筒助浆料流动并清除气泡及接槎。操作人员须穿钉鞋作业。

（4）有机类自流平，将底涂树脂按比例混合均匀，准确称量后均匀涂刷在基层上 1 ～ 2 遍。将面涂环氧树脂搅拌均匀、精确称量后，直接在上一工序完成面上涂刷，用专用刮刀刮平至规定厚度，并用针形滚筒消除气泡。

（5）自流平施工完成后，必须封闭现场，24h 内严禁行走和冲击；养护 7d 后，待表面完全固化有强度，方可投入使用。

4.4.3　砖面层

（1）根据铺设空间与砖的模数进行排砖，排砖应符合设计要求，兼顾砖损耗的同时避免出现小于 1/3 板幅的边角。

（2）地面基层须清理并充分润湿，垫层与基层的水泥砂浆应涂刷均匀、随刷随抹。陶质砖铺装前将砖放入水桶中浸水湿润，晾干后表面无明水方可使用。

（3）结合层采用 1∶3 干硬性砂浆，随拌随用，初凝前用完；铺设厚度 10 ～ 25mm，高出结合层实铺厚度 3 ～ 4mm 为宜，铺好后用大杠尺刮平，再用抹子拍平找实。

（4）将砖先预铺找平、找正后拿起，分别在干拌料与砖背面摊铺适量的素水泥浆，再将砖重新实铺并用橡皮锤坐平坐正。如采用胶粘剂，基层水平度须达 4mm 以内。

（5）铺完 2 ～ 3 行，应随时拉线检查缝格的平直度，如超出规定应立即修整，将缝拨直，并用橡皮锤拍实。此项工作应在结合层初凝前完成。

4.4.4 石材面层

（1）铺装前，石材应铲除背网并做六面防护，表面及侧面应涂抹两遍，防水性要达到 75% ～ 80%，耐污性达到 0；底面应厚涂一遍，抗渗性试验应无水斑，水泥粘结强度下降率小于 5.0%。

（2）天然石材加工后，须在工厂根据图案、颜色、纹理试拼，试拼后按双向排列编号，并按编号成套打包装箱运输。

（3）结合层采用 1∶3 干硬性砂浆，随拌随用，初凝前用完；铺设厚度 10 ～ 25mm，高出结合层实铺厚度 3 ～ 4mm 为宜，铺好后用大杠尺刮平，再用抹子拍平找实。

（4）对齐纵横控制线，将石材在结合层上先试铺，找平找正后将板块掀起备用，在结合层上满浇一层水灰比为 0.5 的素水泥浆，用橡皮锤轻击木垫板将板块坐平坐正。如遇浅色石材，宜采用白水泥或石材胶粘剂。

（5）铺装后的石材常温下至少要养护 7d 以上（冬期施工养护期 14d），才能做整体研磨晶硬处理，否则研磨易出现空鼓、断裂及结合层水气渗出形成病变等现象。

4.4.5 塑料板面层

（1）塑料板面层铺设时的环境温度宜为 10 ～ 30℃；基层应无空鼓起砂、起皮等缺陷；水泥砂浆强度应达到 12 ～ 15MPa。无论卷材或块材，都应于现场放置 48h 以上，使材料记忆性还原，温度与施工现场一致。

（2）用凿形刮板对基层与塑料地板背面同时满刮胶粘剂，等候 5 ～ 15min，手触不粘即可铺贴。胶粘剂要全面涂布，特别是连接部分，墙角要充分涂布，防止产生移动、翘边等现象。

（3）粘贴后，用软木块推压地板表面进行整平并挤出空气。随后用 50 ～ 75kg 的钢压辊均匀滚压，及时修整拼接处翘边，随时擦去地板表面多余胶粘剂。

（4）铺设 24h 后，用开槽器沿接缝处进行开槽，深度至地板厚度 2/3。胶水完全固化后，用温度 350℃左右焊枪匀速将焊条挤压入槽。

在焊条半冷却与全冷却状态，分两次将焊条高出地面部分割去。

4.4.6 活动地板面层

（1）依据室内空间纵横中线进行对称分格，或将非整块板放至靠墙处，在基层上按板块尺寸弹出方格，标出板块安装位置和高度，并标明设备预留部位。同时铺设活动地板下线槽管线等，注意避开支架底座位置。

（2）防静电地板须按地面弹线铺设金属屏蔽网，金属屏蔽网与机房接地铜牌相连，组成一个完整的机房屏蔽系统，具有接地、抗静电、抗干扰的作用。

（3）按标高控制线与点位网格线安放支座和横梁，调整支座高度至等高，并与横梁构成一体后，用水平仪抄平、灌注环氧树脂或用膨胀螺栓连接牢固。

（4）地板板块切割边应采用清漆或环氧树脂胶加滑石粉按比例调成腻子封边，或用防潮腻子封边，也可采用铝型材镶嵌。

（5）超过地板承载力的大型设备进入预定位置后方可施工，不得交叉施工。

4.5 水泥砂浆面层施工技术标准

4.5.1 适用范围

本施工技术标准适用于工业与民用建筑中水泥砂浆面层工程。

4.5.2 作业条件

（1）施工温度应在5℃以上，35℃以下。

（2）楼地面的混凝土[①]基层已按设计要求施工完成，强度已达到1.2MPa。

（3）各种管道、地漏等已安装完毕且经检验合格；立管经套管通过楼板孔洞已用细石混凝土灌好封严；地漏口已覆盖，并已办理预检手续。

（4）已弹出控制面层标高和排水坡度水平线；分格缝已按要求设置，地漏处已找好泛水及标高。

4.5.3 材料要求

（1）**水泥**[②]：宜采用硅酸盐水泥（普通硅酸盐水泥），其强度等级大于42.5。不同品种、不同强度等级的水泥严禁混用，进场水泥要有出厂合格证和相应的检测报告，并进行复检，检验合格后方可使用。

（2）砂：宜采用中砂或粗砂；当采用石屑时，其粒径最大不大于5mm，不得含杂质，含泥量不大于3%。

4.5.4 工器具要求（表4-2）

工器具要求　　表4-2

机具	砂浆搅拌机
工具	钢丝刷、錾子、锤子、手推车、铁锹、木刮尺、木杠、铁抹子、钢抹子、木抹子、溜缝抹子、扫帚、喷壶、水桶
测具	台秤、铝合金水平尺、钢卷尺

4.5.5 施工工艺流程

1. 工艺流程图（图4-17）

处理基层→打点冲筋→配置砂浆→铺抹砂浆→找平抹压→二次压光→三次压光→养护

图4-17　水泥砂浆面层施工工艺流程图

2. 工艺流程表（表4-3）

水泥砂浆面层施工工艺流程表　　表4-3

处理基层	将基层表面的积灰、浮浆、油污及杂物清扫干净，明显凹陷处应用水泥砂浆或细石混凝土垫平
打点冲筋	按面层完成面线，用1∶2干硬性水泥砂浆在面层上**打点**[③]（灰饼），大小约50mm见方，纵横间距1.5m左右。然后沿灰饼纵横单向或双向**冲筋**[④]，做砂浆条筋以控制铺灰厚度与平整度。有坡度的地面，应坡向地漏一边。如局部**厚度**[⑤]薄于10mm时，应调整水泥砂浆做法厚度或将高出的局部基层凿去
配制砂浆	面层水泥砂浆的体积必须符合设计要求，且配合比宜为1∶2，稠度不大于35mm，强度等级应大于M15。水泥石屑砂浆体积比为1∶2，水灰比为0.40。使用机械搅拌，投料完毕后的搅拌时间不应少于2min，要求拌和均匀

续表

铺抹砂浆	灰饼做好待收水不致塌陷时，即在基层上均匀扫素水泥浆（水灰比 0.4 ～ 0.5）一遍，随扫随铺砂浆。若待灰饼硬化后再铺抹砂浆，则应随铺砂浆随找平，同时把利用过的灰饼敲掉，并用砂浆填平
找平抹压	铺抹砂浆后，随即用刮尺或木杠按灰饼高度，将砂浆找平，用木抹子搓揉压实，将砂眼、脚印等消除后，用靠尺检查平整度。抹时应用力均匀，边抹边退。待砂浆收水后，随即用铁抹子进行头遍抹平压实至起浆为止。如局部砂浆过干，可用扫帚洒水；如局部砂浆过稀，可均匀撒一层 1 : 1 干水泥砂（砂需过 3mm 筛孔）来吸水，顺手用木抹子用力搓平，使互相混合。待砂浆收水后，再用铁抹子抹压至出浆为止
二遍压光	在砂浆初凝（铺抹 0.75h 后）后，人踩上去有脚印但不下陷时进行第二遍压光，用钢抹子边抹边压，把凹坑、砂眼填实压平，使表面平整。要求不漏压，平面出光。有分格的地面压光后，应用溜缝抹子溜压，做至缝边光直，缝隙明细
三遍压光	在砂浆终凝（铺抹 6.5h 前）前，即人踩上去稍有脚印，用抹子压光无抹痕时，用铁抹子把前遍留下的抹纹全部压平、压实、压光（须在终凝前完成），达到交活程度为止
养护	视气温高低，夏季在面层压光交活 24h 后，其余季节 48h 后，铺锯末或草袋护盖，并洒水保持湿润，养护时间不少于 14d

4.5.6　过程保护要求

（1）面层施工防止碰撞破坏门框、管线、预埋铁件、墙角及已完墙面抹灰等。

（2）施工时注意保护好管线、设备等位置，防止变形、位移。

（3）地漏下水口等部位。做好临时堵口，以免灌入砂浆造成堵塞。

（4）面层养护期间，不允许手推车辆行走或堆压重物。

（5）不得在已做好面层上拌和砂浆、调配涂料等。

4.5.7　质量标准

1. 主控项目

（1）内容：材料选用应符合规范及设计要求。

检验方法：观察检查；检查材质合格证明文件及检测报告。

（2）内容：水泥砂浆面层体积比（强度等级）必须符合设计要求；且体积比应为 1 : 2，强度等级应大于 M15。

检验方法：检查配合比通知单和检测报告。

（3）内容：面层与下一层应结合牢固，无空鼓、裂纹。

检验方法：用小锤轻击检查。

注：空鼓面积应小于 40000mm^2，且每自然间（标准间）不多于 2 处可不计。

2. 一般项目

（1）内容：面层表面的坡度应符合设计要求，不得有倒泛水和积水现象。

检验方法：观察和采用泼水或坡度尺检查。

（2）内容：面层表面应洁净，无裂纹、脱皮、麻面、起砂等缺陷。

检验方法：观察检查。

（3）内容：踢脚线与墙面应紧密结合，高度一致，出墙厚度均匀。

检验方法：用小锤轻击、钢尺和观察检查。

注：局部空鼓长度应小于 300mm，每自然间（标准间）小于 2 处可不计。

（4）内容：楼梯踏步的宽度、高度应符合设计要求。楼层梯段相邻踏步高度差不应大于 10mm，每踏步两端宽度差不应大于 10mm；旋转楼梯梯段的每踏步两端宽度的允许偏差为 5mm。楼梯踏步的齿角应整齐，防滑条应顺直。

检验方法：观察和钢尺检查。

3. 允许偏差（表 4-4）

水泥砂浆面层施工允许偏差　　表 4-4

项目	允许偏差（mm）	检验方法
表面平整度	4.0	2m 靠尺和楔形塞尺检查
缝格平直	3.0	拉 5m 线和用钢尺检查
踢脚线上口平直	4.0	拉 5m 线和用钢尺检查

4.5.8　质量通病及其防治

1. 龟裂起皮

（1）原因分析：砂浆水灰比掌握不好，或拌和不均匀；局部砂浆过稀，采用干水泥补救；局部压光时另加素水泥胶浆压光导致水化不均，产生龟裂起皮。

（2）防治措施：对局部过稀砂浆，应撒 1：1 干水泥砂（砂粒径不大于 3mm），压光时不得另加素水泥胶浆压光。

2. 空鼓脱壳

（1）原因分析：基层的油污、脏污未清除；未凿毛或素浆层已干，起到固化隔离副作用。

（2）防治措施：基层应注意凿毛，油污、脏污去净并湿润，刷素水泥浆一遍，即刷即抹。

3. 地面起砂

（1）原因分析：使用受潮或过期水泥，水灰比不准确。

（2）防治措施：不得使用受潮或过期水泥；砂浆搅拌均匀，水灰比掌握准确，压光及时。

4.5.9 构造图示（图 4-18）

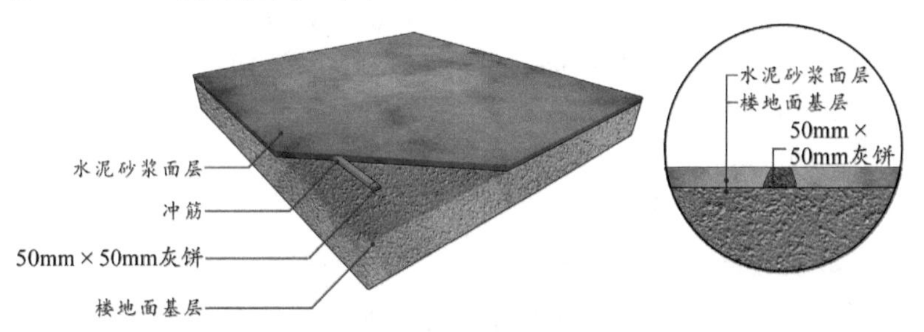

图 4-18　水泥砂浆面层构造

4.5.10 消耗量指标（表 4-5）

水泥砂浆面层施工消耗量指标　单位：m^2　　**表 4-5**

序号	名称	单位	消耗量
			水泥砂浆面层 20mm 厚
1	综合人工	工日	0.07
2	素水泥浆	m^3	0.01
3	水泥砂浆 1：2	m^3	0.02
4	工作内容	基层处理→打点冲筋→配制砂浆→铺抹砂浆→找平抹压→二次压光→三次压光→养护	

混凝土：即砼，石人工的意思。混凝土捣实固化后制成构筑物或构件。其成型后过段时间水泥发生水化反应，使混凝土硬化后具有一般石料的性质。

浇筑时限：从运输到输送入模的延续时间。根据是否掺外加剂，气温不大于25℃时150～240min；大于25℃时120～210min。

水泥：加水拌和成塑性浆体，能胶结砂、石等材料。能在空气及水中硬化的粉末状水硬性胶凝材料。

主要技术指标：

强度等级：标准条件下养护28d所达到的抗压强度。

比重与容重：标准水泥比重3.1，容重常用3100kg/m^3。

细度：形容水泥颗粒的粗细程度。越细，则快硬早强。

凝结时间：水泥加水搅拌到开始凝结所需的时间称初凝时间。从加水搅拌到凝结完成所需的时间称终凝时间。硅酸盐水泥初凝时间迟于45min，终凝时间早于6.5h。一般初凝时间在1～3h，而终凝为4～6h。

体积安定性：水泥在硬化过程中体积变化的均匀性能。硬化过程中不产生不均匀体积变形，无产生裂缝、弯曲等现象时，则称为体积安定性合格。

水化热：水泥硬化中水泥与水作用会产生放热反应，其热量称为水化热。

标准稠度：水泥净浆对标准试杆沉入有一定阻力时的稠度。

打点：打灰饼。灰饼是泥工抹灰或浇筑地坪时用来控制建筑标高及墙面的平整度、垂直度的水泥块。

冲筋：沿小灰饼垂直和水平方向继续用砂浆做出一条或几条灰筋，以控制抹灰厚度及平整度。

厚度：水泥砂浆面层厚度薄于10mm时，易造成砂浆面层与基层结合不牢固，上人踩踏后易起砂或者开裂。

4.6 自流平面层施工技术标准

4.6.1 适用范围

本施工技术标准适用于一般工业与民用建筑中的**自流平面层工程**。

4.6.2 作业条件

（1）**自流平面层**[①]施工适宜温度为 10～25℃。环境湿度小于 80%。

（2）有机类自流平面层施工时，基层施工的温度宜高于**露点**[②]温度 5℃。现场应有良好通风条件；若无条件，应采用强制排风措施，使现场空气流通。现场不得有明火，不得吸烟。

（3）采暖期间，自流平面层在采暖发热地面施工时应将采暖系统关闭或降至 20℃以下，避免强对流产生开裂。施工完成 3d 后方可恢复采暖。

4.6.3 材料要求

涂料：环氧树脂底层、面层涂料，水泥基自流平面层材料应分别符合表 4–6～表 4–8 要求。

自流平环氧树脂底层涂料要求　　表 4–6

项目		技术指标
容器中状态		搅拌后无硬块
固体含量（%）		≥ 50
干燥时间（h）	表干	≤ 6
	实干	≥ 24
7d 拉伸粘结强度（MPa）		≥ 20

自流平环氧树脂面层涂料要求　　表 4–7

项目	技术指标
容器中状态	搅拌后无硬块
涂膜外观	平整、无褶皱、针孔、气泡等缺陷
固体含量（%）	≥ 50
流动性（mm）	≥ 140

续表

项目		技术指标
干燥时间(h)	表干	≤6
	实干	≥24
邵氏硬度[3](D型)		≥70
7d拉伸粘结强度(MPa)		≥20
抗冲击性[4]		涂膜无裂缝、无剥落
耐磨性[5](g)		≤0.15
耐化学性	15%的NaOH溶液	涂膜完整，不起泡、不剥落，不允许轻微变色
	10%的HCl溶液	
	120号溶剂汽油	

水泥基自流平面层材料技术要求　　表4-8

项目	技术指标
初始流动度	≥130
20min流动度	≥130
7d拉伸粘结强度(MPa)	≥1
耐磨性(g)	≤0.5
尺寸变化率(%)	±0.15
抗冲击性	无开裂或脱离底板
24h抗压强度(MPa)	≥6
24h抗折强度(MPa)	≥2
28d抗压强度(MPa)(强度等级C35)	≥35
28d抗折强度(MPa)(强度等级F10)	≥10

4.6.4 工器具要求(表4-9)

工器具要求　　表4-9

机具	手提电动搅拌机、打磨机
工具	钢丝刷、錾子、锤子、扫帚、毛刷、水桶、铁抹子、专用刮板、排气滚筒、钉鞋、刮刀
测具	台秤、水平尺、钢卷尺

4.6.5 施工工艺流程

1. 工艺流程图（图4-19）

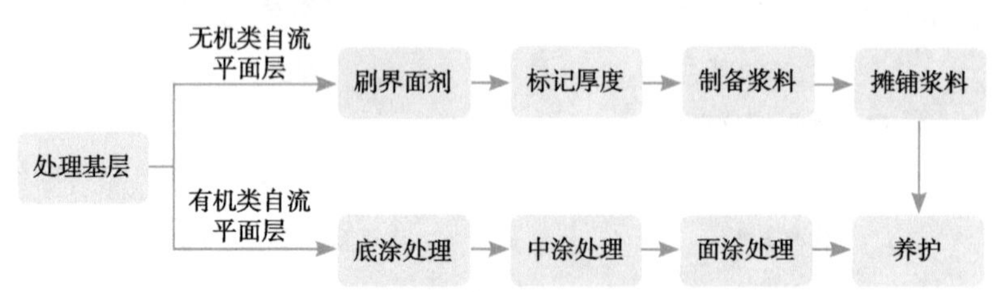

图4-19 自流平面层施工工艺流程图

2. 工艺流程表（图4-10）

自流平面层施工工艺流程表 表4-10

处理基层	彻底清除基层浮浆、污渍、松散物等一切可能影响粘结的杂物，要求基面清洁、干燥且坚固。坑洞或凹槽等应提前采用适合的材料进行修补。地面或基层若存在空鼓及表面强度不能满足施工要求时，应尽快采取专业措施处理

(1) 无机类自流平地面

刷界面剂	根据基层地面的情况选择相宜的**界面剂**[⑥]，按产品说明书要求，在基层表面相互垂直的方向至少各涂刷一遍，应涂刷均匀，不得遗漏。第一遍界面剂涂刷表干后，再涂刷第二遍，表面无积液，干燥后方可进行自流平施工
标记厚度	根据完成面标高做灰饼或泥条作为厚度标记。施工厚度按设计和工程要求，居住建筑、公用建筑不得低于2mm，工业建筑不得低于5mm。每次施工厚度按产品说明书进行
制备浆料	按设计配合比制备浆料并保证材料得到充分的搅拌且达到均匀无结块的状态
摊铺浆料	将搅拌桶中的浆料搅拌好，一次性倒在施工面上，让其流展找平，必要时用自流平专用刮板辅助浆料均匀展开，浆料摊平后静置2～3min后，用自流平排气滚筒，帮助浆料流动并清除所产生的气泡及接槎。操作人员必须穿**钉鞋**[⑦]作业

(2) 有机类自流平地面

底涂处理	将底涂树脂按产品说明书比例混合均匀，准确称量后均匀涂刷在基层上1～2遍。底涂装应均匀、无漏涂或堆涂
中涂处理	可根据需求增加中涂层，对不平整的面层采用环氧树脂腻子进行修补，修补完整并打磨除尘后进行下一道面涂工序

续表

面涂处理	精确称量环氧树脂薄涂料，搅拌均匀精确称量后直接在上一工序完成后的面层上涂刷，用专用刮刀刮平至规定厚度，通常涂刷2遍，并用针形滚筒消除气泡

(3) 面层施工完成后

养护	施工完成的自流平地面，在自然条件下养护7d后可以上人行走，需做装饰面层时视自流平地面硬化情况而定

4.6.6 过程保护要求

（1）施工时现场应采取防尘、防虫、防污染等措施。

（2）整体面层施工后，养护时间不应少于7d，抗压强度应达到5MPa后方允许上人行走；抗压强度应达到设计要求后，方可正常使用。

4.6.7 质量标准

1. 主控项目

（1）内容：材料品种、规格和质量应符合设计要求及环保的规定。

检验方法：材料进场时查验合格证明文件和检验报告。

（2）内容：环氧树脂面层应平整、光滑、颜色均匀、无气泡、泛花、流挂、剥离；水泥自流平面层应平整，无空鼓、裂纹。两者面层厚度都应符合设计要求，面层与下一层应结合牢固。

检验方法：检查施工记录。

（3）内容：自流平面层不应有开裂、漏涂和倒泛水、积水等现象。

检验方法：观察和泼水检查。

（4）内容：自流平面层的各构造层之间应粘结牢固，层与层之间不应出现分离、空鼓现象。

检验方法：用小锤轻击检查。

2. 一般项目

（1）内容：面层表面应清洁、无裂纹、脱皮、麻面等缺陷。

检验方法：观察；检查施工记录。

（2）内容：自流平面层应分层施工，面层找平施工时不应留有抹痕。

检验方法：观察；检查施工记录。

3. 允许偏差（表 4-11）

自流平面层施工允许偏差　　表 4-11

项目	允许偏差（mm）	检验方法
表面平整度	2.0	2m 靠尺和楔形塞尺检查
缝格平直度	2.0	拉 5m 线和用钢尺检查
接缝高低差	0.5	钢尺和塞尺检查

4.6.8 质量通病及其防治

1. 基层面凸起

（1）原因分析：基层不够干燥，气体聚集在涂膜下，涂膜面吸收其水分而使基层面凸起；或由于固化之前未清除杂质。

（2）防治措施：过程中针对问题进行预防，出现后进行修补。

2. 基层与底涂层剥离

（1）原因分析：涂膜的抗张强度超过基层，底涂脱离基层。

（2）防治措施：过程中避免出现以上问题。

3. 面层涂料不固化

（1）原因分析：固化剂加入量不准或加错。

（2）防治措施：加强管理，对施工人员进行技术培训。

4. 面层有裂缝

（1）原因分析：材料的**颜基比**[8]偏差较大，基层面产生裂缝，涂膜的附着力越好越易随基层裂缝变动；另外附着力不好，涂膜虽未断开但已起壳。

（2）防治措施：揭掉问题涂膜，清扫基层面，重新施工。

5. 表面发白

（1）原因分析：环境潮湿，涂膜上结霜，固化剂内胺析出产生白雾。

（2）防治措施：当地面及墙壁的温度比室内温度低，光滑表面易结露，施工前应开窗以尽量减小室温与地面的温差。

6. 固化过慢、不均、不良

（1）原因分析：

① 树脂材料在气温降低到10℃左右，硬化明显变慢；现场加溶剂，溶剂的挥发带走部分热量而冷却涂膜。

② 主材与固化剂搅拌不良。

③ 施工环境温度太低，反应不完全，或固化剂加入比例不符。

（2）防治措施：

① 施工环境温度：10～25℃，现场不要随意加溶剂。

② 搅拌工序标准化，人员专门培训。

③ 采用加温、保暖措施，提高环境温度。

7. 涂料可使用时间变短

（1）原因分析：配合好的地面涂料一直放置在容器，会蓄积反应热，结果固化变快，可使用时间大大缩短；一般施工环境温度越高，通风差，可使用时间越短。

（2）防治措施：混合好的材料不要一直存在混合容器里，应及时流展在施工基层面上，涂料接触混凝土被冷却，可使用的时间关键在树脂和所选择的固化剂用量，因此要严格根据环境温度的变化确定固化剂用量。

4.6.9 构造图示（图4-20、图4-21）

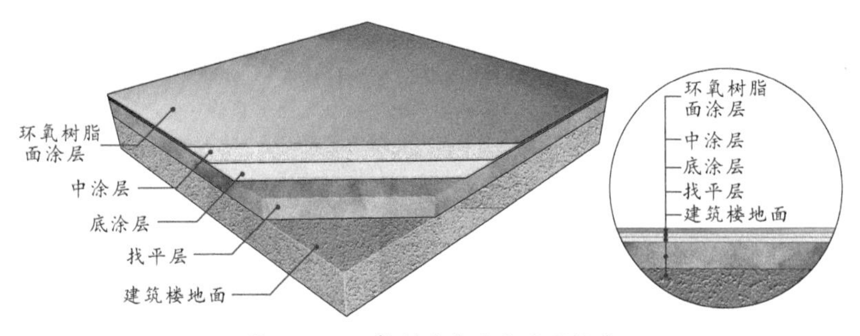

图4-20 环氧树脂自流平面层构造

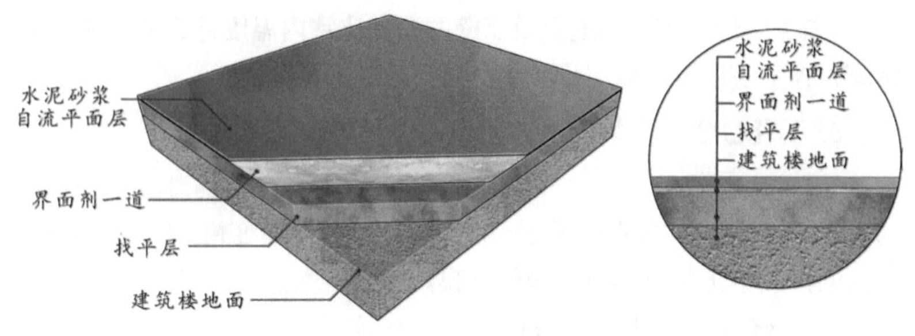

图 4-21　水泥砂浆自流平面层构造

4.6.10　消耗量指标（表 4-12）

自流平面层施工消耗量指标　单位：m^2　　　**表 4-12**

<table>
<tr><th rowspan="2">序号</th><th rowspan="2">名称</th><th rowspan="2">单位</th><th colspan="2">消耗量</th></tr>
<tr><th>自流平水泥砂浆楼地面 2.5mm</th><th>环氧树脂自流平 2～2.5mm</th></tr>
<tr><td>1</td><td>综合人工</td><td>工日</td><td>0.02</td><td>0.02</td></tr>
<tr><td>2</td><td>水泥基自流平砂浆</td><td>kg</td><td>2.80</td><td rowspan="2">—</td></tr>
<tr><td>3</td><td>自流平专用界面剂</td><td>kg</td><td>0.13</td></tr>
<tr><td>4</td><td>耐磨环氧砂浆</td><td>kg</td><td rowspan="4">—</td><td>0.90</td></tr>
<tr><td>5</td><td>环氧地坪面漆</td><td>kg</td><td>0.18</td></tr>
<tr><td>6</td><td>环氧地坪中涂漆（根据需求）</td><td>kg</td><td>0.20</td></tr>
<tr><td>7</td><td>环氧渗透地坪底漆</td><td>kg</td><td>0.18</td></tr>
<tr><td>8</td><td>工作内容</td><td colspan="3">无机类自流平面层：处理基层→刷界面剂→标记厚度→制备浆料→摊铺浆料→养护。
有机类自流平面层：处理基层→底涂处理→中涂处理→面涂处理→养护</td></tr>
</table>

自流平面层：是一种以无机胶凝材料（以水泥基自流平为例）或有机材料（以环氧树脂自流平为例）为基材，与超塑剂等外加剂复合而成的建筑楼（地）面面层或找平层建筑材料。

露点：又称露点温度，指在固定气压之下，空气中所含的气态水达到饱和而凝结成液态水所需要降至的温度。在此温度时，凝结的水飘浮在空中称为雾，而沾在固体表面上时则称为**露**。

邵氏硬度：邵氏硬度是度量塑料、橡胶与玻璃等非金属材料的硬度，单位是HA、HC、HD，采用静态挤压测量法。邵氏硬度所对应测量仪器为邵氏硬度计，主要分为三类：A型，C型和D型。其测量原理完全相同，所不同的是测针的尺寸特别是尖端直径不同，C型最大，D型最小。

抗冲击性：即试样抵抗冲击负荷作用的能力。测试方法为简支梁冲击试验和悬臂梁冲击试验。

耐磨性：又称耐磨耗性。耐磨性是指材料抵抗机械磨损的能力。在一定荷重的磨速条件下，单位面积在单位时间的磨耗。材料的耐磨损性能，用磨耗量或耐磨指数表示。

界面剂：提高面层材料对基层的粘结强度，可有效避免面层对作业层/基层空鼓、脱落、收缩开裂等问题。用于解决作业层/基层吸水性强或光滑引起界面不易粘接的问题。

钉鞋：自流平施工专用钉鞋，钉长一般28mm或46mm。便于施工时自流平地面排出内部气泡等。

颜基比：涂料中颜料与树脂的比例。降低颜基比可以增加树脂的含量，提高涂料的流动性，降低胶体的沉降整速率，减少颜料絮凝和保护泵，降低材料消耗。

4.7 砖面层施工技术标准

4.7.1 适用范围

本施工技术标准适用于一般工业与民用建筑中**砖面层工程**。

4.7.2 作业条件

（1）施工温度应控制在5℃以上，35℃以下。

（2）施工前，应做好水平完成面标志，以控制铺设的高度和厚度，可采用竖尺、拉线、弹线等方法。

（3）地面垫层以及预埋在地面内各种管线已完工。穿过楼面的竖管已安装完毕，并装有套管，管洞已堵塞密实。有地漏的房间应找好泛水。如有防水层，管根部位做防水加强处理。

（4）提前做好选砖的工作，预先用木条正方框（按砖的规格尺寸）模子，拆包后每块进行套选，长、宽、厚不得超过 ±1mm，平整度用直尺检查，不得超过 ±0.5mm。外观有裂缝、掉角和表面上有缺陷的板剔出，并按花型、颜色挑选后分别堆放。

（5）有艺术图形要求的地面，在施工前应绘制施工大样图，并做出样板间，经检查合格后，方可大面积施工。

4.7.3 材料要求

（1）**瓷砖**[①]：有出厂合格证，抗压、抗折及规格品种均符合设计要求，外观颜色一致、表面平整、边角整齐、无翘曲、裂纹等缺陷。

（2）水泥：硅酸盐水泥、普通硅酸盐水泥；其强度等级不应低于42.5号，并严禁混用不同品种、不同强度等级的水泥。

（3）砂：**中砂**[②]或**粗砂**[③]，过8mm孔径筛子，其含泥量不应大于3%。

（4）砖石胶粘剂：须出具出厂合格证和进场复试报告，并通过试验确定其适用性和使用要求。其性能及适用范围见现行行业标准《陶瓷墙地砖胶粘剂》JC/T 547。

4.7.4 工器具要求（表4-13）

工器具要求　　表4-13

机具	砂浆搅拌机、云石机
工具	钢丝刷、錾子、锤子、手推车、铁锹、木刮尺、木杠、铁抹子、钢抹子、木抹子、溜缝抹子、扫帚、喷壶、水桶
测具	激光投线仪、台秤、水平尺、钢卷尺

4.7.5 施工工艺流程

1. 工艺流程图（图4-22）

处理基层 → 找标高 → 排砖 → 浸砖 → 铺砖 → 拨缝修整 → 勾缝擦缝

图4-22　砖面层施工工艺流程图

2. 工艺流程表（表4-14）

砖面层施工工艺流程表　　表4-14

处理基层	清除基层浮浆、落地灰等杂质，洒水后再用扫帚将浮土清扫干净
找标高	根据水平标准线和设计厚度，在四周墙、柱上弹出完成面标高控制线
排砖	根据铺设空间尺寸依照砖的长宽模数及留缝大小，进行砖的排版。排砖应符合设计要求，当设计无要求时，应考虑砖的损耗并避免出现板块小于1/3边长的边角料
浸砖	铺砌前将砖放入水桶中浸水湿润，晾干后表面无明水时，方可使用（注：**浸砖**⑤适用于**陶质砖**④，瓷质砖可不浸砖）
铺砖	找平层上洒水湿润，均匀涂刷素水泥浆（水灰比为0.4～0.5，涂刷面积不要过大，铺多少刷多少）。 结合层采用1：3**干硬性砂浆**⑥，随拌随用，**初凝**⑦前用完，防止影响粘结质量；铺设厚度20～30mm，高出结合层实铺厚度3～4mm为宜，铺好后用大杠尺刮平，再用抹子拍平找实（铺设面积不得过大）。 将砖先预铺在干拌料上，用橡皮锤找平，再将砖拿起，在干拌料上摊铺适量的素水泥浆，同时在砖背面涂约1mm厚素水泥浆，再将砖重新放置在找平过的干拌料上，用橡皮锤按标高控制线和方正控制线坐平坐正。 如采用胶粘剂粘贴，对基层找平要求较高，水平度需达到4mm以内。铺砖时无须摊铺素水泥浆，砖背面涂1～3mm厚胶粘剂，其余步骤同水泥砂浆铺贴

续表

拨缝修整	铺完 2 ~ 3 行，应随时拉线检查缝格的平直度，如超出规定应立即修整，将缝拨直，并用橡皮锤拍实。此项工作应在结合层初凝前完成
勾缝擦缝	面层铺贴 24h 后进行勾缝、擦缝，并应采用同品种、同标号、同颜色的水泥；如要求较高也可采用专门的嵌缝材料或美缝材料。 勾缝：用 1∶1 水泥细砂浆勾缝，缝内深度宜为砖厚的 1/3，要求缝内砂浆密实、平整、光滑。随勾随将剩余水泥砂浆清走、擦净。 擦缝：如缝隙很小时，则接缝要求平直，面层铺好后用浆壶往缝内浇水泥浆，然后用干水泥撒在缝上，再用棉纱团擦揉，将缝隙擦满。最后将面层上的水泥浆擦干净

4.7.6 过程保护要求

（1）铺贴面砖过程中，对已安装好的墙面装饰及门套要加以保护。

（2）切割地砖，不得在成品砖面层上操作。

（3）砖面层完工养护过程中应进行遮盖和拦挡，保持湿润，避免受交叉工序损害。当铺贴完 24h 后，方可上人。

（4）后续工程在砖面上施工时必须进行遮盖、支垫，严禁直接在砖面上动火、焊接、和灰、调漆、支铁梯、搭脚手架等。

4.7.7 质量标准

1. 主控项目

（1）内容：面层所用板块的品种、级别、形状、规格、光洁度、颜色、图案及其他的产品质量应符合设计要求。

检验方法：观察检查；尺量检查与样品对照。

（2）内容：面层与基层的结合（粘结）牢固，无空鼓（脱胶）。

检验方法：用小锤轻击和观察检查。

2. 一般项目

（1）内容：面层表面洁净，图案清晰，色泽一致，接缝均匀，周边顺直。

检验方法：观察检查。

（2）内容：地漏和供排除液体用的面层，其坡度应满足排水要求，不倒泛水，无积水，与地漏（管道）结合严密牢固，无渗漏。

检验方法：观察、泼水检查。

（3）内容：踢脚线铺设表面洁净，接缝平整均匀，高度、出墙厚度一致，结合牢固。

检验方法：用小锤轻击，尺量和观察检查。

（4）内容：各种面层邻接处的镶边用料尺寸符合设计要求和施工规范规定，边角整齐光滑。

检验方法：尺量和观察检查。

3. 允许偏差（表 4-15）

砖面层施工允许偏差 表 4-15

项目	允许偏差（mm）	检验方法
表面平整度	2.0	用 2m 靠尺和楔形塞尺检查
缝格平直	3.0	拉 5m 线和用钢尺检查
接缝高低差	0.5	用钢尺和楔形塞尺检查
踢脚线上口平直	3.0	拉 5m 线和用钢尺检查
板块间隙宽度	2.0	用钢尺检查

4.7.8 质量通病及其防治

1. 板块空鼓[⑧]

（1）原因分析：基层清理不净、洒水湿润不均、陶质面砖未浸水、夏季暴晒或冬季结冰致基层失水过快，影响面层与下一层的粘结力，刷素水泥浆不到位或未能随刷随铺灰，造成砂浆与素水泥浆结合层之间的粘结力不够，上人过早影响粘结层强度等。

（2）防治措施：

① 在铺设结合层时，基层上的素水泥浆应刷均匀；做到不漏刷，不积水，不干燥；随刷浆随铺灰。

② 结合层砂浆必须采用干硬性砂浆；干撒水泥时应均匀，浇水要匀而少量；铺贴后砖要压紧。

③ 陶质地砖在铺贴前应用清水浸 2 ～ 3h，取出后晾干再用。

④ 注意铺贴温度以免基层失水过快。

⑤ 严禁过早上人。

2. 地面铺贴不平，出现高低差

（1）原因分析：对地砖未进行预先挑选，砖的薄厚不一或平整度偏差，或铺贴时未严格按水平标高线进行控制。

（2）防治措施：

① 浆应刷均匀；不漏刷，不积水，不干燥；随刷浆随铺灰。

② 结合层砂浆须采用干硬性砂浆；干撒水泥时应撒均匀，浇水要匀而少量；铺贴后砖要压紧。

③ 陶质地砖在铺贴前应用清水浸 2 ～ 3h，取出后晾干再用。

④ 严禁过早上人。

3. 踢脚板空鼓

（1）原因分析：除地面空鼓外，还因踢脚板背面粘结砂浆量少且未抹到边，造成边角空鼓。

（2）防治措施：踢脚板背面砂浆抹刷均匀，厚度达到标准，铺贴时压紧。

4. 踢脚板出墙厚度不一致

（1）原因分析：由于墙体抹灰垂直度、平整度超出允许偏差，踢脚板镶贴时按直线控制，所以出墙厚度不一致。

（2）防治措施：镶贴前先检查墙面平整度与直线度，处理后再进行镶贴。

5. 有排水要求的房间倒坡

（1）原因分析：做找平层砂浆时，没有按设计要求的泛水坡度进行弹线找坡。

（2）防治措施：必须在找标高、弹线时找好坡度，抹灰饼和标筋时，抹出泛水。

6. 墙地面阴角出现大小头

（1）原因分析：抹灰时未找好方正；铺贴时弹线定位不准确。

（2）防治措施：

① 室内抹灰前要找好方正、规矩。

② 认真弹线、定位，严格按纵横控制线施工，缝隙均匀。

4.7.9 构造图示（图4-23）

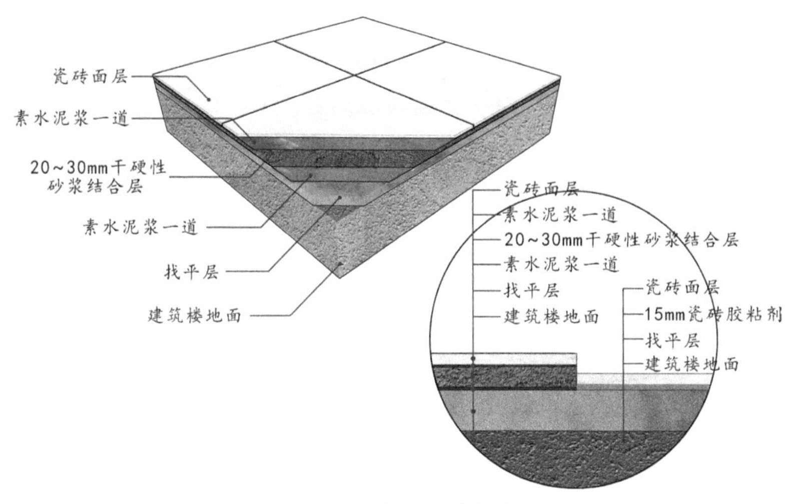

图 4-23 瓷砖面层构造

4.7.10 消耗量指标（表4-16）

砖面层施工消耗量指标 单位：m^2 **表 4-16**

序号	名称	单位	消耗量	
			水泥砂浆粘贴 结合层厚度 20 ～ 30mm	胶粘剂粘贴 结合层厚度 15mm
1	综合人工	工日	0.16	0.10
2	干硬性水泥砂浆	m^3	0.04	—
3	素水泥浆	m^3	0.01	
4	胶粘剂	kg	—	15.00
5	瓷缝剂	kg	0.10	0.10
6	瓷砖	m^2	1.10	1.10
7	工作内容	处理基层→找标高→排砖→浸砖→铺砖→拨缝修整→勾缝擦缝		

装饰小百科
Decoration Encyclopedia

① 瓷砖
② 中砂
③ 粗砂
④ 陶质砖
⑤ 浸砖
⑥ 干硬性砂浆
初凝
终凝
空鼓

瓷砖：是以耐火的金属氧化物及半金属氧化物，经由研磨、混合、压制、施釉、烧结等过程而成的一种耐酸碱的瓷质或石质材料。其原材料多由黏土、石英砂等混合而成。瓷质砖吸水率小于0.5%。

中砂：粒径为0.5～0.25mm范围内的碎屑物。

粗砂：粒径为1～0.5mm范围内的碎屑物。

陶质砖：由黏土和其他无机非金属原料，在室温下通过干压、挤压等方法成型、干燥，并施以釉面，在一定温度下烧结而成。陶质砖的吸水率大于10%。

浸砖：因为陶质砖有较强吸水性，如未经过浸泡铺贴会快速吸收水泥砂浆中水分，促使水泥砂浆凝结速度过快，造成砖面层空鼓。

干硬性砂浆：坍落度较低的水泥砂浆，即拌和时加水较少，一般按水泥∶砂子＝1∶2或1∶3配制，以“手捏成团、落地开花”为宜。

初凝：从水泥加水到开始失去塑性，一般不得早于45min。

终凝：从水泥加水拌和至水泥浆完全失去塑性并开始产生强度，一般不得迟于390min。

空鼓：空鼓率标准为凡单块砖边角有局部空鼓，且每自然间（标准间）不超过总数5%。

4.8 石材面层施工技术标准

4.8.1 适用范围

本施工技术标准适用于一般工业与民用建筑中**石材面层工程**。

4.8.2 作业条件

（1）作业环境如天气、温度、湿度等应满足施工质量标准要求。

（2）地面垫层以及预埋在地面内各种管线已完工。穿过楼面的竖管已安装完毕，并装有套管，管洞已堵塞密实。有地漏的房间应找好泛水。如有防水层，管根部位做防水加强处理。

（3）石材板块进场后应侧立堆放、光面相对、背面垫松木条，并在板下加垫木方。拆箱后详细核对品种、规格、数量等是否符合要求，应剔除裂纹、缺棱、掉角、翘曲等表面缺陷的材料。

4.8.3 材料要求

（1）石材：品种、规格应符合设计要求，技术等级、光泽度、外观质量要求应符合现行国家标准，其允许偏差和外观要求见表 4–17。

石材允许偏差和外观要求　　表 4–17

种类		大理石	花岗石
允许偏差（mm）	长度、宽度	0	−1
	厚度	−2 ～ 2	−2 ～ 1
	平整度最大偏差值	长度≥ 400 ：0.6 长度≥ 800 ：0.8	
外观要求		板材表面光洁、明亮，色泽鲜明。边角方正，无扭曲	

（2）水泥：硅酸盐水泥、普通硅酸盐水泥；其强度等级不应低于 42.5 号，并严禁混用不同品种、不同强度等级的水泥。

（3）砂：中砂或粗砂，过 8mm 孔径筛子，其含泥量不应大于 3%。

（4）白水泥：白色的硅酸盐水泥，其**强度等级**①不小于 42.5 号。

（5）石材胶粘剂：与传统水泥粘贴法相比更具良好的抗渗性与抗老化性能；施工时无须结合层，可减轻楼（地）面荷载；对找平层要求较高，可用于较光滑水泥地面和其他地面材料的翻新。如采用沥青胶结料或胶粘剂，须出具出厂合格证和进场复试报告，并通过试验确定其适用性和使用要求。胶粘剂适用范围见现行国家标准《饰面石材用胶粘剂》GB 24264。

（6）石材防护剂：

① 饰面型：应保持石材颜色基本不变；pH 值范围应在 3 ～ 13 之间；稳定性应无分层、漂油和沉淀；耐酸性、耐碱性应符合国家相关规定的要求；防水性达到 75% ～ 80%，耐污性达到 0。

② 底面型：抗渗性试验应无水斑出现；水泥粘结强度下降率小于 5.0%。

③ 水剂型、溶剂型：有害物质限量应符合国家相关规定的要求。

4.8.4 工器具要求（表 4-18）

工器具要求　　表 4-18

机具	砂浆搅拌机、切割机、云石机、磨石机
工具	小白线、钢丝刷、水桶、喷壶、扫帚、铁锹、铁抹子、木抹子、木杠、橡皮锤、灰槽、灰桶
测具	激光投线仪、水平尺、墨斗

4.8.5 施工工艺流程

1. 工艺流程图（图 4-24）

准备工作 → 石材防护 → 排版试拼 → 弹线拉线 → 假铺试排 → 铺装石材

图 4-24　石材面层施工工艺流程图

2. 工艺流程表（表 4-19）

石材面层施工工艺流程表　　表 4-19

准备工作	以施工大样图和加工单为依据，熟悉了解各部位尺寸和做法，弄清洞口、边角等部位之间的收口与碰撞关系。用钢丝刷清理粘结在垫层上的浮浆，确保基层表面洁净，根据设计要求的比例和厚度做好找平层
石材防护	***石材防护***[②]前，石材必须完全清洁、干燥。石材垫底材料不宜用木条、草绳等易脱色材料，以免形成污染。

续表

石材防护	采用刷子、滚筒施作，每平方米面积均需涂刷100cc以上足够剂量。有缝隙的部位，将药剂以注射针头注入缝隙中，以确实达到饱和的防护效果。 表面施作时应涂抹两层，施作时均匀涂抹，第一层涂抹时静待约10min，使其完全渗透再涂抹第二层，涂刷30min后再将表面擦拭干净至光洁程度。 背面施作时应厚涂一层，施作时均匀涂抹，无遗漏之处，涂抹后静待约10min，使其初步挥发干燥，并检测表面是否有微粘性，再以压条或塑料片隔离
排版试拼	每一个地面空间的石材板块，应根据图案、颜色、纹理试拼，试拼后按两个方向编号排列，然后按编号成套打包装箱（此工作应在工厂试拼并编号）
弹线拉线	在地面空间的主要部位弹出互相垂直的控制十字线，用以检查和控制石材板块的位置，并用建筑线拉出完成面控制线
假铺试排	在地面两个垂直的方向铺两条干砂，其宽度大于板块宽度，厚度不小于3mm，结合施工图及空间实际尺寸把石材板块假铺、排好，以便检查板块之间的缝隙，当设计无规定时不应大于1mm。核对板块与墙面、柱、洞口等部位的相对位置
铺装石材	找平层上洒水湿润，均匀涂刷素水泥浆，水灰比为0.4～0.5，涂刷面积不要过大，铺多少刷多少。 结合层采用1：3干硬性砂浆，随拌随用，初凝前用完，防止影响粘结质量；铺设厚度20～30mm，高出结合层实铺厚度3～4mm为宜，铺好后用大杠尺刮平，再用抹子拍平找实（铺设面积不得过大）。 根据十字控制线，纵横各铺一行，作为大面积铺砌标筋用。在十字控制线交点开始铺砌，先试铺，对齐纵横控制线，将石材铺在干硬性砂浆结合层上，用橡皮锤敲击**木垫板**[③]（不得用橡皮锤或木锤直接敲击板块），振实砂浆至铺设高度后，将板块掀起备用，检查砂浆表面与板块之间是否相吻合，如发现有空虚之处，应用砂浆填补，然后正式镶铺，先在结合层上满浇一层水灰比为0.5的素水泥浆，再铺板块，安放时四角同时往下落，用橡皮锤或木锤轻击木垫板，根据水平线用水平尺找平，铺完第一块，向两侧和后退方向顺序铺装。铺完纵、横行之后有了标准，可分段分区依次铺装，一般房间由里后外进行，逐步退至门口，便于成品保护，但必须注意与楼道相呼应。也可从门口处往里铺装，板块与墙角、镶边和靠墙处应紧密砌合，不得有空隙。 有地热的石材地面铺贴，板缝间距不小于1.5mm，开缝深度不少于石材厚度

4.8.6 过程保护要求

（1）运输石材板块和水泥砂浆时，应采取措施防止碰撞已做完的墙面等。

（2）石材六面防护剂涂刷注意事项：须待石材的水分干透方可涂刷。如水分未干透、工期较紧，可先刷五面防护剂，正面待石材面水分完全蒸发后再做。石材防护剂的涂刷处理不好，会造成石材水影。

（3）石材面层完工养护过程中房间应封闭，铺贴完 24h 后方可上人。

4.8.7 质量标准

1. 主控项目

（1）内容：石材面层所用板块的品种、质量应符合设计要求。

检验方法：观察检查、尺量检查与样品对照。

（2）内容：面层与下一层的结合（粘结）应牢固，无空鼓。

检验方法：用小锤轻击和观察检查。

2. 一般项目

（1）内容：石材面层表面应洁净、图案清晰，色泽一致，接缝平整，深浅一致，周边顺直。板块无裂纹、掉角缺楞等缺陷。

检验方法：观察检查。

（2）内容：面层邻接处的镶边用料及尺寸应符合设计要求，边角整齐、光滑。

检验方法：尺量及观察检查。

（3）内容：踢脚线表面应洁净、高度一致、结合牢固、出墙厚度一致。

检验方法：用小锤轻击，尺量和观察检查。

（4）内容：梯步和台阶板块缝隙宽度一致、齿角整齐；楼层梯段相邻踏步高度差不应大于 10mm；防滑条顺直。

检验方法：尺量和观察检查。

（5）内容：面层表面的坡度应符合设计要求，不倒泛水、无积水；与地漏、管道结合处应严密牢固，无渗漏。

检验方法：尺量及观察检查。

3. 允许偏差（表 4-20）

石材面层施工允许偏差 表 4-20

项目	允许偏差（mm）		检验方法
	大理石（花岗岩）	碎拼石材	
表面平整度	1.0	3	2m 靠尺和楔形塞尺检查
缝格平直	2.0	—	拉 5m 线和用钢尺检查
接缝高低差	0.5	—	用钢尺和楔形塞尺检查
踢脚线上口平直	1.0	—	拉 5m 线和用钢尺检查
板块间隙宽度	1.0	—	用钢尺检查

4.8.8 质量通病及其防治

1. 板面空鼓[④]

（1）原因分析：混凝土垫层清理不净或浇水不够；刷素水泥浆不均匀或面积过大、时间过长已风干；干硬性水泥砂浆任意加水；石材板面有浮土；石材背网未铲除。

（2）防治措施：基层必须清理干净；结合层砂浆不得加水，随铺随刷一层水泥浆；石材板块做防护处理，防止其吸收结合层水分，影响面层与结合层的粘结；铺装前铲除背网并做好防护处理。

2. 过门石松动

（1）原因分析：过门石较其他部位最后铺贴，最早上人。

（2）防治措施：与大面积石材同时铺贴。避免过早上人。

3. 板面出现水斑病变、泛碱

（1）原因分析：

① 石材所用胶粘剂碱含量过高或水泥外加剂使用不当。

② 安装前**浸水**[⑤]。或石材本身吸水率过高。石材使用环境有持续水源或直接接触潮湿地面。

（2）防治措施：

① 对石材进行六面防护处理，特别是底面，浅色石材采用白水泥或胶粘剂铺贴。

② 易病变石材禁止浸水。安装时应预留水气通道，待石底水泥砂浆强化和干燥后再嵌缝或结晶。

4.8.9 构造图示（图4-25）

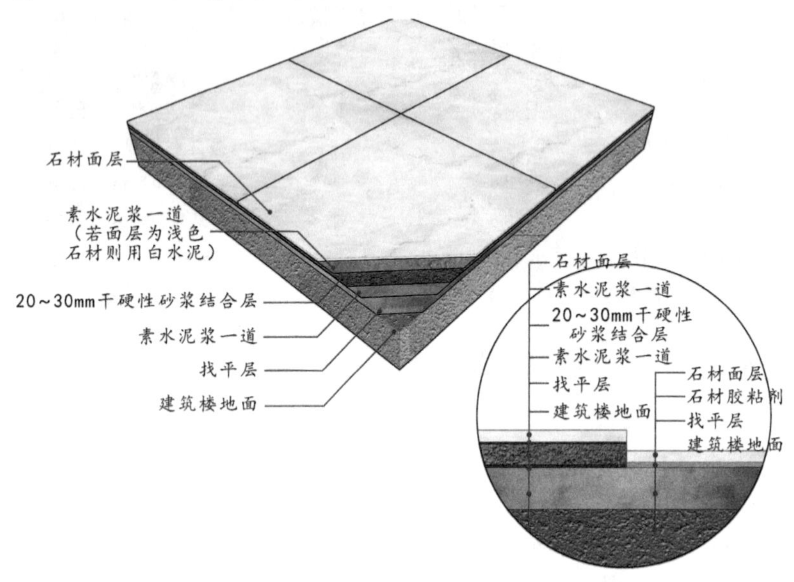

图 4-25 石材面层构造

4.8.10 消耗量指标（表4-21）

石材面层施工消耗量指标 单位：m^2 **表 4-21**

序号	名称	单位	消耗量		
			水泥砂浆粘贴结合层厚度 20 ～ 30mm	胶粘剂粘贴结合层厚度 15mm	石材晶面护理
1	综合人工	工日	0.20	0.18	0.07
2	干硬性水泥砂浆	m^3	0.04	—	—
3	素水泥浆	m^3	0.01		
4	胶粘剂	kg	—	15.00	
5	瓷缝剂	kg	0.10	0.10	
6	大理石板 / 花岗岩板	m^2	1.02	1.02	
7	石材晶化液	kg	—	—	0.75
8	工作内容	准备工作→石材防护→排版试拼→弹线拉线→假铺试排→铺装石材（铺贴浅色石材，素水泥浆用量按照白水泥用量各半考虑）			

① 强度等级
② 石材防护
喷涂
浸泡
滚涂
③ 木垫板
④ 空鼓
⑤ 浸水

强度等级： 水泥强度大小的标志，测定指标为水泥的抗压强度，检测标准主要为水泥砂浆硬结 28d 后的强度。

石材防护： 将一些防护剂采取刷、喷、涂、滚、淋和浸泡等方法均匀分布在石材表面或渗透到石材内部形成一种保护，使石材具有防水、防污、耐酸碱、抗老化、抗冻融、抗生物侵蚀等功能，从而防止石材病变的发生。其主要物质多为硅类（如硅酸盐、硅氧烷等）或氟树脂材料（如氟－丙烯酸酯等）。按成分可分为水剂型与溶剂型；按功能可分为防水型、防油型与功能型（增色、成膜、增光）；按使用部位可分为饰面型与底面型；按保护层型式可分为渗透型与密封型。

喷涂： 石材防护采用喷涂方式时，施工速度快，涂布均匀，尤其适合于蘑菇面石材的施工。但浪费大、成本高。

浸泡： 石材防护采用浸泡方式，可以使石材的内外都能得到充分的防护，不会渗透不够。在所有施作方式中，浸泡效果最佳。但因对防护剂吸入量太大，所以成本较高。

滚涂： 石材防护采用喷涂方式适合于大面积地面防护施工，用于墙面时损耗太大。一般选用于成本较低的养护剂施工。

木垫板： 采用木垫板可以使石材均匀受力，避免因为直接用锤敲击造成石材面层破碎；且可以防止橡皮锤污染颜色较浅面层。

空鼓： 石材空鼓率合格标准同砖面层。

浸水： 传统工艺要求吸水率较大石材铺贴前浸水，但往往解决了空鼓问题，却引发了水对石材的侵害。当下工艺要求石材铺装前底面均需要涂刷封闭性防护剂，保护石材免受污染，也解决了石材吸水性较大的问题。经防水处理后的石材底面为疏水层，水泥砂浆无法充分湿润，造成“粘不住”，铺装后易产生空鼓。底面应再做一层界面胶，以提高防护后底面与水泥砂浆粘结力。

4.9 塑料板面层施工技术标准

4.9.1 适用范围

本施工技术标准适用于工业与民用建筑中塑料板面层工程。

4.9.2 作业条件

（1）温度：室内温度及地表温度以 15℃为宜，不应在 5℃以下或 30℃以上。空气湿度保持在 20% ～ 75% 以内。

（2）硬度、含水率：基层表面硬度不低于 1.2MPa，用锋利的凿子快速交叉切划表面，交叉处无爆裂。地基含水率应小于 8%（自流平要求保持施土前地表干燥）。

（3）沟槽、暗管、暖气装置、电气管线、门窗安装均已完成。

（4）地面宜完成自流平，对基层质量要求如表 4-22。

基层质量要求　　表 4-22

强度（MPa）	水泥砂浆：15.0 混凝土：20.0
表面起砂	无起砂
表面起皮起灰	无起皮起灰
空鼓	无空鼓
平整度（mm）	2m 靠尺、塞尺检查≤ 2
表面光洁度	手摸无粗糙感
裂缝	无裂缝
阴、阳角方正	用方尺检查合格
与墙、柱边的直角度	合格
清洁	无油渍，无灰尘砂粒
含水率（%）	≤ 8，用刀刻划出白道

4.9.3 材料要求

（1）塑料地板：分为半硬质聚氯乙烯块材、软质聚氯乙烯卷材①、弹性聚氯乙烯地板。

（2）粘结剂：塑料地板胶粘剂常用类别如下：

① 乙烯类胶粘剂，如**聚醋酸乙烯乳胶**[②]。

② **氯丁橡胶**[③]型胶粘剂，如XY–401胶、404胶、409胶、FN–303胶等。

③ 环氧树脂胶，如717胶、HN–302胶。

④ 聚氨酯－聚异氰酸酯脂胶，如404胶、405胶等。

要求粘结剂具有无毒、无味、耐老化、耐油、胶结强度高、并具有一定程度的耐水、耐碱性能。

（3）**焊条**[④]：含增塑剂的普通焊条或不含增塑剂的圆形或三角形焊条。

4.9.4 工器具要求（表4–23）

工器具要求 表4–23

机具	空压机、调节变压器、多功能焊塑枪、电热空气焊枪
工具	凿形刮板、橡皮滚筒、割刀、橡皮锤、胶桶、剪刀、油漆刷、擦布、修边器、扫帚、钢压锟、开槽器、焊条修平器、皮老虎、医用注射器
测具	激光投线仪、水平尺、钢卷尺、墨斗

4.9.5 施工工艺流程

1. 工艺流程图（图4–26）

预铺裁割 → 刮胶涂布 → 排气滚压 → 连接接缝 → 清洁保养

图4–26 塑料板面层施工工艺流程图

2. 工艺流程表（表4–24）

塑料板面层施工工艺流程表 表4–24

预铺裁割	无论是卷材还是块材，都应在现场放置48h以上，使材料记忆性还原，温度与施工现场一致。 使用专用的修边器对卷材的毛边进行切割清理。 块材：铺设时，两块材料之间应紧贴并没有接缝。 卷材：铺设时，两块材料的搭接处应采用重叠切割，一般是要求重叠25～30mm。注意保持一刀割断。裁剪第二张地板时要考虑第一张地板纹路对齐。裁剪第二张地板时把地板放置在第一张上，在中间、两端上做“V”字形标记再裁剪。地板两端与墙面预留一部分施工。

续表

预铺裁割	施工最好从房间入口处开始，以免地板在门口处被拼缝。墙面及墙角部分覆盖的材料要用手充分压紧（“V”字标记），按墙面曲线（预留 50mm）裁剪。裁剪时要与墙面保留一定距离，预留到踢脚线能覆盖到的位置
刮胶涂布	卷材铺贴前，须在地面满铺一层防潮纤维布，与墙面交接处预留50mm，充分压紧。宜选用与塑料地板品牌相同或匹配的胶粘剂和刮板。用凿形刮板对基层与塑料地板背面同时满刮胶粘剂，刮匀后常温下等候 5 ～ 15min，手触不粘手时即可铺贴。胶粘剂要全面涂布，特别是连接部分，墙角要充分涂布，防止产生移动、翘起等现象。 卷材铺贴：将卷材的一端卷折起来。先清扫地坪和卷材背面，然后刮胶于地坪之上。 块材铺贴：将块材从中间向两边翻起，同样将地面及地板背面清洁后上胶粘贴
排气滚压	地板粘贴后，先用软木块推压地板表面进行整平，并挤出空气。随后用 50 ～ 75kg 的钢压辊均匀滚压地板，及时修整拼接处的翘边，并及时擦去地板表面多余的胶粘剂
连接接缝	接缝部连接有焊接和涂胶两种方法。 涂胶：在涂密封胶之前要彻底清除沙砾、灰尘等。密封胶使用前充分摇匀倒入施工瓶放置 3min 去除气泡。沿接缝按一定速度挤压施工瓶涂抹。地下室或其他潮湿地方，地板与墙面之间需要硅酮胶处理。 焊接：铺设完成 24h 后进行开槽和焊缝。用专用开槽器沿接缝处进行开槽，为使焊接牢固，开槽不应透底，建议开槽深度为地板厚度的 2/3，在开槽器无法开到的末端部位，使用手动开槽器以同样的深度和宽度开缝。焊缝必须在胶水完全固化后进行。焊缝前，需清除槽内残留的灰尘和碎料。用手工焊枪或自动焊接设备进行焊缝，焊枪的温度应设置在 350℃左右，以适当的焊接速度（保证焊条熔化）匀速地将焊条挤压入开槽中。在焊条半冷却时，用焊条修平器或月型割刀将焊条高于地板平面的部分大体割去。当焊条完全冷却后再将余下的凸起部分割去
清洁保养	铺贴完成应养护 7d，选用相应的清洁剂进行定期的清洁保养。避免甲苯、香蕉水之类的高浓度溶剂及强酸、强碱溶液倾倒在地板表面；避免使用不当的工具和锐器刮铲或损伤地板表面

4.9.6 过程保护要求

（1）铺贴人员应穿洁净软底鞋，防止鞋钉、砂粒磨损表面。

（2）塑料板材铺贴后，应避免直接暴晒，以防局部干燥过快使板变形和褪色。

（3）开水壶、火炉、电热器等不得与塑料板接触，以免烫坏、烧焦面层或造成翘曲、变色。

（4）清除油污，不可用刀刮，应用皂液或松节油清除，严禁用酸性洗液。

（5）后续作业使用爬梯、凳脚等要包裹软性材料保护，防止重压划伤地面。

4.9.7 质量标准

1. 主控项目

（1）内容：塑料板面层所用的塑料板块、塑料卷材、胶粘剂等应符合设计要求和国家现行有关标准的规定。

检验方法：观察检查；检查型式检验报告、出厂检验报告、出厂合格证。

（2）内容：面层与下一层的粘结应牢固，不翘边、不脱胶、无溢胶（单块板块边角允许有局部脱胶，但每自然间或标准间的脱胶板块不应超过总数的5%；卷材局部脱胶处面积不应大于2000mm^2，且相隔间距应大于或等于0.5m）。

检验方法：观察、敲击及用钢尺检查。

2. 一般项目

（1）内容：塑料板面层应表面洁净，图案清晰，色泽一致，接缝应严密、美观。拼缝处的图案、花纹应吻合，无胶痕；与柱、墙边交接应严密，阴阳角收边应方正。

检验方法：观察检查。

（2）内容：板块的焊接，焊缝应平整、光洁，无焦化变色、斑点、焊瘤和起鳞等缺陷，其凹凸允许偏差不应大于0.6mm。焊缝的抗拉强度应不小于塑料板强度的75%。

检验方法：观察检查；检查检测报告。

（3）内容：镶边用料应尺寸准确、边角整齐、拼缝严密、接缝顺直。

检验方法：观察和用钢尺检查。

（4）内容：踢脚线宜与地面面层对缝一致，踢脚线与基层的粘合应密实。

检验方法：观察检查。

3. 允许偏差（表 4-25）

塑料板面层施工允许偏差　　　　表 4-25

项目	允许偏差（mm）	检验方法
表面平整度	2.0	2m 靠尺和楔形塞尺检查
缝格平直	3.0	拉 5m 线和用钢尺检查
接缝高低差	0.5	用钢尺和楔形塞尺检查
踢脚线上口平直	2.0	拉 5m 线和用钢尺检查

4.9.8 质量通病及其防治

1. 面层空鼓及表面呈波浪形

（1）原因分析：基层有起砂、起壳现象，粘结层空气未排除，胶层厚薄不匀。

（2）防治措施：

① 基层坚硬、平整、光滑、无油脂等杂物，无起砂、起壳现象。基层含水率控制在 8% 以内。

② 粘贴应待稀释剂挥发后（用手摸不粘手）进行，宜先涂塑料板粘贴面，后涂基层表面。

③ 粘贴前应进行脱蜡除脂作业，粘贴时从一角或一边开始，边粘边抹压将粘结层中空气全部排除。

④ 粘结剂的涂刷应用配套的专用刮板，使胶层厚薄均匀。

⑤ 拼缝焊接宜在粘贴 2d 后进行。

2. 焊缝发黄、烧焦、有黑色斑点

（1）原因分析：拼缝焊接技术不过关及防护措施不到位等。

（2）防治措施：

① 拼缝的坡口切割时间不宜过早，切割后应防止赃物玷污。

② 焊接前，应先检查压缩空气是否纯净，并掌握好焊接参数。

3. 焊缝凹凸不平，宽窄不一

（1）原因分析：拼缝焊接施工未试验或未准确确定合理的坡口角度和焊条尺寸，焊枪的空气压力不合适及拼缝坡口切割毛糙。

（2）防治措施：

① 拼缝坡口切割应正确，边缘应整齐、平滑，角度适中。

② 焊缝的切平工作，应待焊缝温度冷却到室内常温后再进行操作。

③ 焊缝的坡口尺寸应与焊条尺寸一致，使熔化物冷却后略高于塑料板面，经切平后成为一条平整的焊缝。

4.9.9 构造图示（图4-27）

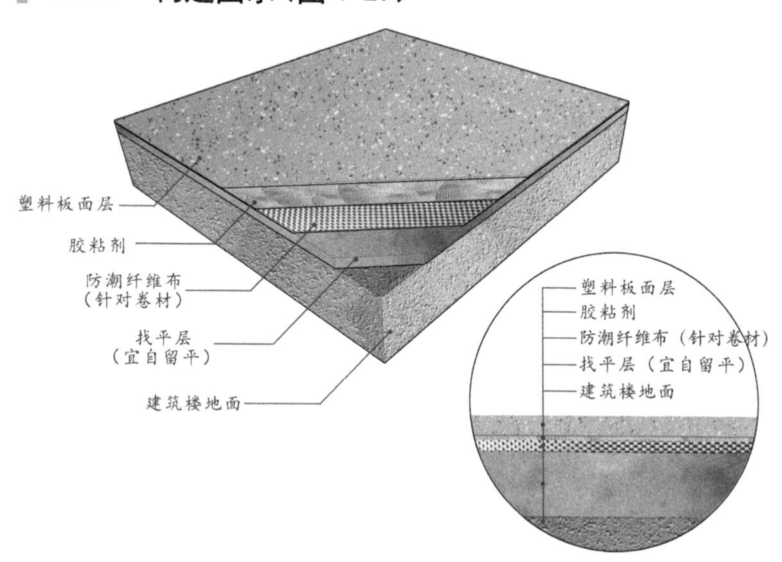

图4-27 塑料面层构造

4.9.10 消耗量指标（表4-26）

塑料板面层施工消耗量指标 单位：m^2 **表4-26**

序号	名称	单位	消耗量	
			塑胶地板	
			卷材	板材
1	综合人工	工日	0.03	0.03
2	粘结剂	m^2	0.45	0.45
3	卷材	m^2	1.10	—
4	板材	kg	—	1.05
5	工作内容	预铺裁割→刮胶涂布→排气滚压→连接接缝→清洁保养		

装饰小百科
Decoration Encyclopedia

① 聚氯乙烯卷材
② 聚醋酸乙烯乳胶
③ 氯丁橡胶
④ 焊条

聚氯乙烯卷材：即PVC卷材，一般用压延法生产。其中填料较少，增塑剂较PVC地砖多。一般采用四辊压延机厂塑化的PVC，经压延后表面平整光洁，冷却后切边卷取即为产品。卷材的规格各国不一，软质PVC卷材地板材质较软，有一定弹性，脚感舒适。

聚醋酸乙烯乳胶：是以醋酸乙烯为单体，水为分散介质，进行乳液聚合而得的胶粘剂。由于聚醋酸乙烯乳液具有胶粘强度较高、固化速度较快、使用方便、价格便宜、无毒安全、无环境污染等特点，适用于木材加工、家具制造、建筑装修、书籍装订、织物处理、卷烟接嘴、汽车内装饰等胶粘剂的制备。

氯丁橡胶：是氯丁橡胶胶粘剂的主体原料，所配成的胶粘剂可室温冷固化、初粘力很大、强度建立迅速、粘接强度较高，综合性能优良，用途极其广泛，能够粘接橡胶、皮革、织物、造革、塑料、木材、纸品、玻璃、陶瓷、混凝土、金属等多种材料，因此，氯丁橡胶胶粘剂也有“万能胶”之称。

焊条：焊接塑料地板的条状材料，分为PVC焊条和PP焊条。PVC焊条耐酸、碱、腐蚀。适用于聚氯乙烯板材。

4.10 活动地板面层施工技术标准

4.10.1 适用范围

本施工技术标准适用于工业与民用建筑中**活动地板面层工程**。

4.10.2 作业条件

（1）室内各工序完工，超过地板承载力的设备进入预定位置后方可进行，不得交叉施工。

（2）地面应保持平整，无起砂、脱壳现象，平整度误差不超过3mm，地面应保持干燥并有足够的强度。新浇筑的地面须干燥15d以上。

（3）四周墙面已弹出地面完成面标高水平控制线。

4.10.3 材料要求

（1）**活动地板**①：面层材质必须符合设计要求，且应具有耐磨、防潮、阻燃、耐污染、耐老化和导静电等特点。

（2）配套附件：应符合设计要求，尺寸准确、连接牢固、配套齐全。

4.10.4 工器具要求（表4-27）

工器具要求　　表4-27

机具	专用切割机、电动螺丝刀
工具	小白线、小方锹、扫帚、油刷、吸盘、水桶
测具	激光投线仪、钢卷尺、铝合金水平尺、靠尺、线坠、墨斗

4.10.5 施工工艺流程

1. 工艺流程图（图4-28）

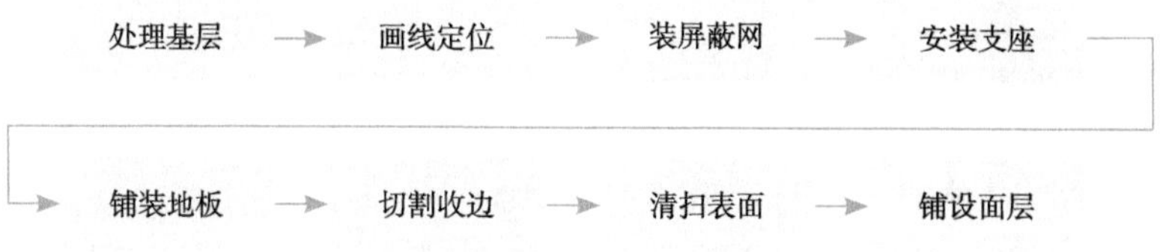

处理基层 → 画线定位 → 装屏蔽网 → 安装支座 → 铺装地板 → 切割收边 → 清扫表面 → 铺设面层

图4-28　活动地板面层施工工艺流程图

2. 工艺流程表（表 4-28）

活动地板面层施工工艺流程表　　表 4-28

工序	内容
处理基层	承载活动地板金属支架的基层表面应平整、光洁、不起灰、不脱壳。含水率不大于 8%。安装前应认真清擦干净，必要时可涂刷机房专用地坪漆两遍，起防潮、防霉作用
画线定位	测量方正度误差后，预先对墙面进行套方处理。测量平面长、宽尺寸，如果不符合活动板块模数时，依据已找好的纵横中线交点，进行对称分格，非整块板放至室内靠墙处，在基层表面上按板块尺寸弹线并形成方格网，标出地板块安装位置和高度，并标明设备预留部位（同时铺设活动地板下的线槽管线等，注意避开支架底座位置）
装屏蔽网	防静电地板须按地面弹线铺设金属屏蔽网，金属屏蔽网与机房接地铜牌相连，组成一个完整的屏蔽系统，达到设计对接地、抗静电、抗干扰的各项要求
安装支座	复核四周墙上的标高控制线，确定安装基准点，按已弹好的方格网安放支座和横梁，并转动支座螺杆调整支座面高至等高，待所有支座柱和**横梁**[②]构成一体后，用水平仪抄平。支座与基层面之间的空隙灌注环氧树脂连接牢固，亦可用膨胀螺栓连接
铺装地板	铺设前活动地板面层下铺设的线槽、管线已经过检查验收，并办完隐检手续。 根据房间平面尺寸和设备等情况，按活动地板模数选择板块的铺设方向。当平面尺寸符合板块模数，而室内无控制柜设备时，宜由里向外铺设；当平面尺寸不符合板块模数时，宜由外向里铺设。当室内有控制柜设备且需要预留洞口时，铺设方向和顺序应综合考虑。 先在横梁上铺设缓冲胶条，并用乳胶液与横梁粘合。铺设活动地板块时，应调整水平度，保证四角接角处平整、严密，不得采用加垫的方法。网络地板无须横梁，可直接安装在专用支座上
切割收边	铺设活动地板块不符合模数时，多余部分可根据实际尺寸切割，并配装相应的可调支撑横梁。切割的边应采用清漆或环氧树脂胶加滑石粉按比例调成腻子封边，或用防潮腻子封边，也可采用铝型材镶嵌。 在与墙边接缝处，应根据接缝宽窄分别采用活动地板或木条刷高强胶镶嵌，窄缝宜用泡沫塑料镶嵌。随后立即检查调整板块水平度及缝隙
清扫表面	活动地板面层全部完成后，经检查平整度及缝隙均符合质量要求后，即可进行清扫。当局部玷污时，可用清洁剂或皂水用布擦净晾干后，用棉丝抹蜡，满擦一遍，然后将门封闭
铺设面层	根据设计要求不同，活动地板上可铺设塑料地板、木地板、地毯等地面面层材料。在设定活动地板完成标高时要考虑面层饰面材料的构造厚度

4.10.6 过程保护要求

（1）操作过程中注意保护好已完成的各分部分项工程成品的质量。

（2）材料运输、装卸、进场、堆放、安装过程中，要注意保护好面板，不要碰坏面层和边角。

（3）在已铺好的面层上行走或作业，应穿软底鞋。不能用锐器、硬物在面板上拖拉、划擦及敲击。

（4）在安装设备时，应采取保护面板的临时性保护措施。

（5）根据设备的支承和**荷重**[③]，确定地板支承系统的加固措施。

4.10.7 质量标准

1. 主控项目

（1）内容：面层材质必须符合设计要求，且应具有耐磨、防潮、阻燃、耐污染、耐老化和导静电等特点。

检验方法：观察检查；检查材质合格证明文件及检测报告。

（2）内容：面层无裂纹、掉角和缺楞等缺陷。行走无声响、无摆动。

检验方法：观察和脚踩检查。

2. 一般项目

内容：面层应排列整齐、表面洁净、色泽一致、接缝均匀、周边顺直。

检验方法：观察检查。

3. 允许偏差（表 4-29）

活动地板面层施工允许偏差 表 4-29

项目	允许偏差（mm）	检验方法
表面平整度	2.0	2m 靠尺和楔形塞尺检查
缝格平直	2.5	拉 5m 线和用钢尺检查
接缝高低差	0.4	用钢尺和楔形塞尺检查
踢脚线上口平直	—	拉 5m 线和用钢尺检查
板块间隙宽度	0.3	用钢尺检查

4.10.8 质量通病及其防治

1. 面层不平整

（1）原因分析：架设支座、横梁时未按照标高调平。

（2）防治措施：每个横梁均控制标高，整体完成后再校整，抄平。

2. 板面有划痕

（1）原因分析：施工时成品保护不到位。

（2）防治措施：做好成品保护，禁止在成品上无保护作业。

4.10.9 构造图示（图 4-29、图 4-30）

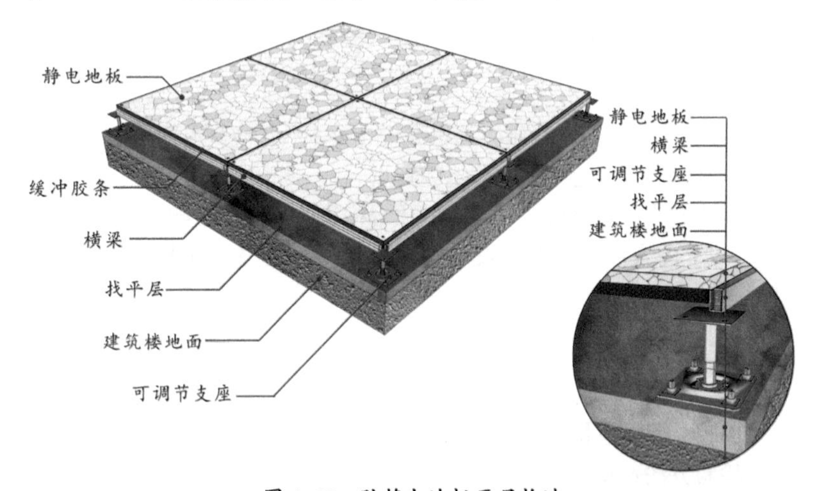

图 4-29 防静电地板面层构造

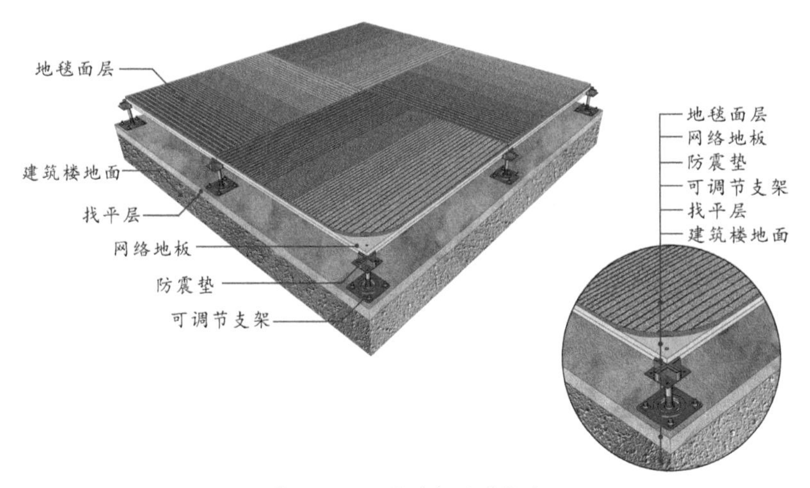

图 4–30　网络地板面层构造

4.10.10　消耗量指标（表4–30）

活动地板面层施工消耗量指标　单位：m^2　　**表 4–30**

序号	名称	单位	消耗量	
			静电地板	网络地板
1	综合人工	工日	0.07	0.06
2	可调节支架	套	4.45	4.45
3	镀锌钢板横梁	kg	28.12	—
4	活动地板	m^2	1.02	1.02
5	工作内容	处理基层→画线定位→装屏蔽网→安装支座→铺装地板→切割收边→清扫表面→铺设面层		

装饰小百科
Decoration Encyclopedia

① 活动地板
网络地板
静电地板
三聚氰胺(HPL)
② 横梁
③ 荷重
体积电阻

活动地板：分为网络地板和静电地板。

网络地板：塑料网络地板、复合网络地板（基板水泥刨花板、硫酸钙板复合镀锌钢板）、全钢OA网络地板（分为带线槽和不带线槽两种）。是一种为适应现代化办公，便于网络布线而专门设计的地板；整体结构由地板与支架组成。表面可铺装方块地毯、磁性PVC及木地板等。

静电地板：根据静电释放形式可以分为：导静电地板（**体积电阻**小于$10^5\Omega$）和防静电地板（体积电阻在$10^5 \sim 10^{11}\Omega$之间）。防静电地板又叫作耗散静电地板。当它接地或连接到任何较低电位点时，使电荷能够耗散为特征。一般适用于计算机房、控制室、洁净厂房等空间。由地板、横梁及支架组成。表面直接铺装防静电瓷砖、三聚氰胺（HPL）、PVC及防静电贴面等。

三聚氰胺（HPL）：泛指人造板材中所用到的三聚氰胺树脂胶粘剂，当带有不同颜色或纹理的纸在树脂中浸泡后，干燥固化后铺装在刨花板、中密度纤维板或硬质纤维板表面，经热压而成的装饰板，规范的名称是“三聚氰胺浸渍胶膜纸饰面人造板”，称其三聚氰胺板实际上是说出了它的饰面成分的一部分。

横梁：当铺设静电地板时所用横梁分为长横梁和短横梁。

荷重：又称负荷、载重、载荷，一般指作用在物体上的外加力。广义上，荷重是指施加在结构上，造成结构系统产生反力、内力，或发生节点变位、杆件变形的外部因素。

体积电阻：又称体积电阻系数或体积比电阻，表征电介质或绝缘材料电性能的一个重要数据。表示$1cm^3$电介质对泄漏电流的电阻。单位是$\Omega \cdot cm$。体积电阻的大小，除取决于材料本身组成的结构外，还与测试时的温度、湿度、电压和处理条件有关。体积电阻愈大，绝缘性能愈好。

4.11 地毯面层施工技术标准

4.11.1 适用范围

本施工技术标准适用于工业与民用建筑中满铺**地毯面层工程**。

4.11.2 作业条件

（1）铺设前其他装饰分项已完工。

（2）如**地面**①铺设，必须加做防潮层（一毡二油防潮层或水乳型橡胶沥青一布二油防潮层等）。防潮层上做50mm厚1：2：3细石混凝土，1：1水泥砂浆压实赶光。要求表面平整光洁，具有一定的强度，含水率小于8%。

（3）墙面踢脚板下口均应离开地面略低于面层完成面2mm左右，以便于地毯边掩入踢脚板下。

4.11.3 材料要求

（1）**地毯**②：地毯品种、规格、颜色、花色和辅料及其材质必须符合设计要求和国家现行地毯产品标准的规定。污染物含量低于室内装饰装修材料地毯中有害物质释放限量标准。

（2）**衬垫**③：材质、厚度、平整度、阻燃性能、防潮性能符合设计要求。

（3）**倒刺条**④：顺直，倒刺均匀，长度、角度符合设计要求且具有良好的防滑性，能有效防止地毯的移位。

（4）胶粘剂、接缝胶带：根据基层和地毯以及施工条件选用合适的胶粘剂和接缝胶带。其污染物含量低于室内装饰装修材料胶粘剂中有害物质限量标准。

4.11.4 工器具要求（表4-31）

工器具要求　　表4-31

机具	裁边机、电动手电钻、熨斗、吸尘器
工具	地毯撑子、扁铲、割刀、剪刀、锤子、胶桶、小白线、钢丝刷、扫帚
测具	角尺、直尺、钢卷尺、墨斗

4.11.5 施工工艺流程

1. 工艺流程图（图 4-31）

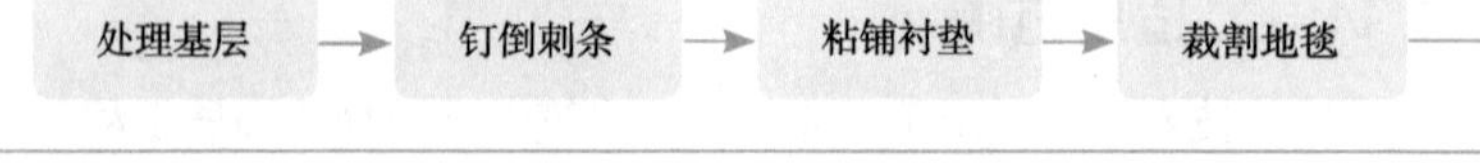

图 4-31 地毯面层施工工艺流程图

2. 工艺流程表（表 4-32）

地毯面层施工工艺流程表 表 4-32

处理基层	将地基层的浮浆、落地灰等用钢丝刷清理掉，再将浮土清扫干净。如条件允许，用自流平水泥将地面找平为佳
钉倒刺条	沿墙边踢脚板边缘，用钢钉（板上倒刺钉朝墙侧）将倒刺条固定在地面上，钉距 300mm，倒刺板离踢脚板面 8 ~ 10mm。钉倒刺条时应注意不得损伤踢脚板
粘铺衬垫	衬垫胶粒面朝下，与倒刺条间距 10mm 左右，避免铺设后垫层皱褶。设置衬垫拼缝时应考虑到与地毯拼缝至少错开 150mm。衬垫用点粘法刷聚酯乙烯乳胶，粘贴在地面基层上
裁割地毯	地毯裁割应在比较宽阔的空间统一进行，并按地面实际尺寸计算地毯裁割尺寸，在地毯背面弹线、编号。原则是地毯的经线方向应与房间长向一致。每段地毯的长度要比房间长度长约 20mm，宽度要以裁出地毯边缘线后的尺寸计算，弹线裁剪边缘部分。要注意地毯纹理的铺设方向应符合设计要求
缝合地毯	先将胶带按地面上的弹线铺好，两端固定，将两侧地毯的边缘压在胶带上，然后用电熨斗在胶带的无胶面上熨烫，使胶质溶解，随着电熨斗的移动，用扁铲在接缝处碾压平实，使之牢固地连在一起
展铺找平	先将地毯的一侧长边固定在倒刺条上，并将毛边塞到踢脚板下，用地毯撑拉伸地毯。拉伸时，先压住地毯撑，用膝撞击地毯撑，从一侧逐步推向另一侧，由此反复操作将地毯四边固定在四周倒刺条，并将多余部分地毯裁割
固定收边	地毯挂在倒刺板上用扁铲轻击倒刺条，使倒刺全部勾住地毯，以免挂不实而引起地毯松弛。地毯全部展平拉直后应把多余的地毯边裁去，再将地毯边缘塞进踢脚板和倒刺条之间。当地毯下无衬垫时，可在地毯的拼接和边缘处采用麻布带和胶粘剂粘接固定（多用于化纤地毯）

续表

修整清理	施工要注意门口压条与门框、走道和门厅等不同部位、不同材料的交圈和衔接收口处理，固定、收边、掩边必须粘结牢固。铺设工作完成后，因接缝、收边裁下的边料和绒毛、纤维应打扫干净，并用吸尘器将地毯表面清理干净

4.11.6 过程保护要求

（1）注意倒刺条、挂毯条、水泥钉的使用和保管，及时回收和清理裁断下来的零头、倒刺条、挂毯条、水泥钉，避免发生钉子扎脚，划伤地毯。避免地毯层和面层下面夹杂水泥钉。

（2）地毯面层完工后应将房间关门上锁，避免受污染破坏。

（3）后续工程在地毯面层上需要上人时，必须带鞋套或者是专用鞋，严禁在地毯面上进行其他施工操作。

4.11.7 质量标准

1. 主控项目

（1）内容：地毯面层采用的材料应符合设计要求和国家现行有关标准规定。

检验方法：观察检查和检查材质合格证明文件及出厂合格证。

（2）内容：地毯面层采用的材料进入现场时，应有地毯、衬垫和胶粘剂中挥发性有机物（VOC）和甲醛限量合格的检测报告。

检验方法：观察检测报告。

2. 一般项目

（1）内容：地毯表面应平整服帖，拼缝牢固、严密、平整、图案吻合。

检查方法：观察检查。

（2）内容：地毯表面不应起鼓、起皱、翘边、卷边、显拼缝、露线和无毛边，绒面毛顺光一致，毯面干净，无污染和损伤。

检查内容：观察检查。

（3）内容：地毯同其他面层连接处 、收口处和墙边、柱子周围应顺直、压紧。

检查方法：观察检查。

3. 允许偏差（表 4-33）

地毯面层施工允许偏差　　表 4-33

项目	允许偏差（mm）	检验方法
表面平整度	2.0	2m 靠尺和楔形塞尺检查
缝格平直	2.5	拉 5m 线和用钢尺检查
接缝高低差	0.4	用钢尺和楔形塞尺检查
踢脚线上口平直	—	拉 5m 线和用钢尺检查
板块间隙宽度	0.3	用钢尺检查

4.11.8 质量通病及其防治

1. 地毯起皱、不平、鼓包等

（1）原因分析：铺装时撑子张平松紧不匀及倒刺条中个别倒刺没有抓住。

（2）防治措施：将地毯反过来卷一下，再铺展平整。铺装时，撑子用力要均匀，张平后立即装入倒刺条，用扁铲敲打，确保所有倒刺条都能扣住地毯。

2. 毯面受污染

（1）原因分析：刷胶时将毯面污染； 地毯铺完后未做有效的成品保护，受到污染。

（2）防治措施：地毯面层做完后应换干净拖鞋再进入室内；在地毯施工结束后进行装饰或其他专业工序时，地毯面层应进行覆盖保护以免污染。

3. 接缝明显

（1）原因分析：缝合或粘合时未将毯面绒毛捋顺，或是绒毛朝向不一致，地毯裁割时尺寸有偏差或不顺直。

（2）防治措施：在施工时要特别注意地毯与其他地面的收口或交接处，例如门厅、门厅过道、拼花及变换材料等部位的基层本身接口是否平整，如严重者应返工处理，如不严重，可采取加衬垫的方法用胶粘剂把衬垫粘牢，同时要认真把面层和垫层拼缝处的缝合工作做好，一定要严密、紧凑、结实，并满刷胶粘剂粘牢固。

4. 图案扭曲变形

（1）原因分析：拉伸地毯时，各点的力度不均匀，或不是同时作业造成图案扭曲变形。

（2）防治措施 ：认真按照操作工艺中的缝合、拉伸与固定、用胶粘剂粘结固定等要求。

4.11.9 构造图示（图 4-32、图 4-33）

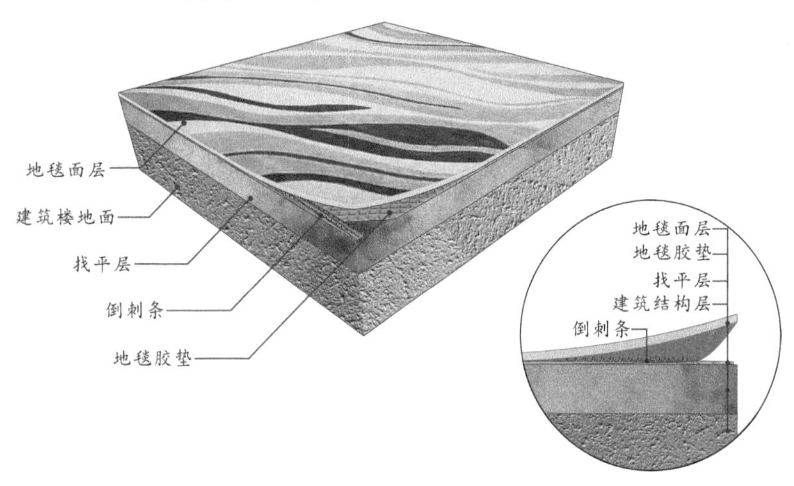

图 4-32 地毯面层构造

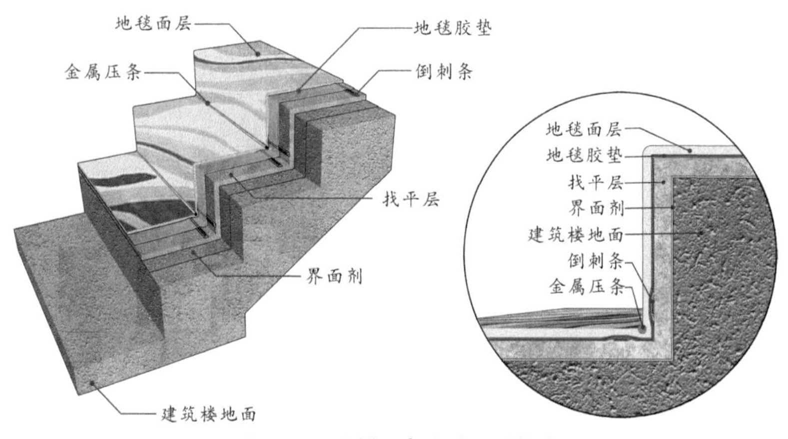

图 4-33 楼梯踏步地毯面层构造

4.11.10 消耗量指标（表4-34）

地毯面层施工消耗量指标　单位：m^2　　表4-34

序号	名称	单位	消耗量	
			满铺地毯	块毯
1	综合人工	工日	0.03	0.03
2	衬垫	m^2	1.05	1.03
3	地毯烫带	m	0.69	0.66
4	胶粘剂	kg	—	0.07
5	钉条24×6	m	1.09	—
6	铝合金收口条	m	0.10	
7	地毯	m^2	1.05	1.03
8	工作内容	处理基层→钉倒刺条→粘铺衬垫→裁割地毯→缝合地毯→展铺找平→固定收边→修整清理		

装饰小百科
Decoration Encyclopedia

地面：区别于楼面，直接在回填土表面作垫层再作面层。

地毯：是以棉、麻、毛、丝、草纱线等天然纤维或化学合成纤维类原料，经手工或机械工艺进行编结、栽绒或纺织而成的地面铺敷物。按制作方法分为手工毯与机织毯。

手工毯：包括纯手工地毯和手工枪刺地毯。

纯手工地毯：不用设备，完全用手工打结编织。主要参数为道，200道就代表每英寸（1英寸＝25.4mm）地毯里有200根纱线。

手工刺枪地毯：人工用刺枪编织的地毯。主要参数为磅（1磅＝453.59g），4.5磅代表1m^{2}地毯重量为2.44kg。

机织毯：相对于手工地毯。按制作方法分为簇绒地毯、威尔顿地毯和阿克明斯特地毯。

簇绒地毯：机织中生产效率较高的一类。它不是经纬交织而是将绒头纱线经过钢针插植在地毯基布上，然后经过后道工序上胶握持绒头而成。

威尔顿地毯：通过经纱、纬纱、绒头纱三纱交织，后经上胶，再进行割绒头做成割绒毯或不割绒做成圈绒毯。由于该工艺源于英国的威尔顿地区，因此称为威尔顿地毯。此织机是双层织物故生产效率比较快。

阿克明斯特地毯：参照东方地毯的编结方法，用机械的方法将绒纱先切割成指定长度后，以“U”字或“J”字形的固结方法栽埋到地毯的地经纱层之间，再由纬纱加以固定，因此在地毯的背面不会拖有沉纱。由于工艺不同，其只有割绒而没有圈绒地毯。该工艺源于英国的阿克明斯特，此织机属单层织物故织造效率非常低，仅为威尔顿的30%。

衬垫：铺贴在地毯下面，可增加地毯弹性，使脚感舒适，且有防潮透气之效果，并有良好的防滑性，能有效防止地毯的移位。

倒刺条：有钉子的木板条。它是三合板裁成条，再在其上斜向钉两排倒刺钉，用来固定地毯。

4.12 木竹面层施工技术标准

4.12.1 适用范围

本施工技术标准适用于工业与民用建筑中**木竹面层工程**。

4.12.2 作业条件

（1）相关专业施工的分部分项工程及所覆盖隐蔽工程验收合格。

（2）应在暖气试压等可能会造成地面潮湿的工序完工后进行。同时在铺设面层前，应使空间干燥，禁止在气候潮湿环境施工。

（3）水泥类基层表面应坚硬、平整、洁净、干燥、不起砂。

（4）地板面层的安装必须在整个装饰工程的最后阶段，避免因交叉施工造成面层漆面损伤。

4.12.3 材料要求

（1）**实木（竹）地板面层**①、**实木（竹）复合地板面层**②、**中密度（强化）地板面层**③、**软木地板面层**④的条材、块材均应商检合格，并符合国家现行标准和规范要求。其游离甲醛释放量应符合现行国家标准《民用建筑工程室内环境污染控制规范》GB 50325 规定。中密度（强化）复合地板技术参数应符合表 4–35。

中密度（强化）复合地板技术参数　　表 4–35

项目	计量单位	国标规定值
密度	g /cm	≥ 0.8
含水率	%	3 ～ 10
静曲强度	MPa	≥ 30
内结合强度	MPa	≥ 1.0
表面结合强度	MPa	≥ 1.0
地板吸水厚度膨胀率	%	≤ 4.5
表面耐磨	—	磨 10000 转后应保留 50% 以上花纹
耐香烟灼烧	—	不许有黑斑、裂纹、鼓泡等变化
耐划痕	—	≥ 2.0N 表面无整圈连续划痕
抗冲击	mm	≤ 12
甲醛释放量	mg/100g	9

（2）**木龙骨、垫木、毛地板**等所采用木材的树种、选材标准和铺设时木材含水率以及防腐、防蛀处理等，均应符合现行国家标准《木结构工程施工质量验收规范》GB 50206 的有关规定。

（3）**踢脚线**：规格及含水率符合设计要求，背面开槽防翘曲，并作防腐处理，花纹颜色应与地板面层相同。

4.12.4 工器具要求（表 4-36）

工器具要求　　表 4-36

机具	手电钻、小电刨、小电锯、电动螺丝刀
工具	钢丝刷、錾子、锤子、扫帚、剪刀、手刨、手锯、木槌、木条
测具	激光投线仪、钢卷尺、水平尺、线坠、墨斗

4.12.5 施工工艺流程

1. 工艺流程图（图 4-34）

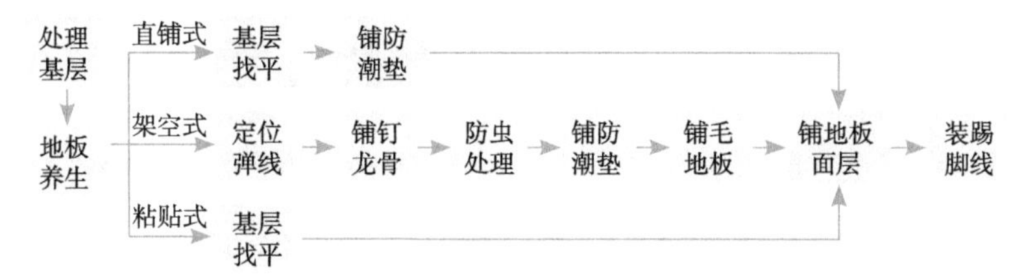

图 4-34　木竹面层施工工艺流程图

2. 工艺流程表（表 4-37）

木竹面层施工工艺流程表　　表 4-37

处理基层	清理基层浮浆、落地灰，检查水泥砂浆基层表面平整度，并对凸起、气泡、起皮部位进行打磨、铲除及修补
地板养生	所有木地板运至安装现场后，应拆包在室内存放 2 ～ 7d，使木地板与空间温度、湿度相适应。毛地板、拼花木地板、长条地板含水率分别不大于 18%、10%、12%，并应符合当地平衡含水率值。地板需水平放置，不宜竖立或斜放

（1）直铺式

基层找平	直铺于水泥地面基层时，基层**平整度偏差**⑤超过 2mm 时须做找平处理，有条件可选用自流平。如找平厚度超过 50mm，宜采用细石混凝土找平

续表

铺防潮垫	防潮隔声衬垫应满铺，两幅拼缝之间结合处宜搭接不小于200mm宽的重叠面，并用防水胶带纸封好，不得显露出基层面
铺地板面层	实木（竹）复合地板、中密度（强化）复合地板、软木地板可采用直铺式铺装。板端错开长度以不小于地板长边300mm铺设，面层周边与墙体应预留8mm左右缝隙。企口型地板间应采用配套专用胶；锁扣免胶型地板阴阳企口可使每块地板间的密缝紧紧相扣，防潮性能更佳，无需用胶水逐块拼装，铺设完成后的地板面层，即可在上面行走，拆卸亦相当容易，反复铺设可达三次之多。拼装时不可直接锤击表面、企口，必须用垫木。门口处1m^2范围内的木地板，应用手刨刨齐磨光后采用聚氨酯弹性胶粘剂粘贴牢固，防止门口处木地板起翘

（2）架空式

定位弹线	根据地板面层的铺装方向确定木龙骨的铺钉方向。再放线确定预埋件的位置，根据木龙骨间距300～400mm，塑料胀管或丝杆（固定龙骨的预埋件）间距400mm，在基层面上弹线并形成网格。确保每块地板能横跨5根木龙骨
铺钉龙骨	用美固钉将刨平的木龙骨（松木、杉木等不易变形的树种）铺钉在预埋的塑料胀管上，或用膨胀螺栓和角码（角钢上钻孔）固定在基层上，调平并找好标高。木龙骨下与基层用砂浆填密实，接触部位刷防腐剂，与墙间留30mm缝隙。龙骨铺钉完后，须检查其牢度与平整度，踩踏检查龙骨无声响
防虫处理	**架空铺设**[6]时，应在木龙骨间撒布驱虫药剂或樟木碎块、生花椒粒等防虫配料，撒放量控制在0.5kg/m^2
铺防潮垫	防潮隔声衬垫应满铺，两幅拼缝之间结合处宜搭接不小于200mm宽的重叠面，并用防水胶带纸封好，不得显露出基层面
铺毛地板	**毛地板**[7]与龙骨方向呈30°或45°方向铺钉，并应斜向钉牢，木材髓心应向上，板间缝隙小于3mm，与墙之间留5～10mm缝隙。铺完后须检查牢度和平整度，如踩踏有响声，须局部采用膨胀钉加固
铺地板面层	正式铺设前应该进行预铺，剔除色差明显的木地板，色差较大的在排版时确定铺设于次要部位，如家具底部或不重要的角落等部位

续表

铺地板面层	实木（竹）地板、实木（竹）复合地板面层铺装时，地板与四周墙壁留 8mm 左右的伸缩缝，地板之间接口处可用专用地板胶或圆钉固定。所有地板拼接时应纵向错位（相邻两行错开应在 300mm 左右）进行铺装。铺钉时，用 2 ～ 2.5 倍地板厚长度的圆钉，间距 300mm，从板条企口榫凹角处斜向钉入木龙骨。为不影响企口接缝的严密，钉帽须预先打扁，冲入企口表面以内。每一片地板拼接后，以木槌和木条轻敲，以使每片地板公母榫企口密合。铺设第一块板材的凹企口应朝墙面，板材与墙壁间插入木（塑）楔，使其间有 8mm 左右的伸缩缝，整体地板拼装 12h 后拆除

（3）粘贴式

基层找平	地板粘贴于水泥地面基层时，基层平整度偏差超过 2mm 时须找平处理，有条件可选用自流平。找平厚度超过 50mm 宜采用细石混凝土找平
铺地板面层	实木（竹）复合地板、中密度（强化）复合地板、软木地板也可采用粘贴的铺装方式。基层面要求平整、洁净、干燥、不起砂、不空裂，在基层表面和地板背面分别均匀涂刷胶粘剂，5min 后即可铺贴，并应注意在铺贴好的地板面随时加压，使之粘结牢固，防止翘曲空鼓。面层缝隙小于 0.3mm。面层与墙之间的缝隙 5 ～ 10mm，用踢脚线封盖

装踢脚线

装踢脚线	工厂定制踢脚线 6m 以内不得拼接，6m 以上宜采用 45° 斜缝拼接，接缝处不得错位并修补平整，采用与踢脚线颜色相同的油漆进行修补。安装应采用卡式安装，不得在表面打钉固定。踢脚线背面应贴平衡纸，做抽槽及防腐处理

4.12.6 过程保护要求

（1）材料应码放整齐，使用时轻拿轻放，不可乱扔乱堆，以免损坏棱角。

（2）木地板上作业应穿软底鞋，且不得在面层上敲砸，以防损坏。

（3）施工完应及时覆盖塑料薄膜，防止开裂变形。后续工序施工时，须进行遮盖，严禁直接在地板上动火、焊接、和灰、调漆、支铁梯、搭脚手架等。

（4）通水和通暖时应注意阀门及管道的三通、弯头等处，防止渗漏后浸湿地板造成开裂和起鼓。

（5）对所覆盖的水管、电管等隐蔽工程要有可靠保护措施，不得因铺设地板面层造成漏水、堵塞、线路破坏。

（6）完工后，应保持房间通风。夏季24h，冬季48h后方可正式使用。

（7）切勿将强酸、强碱、甲苯、香蕉水、油漆稀释剂等溶剂置于地板表面，以免腐蚀损坏地板面层。

4.12.7 质量标准

1. 主控项目

（1）内容：地板面层、铺设时的木材含水率、胶粘剂等应符合设计要求和国家现行有关标准的规定。

检验方法：观察检查和检查材质合格证明文件及检测报告。

（2）内容：木龙骨、垫木和垫层地板等应做防腐、防蛀处理。

检验方法：观察和检查验收记录。

（3）内容：木龙骨安装应牢固、平直。

检验方法：观察、行走、钢尺测量等检查和检查验收记录。

（4）内容：面层铺设应牢固；粘结应无空鼓、松动。

检验方法：观察、行走或用小锤轻击。

2. 一般项目

（1）内容：地板面层应刨平、磨光，无明显刨痕和毛刺等现象；图案应清晰、颜色应均匀一致。

检验方法：观察、手摸和行走检查。

（2）内容：面层的品种与规格应符合设计要求，板面应无翘曲。

检验方法：观察、用2m靠尺和楔形塞尺检查。

（3）内容：面层缝隙应严密；接头位置应错开，表面应平整、洁净。

检验方法：观察检查。

（4）内容：面层采用粘、钉工艺时，接缝应对齐，粘、钉应严密；缝隙宽度应均匀一致；表面应洁净，无溢胶现象 。

检验方法：观察检查。

（5）内容：踢脚线应表面光滑，接缝严密，高度一致。

检验方法：观察和用钢尺检查。

3. 允许偏差（表 4-38）

木竹面层施工允许偏差　　表 4-38

项目	允许偏差（mm）		检验方法
	实木（竹）、实木（竹）复合地板	中密度（强化）地板	
板面缝隙宽度	1.0	0.5	用钢尺检查
表面平整度	3.0	2.0	2m 靠尺和楔形塞尺检查
踢脚线上口平齐	3.0	3.0	拉 5m 线和用钢尺检查
板面拼缝平直	3.0	3.0	用钢尺和楔形塞尺检查
相邻板材高差	0.5	0.5	用楔形塞尺检查
踢脚线与面层接缝	1.0		用楔形塞尺检查

4.12.8　质量通病及其防治

1. 走动有声响

（1）原因分析：龙骨固定不牢固、毛地板与龙骨间连接不牢固或与面层间连接不牢固。

（2）防治措施：每一层构造完成后均应检查平整度及牢固度，并脚踩检查确定没有声响。

2. 拼缝不严

（1）原因分析：铺钉的间距、角度不符合要求。

（2）防治措施：铺地板时接口处要插严，铺钉时用 2 ～ 2.5 倍地板厚长度的圆钉，间距 300mm，从板条企口榫凹角处斜向钉入木龙骨。为不影响企口接缝的严密，钉帽须预先打扁，冲入企口表面以内。

3. 地板面平整度超出允许偏差

（1）原因分析：安装龙骨前楼地面未找平或安装龙骨的平整度不符合规范。

（2）防治措施：铺钉之前应对龙骨进行拉线找平。

4. 粘贴施工的拼花木地板空鼓

（1）原因分析：地面基层未清理干净就进行粘结，或者清理后刷胶时间过长，胶粘剂失效、温度过低，也易造成粘结不牢而空鼓。

（2）防治措施：地面基层清理干净后再进行施工；刷胶后及时进行下道工序。

4.12.9　构造图示（图4-35～图4-42）

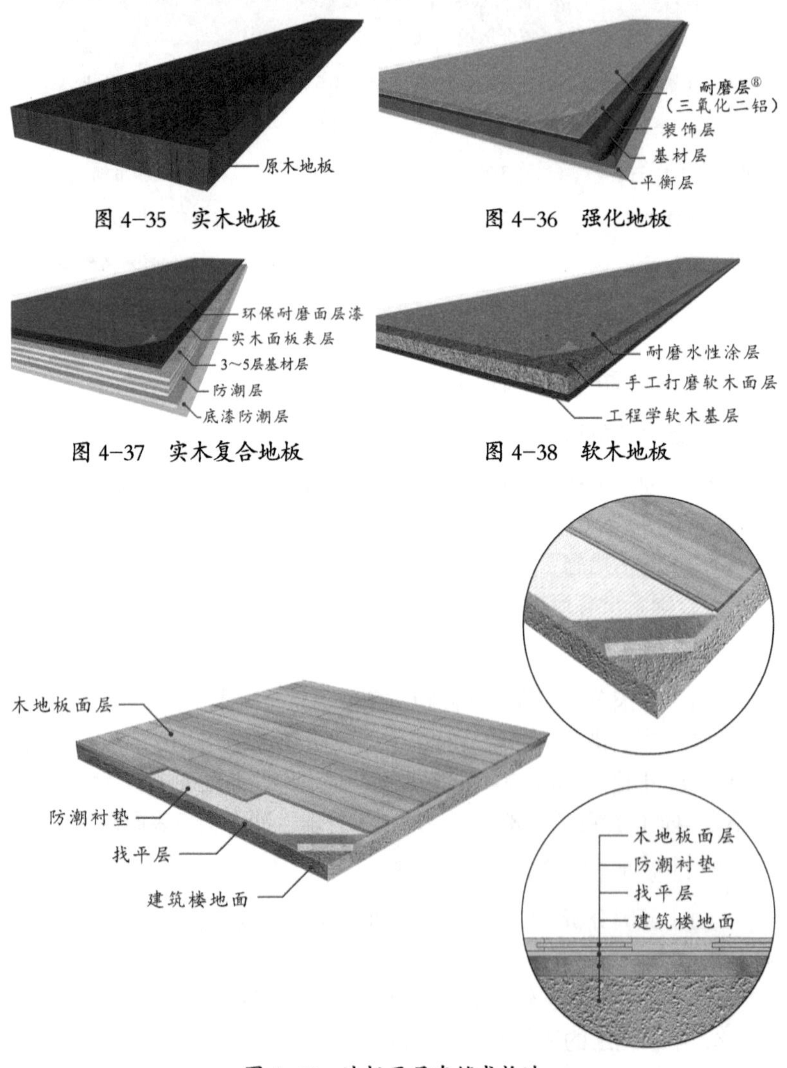

图4-35　实木地板

图4-36　强化地板

图4-37　实木复合地板

图4-38　软木地板

图4-39　地板面层直铺式构造

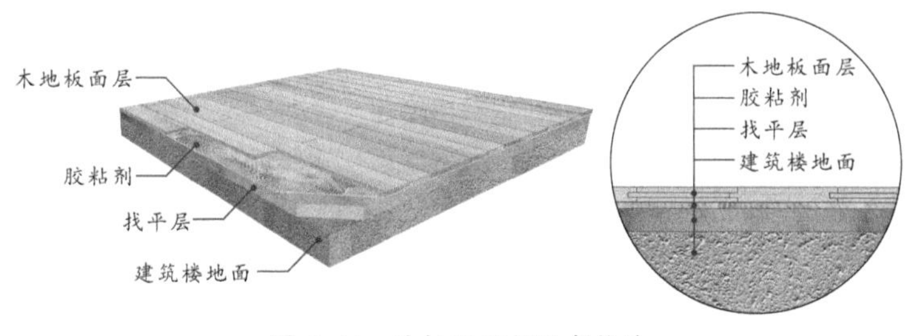

图 4-40 地板面层粘贴式构造

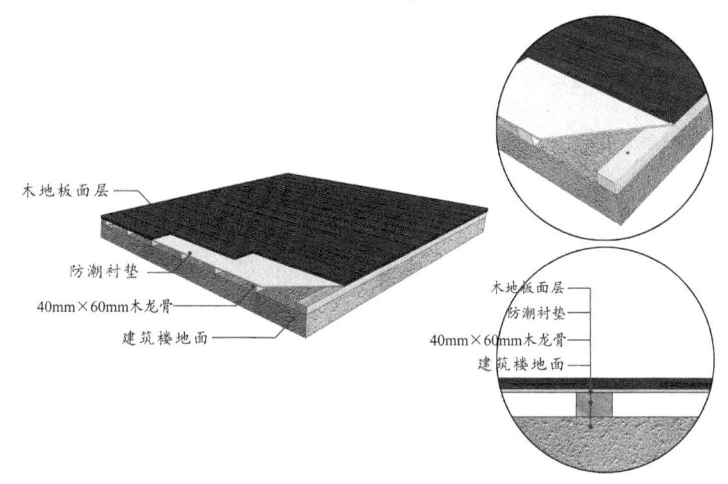

图 4-41 地板面层架空式构造（单层）

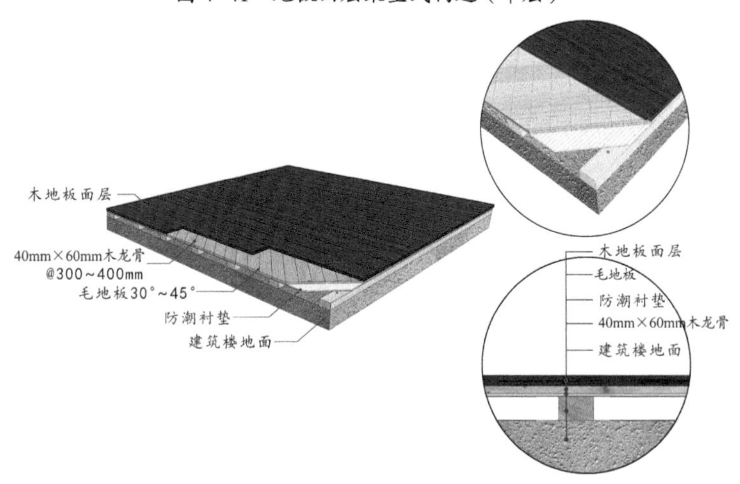

图 4-42 地板面层架空式构造（双层）

4.12.10 消耗量指标（表4-39）

木竹面层施工消耗量指标　单位：m^2　　表4-39

<table>
<tr><th rowspan="2">序号</th><th rowspan="2">名称</th><th rowspan="2">单位</th><th colspan="3">消耗量</th></tr>
<tr><th>架空式</th><th>直铺式</th><th>粘贴式</th></tr>
<tr><td>1</td><td>综合人工</td><td>工日</td><td>0.13</td><td>0.05</td><td>0.05</td></tr>
<tr><td>2</td><td>杉木锯材
（木龙骨 40mm×60mm）</td><td>m^3</td><td>0.01</td><td rowspan="5">—</td><td rowspan="6">—</td></tr>
<tr><td>3</td><td>膨胀螺栓</td><td>套</td><td>6.69</td></tr>
<tr><td>4</td><td>铁钉</td><td>kg</td><td>0.03</td></tr>
<tr><td>5</td><td>防腐油</td><td>kg</td><td>0.22</td></tr>
<tr><td>6</td><td>胶合板 / 杉板材</td><td>m^2</td><td>1.05</td></tr>
<tr><td>7</td><td>防潮衬垫</td><td>m^2</td><td>1.02</td><td>1.10</td></tr>
<tr><td>8</td><td>胶粘剂</td><td>kg</td><td>—</td><td>—</td><td>0.60</td></tr>
<tr><td>9</td><td>面层木地板</td><td>m^2</td><td>1.05</td><td>1.05</td><td>1.05</td></tr>
<tr><td>10</td><td>硬木踢脚板</td><td>m</td><td>7.07</td><td>7.07</td><td>7.07</td></tr>
<tr><td>11</td><td>工作内容</td><td colspan="4">直铺式：处理基层→地板养生→基层找平→铺防潮垫→铺地板面层→装踢脚线。
架空式：处理基层→地板养生→定位弹线→铺钉龙骨→防虫处理→铺防潮垫→铺毛地毯→铺地毯面层→装踢脚线。
粘贴时：处理基层→地板养生→基层找平→铺地板面层→装踢脚线</td></tr>
</table>

装饰小百科
Decoration Encyclopedia

① 实木（竹）地板
② 实木（竹）复合地板
③ 中密度（强化）复合地板
④ 软木地板
⑤ 平整度偏差
⑥ 架空铺设
⑦ 毛地板
耐磨层

实木（竹）地板：是天然木材（毛竹）经切削加工，防霉防虫处理，控制含水率，侧向粘拼和表面处理，开榫槽，并施涂油漆而成。它具有木材（竹）自然生长的纹理，是热的不良导体，冬暖夏凉、脚感舒适，使用安全。

实木（竹）复合地板：表层饰面采用较名贵的原木薄板，底层 3 ～ 5 层旋切单板相互垂直层压、胶合而成，表面施涂油漆。它保留了天然实木（竹）地板的优点，且少变形、不开裂。

中密度（强化）复合地板：以一层或多层专用纸浸渍热固性氨基树脂，铺装在中密度纤维板的人造板基材表面，背面加平衡层，正面加耐磨层（三氧化二铝 Al_2O_3）经热压而成。

软木地板：采用栓皮栎橡树皮（主要生长在地中海沿岸及我国秦岭地区）加工而成，与实木地板相比更具环保性、隔音性、柔软性、防潮性及极佳的脚感。

平整度偏差：如基层（楼层结构层）的表面平整度偏差超过 2mm，地板采用直铺或粘贴方式，踩踏时会出现踩空现象，使用后不利于地板的整体伸缩。

架空铺设：具有弹性好、导热系数小、干燥、易清洁和不起尘等优点。架空铺设又分为单层木地板面层或双层木地板面层铺设方法。单层木板面层是在木搁栅上直接钉企口木地板；双层木板面层是在木搁栅上先钉一层毛地板，再钉一层企口木地板。

毛地板：为了获得更好的脚感和表面平整度，同时减少架空铺设地板踩踏声较大的弊病，可以根据面层与基层的距离来选择在架空层与面层之间增加 1 ～ 2 层衬板（毛地板）。

耐磨层：主要成分为三氧化二铝 Al_2O_3，耐磨转数根据使用部位与标准不同，要求达到 4000 ～ 9000 转。

4.13 石材面层晶硬施工技术标准

4.13.1 适用范围

本施工技术标准适用于一般工业与民用建筑中**石材面层晶硬**[1]工程。

4.13.2 作业条件

（1）石材防护期的检查：铺装后的石材常温下至少要养护7d以上（冬期施工时养护期不小于14d），才能做整体研磨处理，否则整体研磨容易出现空鼓、断裂及结合层水气渗出形成病变等现象。

（2）对石材地面空鼓、裂缝、缺边掉角等病变进行事先处理，深层污染石材必须更换。

4.13.3 材料要求

（1）金刚石磨片：以金刚石为磨料，与复合材料结合制成的柔性加工工具，背面粘有尼龙搭扣布。可对石材、陶瓷、玻璃、地砖等材料进行异型加工、修复、翻新。具有磨削力强、耐用性好、软度好、清晰度、光泽度好。

（2）打磨垫：兽毛垫、白垫、红垫。硬度应适合，不可掉色。

（3）钢丝棉：分为0号、1号普通钢丝棉和1号不锈钢钢丝棉等，钢丝棉不可有杂丝、杂质、生锈和发黑等现象。

（4）晶硬处理材料：包括结晶粉、结晶剂 。结晶粉与结晶剂都含有**草酸**[2]、**氟硅酸**[3]等成分，可以与石材中的钙质成分发生反应，形成光亮的晶硬层。结晶粉同时添加有优化研磨粒子与高性能树脂，能够对石材表面产生化学刻蚀作用与优化填补作用。

4.13.4 工器具要求（表4-40）

工器具要求　　表4-40

机具	云石机、研磨机、单头圆盘机、吸水机
工具	水桶、水壶
测具	激光投线仪、钢卷尺、水平尺、量杯

4.13.5 施工工艺流程

1. 工艺流程图（图 4-43）

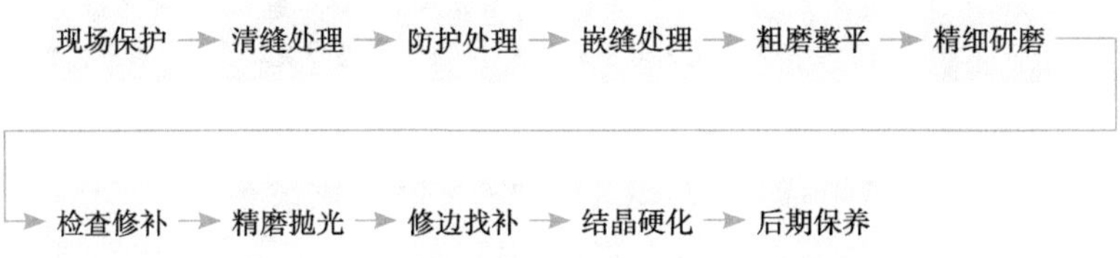

现场保护 → 清缝处理 → 防护处理 → 嵌缝处理 → 粗磨整平 → 精细研磨 → 检查修补 → 精磨抛光 → 修边找补 → 结晶硬化 → 后期保养

图 4-43 石材面层晶硬施工工艺流程图

2. 工艺流程表（表 4-41）

石材面层晶硬施工工艺流程表 表 4-41

现场保护	石材晶硬施工前须采用宽度 500 ～ 600mm 透明塑料薄膜，对作业面周边成品（扶梯、木制品、玻璃、涂料墙面及装饰品等）进行保护。宜选进口美纹纸，禁止使用透明胶带及其他易留下胶印的粘贴材料；保护材料禁止使用如黄纸箱板、彩条布等遇水易脱色的材料
清缝处理	采用云石机，配以外径 110mm 厚度 0.3mm 的金刚石电镀切片或烧结切片，调整好切入深度，顺着石材缝口拉切；切片与石材摩擦产生高温，宜采用水性养护剂代替水进行冷却，以预防石材崩边及水斑病害。切缝要注意宽窄一致（宽 2mm）、深度一致（深 5mm），避免走线、崩边等现象；切缝后及时去除缝中的水泥渣、砂粒、尘土等污物，让出空间，便于填胶
防护处理	打磨前对石材板面进行泼水试验，以避免在打磨时水渗入石材内，造成严重的水斑现象，如果试验证明该板防水效果达标，板面可不再做防水处理；但对新切缝口必须采用石材用有机硅防护剂进行涂刷两遍，间隔 30min，养护 24h
嵌缝护理	嵌缝前，应先用吸尘器吸尽缝中的粉尘。嵌缝有两种方法：一是灌注法，二是批刮法。 灌注法：用环氧树脂或不饱和树脂加入树脂颜料试配胶样；流质胶灌注缝口后，加热快速催干。打磨抛光后对比胶缝与石板匹配度，嵌缝胶调试合格后，根据施工区域用胶量一次配好备用。 批刮法：嵌缝胶调试与灌注法相同，胶调好后再加入填充料，使其变稠而不流动。可在胶中加入白碳黑或滑石粉，同时需先试小样。补胶时要左右同时批刮，还需用力向下压，让补的胶与石缝充分粘合、填实，胶体高出石面 1 ～ 2mm，刮净残留，干燥后即可打磨

续表

粗磨整平	采用石材研磨机械，用 36 目、60 目金刚石磨盘、**菱苦土**[④]磨盘、树脂磨石或 30 目、50 目石材翻新片将石材因变形、铺装、加工等原因形成的**剪口**[⑤]、高低不平和在施工过程中造成的划痕等磨削整平。粗磨不要使用软水磨片进行研磨，容易出现波浪，影响平整度；粗磨时，给水量可适度稍大，但要及时彻底吸水，机器应走井字形。粗磨占整体研磨 45% 时间，是整个石材晶硬处理的关键环节，为后续细磨、精磨抛光、晶硬化处理等工序创造条件
精细研磨	采用石材研磨机械，用 120 目、240 目、400 目金刚石磨盘、菱苦土磨盘、树脂磨石或用 150 目、300 目、500 目石材翻新片对粗磨（磨削）后的地面石材进行精细研磨，以消除粗磨（磨削）留下的划痕，并进一步调整研磨面的平整度。在研磨过程中要及时把水吸干净，机器应走井字形。细磨占整体研磨 35% 时间，为后续的精磨抛光打下一个良好的基础。每一道磨片比上一道精细，即每磨一道都是为了消除上一道的划痕
检查修补	在粗磨整平后，采用**环氧树脂胶**[⑥]或云石胶，对石材板面的孔洞裂纹、崩边掉角进行一次找补。在细磨后，对研磨后部分断裂缝隙、嵌缝剂不饱满或脱落的区域进行二次找补，使缝隙及崩边掉角达到平整、饱满的效果
精磨抛光	用 800 目、1200 目树脂抛光磨石和树脂磨石，最后一道用 1000 目、2000 目、3000 目水磨片对地面进行精磨抛光。精磨占整体研磨 20% 时间，精磨后石材的光泽度及表面密度均能有所提高，其**光泽度**[⑦]一般可达到 50 度，为后续的石材再结晶硬化处理打下坚实的基础
修边找补	现场对于研磨设备施工不到的边、角部位，使用手磨机进行手工研磨，分别使用 30 目、50 目、150 目、300 目、500 目、1000 目、2000 目、3000 目磨片进行研磨、抛光。直至与周边大面积施工效果一致
结晶硬化	先用全能清洁剂加红色百洁垫对石材面层进行彻底清洗干净。根据研磨机械和石材材质选择不同的晶硬材料，用清水将结晶粉按 1∶1 调成糊状，将其涂在红色抛光垫上对石材直接研磨，当石材表面出现高光晶面后（研磨 5min 左右），用玻璃刮把糊状物刮到下一区域继续研磨，当糊状物变成灰色或结晶效果减弱时，须往糊状物里补充适量干结晶粉，以确保其含有足够的结晶成分。也可选用成品晶面处理剂与石材加光剂交替复合使用。完工后，用吸水吸尘器将地面糊状物吸净，并过水吸干。最后，用白色抛光垫抛光，使地面完全清洁干燥

续表

 后期保养	石材经整体研磨和再结晶硬化处理后，可配套使用石材晶面养护剂进入日常的护理保养。须注意尽量少用水进行清洁维护，最好用喷上静电吸尘液的尘推进行定期推尘维护，尘推在喷吸尘液后6h或完全渗入尘推布里面时方能使用。尽量保持地面无尘、无沙子，并禁用酸性碱性清洗剂。住宅结晶硬化周期为6～12个月，公区结晶硬化周期在1～6个月

4.13.6 过程保护要求

（1）在运输、堆放、施工过程中应避免扬尘、遗撒等现象。

（2）施工机械的用电须符合用电安全操作规程，使用的电线必须进行悬挂，施工过程中防止发生触电事件。

（3）防止酸碱类化学物品、有色液体等直接接触石材表面。

4.13.7 质量标准

1. 主控项目

（1）内容：晶面处理所用化学药水、胶、界面防护剂等材料的品种、质量、性能应符合设计要求。

检验方法：观察；检查产品合格证书、进场验收记录、性能检测报告和复验报告。

（2）内容：石材的表面平整光滑，完全干燥，光亮如镜。

检验方法：观察；手摸检查。

（3）内容：石材结晶表面抗水性好，并达到产品的硬度要求。

检验方法：洒水观察；检查石材硬度检测报告。

（4）内容：要求进行地面石材结晶处理的石材表面已经清洁干净。

检验方法：观察。

2. 一般项目

（1）内容：石材结晶完成面表面洁净、平整、坚实，光亮光滑、透明、色泽一致，洁晶面层无裂纹、凹凸不平等现象。

检验方法：观察；手摸检查。

（2）内容：石材完成面结晶处理均匀，尤其是靠在建筑物和装饰物的地面边缘必须处理到位。

检验方法：观察。

3. 允许偏差（表 4-42）

石材面层晶硬施工允许偏差　　表 4-42

项目	晶硬后		
石材表面光泽度	石材种类	石材硬度	光泽度
	大理石	软质	≥ 80°
		硬质	≥ 95°
	花岗岩	软质	≥ 75°
		硬质	≥ 80°
		致密质	≥ 80°
石材表面平整度	整体平整度 2m±1mm		
	石材之间的高低落差平整度 2mm±0mm		
石材表面研磨刮线	无刮线		
晶硬后石材色泽变化	色泽亮丽、无烧伤变色		

4.13.8　质量通病及其防治

1. 面层晶硬后呈波浪起伏

（1）原因分析：面层平整度差，粗磨整平过程中选用磨片不当。

（2）防治措施：

① 面层平整度不合格，必须经整改合格后方可进行石材晶硬作业。

② 为了保证地面的平整度，在 500 目磨片加工前，尽量用平整性好的磨片加工，而后采用金刚石软磨片研磨。

③ 对验收工作要求严格的，最好采用金刚石类研磨工具，并根据机器的条件，合适的选择。如果机器重量重，工作速度高，可以采用耐用性好的工具；如果机器重量轻，工作速度低的话，可以采用锋利性好的工具。

2. 晶面效果不佳

（1）原因分析：研磨机转速、配重不合理，致石材表面摩擦效果差。其次，摩擦产生的温度未达到药剂的最佳温度，影响效果。

（2）防治措施：

① 石材结晶的合适温度大概是在 60℃左右。

② 做晶面处理的时候，机器要达到一定的转速，才能摩擦生热到 60℃，这个合适的转速大概是在 220 转左右。

③ 配重太重，不利于机器操作；配重太轻，不能达到理想的结晶效果。机器加配重为 60kg 左右最为合适。

3. 胶缝处有污缝、半缝

（1）原因分析：切缝未清理干净或清理工具不洁净；无缝胶施工工艺有问题。

（2）防治措施：

① 用切割片开缝后，大理石和花岗岩必须用全新的美工刀将缝口两边清理干净，否则施工完毕会呈现出污缝。

② 无缝胶和固化剂的比例一定要适中、调制均匀，填补无缝胶时只能一次拉回而不能往复回拉。否则，施工完毕后会因无缝胶不干、干燥后收缩而呈现半缝。

4. 石材表面遇水斑、泛碱

（1）原因分析：

① 石材防水处理不到位，致使打磨石材时水分从石材表面的毛细孔浸入石材内部造成严重的水斑、泛碱现象。

② 嵌缝填胶过早，石材面层下水汽被密闭，导致表面出现水斑。

（2）防治措施：

① 石材晶硬前，先了解石材表面是否有做防水处理，然后对板面进行泼水试验以观测其防水效果。根据试验结果选择是否需再做防水处理。对于切缝，须做防水处理，再予嵌缝。

② 应在石材铺贴养护 7d 以上（冬期 14d 以上），待石材及结合层干燥无水分之后方可进行嵌缝填胶。

5. 石材空鼓、开裂

（1）原因分析：石材铺贴后养护时间不足。

（2）防治措施：石材铺贴后，常温下至少要养护 7d 以上（冬期施工时养护期不小于 14d）才能清缝、填胶做整体研磨处理。

4.13.9 构造图示（图 4-44、图 4-45）

图 4-44 石材开缝

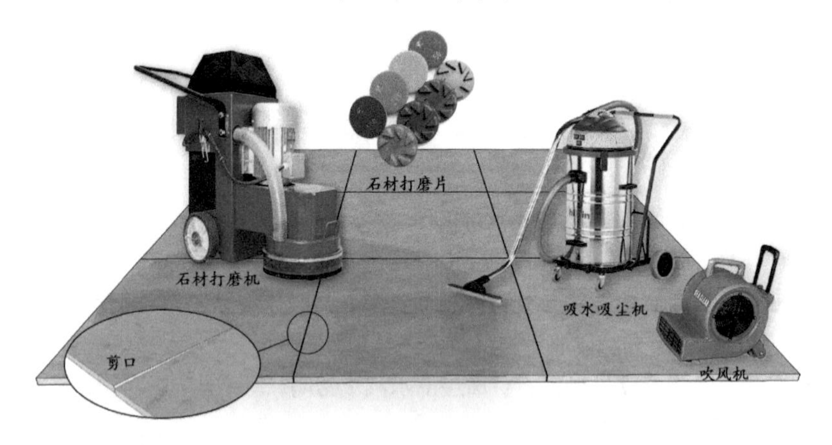

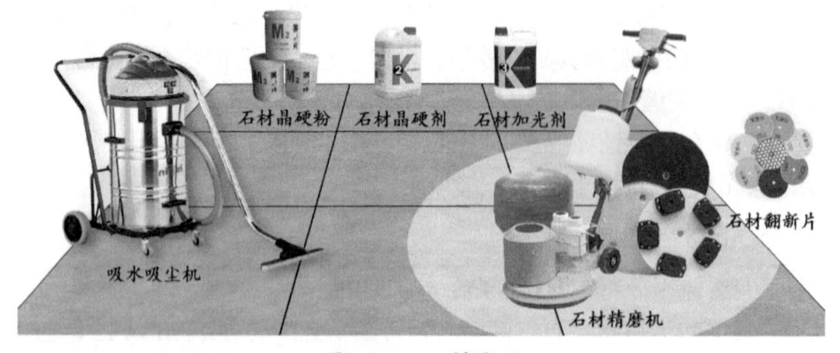

图 4-45 石材晶硬

装饰小百科

Decoration Encyclopedia

① 石材面层晶硬
② 草酸
③ 氟硅酸
④ 菱苦土
⑤ 剪口
⑥ 环氧树脂胶
⑦ 光泽度

石材面层晶硬：利用晶面处理药剂，在专用晶面处理机的重压及其与石材摩擦产生的高温双重作用下。通过物化反应，在石材表面进行结晶排列，形成一层清澈、致密、坚硬保护层的一种石材无缝处理工艺。

草酸：又名乙二酸，是一种生物体代谢产物，工业化生产草酸呈无色单斜片状或棱柱体结晶，氧化法草酸无气味、合成法草酸有刺鼻气味。草酸一般用来除锈、除碱或开荒保洁，其酸性比醋酸强10000倍，是有机酸中的强酸，对不锈钢等金属有较强的腐蚀性；浓度高的草酸有一定毒性，对皮肤、黏膜有刺激及腐蚀作用，极易经表皮、黏膜吸收引起人体中毒，皮肤接触后要及时用水清洗。

氟硅酸：又称硅氟氢酸，其水溶液为无色透明的发烟液体，有刺激性气味，具强腐蚀性，可致人体灼伤。

菱苦土：又名苛性苦土、苦土粉，主要成分是氧化镁，以天然菱镁矿为原料在800～850℃温度下煅烧而成，是一种细粉状的气硬性胶结材料。

剪口：相邻两块石材由于高低不平整，形成类似剪刀口状的缝口。

环氧树脂胶：主要组分是环氧树脂。有较高的粘接强度、良好的电绝缘性能和机械性能，适用于受力部位的粘接。因配方不同，可制得室温固化和加热固化两种胶，主要用来粘接金属、玻璃、陶瓷、橡胶、木材、塑料等。

光泽度：光泽度高低取决于物体表面对光的镜面反射能力，所谓镜面反射是指反射角与入射角相等的反射现象。在理论上，光泽度被定义为物体表面实际镜面反射能力与完全镜面反射能力的接近程度。对于平整的镜面，入射光几乎全部沿镜面方向反射，表现为光泽度高；对于非平整表面，入射光在任何角度反射都一样，出现所谓漫反射现象，则光泽度低。

5 吊顶工程

吊顶工程 又称天棚、天花，是室内空间的顶界面，其对于整个室内视觉效果有举足轻重的影响，对室内光环境、热工环境、声场环境、防火安全均起很大的作用。

吊顶工程按基层与面层的构造分为原顶式和悬吊式。悬吊式按面层材料的形式分为整体面层、板块面层和格栅吊顶。整体面层吊顶以轻钢龙骨、铝合金龙骨或木龙骨为骨架，以石膏板、水泥纤维板或木板等为罩面层；板块面层吊顶以轻钢龙骨、铝合金龙骨为骨架，以石膏板、矿棉板、金属板、塑料板等板块为罩面层；格栅吊顶以轻钢龙骨、铝合金龙骨为骨架，以金属、木材、塑料格栅为罩面层。

5.1 吊顶工程构造组成

悬吊式吊顶是目前广泛采用的吊顶形式，主要由吊杆、吊挂件、龙骨、面层组成。

5.1.1 面层

由各类石膏板、水泥纤维板、矿棉板、金属板、塑料板等板材，按不同的安装方式构成活动（板块）式、固定（整体）式及开敞式等吊顶罩面形式。见图 5–1。

铝扣板吊顶　　矿棉板吊顶　　铝方通吊顶　　石膏板吊顶

图 5–1　吊顶面层

5.1.2 龙骨

吊顶常用龙骨有金属龙骨、木龙骨，是固定并承载吊顶罩面板的主要受力构件。

5.1.3 吊杆

吊顶系统中悬吊吊顶龙骨及其承载罩面板的承力杆件，根据上人与否采用 M8 或 M6 全牙镀锌螺杆。

5.1.4 吊挂件

吊件为承载龙骨与吊杆连接件；挂件为覆面龙骨与承载龙骨连接件。

5.2 吊顶工程材料选用

5.2.1 轻钢龙骨

轻钢龙骨是以冷轧钢板（带）、镀锌钢板（带）冷弯而成的薄型钢。吊顶用龙骨厚度为 0.5 ～ 1.5mm，具有自重轻、刚度大、防火、抗震等特点。按截面及其作用分为：U 形承载龙骨，作为主要受力构件；C 形覆面龙骨，作为固定罩面板构件；L 形边龙骨，作为罩面板与墙体的连接构件；其他用于骨架组合的配件有吊件、挂件、连接件和挂插件等。见图 5-2。

图 5-2 轻钢龙骨

选用的轻钢龙骨表面应无腐蚀、损伤、黑斑、麻点等缺陷，尺寸、平直度、角度允许偏差及龙骨组件的力学性能均应符合现行国家标准《建筑用轻钢龙骨》GB/T 11981 的规定。

5.2.2 铝合金龙骨

吊顶用铝合金龙骨是以铝合金为原料经冷轧工艺生产，截面有 T 形、三角形等，具有刚度高、质量轻、装饰性能好、易加工、安装便捷的特点。型材尺寸允许偏差应达到国家标准高精级，型材质量、表面处理层厚度应符合国家相关规范的技术标准。见图 5-3。

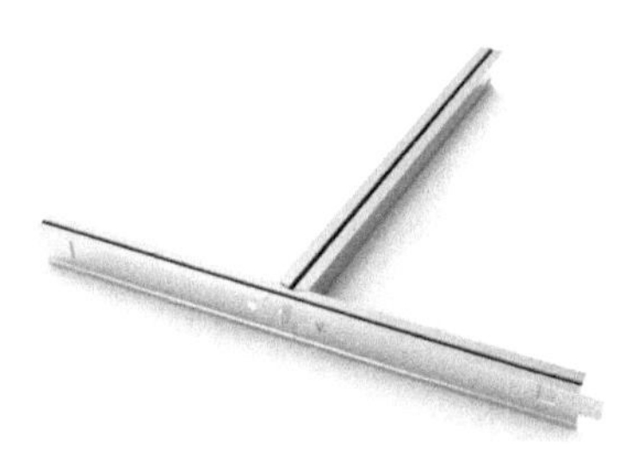

图 5-3 铝合金龙骨

5.2.3 木龙骨

吊顶木龙骨主龙宜采用 50mm×70mm 木方条，次龙宜采用 40mm×60mm 木方条。选用的木方条须经干燥处理，含水率不大于 12%。木方安装前进行防火涂料浸涂并预先开半槽，拼装时纵横咬合扣接，咬合处涂胶加钉固定。

5.2.4 罩面板

吊顶工程所选用的罩面板均应为不燃或难燃材料，安装在轻钢龙骨上的 B1 级的纸面石膏板、矿棉板可作 A 级材料使用。选用如纸面石膏板（图 5–4）、水泥纤维板、硅钙板（图 5–5）、金属板（图 5–6）等板材除满足防火、吸声、防潮、保温、环保等设计要求外，其产品性能、规格尺寸、品质感观均须满足建设方与设计要求。

图 5–4 石膏板

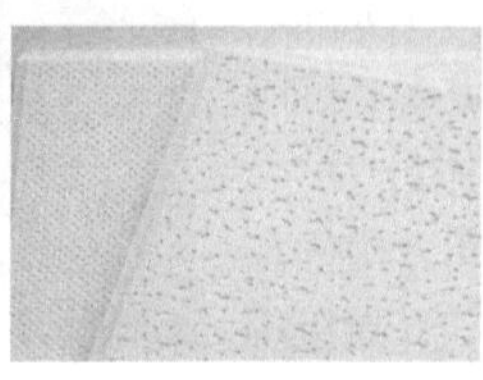

图 5–5 硅钙板

图 5–6 金属板

5.3 吊顶工程质量验收

5.3.1 质量文件和记录

（1）吊顶工程的施工图、设计说明及其他设计文件。

（2）材料的产品合格证书、性能检验报告、进场验收记录和复验报告。

（3）隐蔽工程验收记录。

（4）施工记录。

5.3.2 检查数量规定

每个检验批应至少抽查 10%，并不得少于 3 间，不足 3 间时应全数检查。

5.3.3 材料及性能复试指标

人造木板的甲醛释放量。

5.3.4 检验批划分

同一品种的吊顶工程每 50 间应划分为一个检验批，不足 50 间也应划分为一个检验批，大面积房间和走廊可按吊顶面积每 30m² 计为 1 间。

5.3.5 隐藏工程验收

（1）吊顶内管道、设备的安装及水管试压、风管严密性检验。

（2）木龙骨防火、防腐处理。

（3）埋件。

（4）吊杆安装。

（5）龙骨安装。

（6）填充材料的设置。

（7）反支撑及钢结构转换层。

5.3.6 实测实量（图 5-7、图 5-8）

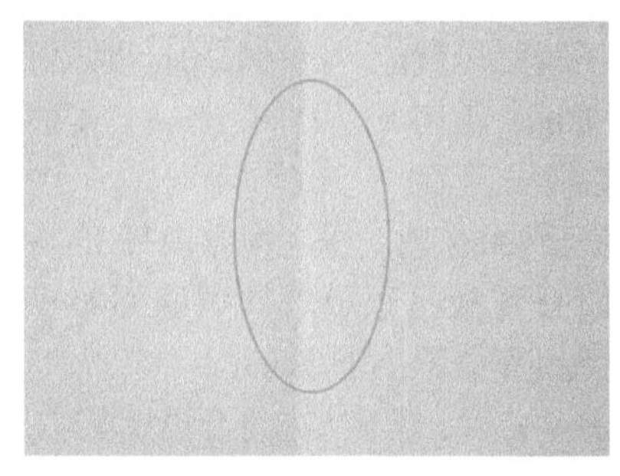

图 5-7 感观：涂吊顶乳胶漆有明显刷纹，不合格

图 5-8 吊顶表面平整度：用 2m 靠尺及塞尺检查，表面平整度误差 ≤ 3mm，合格

5.4 吊顶工程施工要点

（1）吊杆间距 800 ～ 1200mm，主龙骨间距 800 ～ 1200mm，次龙骨间距 400mm，支托龙骨间距 600mm，主龙骨端头吊点距吊顶边缘不得超过 300mm；主龙骨应平行房间长向安装，罩面板应平行主龙骨长度方向安装。

（2）相邻吊挂件均应正反布置，相邻主次龙骨接头均应错开，当吊顶跨度大于 10m 时，跨中龙骨应适当起拱，起拱高度为空间短向跨度的 1/200 ～ 1/300，龙骨调整到位后，吊挂件用铁钳加紧，防止松紧不一。

（3）当吊杆长度大于 1500mm 时，应设置反支撑；吊杆上部为网架、钢屋架或吊杆长度大于 2500mm 时，须增设钢构转换层。当吊杆与设备相遇时，应调整并增设吊杆或采用型钢转换支架。

（4）重量小于 1kg 的灯具等设施可直接安装在轻钢龙骨罩面板上；重量小于 3kg 的灯具等设施应安装在龙骨上。重量超过 3kg 的灯具、吊扇、空调等或有震颤的设施，应直接吊挂在建筑承重结构上。重量超过 10kg 的灯具应进行过载试验。

（5）双层石膏板吊顶转角部位底层采用 L 形多层板，面层采用 L 形石膏板，两层板接缝错开 300mm，层间满涂白乳胶并用自攻螺钉固定，并涂刷防锈漆。

（6）纸面石膏板有字面朝上，并应在自由状态下从板中间向四周进行固定，不得多点同时作业，更不得强压就位；板材采用自攻螺钉中距不大于 200mm，距封边 10 ～ 15mm，距切断边 15 ～ 20mm。安装双层石膏板时，面层板与基层板应错缝安装。

（7）当纸面石膏板吊顶面积大于 100m^2 时，纵、横方向每 12 ～ 18m 距离宜设置伸缩缝。单层纸面石膏板吊顶板块间留缝不小于 12mm，双层纸面石膏板吊顶同层板块间留缝不小于 20mm。

（8）活动罩面板要注意板面色泽、花纹、铺装方向符合设计要求。裁切的罩面板断面应采用木工粗锉或砂纸加工平整。一般按板面中线或板缝对齐空间中线，应考虑损耗并避免出现小于 1/3 板幅的边角。

（9）照明灯具的高温部分当接近非 A 级装修材料时，应采取隔热、散热等防火保护措施。

5.5 整体面层吊顶施工技术标准

5.5.1 适用范围

本施工技术标准适用于一般工业与民用建筑中整体面层吊顶工程。

5.5.2 作业条件

（1）吊顶内强弱电管线槽、暖通、给水排水等安装工程验收合格。

（2）确定好灯位、通风口及各种照明孔口位置，以便龙骨与罩面板排板。

（3）按吊顶作业高度架设脚手架，架体与脚手板要稳定可靠。

5.5.3 材料要求

（1）纸面石膏板：根据需求选用不同的纸面石膏板，须满足建筑防火、隔声、保温隔热、抗震等相应要求。面板应平整、干燥，完整无损。不得使用有受潮、弯曲变形、板断裂、面层起鼓的板材。

（2）纤维增强水泥加压板：防火绝缘、防水防潮、隔热隔音、质轻高强、施工简易、经济美观、安全无害、寿命超长、可加工及二次装修性能好。

（3）轻钢龙骨：用于整体面层的常用龙骨其截面形式有：UC形①、卡式②，均应符合现行国家标准《建筑用轻钢龙骨》GB 11981 的规定。双面镀锌量不少于 $120g/m^2$。应平整、光滑、无变形、锈蚀。最大弹性形变量≤ 10mm，塑形变形量≤ 2mm。

（4）嵌缝膏：干燥、无受潮、板结。

5.5.4 工器具要求（表 5-1）

工器具要求　　表 5-1

机具	无齿锯、电锤、手电钻、电动螺丝刀、空压机、射钉枪
工具	拉铆枪、锤子、扳手、钳子、砂纸、白手套
测具	激光投线仪、钢卷尺、水平尺、线坠、墨斗

5.5.5 施工工艺流程

1. 工艺流程图（图 5-9）

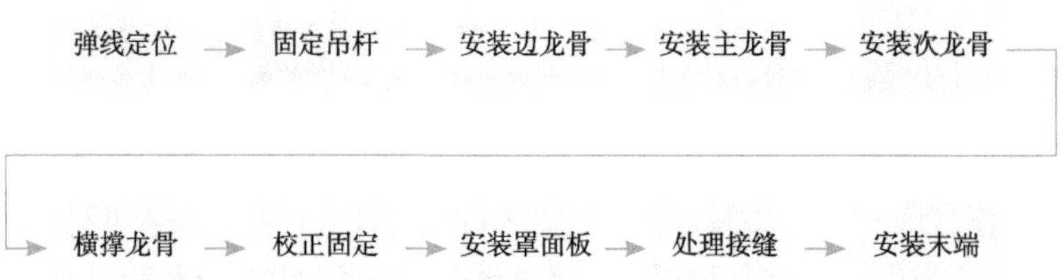

弹线定位 → 固定吊杆 → 安装边龙骨 → 安装主龙骨 → 安装次龙骨 → 横撑龙骨 → 校正固定 → 安装罩面板 → 处理接缝 → 安装末端

图 5-9 整体面层吊顶施工工艺流程图

2. 工艺流程表（表 5-2）

整体面层吊顶施工工艺流程表　　　　表 5-2

弹线定位	以墙面水平标高线为基准，根据图纸在墙柱面上弹出顶棚完成面线。结合规范与现场，在顶棚标高线上划主龙骨分档线标记，间距 800 ~ 1200mm。同时，沿主龙骨位置在楼板顶面划定吊杆吊点的位置，间距 800 ~ 1200mm，且主龙骨端头吊点距吊顶边缘不得超过 300mm
固定吊杆	采用全牙吊杆与膨胀螺栓固定在楼板上时，先用电锤根据吊点标识位置打孔，孔径应稍大于胀栓直径且要求与板面垂直。上人吊顶通常采用 M8 全牙吊杆，不上人吊顶通常采用 M6 全牙吊杆。吊杆长度大于 1500mm 且小于 2500mm 时，须设置反向支撑；吊杆长度大于 2500mm 时，须增加钢结构转换层。当吊杆与设备及管道相遇时，须增加局部转换构造，在灯具、风口及检修口等处应设附加吊杆和补强龙骨
安装边龙骨	轻钢边龙骨沿墙柱水平方向用自攻螺丝固定在预埋木砖上，如为混凝土墙柱可用射钉固定，间距应不大于次龙骨间距
安装主龙骨	主龙骨分为上人 / 不上人两种，采用**吊件**③与吊杆连接。主龙骨宜平行空间长向安装，间距 800 ~ 1200mm。主龙骨端头距吊顶边缘小于 100mm，且悬臂段小于 300mm，否则应增加吊杆。主龙骨的接长应采取专用连接件，相邻龙骨的对接接头要相互错开，主龙骨挂好后应基本调平。 上人吊顶主龙骨（承载龙骨）上可铺设临时性轻质检修**马道**④，可承集中荷载小于 80kg；如需超重载荷或上人频繁，应设永久马道，须经结构验算合格后吊装于结构梁板上。 较大面积吊顶需每隔 12m 在主龙骨上部用螺栓连接固定横卧主龙骨一道，以加强主龙骨侧向稳定性和吊顶整体性
安装次龙骨	次龙骨采用**挂件**⑤紧贴主龙骨安装，间距 300 ~ 600mm，墙上应预先标出次龙骨中心线的位置，以便安装罩面板时找到位置。次龙骨接长须采用专用**连接件**⑥，相邻龙骨的对接接头要相互错开。在通风、水电等洞口周围应设附加龙骨用拉铆钉铆固
横撑龙骨	根据吊顶罩面板的排版，横撑龙骨采用专用**挂插件**⑦与次龙骨垂直连接，以固定次龙骨不会摆动，形成完整的覆面龙骨整体框架。横撑龙骨中心间距一般为 600mm
校正固定	采用全牙吊杆上的螺母上下调节，使吊顶中间有一定起拱度，龙骨起拱高度为空间短向跨度的 1/300 ~ 1/200。并全面校正主、次龙骨的位置及水平度，目测无明显弯曲后将龙骨的所有吊挂件、连接件拧紧夹牢

续表

安装罩面板	**纸面石膏板**[8]有字面应朝上，并应在自由状态下从板中间向四周进行固定，不得多点同时作业，更不得强压就位；板材的长边应沿主龙骨方向铺设；板材就位后采用自攻螺钉固定在**覆面龙骨**[9]上，螺钉中距不大于200mm，距封边10～15mm为宜，距切断边15～20mm为宜。螺钉垂直于板面且帽头略埋入板面0.5～1.0mm，但不得损坏纸面，已弯曲、变形的螺钉应剔除，并在原破损位置相隔50mm处另设螺钉；钉眼应作防锈处理并用油性腻子抹平。安装双层石膏板时，上下两层板材应错缝布置，层间须满涂白乳胶。固定**纤维增强水泥加压板**[10]时，安装前先用 ϕ3mm 钻头对板材预钻孔，再用 ϕ8mm 钻头逐一进行钉帽扩孔，深度宜为3mm
处理接缝	相邻罩面板间自然靠拢（留缝4～5mm），安装24h后方可进行接缝处理。用刀片将缝处理成V形，用专用嵌缝料接缝，并用三道专用纸带接缝。拌制嵌缝膏后静置15min，将其填入板间缝隙，压抹严实，以不高出板面为宜。待固化后，再用嵌缝膏涂抹在板缝两侧，每侧宽度大于50mm。将接缝带对中贴在板缝处，刮平压实，不得有气泡。上述工序完成后静置，待其凝固（凝固时间见产品说明）。再用嵌缝膏将前道接缝覆盖，刮平，宽出先前接缝每边至少50mm。凝固后再进行第三道接缝覆盖，刮平，宽出先前接缝每边至少50mm；凝固后，用砂纸轻磨，使其同板面平整一致。若遇切割边接缝则嵌缝膏覆盖宽度另加宽100mm
安装末端	重量小于1kg的筒灯、石英射灯等设施可直接安装在**轻钢龙骨**[11]罩面板上；重量小于3kg的灯具等设施应安装在次龙骨上；重量超过3kg的灯具、吊扇、空调等或有震颤的设施，应直接吊挂在建筑承重结构上；重量超过10kg的灯具须做过载试验

5.5.6 过程保护要求

（1）有特殊防水要求和特别潮湿的场合（如卫生间）应使用耐水防潮石膏板。耐水防潮石膏板不应长期处于潮湿、雨水、暴晒的地方。

（2）罩面板运输中应避免颠簸，注意防雨。一次起吊最多不得超过两架，起吊要保持平稳、不得倾斜，确保罩面板两侧边受力均匀。

（3）石膏板应储存于干燥和不受阳光直接照射的地方。存放的地面应比较平整，最下面一架与地面之间应加垫条，垫条高100mm左右、宽100～150mm，最高码四架。

（4）已安装轻钢龙骨及吊顶不得随意上人。其他工种吊挂系统不得与吊顶共用。

5.5.7 质量标准

1. 主控项目

（1）内容：吊顶标高、尺寸、起拱和造型应符合设计要求。

检验方法：观察、尺量检查。

（2）内容：面层材料的材质、品种、规格、图案和颜色和性能应符合设计要求及国家现行标准的有关规定。

检验方法：观察；检查产品合格证书、性能检测报告、进场验收记录和复验报告。

（3）内容：整体面层吊顶工程的吊杆、龙骨和饰面板的安装应牢固。

检验方法：观察；手扳检查；检查隐蔽工程验收记录和施工记录。

（4）内容：吊顶和龙骨的材质、规格、安装间距及连接方式应符合设计要求。金属吊杆和龙骨应经过表面防腐处理；木龙骨应进行防腐、防火处理。

检验方法：观察；尺量检查；检查产品合格证书、性能检验报告、进场验收记录和检查隐蔽工程验收记录。

（5）内容：石膏板、水泥纤维板的接缝应按其施工工艺标准进行板缝防裂处理。安装双层板时，面层板与基层板的接缝应错开，并不得在同一根龙骨的接缝上。

检验方法：观察。

2. 一般项目

（1）内容：面层材料表面应洁净、色泽一致，不得有翘曲、裂缝及缺损。压条应平直、宽窄一致。

检验方法：观察；尺量检查。

（2）内容：面板上的灯具、烟感器、喷淋头、风口篦子等设备位置应合理、美观，与面板交接吻合、严密。

检验方法：观察。

（3）内容：金属龙骨的接缝应均匀一致，角缝应吻合、表面应平整，应无翘曲和锤印。木质龙骨应顺直，应无劈裂和变形。

检验方法：检查隐蔽工程验收记录及施工记录。

（4）内容：吊顶内填充吸声材料的品种和铺设厚度应符合设计要

求，并应有防散落措施。

检验方法：检查隐蔽工程验收记录及施工记录。

3. 允许偏差（表 5-3）

整体面层吊顶施工允许偏差　　表 5-3

项目	允许偏差（mm）	检验方法
表面平整度	3.0	用 2m 靠尺和塞尺检查
缝格、凹槽直线度	3.0	拉 5m 线，不足 5m 拉通线，用钢直尺检查

5.5.8 质量通病及其防治

1. 吊顶开裂

（1）原因分析：

① 吊杆螺钉固定不紧，吊杆间距太大，螺钉钉位间距太大。

② 板缝未用专用接缝材料。大型吊挂物直接吊挂在罩面板上且荷载过重。

③ 吊顶面积过大过长，未设置伸缩缝。

（2）防治措施：

① 吊杆间距 900mm，自攻螺钉间距 150mm，并拧紧固定各受力节点。

② 板缝采用抗裂系统材料和工法。吊顶内设备及人行走道须独立架设。严禁人员于非上人吊顶内站立、行走。

③ 吊顶面积大于 $100m^2$ 时，纵横双向每隔 12 ～ 18m 应设伸缩缝且要求主次龙骨及罩面板全部断开。

2. 周边转角处开裂

（1）原因分析：细木工板含水率超过规定，且转角处应力变形较大。

（2）防治措施：

① 造型细木工板木龙骨含水率≤ 12%。

② 细木工板表面加封罩面板。双层石膏板时，转角处基层可设 L 型镀锌铁皮或柳桉芯多层板。转角处切割成 L 形封面。

3. 吊顶开孔处开裂

（1）原因分析：上人孔、灯孔位置切割主副龙骨，且未做局部加强补救措施。

（2）防治措施：

① 根据设计图纸放样，主副龙骨避开灯口位置。

② 龙骨排布宜与空调送回风口、灯具、消防烟感应器、喷淋头、检修口、广播喇叭、监测等设备的位置错开，不应切断主龙骨。当必须切断主龙骨时，一定要求加强和补救措施。

4. 吊顶大面积的波浪起伏

（1）原因分析：

① 任意起拱，形成拱度不均匀。

② 龙骨接头不平整，造成吊顶不平。

③ 吊杆间距过大，龙骨变形后产生不规则挠度。

④ 吊杆调节应力不均，龙骨受力后下坠。

⑤ 吊杆吊在其他管道或设备支架上，支架或振动下坠，造成吊顶不平。

⑥ 受力点结合不严产生位移形变。

（2）防治措施：

① 吊顶起拱高度按房间短向跨度的 1/200，纵向拱度应吊匀。主次龙骨连接条采用专用吊挂连接件。

② 龙骨校正后各受力节点拧紧固牢，确保龙骨整体刚度，吊杆不与其他工种共用。

5.5.9 构造图示（图 5-10 ～图 5-28）

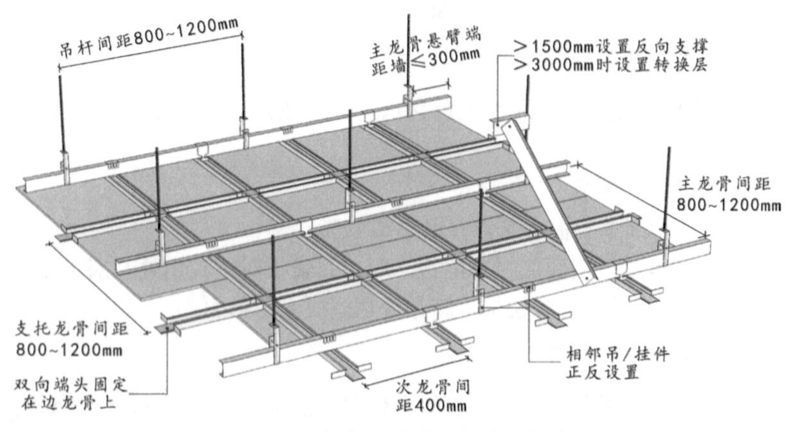

图 5-10　轻钢龙骨罩面板吊顶构造

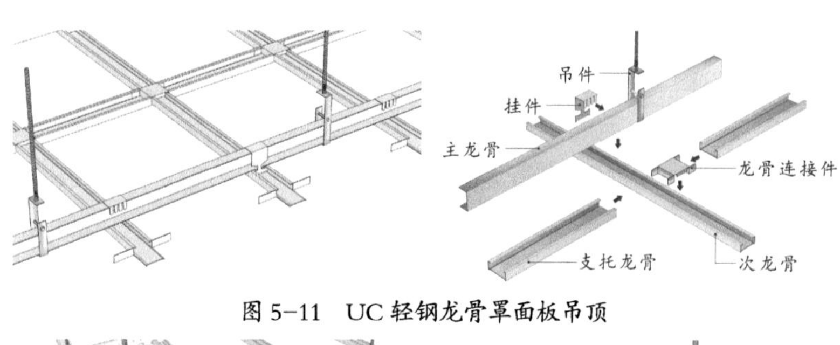

图 5-11　UC 轻钢龙骨罩面板吊顶

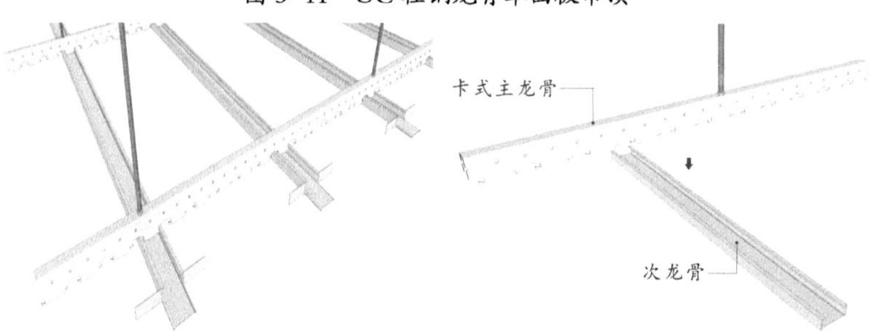

图 5-12　卡式龙骨罩面板吊顶

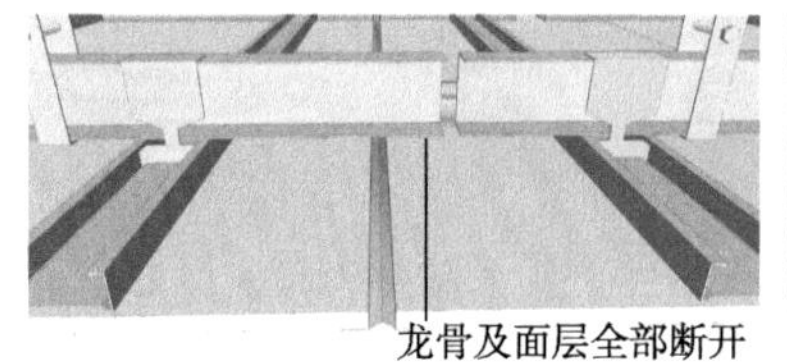

图 5-13　单层板伸缩缝

图 5-14　双层板伸缩缝

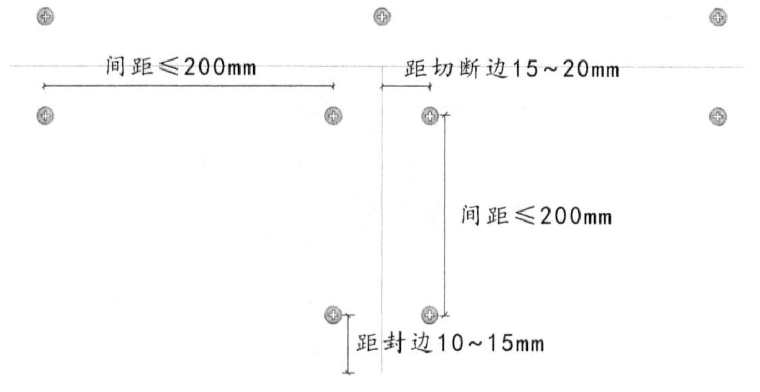

图 5-15　罩面板螺钉间距

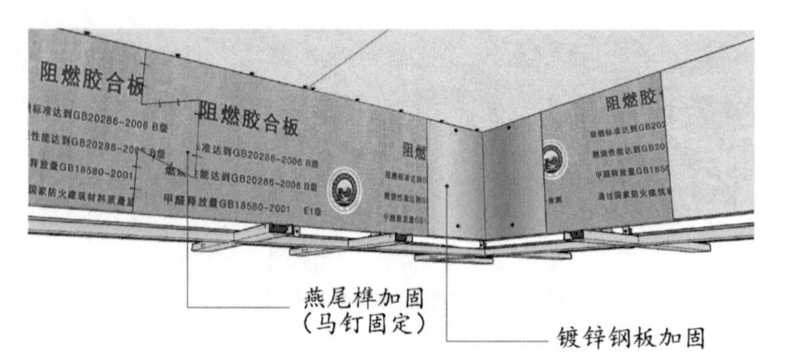

图 5-16　吊顶垂挂板基层防裂措施

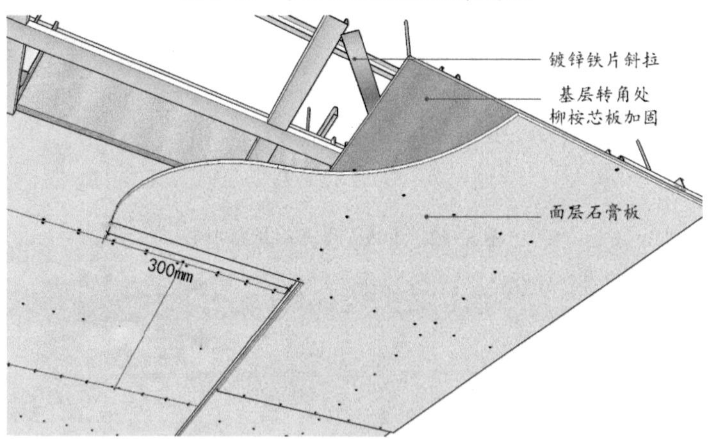

图 5-17　吊顶转角加固防裂措施

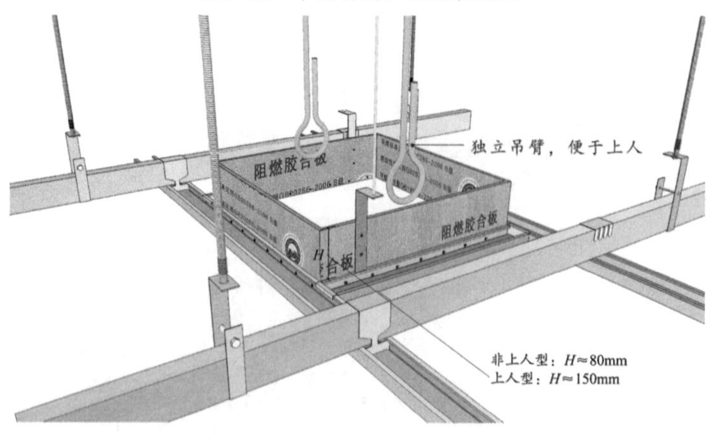

图 5-18　天棚检修口构造

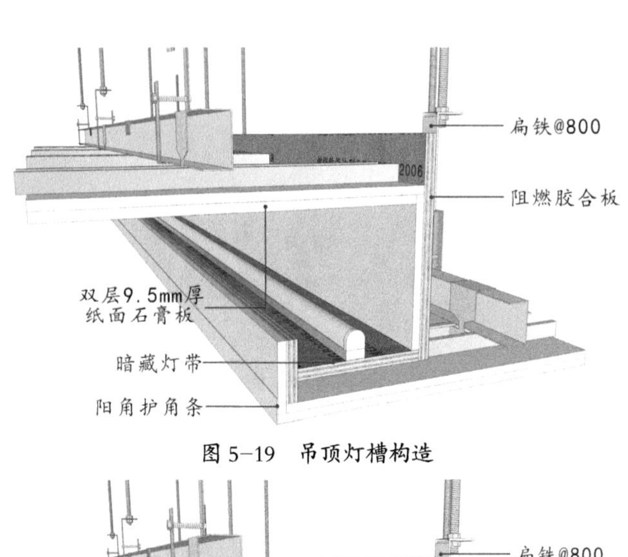

图 5-19　吊顶灯槽构造

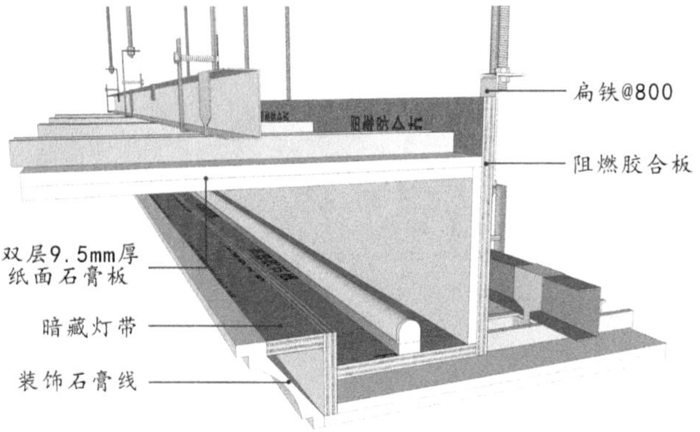

图 5-20　吊顶灯槽＋石膏线构造

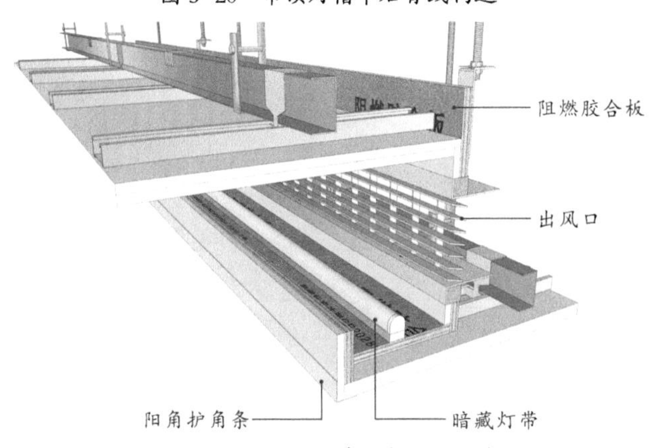

图 5-21　吊顶灯槽＋出风口构造

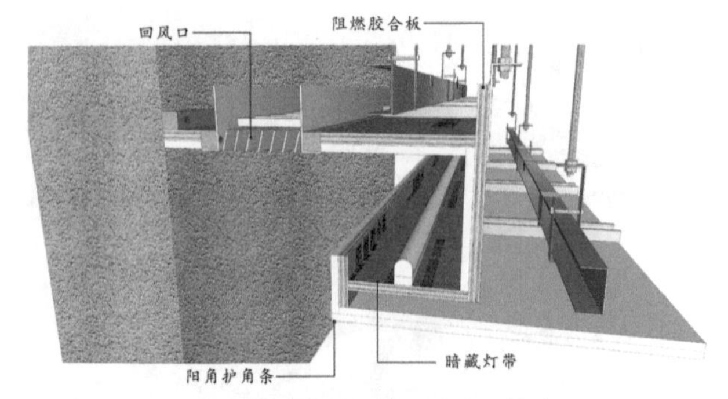

图 5-22　吊顶灯槽+回风口构造

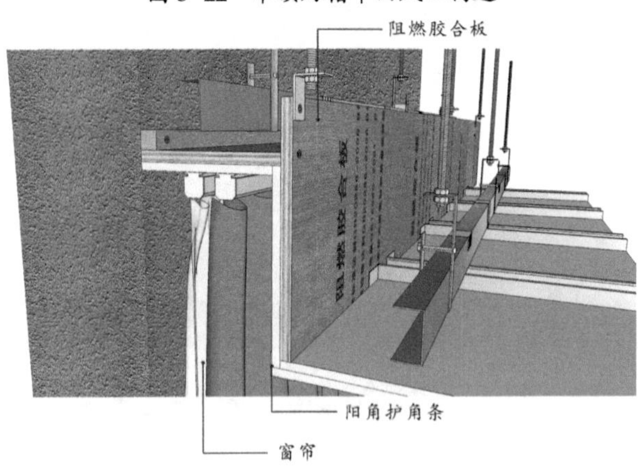

图 5-23　窗帘盒构造

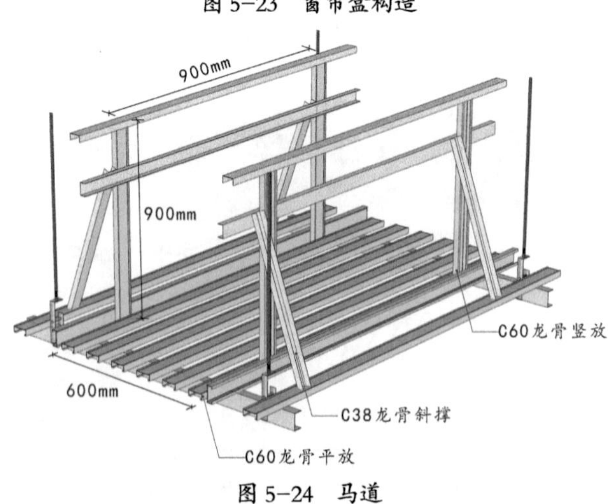

图 5-24　马道

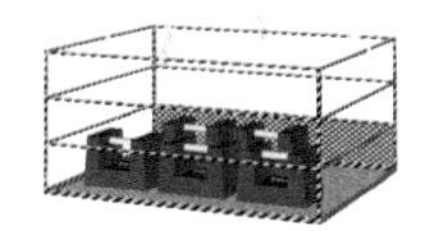

图 5-25　灯具荷载实验

图 5-26　灯具质量＜ 75kg
需用双层阻燃板加固

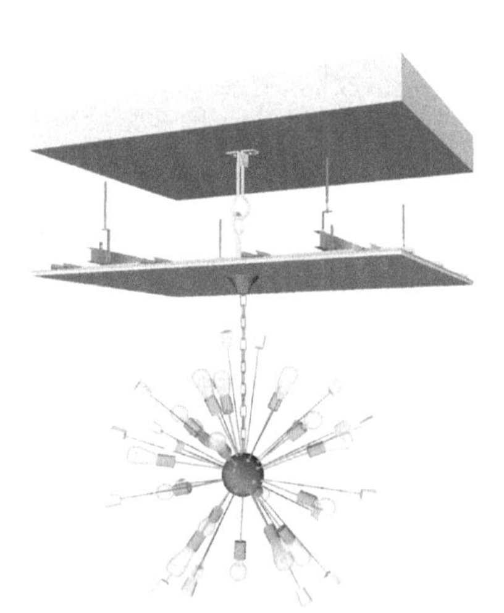

图 5-27　150kg ＞灯具质量＞ 75kg
需用膨胀螺栓悬挂吊杆

图 5-28　灯具质量＞ 150kg
需用镀锌钢板加固吊杆

5.5.10 消耗量指标（表5-4）

整体面层吊顶施工消耗量指标　单位：m^2　表5-4

序号	名称	单位	消耗量
			轻钢龙骨罩面板吊顶平顶封双层板（UC龙骨）
1	综合人工	工日	0.18
2	膨胀螺栓M8	套	1.70
3	全牙吊杆 ϕ8	m	1.00
4	螺母 ϕ6	个	5.10
5	50吊件	套	1.70
6	50挂件	套	2.40
7	穿心螺钉	套	1.70
8	U50轻钢主龙骨	m	1.20
9	C50轻钢次龙骨（间距300mm）	m	3.50
10	边龙骨	m	1.60
11	自攻螺钉	个	46.00
12	纸面石膏板	m^2	2.10
13	工作内容	弹线定位→固定吊杆→安装边龙骨→安装主龙骨→安装次龙骨→横撑龙骨→校正固定→安装罩面板→处理接缝→安装末端	

装饰小百科
Decoration Encyclopedia

① UC 形轻钢龙骨
② V 形卡式龙骨
③ 吊件
④ 马道
⑤ 挂件
⑥ 连接件
⑦ 挂插件
⑧ 纸面石膏板
⑨ 覆面龙骨
⑩ 纤维增强水泥加压板
⑪ 轻钢龙骨

UC 形轻钢龙骨：U 形龙骨和 C 形都属于承重型龙骨。U 形作为主龙骨支撑，C 形作为横撑龙骨卡接。U60 以上可作上人吊顶用。

V 形卡式龙骨：V 形卡式龙骨由传统龙骨改进而来，只需要主龙骨和副龙骨直接卡接，主骨间距 800mm，副骨间距 400mm，施工更为便利。弹簧卡式吊件安装和调平比较方便，只能用于小面积不上人吊顶，地震多发区不宜采用。

吊件：用于承载龙骨与吊杆的连接件。

马道：由于吊顶跨度大、高度高，吊顶内专门设置供后期维护用上人通道。通常马道的静载为 70 ～ 80kg/m，活载（检修荷载）一般为 90 ～ 100kg/m。

挂件：用于次龙骨与主龙骨的连接件。

连接件：用于吊顶主龙骨、次龙骨的连接延长。

挂插件：又称水平件。用于平面连接横撑龙骨与次龙骨。

纸面石膏板：以建筑石膏、轻集料、纤维增强材料、外加剂（根据需求可选用防水或耐火型）为芯材，以护面纸为面材制成的建筑板材。

覆面龙骨：吊顶骨架中固定罩面板的龙骨构件。次龙骨通长布置，横撑龙骨与次龙骨在一个平面内垂直相交。

纤维增强水泥加压板：以水泥、轻骨料、纤维等作为主要原料，经制浆、成坯、蒸压养护等工序而制成。

轻钢龙骨：轻钢龙骨是以连续热镀锌板为原材料，经冷弯工艺轧制而成的建筑用金属骨架。轻钢龙骨又分为 U 形、C 形及卡式等轻钢龙骨。

5.6 板块面层吊顶施工技术标准

5.6.1 适用范围

本施工技术标准适用于一般工业与民用建筑中**板块面层吊顶**工程。

5.6.2 作业条件

（1）吊顶内强弱电管线槽、暖通、给水排水等安装工程验收合格。

（2）确定好灯位、通风口及各种照明孔口位置，以便龙骨与罩面板排板。

（3）按吊顶作业高度架设脚手架，架体与脚手板要稳定可靠。

5.6.3 材料要求

（1）活动罩面：吊顶面板板材为**矿棉吸声板**①、玻璃纤维吸声板或穿孔吸声板、装饰石膏板、**硅钙板**②等其他建筑材料，根据室内吊顶功能和装饰艺术效果要求选定。

（2）轻钢龙骨：应符合现行国家标准《建筑用轻钢龙骨》GB 11981 的规定。双面镀锌量不少于 $120g/m^2$。应平整、光滑、无变形、锈蚀。最大**弹性形变量**③≤ 10mm，**塑性形变**④量≤ 2mm。

5.6.4 工器具要求（表 5-5）

工器具要求　　表 5-5

机具	无齿锯、电锤、手电钻、电动螺丝刀
工具	射钉枪、自攻枪、拉铆枪、锤子、扳手、钳子、砂纸、白手套、美工刀、木锉
测具	激光投线仪、钢卷尺、水平尺、线坠、墨斗

5.6.5 施工工艺流程

1. 工艺流程图（图 5-29）

弹线定位 → 固定吊杆 → 安装边龙骨 → 安装主龙骨 → 安装副龙骨 → 校正固定 → 安装罩面板

图 5-29　板块面层吊顶施工工艺流程图

2. 工艺流程表（表 5-6）

板块面层吊顶施工工艺流程表　　表 5-6

工序	内容
弹线定位	在墙柱面上弹出顶棚完成面线，结合空间尺寸与罩面板模数进行板块排版，一般按板面中线或板缝对齐空间中线，应考虑损耗并避免出现小于 1/3 板幅的边角料。根据排版在墙柱面上划定副龙骨（T 形主次副龙骨）分档线，并在楼板顶面划定吊点位置，间距 800 ～ 1200mm
固定吊杆	全牙吊杆通过膨胀螺栓固定在楼板上。用电锤根据吊点位置打孔，孔径应稍大于胀栓直径且与板面垂直。吊杆长度大于 1500mm 时须设置反向支撑，吊杆长度大于 2500mm 时须设置钢结构转换层。当吊杆与设备及管道相遇时，须增加局部转换构造
安装边龙骨	须选用配套边龙骨（阴角条），沿顶棚完成面线用自攻螺钉固定在预埋木砖上，如为混凝土墙柱可用射钉固定，固定间距应不大于吊顶到次龙骨的间距
安装主龙骨	主龙骨（承载龙骨）一般采用 C38 龙骨，主龙骨宜平行空间长向安装，间距 800 ～ 1200mm。同时应起拱，起拱高度为空间短跨长度的 1/200 ～ 1/300。主龙骨端头距吊顶边缘小于 100mm，且悬臂段不应大于 300mm，否则应增加吊杆。主龙骨的接长应采取专用连接件对接，相邻龙骨的对接接头要相互错开，主龙骨挂好后应基本调平
安装副龙骨	根据划定的副龙骨分档线，用 **D-T 连接挂件**[5]将 T 形主骨紧贴固定在承载主龙骨上，并用钳夹紧，防止松紧不一；T 形次骨架于两 T 形主骨之间，构成副龙骨体系
校正固定	采用全牙吊杆上的螺母上下调节，保证吊顶中间有一定起拱度，并全面校正主、次龙骨的位置及水平度，龙骨应目测无明显弯曲。校正后应将龙骨的所有吊挂件、连接件等受力节点固定牢固
安装罩面板	活动罩面板要注意板面色泽、花纹、铺装方向须符合设计要求，安装中要保持板背面所示箭头方向一致，以保证花型、图案的整体性和方向性。裁切的罩面板断面若不整齐，应采用木工粗锉或砂纸加工平整

5.6.6 过程保护要求

（1）骨架、罩面板及其他吊顶材料在进场、存放、使用过程中应严格管理，保证不变形、不受潮、不生锈。

（2）罩面板安装过程中工人要戴白手套，防止污染板面。

（3）装好的轻钢骨架上不得踩踏，不得共用吊杆。

（4）矿棉板安装完毕的房间要注意通风，降低室内空气的相对湿度。为避免板材变形，在湿度较大的地区，房间内应设置空调。安装时和安装后，吊顶不得因建筑物漏水而受潮或因相对湿度过大而造成板面出现**冷凝水**[⑥]。维修时，拆下的矿棉板要整齐平放，不能侧立靠墙放置，否则会发生弯曲变形。

5.6.7 质量标准

1. 主控项目

（1）内容：吊顶标高、尺寸、起拱和造型应符合设计要求。

检验方法：观察、尺量检查。

（2）内容：面层材料的材质、品种、规格、图案、颜色和性能应符合设计要求及国家现行标准的有关规定。当面层材料为玻璃板时，应使用安全玻璃并采取可靠的安全措施。

检验方法：观察；检查产品合格证书、性能检测报告、进场验收记录和复验报告。

（3）内容：面板的安装应稳固严密。面板与龙骨的搭接宽度应大于龙骨受力面宽度的2/3。

检验方法：观察；手扳检查；尺量检查。

（4）内容：吊顶工程的吊杆和龙骨安装应牢固。

检验方法：手扳检查；检查隐蔽工程验收记录和施工记录。

（5）内容：吊杆和龙骨的材质、规格、安装间距及连接方式应符合设计要求。金属吊杆和龙骨应进行表面防腐处理；木龙骨应进行防腐、防火处理。

检验方法：观察；尺量检查；检查产品合格证书、性能检验报告、进场验收记录和隐蔽工程验收记录。

2. 一般项目

（1）内容：面层表面应洁净、色泽一致，不得有翘曲、裂缝及缺损。

面板与龙骨的搭接应平整、吻合，压条应平直、宽窄一致。

检验方法：观察；尺量检查。

（2）内容：面板上的灯具、烟感器、喷淋头、风口篦子和检修口等设备设施位置应合理、美观，与面板交接吻合、严密。

检验方法：观察。

（3）内容：金属龙骨的接缝应均匀平整、吻合、颜色一致，不得有划伤或擦伤等表面痕迹。木质龙骨应平整、顺直，无劈裂。

检验方法：观察。

（4）内容：吊顶内填充吸声材料的品种和铺设厚度应符合设计要求，并有防散落措施。

检验方法：检查隐蔽工程验收记录及施工记录。

3. 允许偏差（表 5-7）

板块面层吊顶施工允许偏差　表 5-7

项目	允许偏差（mm）				检验方法
	石膏板	金属板	矿棉板	木板、塑料板、玻璃板、复合板	
表面平整度	3.0	2.0	3.0	2.0	用 2m 靠尺和塞尺检查
接缝平整度	3.0	2.0	3.0	3.0	拉 5m 线，不足 5m 拉通线，用钢直尺检查
接缝高低差	1.0	1.0	2.0	1.0	用直尺和塞尺检查

5.6.8 质量通病及其防治

1. 吊顶不平

（1）原因分析：水平线控制不好，一是放线，二是龙骨未调平。安装方法不妥，龙骨未调平就急于安装，再进行调平时，由于板受力不均而产生波浪形状。

（2）防治措施：标高线应准确的弹到墙上，其误差不能大于 ±5mm，待龙骨调平后再安装。

2. 吊顶不对称

（1）原因分析 ：房间未套方，未在房间四周拉十字中心线；未按设计要求布置主龙骨、次龙骨。

（2）防治措施 ：先对房间套方正，在房间四周的水平线位置拉十字中心线；按设计要求布置主龙骨、次龙骨。

3. 骨架吊固不牢

（1）原因分析：吊筋固定不牢；吊杆固定的螺母未拧紧；其他超重设备固定在吊杆上。

（2）防治措施：吊筋固定在结构上要拧紧螺钉，并控制好标高；顶棚内的管线、设备等不得固定在吊杆或龙骨骨架上。超重设备应另设吊杆，直接与结构固定。

4. 接缝不严密

（1）原因分析：接缝处接口漏白茬；接缝不平，在接缝处产生错台。

（2）防治措施：下料切割不要有偏差，切口部位用锉刀修平；对接口部位用胶粘剂进行修补。

5.6.9 构造图示（图 5-30 ～图 5-33）

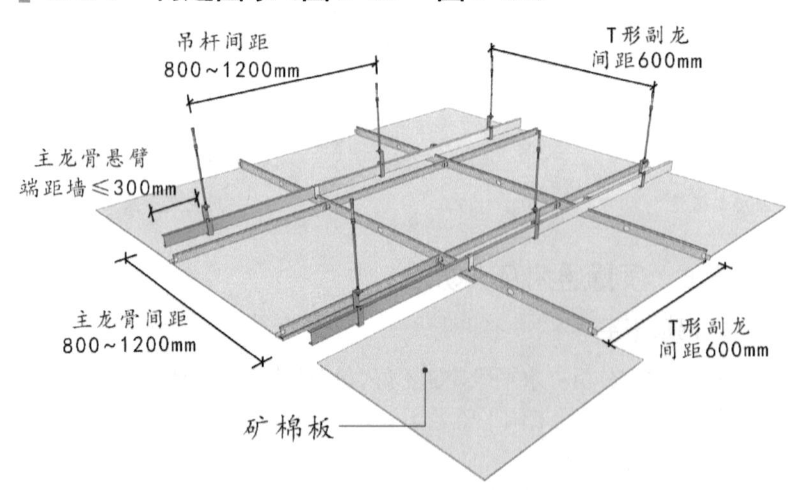

图 5-30　板块面层质量控制要点

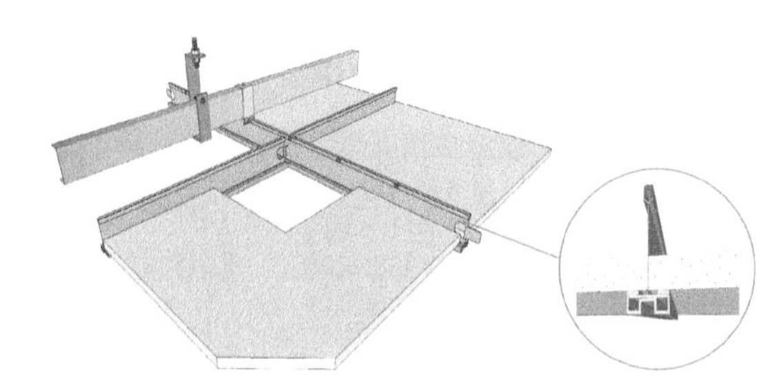

图 5-31 明架矿棉板构造

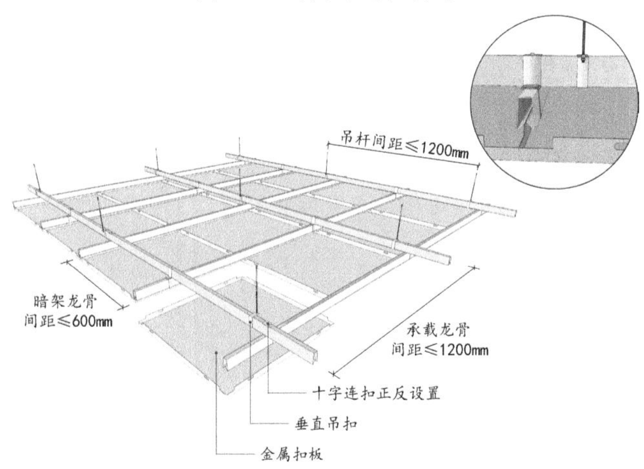

图 5-32 金属方形扣板吊顶

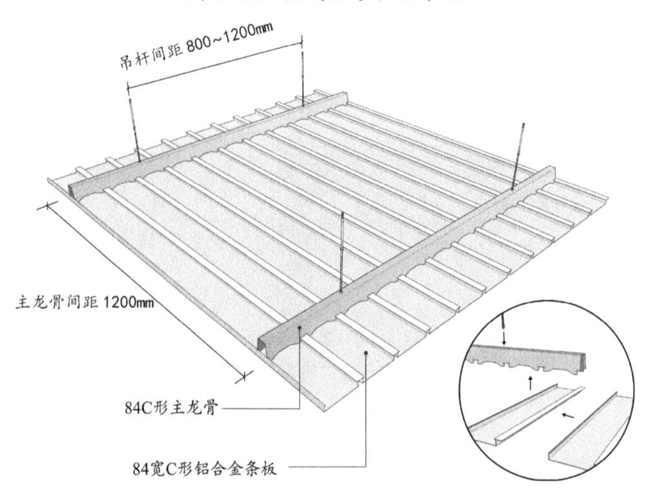

图 5-33 金属条形扣板吊顶

5.6.10 消耗量指标（表5-8）

板块面层吊顶施工消耗量指标　单位：m^2　　表5-8

<table>
<tr><th rowspan="2">序号</th><th rowspan="2">名称</th><th rowspan="2">单位</th><th colspan="3">消耗量</th></tr>
<tr><th>轻钢龙骨活动罩面板吊顶</th><th>金属方形扣板吊顶</th><th>金属条形扣板吊顶</th></tr>
<tr><td>1</td><td>综合人工</td><td>工日</td><td>0.11</td><td>0.09</td><td>0.08</td></tr>
<tr><td>2</td><td>膨胀螺栓 M8</td><td>套</td><td>1.70</td><td>1.70</td><td>1.70</td></tr>
<tr><td>3</td><td>全牙吊杆 φ8</td><td>m</td><td>1.00</td><td>1.00</td><td>1.00</td></tr>
<tr><td>4</td><td>螺母 φ6</td><td>个</td><td>5.10</td><td>5.10</td><td>5.10</td></tr>
<tr><td>5</td><td>50 吊件</td><td>套</td><td>1.70</td><td rowspan="4">—</td><td rowspan="4">—</td></tr>
<tr><td>6</td><td>穿心螺钉</td><td>套</td><td>1.70</td></tr>
<tr><td>7</td><td>50 挂件</td><td>套</td><td>2.55</td></tr>
<tr><td>8</td><td>U50 轻钢主龙骨</td><td>m</td><td>1.20</td></tr>
<tr><td>9</td><td>T 形主龙骨（间距 600mm）</td><td>m</td><td>1.75</td><td rowspan="4">—</td><td rowspan="8">—</td></tr>
<tr><td>10</td><td>T 形次龙骨（间距 600mm）</td><td>m</td><td>1.75</td></tr>
<tr><td>11</td><td>边龙骨</td><td>m</td><td>1.60</td></tr>
<tr><td>12</td><td>铝扣板</td><td>m^2</td><td>1.05</td></tr>
<tr><td>13</td><td>垂直吊扣</td><td>套</td><td rowspan="6">—</td><td>1.70</td></tr>
<tr><td>14</td><td>十字吊扣</td><td>套</td><td>2.55</td></tr>
<tr><td>15</td><td>倒三角暗架龙骨</td><td>m</td><td>2.95</td></tr>
<tr><td>16</td><td>铝扣板 600×600</td><td>m^2</td><td>1.03</td></tr>
<tr><td>17</td><td>84C 形主龙骨</td><td>m</td><td rowspan="2">—</td><td>0.94</td></tr>
<tr><td>18</td><td>84C 形条板</td><td>m^2</td><td>1.02</td></tr>
<tr><td>19</td><td>工作内容</td><td colspan="4">弹线定位→固定吊杆→安装边龙骨→安装主龙骨→安装副龙骨→校正固定→安装罩面板</td></tr>
</table>

装饰小百科
Decoration Encyclopedia

矿棉吸声板：以矿棉渣、纸浆、珍珠岩为主料，加入粘合剂，经加压烘干和饰面处理而制成的一种具有非常优异的吸音性能的装饰材料。

硅钙板：以硅质材料（硅藻土、膨润土、石英粉等）、钙质材料、增强纤维等作为主要材料，经过制浆、成胚、蒸养、表面砂光等工序制成的一种装饰材料。具有轻质、防潮、不易变形、防火、阻燃和施工方便的特点。

弹性形变量：固体受外力作用而使各点间相对位置的改变，当外力撤销后，固体又恢复原状的最大形变量。

塑性形变：是物体的形变超过一定限度，即使除去外力也不能完全恢复原状的一种物理现象。

D-T 连接挂件：用于主龙骨与 T 形主龙骨的连接件。

冷凝水：冷凝是使热物体的温度降低而发生相变化的过程， 冷凝水通常指气态水经过冷凝过程而形成的液态水。

5.7 格栅面层吊顶施工技术标准

5.7.1 适用范围

本施工技术标准适用于一般工业与民用建筑中**格栅面层吊顶工程**。

5.7.2 作业条件

（1）吊顶强弱电管线槽、消防、给水排水等安装工程验收合格。

（2）确定好灯位、通风口及各种孔口位置，以便龙骨与罩面板排板。

（3）按吊顶作业高度架设脚手架，架体与脚手板要稳定可靠。

（4）室内环境应干燥，湿度不大于60%，通风良好。吊顶内四周墙面的各种孔洞已封堵处理完毕。抹灰已干燥。

（5）顶棚安装格栅板前必须完成墙面、地面的湿作业分项工程。特别注意在安装边龙骨前必须完成墙面的找平（包括墙面腻子或墙面砖等）。

5.7.3 材料要求

（1）**金属格栅**①：金属格栅通常用铝板或镀锌钢板加工制作，其材质、规格、型号应符合国家现行规范、标准的有关要求。**表面处理**②应符合设计要求；表面应平滑、平整、无裂，小格方正，节点牢固。

（2）轻钢龙骨：应符合现行国家标准《建筑用轻钢龙骨》GB 11981的规定。双面镀锌量不少于120g/m^2。应平整、光滑、无变形、锈蚀。最大弹性形变量≤10mm，塑形变形量≤2mm。

5.7.4 工器具要求（表5-9）

工器具要求　　表5-9

机具	无齿锯、电锤、手电钻、电动螺丝刀
工具	射钉枪、自攻枪、拉铆枪、锤子、扳手、钳子、砂纸、白手套
测具	激光投线仪、钢卷尺、水平尺、线坠、墨斗

5.7.5 施工工艺流程

1. 工艺流程图（图5-34）

弹线定位 → 固定吊杆 → 安装龙骨 → 校正固定 → 安装格栅

图5-34 格栅面层吊顶施工工艺流程图

2. 工艺流程表（表5-10）

格栅面层吊顶施工工艺流程表 表5-10

工序	内容
弹线定位	在墙柱上弹出顶棚完成面线，结合空间尺寸与格栅模数进行板块排版，根据排版在顶棚标高线上划定副龙骨分档线。同时，在楼板顶面划定吊点位置，间距800～1200mm
固定吊杆	先用电锤根据吊点标识位置打孔，孔径应稍大于膨胀螺栓的直径且要求与板面垂直。吊杆长度大于1500mm时须设置反向支撑。当吊杆与设备及管道相遇时，须增加局部转换构造
安装龙骨	边龙骨下边缘与吊顶标高线平齐，并按墙面材料的不同选用射钉或膨胀螺栓等固定。固定间距宜为300mm，端头宜为50mm，龙骨间距不应大于1200mm。上人吊顶，上层龙骨为U形龙骨，下层龙骨为卡式龙骨或挂钩龙骨时，通过专用吊挂件与上层龙骨连接；如上下层均为卡式龙骨时，用十字连接扣件连接
校正固定	采用全牙吊杆上的螺母上下调节吊顶起拱度，起拱高度为空间短向跨度的1/200～1/300，并全面校正龙骨的位置及水平度。校正后将所有吊挂件、连接件拧紧夹牢
安装格栅	格栅安装：可用吊杆直接吊挂装配好的铝合金格栅，也可以采用增加一层主龙骨的装配方式；铝条栅可直接与卡式龙骨卡扣连接。 挂片安装：铝挂片卡入配套挂片龙骨的卡位，再将防风扣塞入龙骨凹槽，轻微调整即可

5.7.6 过程保护要求

（1）骨架、格栅及其他吊顶材料在进场、存放、使用过程中应严格管理，保证不变形、不受潮、不生锈。

（2）装好的轻钢骨架不得上人踩踏，与其他设备不得共用吊杆。

（3）格栅安装过程中工人要戴白手套，防止污染板面。

（4）避免金属板的角、棱边及配件损伤，堆码高度不宜超过10层。

（5）格栅安装必须在吊顶内管道保温、试水打压、设备调试等工序验收合格后进行。

5.7.7 质量标准

1. 主控项目

（1）内容：吊顶标高、尺寸、起拱和造型应符合设计要求。

检验方法：观察、尺量检查。

（2）内容：格栅的材质、品种、规格、图案、颜色和性能应符合设计要求及国家现行标准的有关规定。

检验方法：观察；检查产品合格证书、性能检测报告、进场验收记录和复验报告。

（3）内容：吊顶和龙骨的尺寸、规格、安装间距及连接方式应符合设计要求。金属吊杆和龙骨应有表面防腐处理；木龙骨应进行防腐、防火处理。

2. 一般项目

（1）内容：格栅表面洁净、色泽一致，不得有翘曲、裂缝及缺损。格栅角度应一致，边缘应整齐，接口应无错位。压条应平直，宽窄一致。

检验方法：检查；尺量检查。

（2）内容：吊顶的灯具、烟感器、喷淋头、风口篦子和检修口等设备设施的位置应合理、美观，与格栅的套割交接处应吻合、严密。

检验方法：观察。

（3）内容：金属龙骨的接缝应平整、吻合、颜色一致，不得有划伤和擦伤等表面缺陷。木质龙骨应平整、顺直、应无劈裂。

检验方法：观察。

（4）内容：吊顶内填充吸声材料的品种和铺设厚度应符合设计要求，并有防散落措施。

检验方法：观察；检查隐蔽工程验收记录及施工记录。

（5）内容：格栅吊顶内楼板、管线设备等表面处理应符合设计要求，吊顶内各种设备管线布置应合理、美观。

检验方法：观察。

3. 允许偏差（表 5-11）

格栅面层吊顶施工允许偏差　　表 5-11

项目	允许偏差（mm）		检验方法
	金属格栅	木格栅、塑料格栅、复合材料格栅	
表面平整度	2.0	3.0	用 2m 靠尺和塞尺检查
格栅直线度	2.0	3.0	拉 5m 线，不足 5m 拉通线，用钢直尺检查

5.7.8 质量通病及其防治

1. 吊顶不平

（1）原因分析：水平线控制不好，一是放线，二是龙骨未调平。安装方法不妥，龙骨未调平就急于安装，再进行调平时，由于板受力不均而产生波浪起伏。

（2）防治措施：标高线应准确的弹到墙上，其误差不能大于±5mm，待龙骨调平后再安装。

2. 格栅分格不匀或不方正

（1）原因分析：基础墙面不方正或横竖格栅交叉处开口不垂直所致。

（2）防治措施：

① 在横竖龙骨格栅开槽搭接时，必须保证垂直，否则应进行修理后安装。

② 安装木格栅骨架前，应对基础墙面进行找方处理，先用尺测量各边长度及角的角度，如误差不大可用腻子刮披墙面找方，如误差较大时，则应先垫木板后，再用腻子找平。

5.7.9 构造图示（图5-35、5-36）

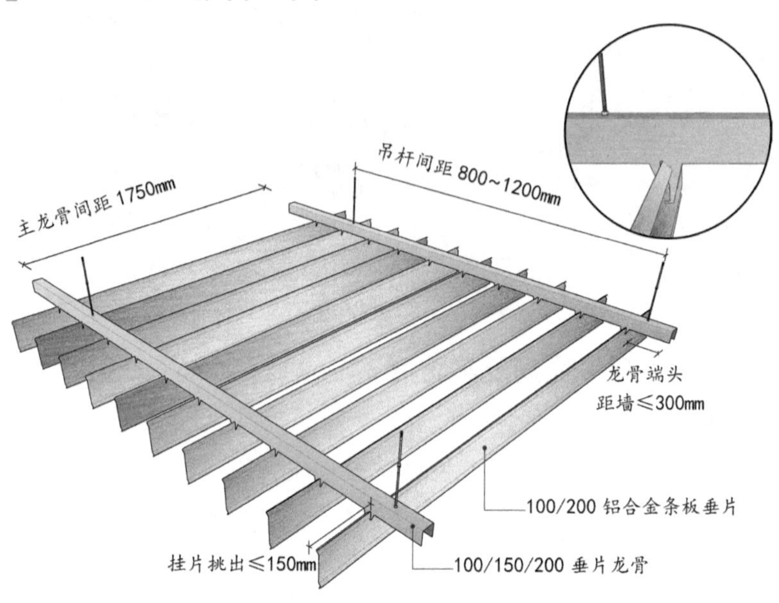

图 5-35 金属垂片吊顶

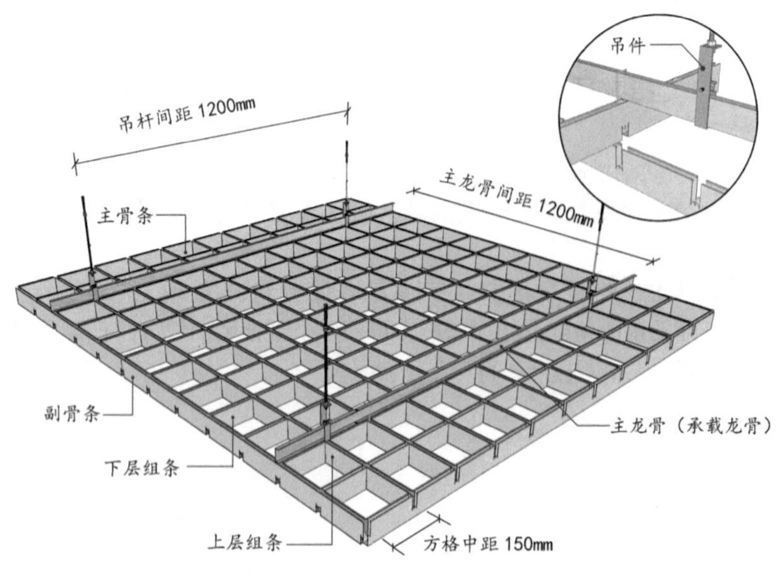

图 5-36 金属方格栅（一）

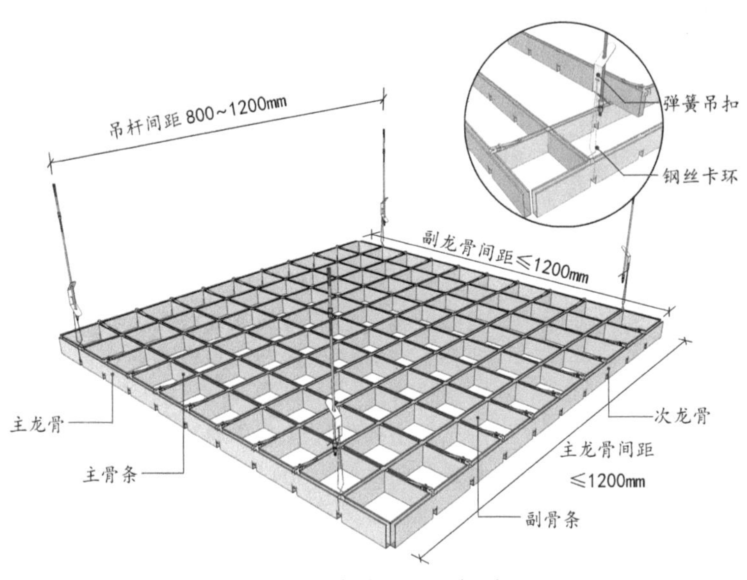

图 5-36　金属方格栅（二）

5.7.10　消耗量指标（表 5-12）

格栅面层吊顶施工消耗量指标　单位：m^2　**表 5-12**

序号	名称	单位	消耗量	
			轻钢龙骨格栅面层吊顶	
			金属条板垂片龙骨吊顶	铝合金格栅吊顶
1	综合人工	工日	0.10	0.08
2	膨胀螺栓 M8	套	1.70	1.70
3	全牙吊杆 φ8	m	1.00	1.00
4	螺母 φ6	个	5.10	5.10
5	铝合金格片天棚龙骨（间距 1750mm）	m	0.63	—
6	铝合金挂片（铝合金格片式间距 150mm）	m^2	1.02	
7	U50 轻钢主龙骨（双层）	m	—	1.20
8	铝格栅	m^2		1.02
9	工作内容		弹线定位→固定吊杆→安装龙骨→固定校正→安装格栅（吊顶高度 1m）	

装饰小百科
Decoration Encyclopedia

① 金属格栅
铝方通
铝挂片
金属网
② 表面处理

金属格栅：一种横纵垂直交错的吊顶面层材料，按面板形状可分为**铝方通**、**铝挂片**、**金属网**等。

铝方通：又称铝条栅，是以铝合金单板材为基底，通过开料、轧制、模压成型的一种吊顶材料。

铝挂片：以铝合金条板垂片形式直接挂于卡式龙骨的吊顶材料。

金属网：采用铝及铝合金、钢质、铜质基材等金属材料经机械加工成拉伸扩张网或编织网的吊顶材料。

表面处理：在基体材料表面上人工形成一层与基体的机械、物理和化学性能不同的表层的工艺方法。常见的表面处理方式有静电粉末喷涂、覆膜、阳极氧化、热镀锌等。

6 轻质隔墙工程

轻质隔墙工程 包括轻质条板安装、轻质龙骨架罩面板、以及玻璃板安装或玻璃砖砌筑墙体。其自身质量小、厚度薄，根据不同的使用功能，一般具有隔声、耐水、耐火等功能，主要起分隔室内空间的作用。

轻质条板隔墙包括复合轻质条板、石膏空心条板、增强水泥条板和轻质混凝土条板隔墙。骨架罩面板隔墙以轻钢龙骨、木龙骨等为骨架，以纸面石膏板、人造木板、水泥纤维板等为罩面；玻璃隔墙包括玻璃板、玻璃砖隔墙。

6.1 轻质隔墙工程构造组成

条板隔墙或玻璃板隔墙直接由墙体板材或砌块安装组砌而成；而骨架罩面板隔墙则由龙骨架与面层板组合而成。见图 6–1 ～图 6–4。

图 6–1　轻质条板隔墙

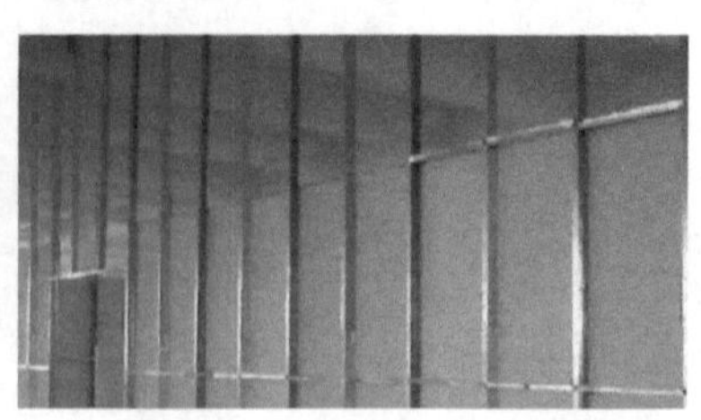

图 6–2　骨架罩面板隔墙

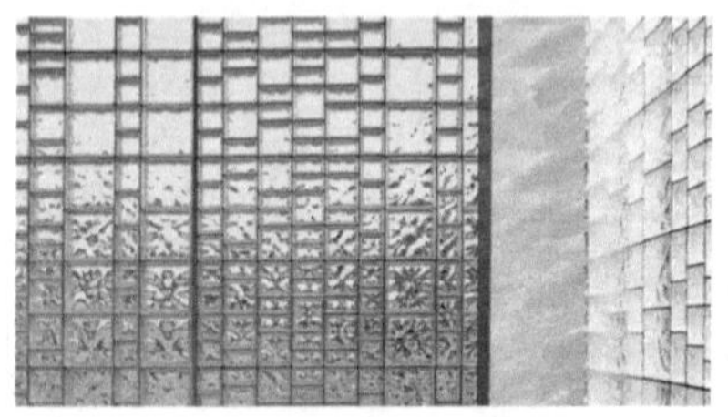

图 6–3　玻璃砖隔墙

图 6–4　玻璃板隔墙

6.1.1 条板砌块隔墙

1. 板材

将轻质条板间榫槽连接后，采用石膏胶粘剂与 U 形钢板卡与主体结构固定；玻璃板隔墙则采用上部吊挂或底部落槽的固定方式；轻质条板或玻璃板均为构成轻质隔墙的主体。

2. 砌块

将轻质石膏砌块或玻璃砖采用砌筑的方式组成轻质隔墙。

6.1.2 骨架罩面板隔墙

1. 骨架

骨架常用材料有木龙骨、轻钢龙骨、型钢龙骨，作用是组成墙体骨架，固定罩面板并承受墙体荷载。

2. 面层

骨架隔墙中的罩面层，常用材料包括石膏板、水泥纤维板、胶合夹板等，具有隐蔽隔墙骨架、装饰罩面的作用。

6.2 轻质隔墙工程材料选用

6.2.1 轻质条板

轻质条板是一种新型节能墙体材料，条板两边有公母榫槽，安装时只需将板材立起，榫槽涂适量嵌缝胶粘剂拼装，墙体四周条板采用金属板卡与结构固定。轻质条板多采用无害化磷石膏、轻质钢渣、粉煤灰等多种工业废渣，经变频蒸汽加压养护而成。选用时要求干燥收缩值≤ 0.3mm/m，抗弯破坏荷载不小于板自重的 1.5 倍，抗冲击强度为承受 30kg 沙袋落差 0.5m 摆动冲击 5 次不出现贯通裂缝，单点吊挂承受 1000N 作用 24h 无裂缝，表面平整度≤ 3mm。见图 6–5。

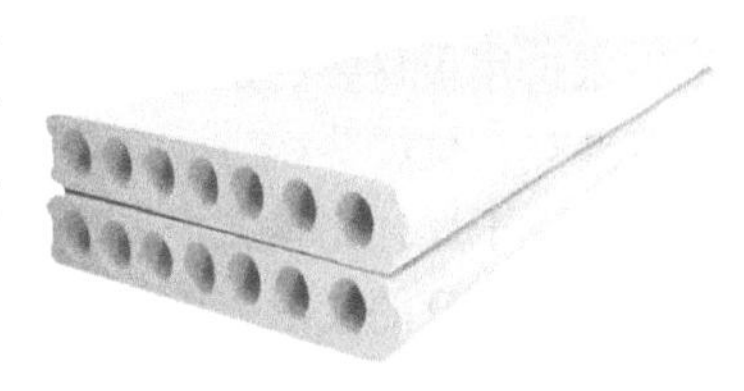

图 6-5 轻质条板

6.2.2 玻璃板

建筑装饰玻璃是以石英砂、纯碱、长石、石灰石等为主要原料经熔融、成型、冷却、固化后得到的透明固体材料。根据生产方法可分为垂直引上法、平拉法、压延法和浮法玻璃。所用玻璃的品种、规格、性能、图案与颜色应符合设计要求，应使用安全玻璃，四周进行磨边处理。其单块最大面积、厚度，除满足设计要求外，还应满足现行行业标准《建筑玻璃应用技术规程》JGJ 113 的相关规定。

6.2.3 轻钢龙骨

骨架隔墙所用轻钢龙骨是以厚度为 0.5 ～ 1.5mm 镀锌钢板（带）、冷轧钢板（带）加工制成，具有自重轻、刚度大、防火、抗震性能好、适应性能强等特点，且加工方便、安装简便，适用于纸面石膏板、水泥纤维板等多种轻质板材的钉固式罩面隔墙。墙体轻钢龙骨的截面有

C 形和 U 形，按作用分为横龙骨、竖龙骨与通贯龙骨，其外观质量和技术性能应符合现行国家标准《建筑用轻钢龙骨》GB/T 11981 的规定。见图 6–6。

图 6–6 轻钢龙骨

6.2.4 罩面板

骨架隔墙常用罩面板有纸面石膏板、水泥纤维板、胶合板等，根据需求选用板材要满足建筑隔声、保温隔热、抗震等相应要求。面板应平整、干燥，完整无损，不得使用有受潮、弯曲变形、板断裂、面层起鼓等缺陷的板材。使用胶合夹板时除满足以上指标外，还应注意环保、防火等安全指标。见图 6–7。

图 6–7 水泥纤维板

6.3 轻质隔墙工程质量验收

6.3.1 质量文件和记录

（1）轻质隔墙工程的施工图、设计说明及其他设计文件。

（2）材料的产品合格证书、性能检验报告、进场验收记录和复验报告。

（3）硅酮结构胶的相容性和玻璃性检验报告。

（4）注胶、养护环境的温度、湿度记录。

（5）隐蔽工程验收记录。

（6）施工记录。

6.3.2 隐藏工程验收

（1）骨架隔墙在中设备管线的安装及水管试压。

（2）木龙骨防火和防腐处理。

（3）预埋件。

（4）龙骨安装。

（5）填充材料的设置。

6.3.3 检验批划分

同一品种的轻质隔墙工程每 50 间应划分为一个检验批，不足 50 间也应划分为一个检验批，大面积房间和走廊可按轻质隔墙面积每 30m² 计为 1 间。

6.3.4 检查数量规定

板材隔墙和骨架隔墙每个检验批应至少抽查 10%，并不得少于 3 间，不足 3 间时应全数检查；活动隔墙和玻璃隔墙每个检验批应至少抽查 20%，并不得少于 6 间。不足 6 间时应全数检查。

6.3.5 材料及性能复试指标

（1）人造木板的甲醛释放量。

（2）板材的燃烧性能。

6.3.6 实测实量（图 6-8、图 6-9）

图 6-8 玻璃隔墙垂直度：用垂直检测尺检查，垂直度误差≤ 2mm，合格

图 6-9 玻璃隔墙接缝高低差：用钢直尺和塞尺检查，误差≤ 2mm，合格

6.4 轻质隔墙工程施工要点

6.4.1 轻质隔墙

（1）条板长度按楼层净高减 20 ～ 30mm，墙端头板宽按实际锯窄备用；单层板限高范围内竖向接板不超过一次，相邻接缝错开 30mm；长超过 6m 需加构造柱，墙端部补板宽幅应不小于 200mm。

（2）将条板顶端圆孔堵严，在板顶端、板侧榫槽及与结构拼合面满涂 I 型胶粘剂，就位后用木楔顶在板底，留缝 20 ～ 30mm。推动条板将其侧面挤紧至冒浆；用撬棍从板底向上顶紧顶实，并将挤出的胶粘剂刮平。

（3）条板上方及左右侧与结构接合处所留缝隙以弹线材料填充，并在 24h 后用 C20 干硬性细石混凝土将板下口堵严，当混凝土强度达到 10MPa 以上（一般夏季 3d 后，冬季 7d 后），撤去板下木楔，用同强度干硬性混凝土塞实孔洞。

（4）在安装条板时，同时按电气图找准位置敷设管线。管线须顺条板孔铺设，严禁横铺和斜铺。固定线盒时，在板面开孔后用聚苯乙烯泡沫塑料堵严塞实，Ⅱ型胶粘剂粘牢。

（5）增强石膏空心条板应轻拿轻放，侧抬侧立并相互绑牢，不得平抬平放。侧立放置，倾斜角度应大于 70°，堆放处应平整，下垫木方，防止墙板受潮变形。

6.4.2 骨架罩面板隔墙

（1）如有墙枕，须将地面凿毛、清扫湿润后，按沿地龙骨宽度支模浇筑 C20 细石混凝土，湿区墙枕高度应大于 200mm。墙枕强度达 10MPa 以上后，固定沿顶、沿地龙骨，可用射钉或膨胀螺栓固定，间距小于 600mm。

（2）按罩面板规格 900mm 或 1200mm 宽，对应竖龙骨分档间距为板宽 1/2，不足模数时，增加一档竖龙骨，并避开靠门洞位置，以确保洞框处不出现裁切罩面板。

（3）墙高低于 3m 时设置一道通贯龙骨；超过 3m，每隔 1200mm 加设一道，并在顶地龙骨间设置横撑龙骨作加强处理。支撑卡安装在竖向龙骨开口处，卡距 400 ～ 600mm，距龙骨端头 20 ～ 25mm。罩面板横向接缝，如不在沿顶、沿地龙骨或横撑龙骨上时，应增加横撑龙骨固定板缝。

（4）平面墙所用罩面板宜竖向铺设，长边固定在竖向龙骨上，曲面墙宜横向铺设，长边固定在横撑龙骨上。龙骨两侧的罩面板应错缝排列，接缝不得落在同一根龙骨上，板缝坡口相接，缝宽 3 ～ 6mm。

（5）用自攻钉从罩面板中部向四边固定，钉帽略沉入板内，不得损坏纸面。板螺钉间距边小于 200mm，板中小于 300mm，螺钉与板边 10 ～ 16mm。隔墙端部的罩面板与周围结构留 3mm 槽口，并加注嵌缝膏，铺板时挤压嵌缝膏使其和邻近表层紧密接触。罩面板下端应离地面 20 ～ 30mm 或与踢脚板上口齐平，接缝严密。

6.4.3 玻璃板隔墙

（1）高度小于 4.5m 的玻璃板，可采用下部支承；高度超过 4.5m 的玻璃板，宜采用上部悬挂；当玻璃板块间无竖框且玻璃板块较高、细长比较大时，要根据隔墙抗风压性能和抗玻璃自重弯曲等要求设置玻璃肋。

（2）龙骨槽找平定位后，用 ϕ8 ～ ϕ12mm 膨胀螺栓固定，间距 800mm；复核玻璃尺寸、确保玻璃板入槽嵌入深度不小于 12mm，与槽底边缘余隙 8mm，与槽两侧余隙 4 ～ 5mm，以防止结构变形，损坏玻璃。

（3）玻璃板全部就位并校正偏差，用聚苯乙烯泡沫嵌条嵌入槽口塞紧、稳固玻璃板。从嵌缝的端头开始均匀注入硅酮结构胶，注满后随即刮平。

（4）当焊接、切割、喷砂等作业可能损伤玻璃时，应采取措施予以保护。严禁焊接火花溅到玻璃上，严禁用酸性洗涤剂或含研磨粉的去污粉清洗反射玻璃的镀膜面层。

6.4.4 空心玻璃砖隔墙

（1）砌筑玻璃砖时，应挂线并安装定位支架，以控制玻璃砖横平竖直分布；为防止玻璃砖纵横双向伸胀对隔墙造成破坏，每隔 3.5m 长度或高度应设置一道伸缩缝。

（2）当隔墙高度和长度同时超过 3.0m 与 4.6m 时，每间隔一道横缝、两道竖缝须各布置双排加强钢筋。纵筋应在砌筑前预先安放，砌筑时卡入玻璃砖齿槽内,加强筋随着砌筑砌入砖缝砂浆中,不得暴露在明处。

（3）每砌完一层用靠尺检查墙体垂直度，并随时擦净外溢灰浆。日砌筑高度小于 1.5m，待下部砌体粘结材料达到规定强度后再进行砌筑。砌筑完，去除定位支架外露端头块。所有竖向齿槽内应用 1∶2 白水泥随砌随灌严实。

（4）隔墙两端与夹持框内侧应留有宽度不小于 4mm 的滑缝，框内侧两面贴沥青毡条；与型材内腹面应留有宽度不小于 10mm 的胀缝，框内侧底面用硬质泡沫塑料填充。

6.5 轻质条板隔墙施工技术标准

6.5.1 适用范围

本施工技术标准适用于一般工业与民用建筑中轻质条板隔墙工程。

6.5.2 作业条件

（1）操作地点环境温度不低于 5℃。

（2）主体结构及二次施工已完成，隔墙内管槽、线盒及其他安装工程经隐蔽验收合格，现场清理完毕。

6.5.3 材料要求

（1）轻质条板隔墙：门窗框板、门上板、窗上板、窗下板等规格尺寸及门窗框板侧面的埋件位置均要符合设计要求。

（2）胶粘剂：Ⅰ型胶粘剂，用于条板和条板拼缝、条板与主体结构的粘结，其抗剪强度≥ 1.5MPa、粘结强度≥ 1.0MPa、初凝时间约 0.5 ～ 1.0h。Ⅱ型胶粘剂，用于条板上预留吊挂件、构配件粘结和条板预埋件补平，其抗剪强度≥ 2.0MPa、粘结强度≥ 2.0MPa、初凝时间约 0.5 ～ 1.0h。见表 6–1。

（3）聚酯无纺布：抗拉强度≥ 8kN/m，延伸率 40% ～ 60%，聚酯融化点 260℃以上，在 230℃以下不发生明显收缩。

（4）U 形钢板卡及连接件：截面形式为 U 形的钢卡件，板材厚度不小于 1.5mm，表面镀锌层厚度不小于 35μm，规格为 50×20×90 ～ 92（mm）。

胶粘剂性能指标　　表 6-1

项目		质量要求
横向变形量（mm）		≥ 1.2
拉伸粘结强度（MPa）	常温 14d	≥ 1.0
	耐水 14d	≥ 0.7
抗压强度（MPa）	14d	≥ 5.0
抗折强度（MPa）	14d	≥ 2.0
收缩率（%）		≤ 0.3
可操作时间（h）		≥ 1.5

6.5.4　工器具要求（表 6-2）

工器具要求　　表 6-2

类别	内容
机具	电锤、手电钻、云石机
工具	钢丝刷、专用撬杠、橡皮锤、木楔、扁铲、扳手、腻子刮板、腻子托板、砂纸
测具	激光投线仪、钢卷尺、水平尺、靠尺、线坠、墨斗

6.5.5　施工工艺流程

1. 工艺流程图（图 6-10）

处理基层 → 放线分档 → 配板修补 → 安装钢卡 → 安装条板 → 校正固定 → 填塞板缝 → 敷设电管 → 安装管卡 → 预埋挂件 → 板缝处理 → 板面处理

图 6-10　轻质条板隔墙施工工艺流程图

2. 工艺流程表（表 6-3）

轻质条板隔墙施工工艺流程表　　表 6-3

工序	内容
处理基层	清理**条板隔墙**①与顶板、墙面结合部的浮灰、尘土，剔除突出层的砂浆、混凝土块，结合部位尽量找平整
放线分档	在地面、墙面及顶面根据设计位置，弹好隔墙条板边线及门窗洞口线，按条板宽幅与缝宽进行排版，并划定分档位置

续表

配板修补	板的长度应按楼层结构净高尺寸减20～30mm。当板的宽度与隔墙的长度不相符时，应将部分隔墙条板预先锯窄成合适的宽度，并放置在阴角处；有缺陷的板应修补，并核对门窗框及上下板与洞口位置是否相符
安装钢卡	按设计要求用**U形钢板卡**[2]固定条板的顶端，在两块条板顶端拼接之间用膨胀螺栓将U形卡固定在梁或板上。条板隔墙与顶板、结构梁的接缝处，钢卡间距不应大于600mm
安装条板	隔墙条板安装顺序应从墙的结合处或门边开始，依次按顺序安装。安装前用**聚苯乙烯泡沫塑料**[3]将条板顶端圆孔塞堵严实，板侧清除浮灰，在墙面、顶面、板的顶面及拼合面满涂Ⅰ型**胶粘剂**[4]，按弹线位置安装就位，用木楔顶在板底，留20～30mm的板缝，再推动条板，将板侧面榫槽挤紧，使板缝冒浆；用撬棍在板底部向上顶，使条板挤紧顶实，并将挤出的胶粘剂刮平。使板呈垂直状态，用两组木楔将板底塞实。单层板限高范围内竖向接板不超过1次，相邻横向接缝错开30mm
校正加固	墙板与楼板，相邻墙板上下接长墙板连接处除用Ⅰ型胶粘剂外，还应用ϕ8mm钢筋作加强。墙长超过6m需加构造柱，墙端部补板宽幅应不小于200mm
填塞板缝	墙板上方及墙两端头与结构接合处所留缝隙以弹性材料填充，并在24h后用C20干硬性细石混凝土将板下口堵严，当混凝土强度达到10MPa以上（一般夏季3d后，冬季7d后），撤去板下木楔，用同强度干硬性混凝土塞实孔洞
敷设电管	在安装板的过程中，应按电气图找准位置敷设线管。所有线管必须顺条板孔铺设，严禁横铺和斜铺。固定线盒时，先在板面用云石机开孔，要求大小适度、方正，用聚苯乙烯泡沫塑料将洞孔上下堵严塞实，用Ⅱ型胶粘剂粘牢
安装管卡	按水暖、煤气管道图，画出管卡位置线，在墙板上钻孔扩孔（禁止剔凿），清孔后上下堵严，用Ⅱ型胶粘剂固定管卡
预埋挂件	每块墙板可设两个吊挂点，单个吊挂点承重不大于50kg。钻孔、扩孔、清孔后用Ⅱ型胶粘剂固定埋件，待固化后吊挂设备
板缝处理	墙板安装3d后，检查所有缝隙是否粘结良好，有裂缝，应查明原因后修补。已粘结好的板缝，先清理灰尘，再刷Ⅰ型胶粘剂粘贴50mm宽**聚酯无纺布**[5]（或玻纤布网格带），转角隔墙在阴、阳角粘贴200mm宽聚酯无纺布（或玻纤布）一层。干燥后刮Ⅰ型胶粘剂，并略低于板面
板面处理	一般条板墙面，直接用石膏腻子刮平，打磨后再刮第二道腻子（根据效果要求选择不同强度的腻子），再打磨平整，最后做饰面。如板面局部有裂缝，应在做饰面前预先处理

6.5.6 过程保护要求

（1）施工中各专业合理安排工序。隔墙板粘结后24h内不得碰撞敲打，不得进行下道工序施工。

（2）安装预埋件，宜用电钻钻孔扩张，或用云石机切割方孔，严禁对墙板用力敲击。不得对刮完腻子的隔墙进行任何剔凿。

（3）墙板安装时，不得冲撞已安装就位的墙板，避免发生位移，造成垂直度、平整度偏差。

6.5.7 质量标准

1. 主控项目

（1）内容：安装隔墙板材所需预埋件、连接件的位置、数量及连接方法应符合设计要求。

检验方法：观察；尺量检查；检查隐蔽工程验收记录。

（2）内容：隔墙板材的品种、规格、颜色和性能应符合设计要求。有隔声、隔热、阻燃和防擦等特殊要求的工程，板材应有相应性能等级的检验报告。

检验方法：观察；检查产品合格证书、进场检验报告和性能检验报告。

（3）内容：隔墙板材安装应牢固。

检验方法：观察；手扳检查。

（4）内容：隔墙所用接缝材料品种及接缝方法应符合设计要求。

检验方法：观察；检查产品合格证书和施工记录。

（5）内容：隔墙板材安装应位置正确，板材不应有裂缝或缺损。

检验方法：观察；尺量检查。

2. 一般项目

（1）内容：隔墙表面应洁净、平顺、色泽一致、接缝均匀、顺直。

检验方法：观察；手摸检查。

（2）内容：隔墙孔洞、槽、盒应位置正确、套割方正、边缘整齐。

检验方法：观察。

3. 允许偏差（表 6-4）

轻质条板隔墙施工允许偏差　　表 6-4

项目	允许偏差（mm）				检验方法
	复合轻质墙板		石膏空心板	钢丝网水泥板	
	金属夹芯板	其他复合板			
立面垂直度	2.0	3.0	3.0	3.0	用 2m 垂直检测尺检查
表面平整度	2.0	3.0	3.0	3.0	用 2m 靠尺和塞尺检查
阴阳角方正	3.0	3.0	3.0	1.0	用直角检测尺检查
接缝直线度	1.0	2.0	2.0	3.0	用钢直尺和塞尺检查

6.5.8 质量通病及其防治

1. 墙面不平整

（1）原因分析：板材厚度不一致或翘曲变形；安装方法不当。

（2）防治措施：

① 合理选配板材，将厚度误差大或因受潮变形的板材挑出。

② 安装时应采用简易支架作为立墙板靠架，以保证墙体平整度。

2. 隔板之间出现裂缝

（1）原因分析：由于轻质隔墙板材本身干燥，吸水率大，造成粘结砂浆失水，出现裂缝。粘结的水泥砂浆稠度掌握不好，亦会产生收缩裂缝。

（2）防治措施：

① 隔墙板缝在填缝前应用毛刷蘸水湿润，填缝时应在板的两侧同时把缝填实。填缝材料采用石膏或膨胀水泥。

② 刮腻子之前用宽度为 100mm 的网状防裂胶带粘贴在板缝处，用掺入了建筑胶水的水泥在胶带上涂刷一遍并晾干，然后再用建筑胶水将纤维布贴在板缝处。

3. 隔墙与结构固定不牢

（1）原因分析：不符合设计要求；板材安装时，施工顺序不准确。

（2）防治措施：

① 板顶固定钢卡时，确保满足卡住相邻两块板，立板时，板下端

留缝并用木楔顶紧。

② 墙板之间及与结构相交部位用 ϕ 8mm 钢筋加固。

③ 墙板长度超过 6m，加构造柱。

④ 隔墙安装合格后，板底用 C20 细石混凝土塞实，3d 后撤木楔，用相同强度等级混凝土填实。

6.5.9 构造图示（图 6-11 ～图 6-17）

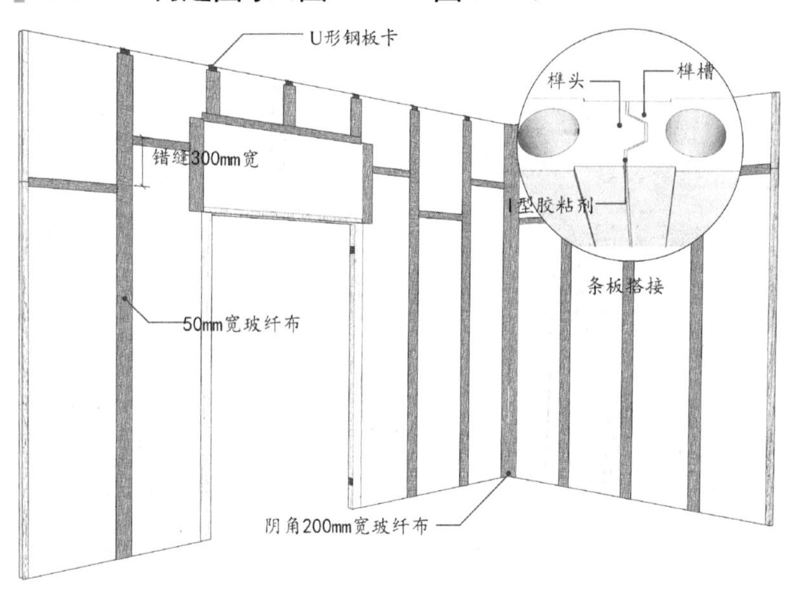

图 6-11 轻质条板墙板构造

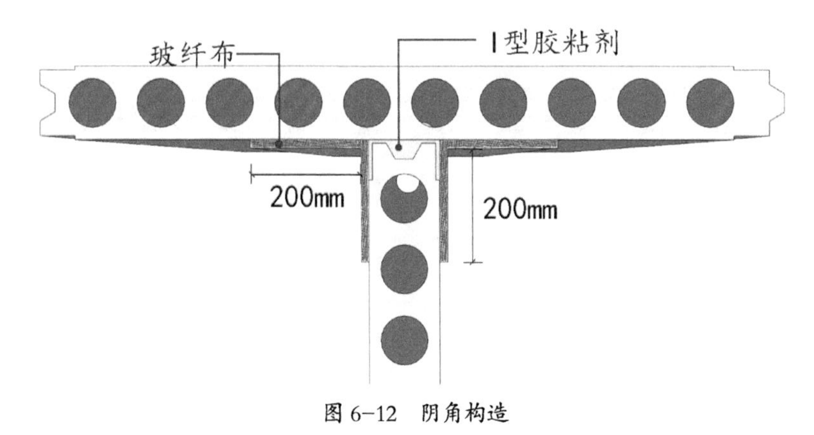

图 6-12 阴角构造

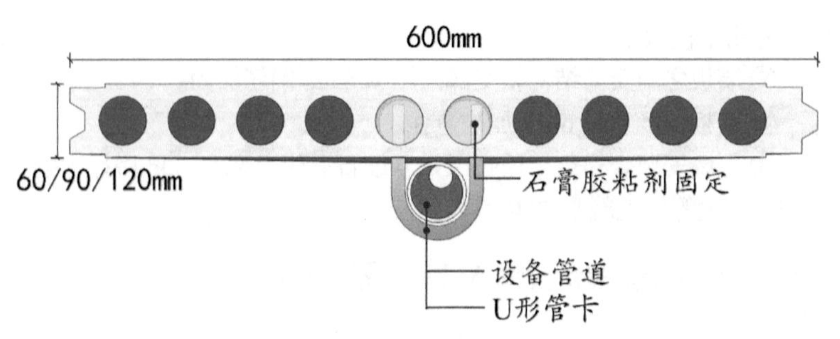

图 6-13　安装U形管卡

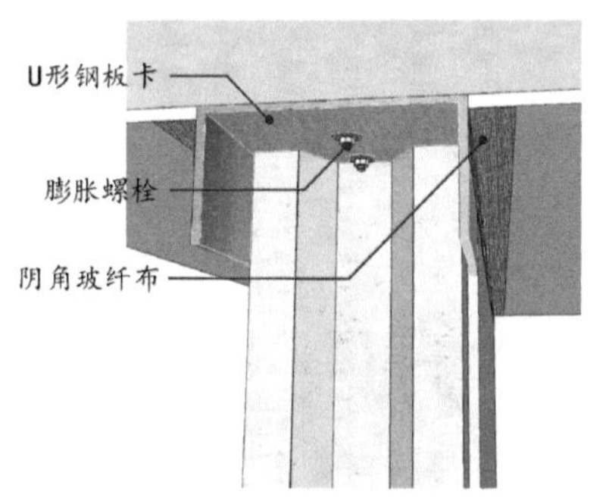

图 6-14　条板与天棚连接构造

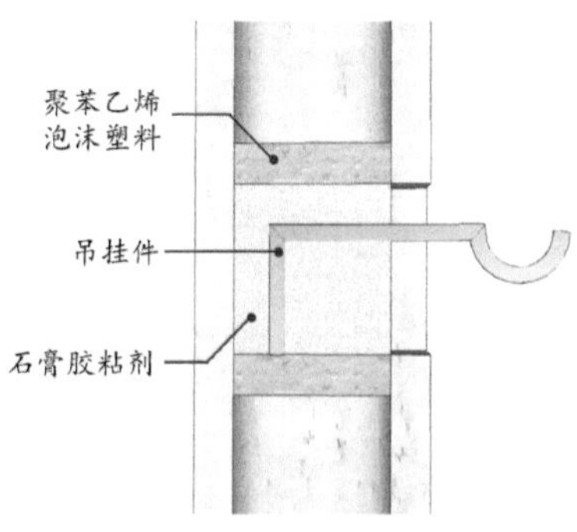

图 6-15　安装吊挂件

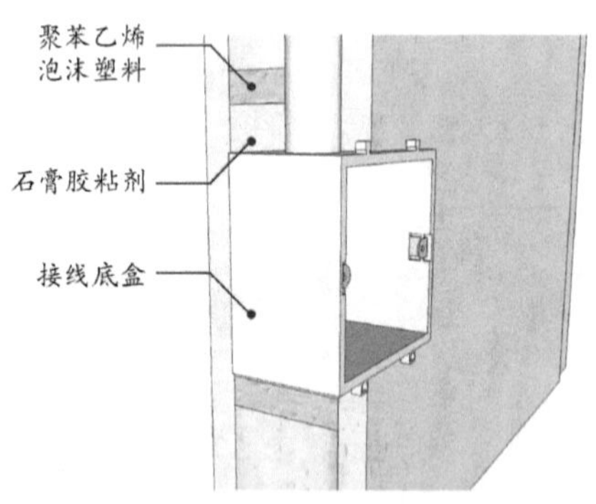

图 6-16　安装接线盒

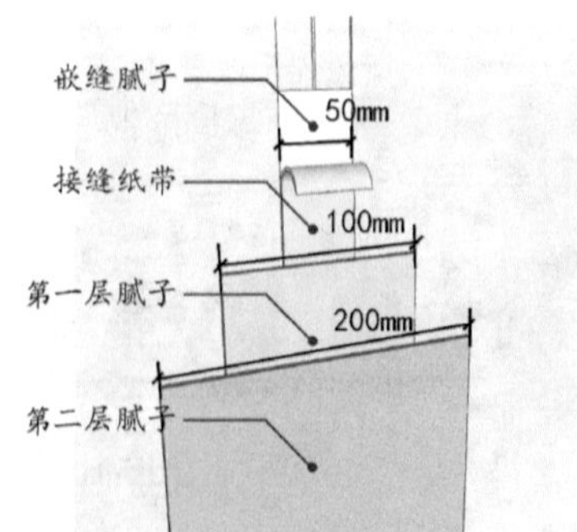

图 6-17　板缝处理工艺

6.5.10 消耗量指标（表6-5）

轻质条板隔墙施工消耗量指标　单位：m^2　　表6-5

序号	名称	单位	消耗量
			轻质条板隔墙
1	综合人工	工日	0.18
2	膨胀螺栓M8×80	套	1.93
3	U形钢板卡	m	1.67
4	Ⅰ型胶粘剂	kg	1.00
5	玻纤布	m^2	0.10
6	轻质条板	m^2	1.05
7	工作内容	处理基层→放线分档→配板修补→安装钢卡→安装条板→校正加固→填塞板缝→敷设电管→安装管卡→预埋挂件→板缝处理→板面处理	

装饰小百科
Decoration Encyclopedia

① 条板隔墙
② U 形钢板卡
③ 聚苯乙烯泡沫塑料
④ 胶粘剂
⑤ 聚酯无纺布

条板隔墙：以轻质条板为主要材料架设而成的非实心墙体，其自重轻，隔热、保温、防火、防老化、抗冲击力等性能基本能满足需求。

U 形钢板卡：U 形钢板卡用于两块条板拼缝处上端，用 ϕ6 膨胀螺栓与结构顶板固定。

聚苯乙烯泡沫塑料：是以聚苯乙烯树脂为主体，加入发泡剂等添加剂制成的一种缓冲材料。

胶粘剂：分为Ⅰ型胶粘剂，Ⅱ型胶粘剂。Ⅰ型胶粘剂，用于条板和条板拼缝、条板与主体结构的粘结，其抗剪强度≥ 1.5MPa、粘结强度≥ 1.0MPa、初凝时间约 0.5 ～ 1.0h。Ⅱ型胶粘剂，用于条板上预留吊挂件、构配件粘结和条板预埋件补平，其抗剪强度≥ 2.0MPa、粘结强度≥ 2.0MPa、初凝时间约 0.5 ～ 1.0h。

聚酯无纺布：用聚酯（有机二元酸和二元醇缩聚而成的聚酯合成纤维）做成的无纺布，其特点为抗皱和保形性良好，有较高的强度与弹性恢复能力，用于条板板缝及墙角附加层的防裂、抗裂。

6.6 轻钢龙骨隔墙施工技术标准

6.6.1 适用范围

本施工技术标准适用于一般工业与民用建筑中**轻钢龙骨隔墙工程**。

6.6.2 作业条件

（1）主体结构及二次结构施工已完成，隔墙内管槽、线盒及其他安装工程经隐蔽验收合格，现场清理完毕。

（2）设计要求有**地枕带**①时，应待地枕带施工完毕并达到强度后，方可进行轻钢骨架安装。

（3）建筑墙柱与轻钢龙骨隔墙交接处已预埋防腐木砖。

6.6.3 材料要求

（1）轻钢龙骨主件：**沿顶沿地龙骨**②、竖向龙骨、**通贯龙骨**③、**横撑龙骨**④规格及质量符合设计要求和国家标准。表面平整、棱角挺直、无腐蚀，切边无裂口与毛刺。

（2）轻钢骨架配件：**支撑卡**⑤、**卡托**⑥、角托、连接件、固定件、附墙龙骨（高度 3.5m 以下隔墙，宜选用 C50 系列龙骨；高度 3.5 ～ 6m 隔墙，宜选用 C75 系列龙骨；高度 6m 以上隔墙，宜选用 C100 系列龙骨）等附件应符合国家标准和设计要求。

（3）紧固材料：**射钉**⑦、**膨胀螺栓**⑧、镀锌**自攻钉**⑨、木螺钉和粘结嵌缝料符合设计要求。

（4）填充隔声材料：玻璃棉、矿棉板、岩棉板等按设计要求选用。

（5）罩面板材料：可选用纸面石膏板、硅酸钙板、纤维水泥加压板等。普通纸面石膏板不宜用于厨房、卫生间及空气湿度大于70%的潮湿环境。

6.6.4 工器具要求（表6-6）

工器具要求　　表6-6

类别	内容
机具	电焊机、焊枪、射钉枪、电锤、电动手电钻、电动螺丝刀
工具	拉铆枪、锤子、錾子、扳手、钳子、扫帚、刮刀、抹刀、砂纸
测具	激光投线仪、钢卷尺、水平尺、靠尺、线坠、墨斗

6.6.5 施工工艺流程

1. 工艺流程图（图 6-18）

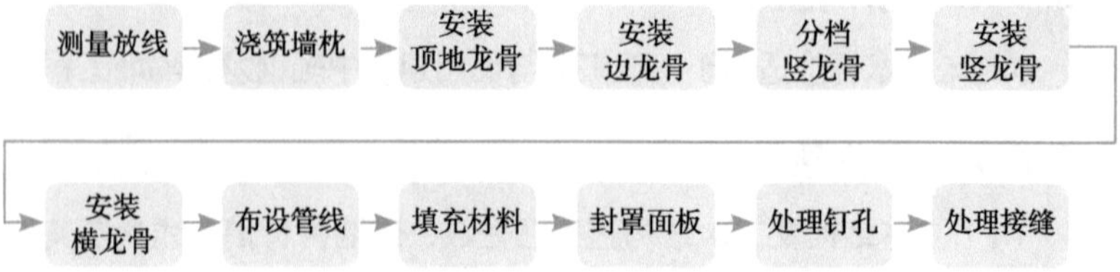

测量放线 → 浇筑墙枕 → 安装顶地龙骨 → 安装边龙骨 → 分档竖龙骨 → 安装竖龙骨 → 安装横龙骨 → 布设管线 → 填充材料 → 封罩面板 → 处理钉孔 → 处理接缝

图 6-18 轻钢龙骨隔墙施工工艺流程图

2. 工艺流程表（表 6-7）

轻钢龙骨隔墙施工工艺流程表　　表 6-7

工序	内容
测量放线	在隔墙与板顶、楼地面及墙柱面相交处，按顶地龙骨的宽度弹线。按设计要求，结合罩面板的长、宽分档排版，以划定竖向龙骨、横撑龙骨及附加龙骨的位置
浇筑墙枕	如设计有墙枕，须将地面凿毛、清扫并洒水湿润后，按沿地龙骨宽度支模浇筑 C20 细石混凝土，高度一般为 100mm，湿区墙枕高度大于 200mm
安装顶地龙骨	墙枕强度达 10MPa 以上后，沿弹线位置固定沿顶、沿地龙骨，可用射钉或膨胀螺栓固定，固定点间距应不大于 600mm，龙骨对接应保持平直（铺钉龙骨前宜放通长橡胶垫）
安装边龙骨	隔墙两端与主体结构连接处，按设计要求先垫密封条，沿弹线将边框龙骨固定在相交墙柱面上，混凝土墙柱可用射钉，砖砌体通过预埋木砖钉牢，固定间距应不大于 600mm
分档竖龙骨	根据隔墙放线门洞口位置，在安装顶、地龙骨后，按罩面板的规格 900mm 或 1200mm 板宽，分别对应竖龙骨分档尺寸为 450mm 或 600mm。不足模数时，增加一档竖龙骨，并避开靠门洞位置，以确保洞框处不出现裁切罩面板
安装竖龙骨	按分档位置安装竖龙骨，竖龙骨上下两端插入沿顶龙骨及沿地龙骨，调整垂直及定位准确后，用**抽心铆钉**[10]固定；门窗洞处增设加强竖龙骨

续表

安装横龙骨	墙高低于3m时设置一道通贯龙骨；超过3m，每隔1200mm加设一道。当墙体高度大于3m时，应在顶地龙骨间设置横撑龙骨并作加强处理。支撑卡安装在竖向龙骨开口处，卡距400～600mm，距龙骨端头20～25mm。罩面板横向接缝处，如不在沿顶、沿地龙骨或横撑龙骨上时，应增加横撑龙骨固定板缝
布设管线	在墙体内设电气底盒时，安装石膏板隔离框并与龙骨固定，底盒的四周用密封膏封严。作为分户墙或有防火要求的内隔墙，电气底盒四周应用岩棉包裹密实。 电管、电箱及其他预埋管道和附墙设备，要求与龙骨的安装同步进行，应避免切断龙骨，如切断应采取局部加强措施
填充材料	墙体内防火、隔声、防潮填充材料（不小于80kg/m^3的岩棉），要与一侧隔墙罩面板同时或之后进行安装填入，填充材料应铺满铺平
封罩面板	平面墙所用罩面板宜竖向铺设，长边（即包封边）固定在竖向龙骨上，曲面墙宜横向铺设，长边固定在横撑龙骨上。龙骨两侧（即隔墙两侧）的罩面板及龙骨一侧的内外两层罩面板应错缝排列，接缝不得落在同一根龙骨上，板缝坡口相接，缝宽3～6mm。 罩面板用自攻螺钉从板的中部向板的四边固定，钉帽略沉入板内，但不得损坏纸面。板边螺钉间距小于200mm，板中螺钉间距小于300mm，螺钉与板边缘距离10～16mm。 隔墙端部的罩面板与周围的墙或柱应留有3mm的槽口，施工时，先在槽口处加注嵌缝膏，然后铺板，挤压嵌缝膏使其和邻近表层紧密接触。罩面板下端应离地面20～30mm或与踢脚板上口齐平，接缝严密
处理钉孔	罩面板安装完毕后，用刮刀将钉孔周围碎屑抹平，在钉孔处涂抹一层防锈漆，再用密封胶填平待干
处理接缝	罩面板与轻钢龙骨可靠固定后先将嵌缝膏填入板缝并压抹严实，厚度略低于板面，刷胶将接缝纸带贴在板缝处，用抹刀刮平压实，待其凝固后用嵌缝膏将接缝覆盖，待嵌缝膏凝固后用砂纸轻轻打磨，使墙面板平整一致

6.6.6 过程保护要求

（1）施工中应保证已安装项目不受损坏，墙内电线管及附墙设备不得碰动、错位及损伤。

（2）轻钢龙骨及纸面石膏板入场，存放应妥善保管，保证不变形、不受潮、不污染、无损坏。

（3）已施工完成墙体不得碰撞，保持墙面不受损坏和污染。

6.6.7 质量标准

1. 主控项目

（1）内容：骨架隔墙所用龙骨、配件、墙面板、填充材料及嵌缝材料的品种、规格、性能和木材的含水率应符合设计要求。有隔声、隔热、阻燃、防潮等特殊要求的工程，材料应有相应性能等级的检测报告。

检验方法：观察；检查产品合格证书、进场验收记录、性能检测报告和复验报告。

（2）内容：骨架隔墙地梁所用材料、尺寸及位置等应符合设计要求。骨架隔墙的沿顶、沿地及边框龙骨应与基体结构连接牢固。

检验方法：手扳检查；尺量检查；检查隐蔽工程验收记录。

（3）内容：骨架隔墙中龙骨间距和构造连接方法应符合设计要求。骨架内设备管线的安装、门窗洞口等部位加强龙骨应安装牢固、位置正确。填充材料的品种、厚度及设置应符合设计要求。

检验方法：检查隐蔽工程验收记录。

（4）内容：木龙骨及木墙面板的防火和防腐处理必须符合设计。

检验方法：检查隐蔽工程验收记录。

（5）内容：骨架隔墙的墙面板应安装牢固，无脱层、翘曲、折裂及缺损。

检验方法：观察；手扳检查。

（6）内容：墙面板所用接缝材料的接缝方法应符合设计要求。

检验方法：观察。

2. 一般项目

（1）内容：骨架隔墙表面应平整光滑、色泽一致、洁净、无裂缝，接缝应均匀、顺直。

检验方法：观察；手摸检查。

（2）内容：骨架隔墙上的孔洞、槽、盒应该位置正确、套割吻合、边缘整齐。

检验方法：观察。

（3）内容：骨架隔墙内的填充材料应干燥，填充应密实、均匀、无下坠。

检验方法：轻巧检查；检查隐蔽工程验收记录。

3. 允许偏差（表 6-8）

轻钢龙骨隔墙施工允许偏差　　表 6-8

项目	允许偏差（mm）		检验方法
	纸面石膏板	人造木板、水泥纤维板	
立面垂直度	3.0	4.0	用 2m 垂直检测尺检查
表面平整度	3.0	3.0	用 2m 靠尺和塞尺检查
阴阳角方正	3.0	3.0	用直角检测尺检查
接缝直线度	—	3.0	拉 5m 线，不足 5m 拉通线，用钢直尺检查
压条直线度	—	3.0	拉 5m 线，不足 5m 拉通线，用钢直尺检查
接缝高低差	1.0	1.0	用钢直尺和塞尺检查

6.6.8 质量通病及其防治

1. 墙体收缩变形及板面裂缝

（1）原因分析：龙骨构造不合理，罩面板与龙骨钉固不牢，板端与结构墙体未留伸缩量，超过 12m 长的隔墙未做控制变形缝。

（2）防治措施：

① 轻钢龙骨结构构造要合理，应具备一定刚度。

② 隔墙端头罩面板应留 3mm 的空隙，因温度和湿度会产生变形和裂缝。隔墙超过 12m 长应设置控制变形缝。

③ 纸面石膏板不能受潮变形，与轻钢龙骨的钉固要牢固。

④ 接缝腻子选材考究，保证墙体伸缩变形时接缝不被拉开。接缝处理要认真仔细，严格按操作工艺施工。

2. 轻钢龙骨架连接不牢固

（1）原因分析：局部节点不符合构造要求，安装时局部节点应严格按图规定处理。

（2）防治措施：钉固间距、位置、连接方法应符合规范及设计要求。

3. 墙体罩面板不平

（1）原因分析：安装龙骨横向错位；或是石膏板厚度不一致。

（2）防治措施：

①施工时注意板块分档尺寸，保证板间接缝一致。

②封罩面板前，应按龙骨分档及螺钉间距在面板上弹线。

6.6.9 构造图示（图6-19～图6-28）

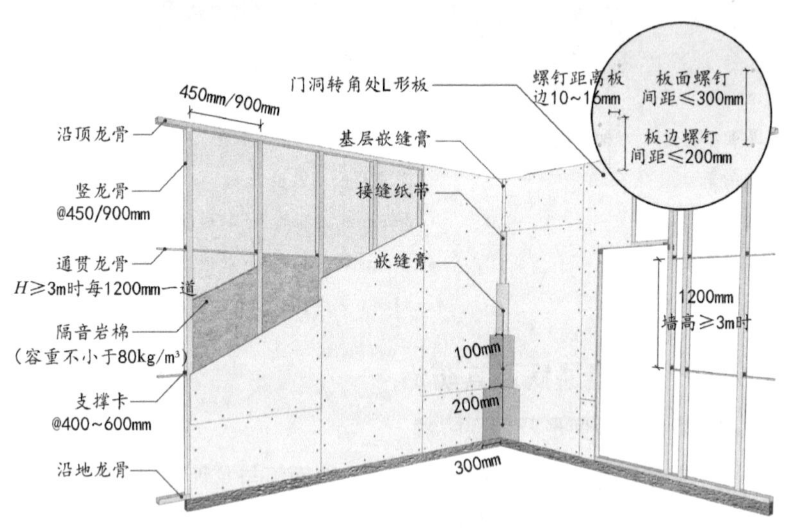

图6-19 骨架罩面板隔墙构造

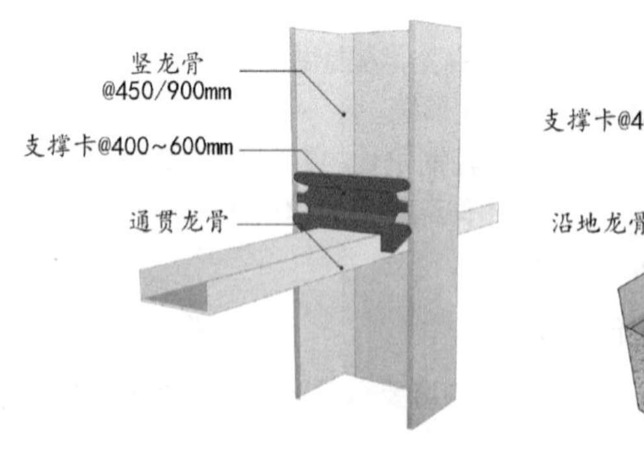

图6-20 通贯龙骨/竖龙骨连接

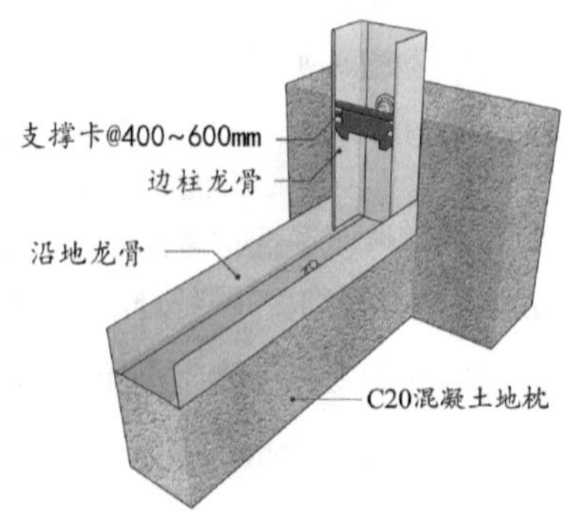

图6-21 沿地/沿墙龙骨连接

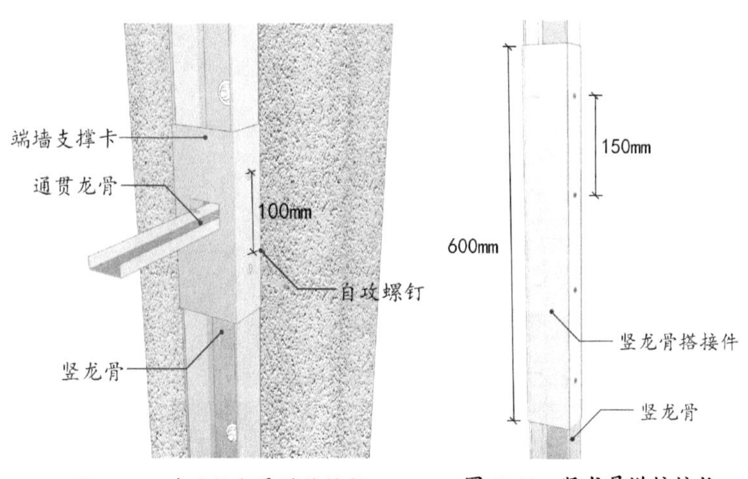

图 6-22　墙端竖龙骨塔接接长　　　　图 6-23　竖龙骨塔接接长

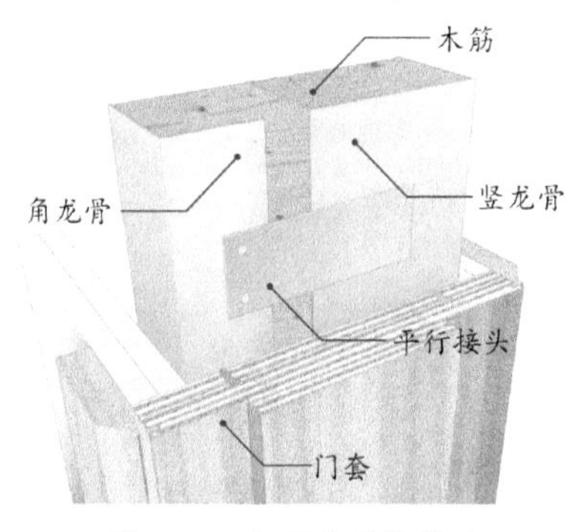

图 6-24　门框处龙骨构造

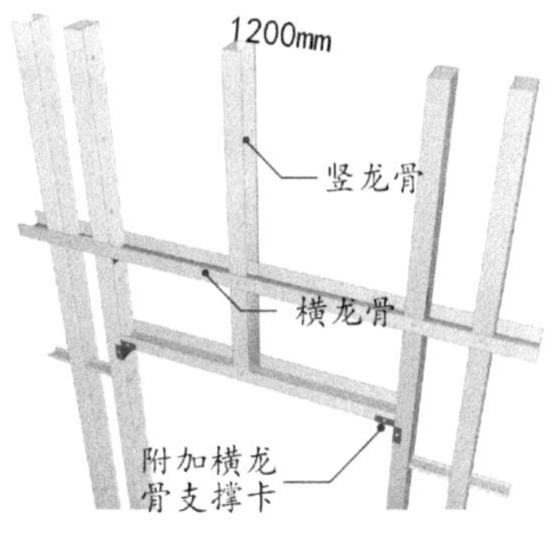

图 6-25　门洞处龙骨构造

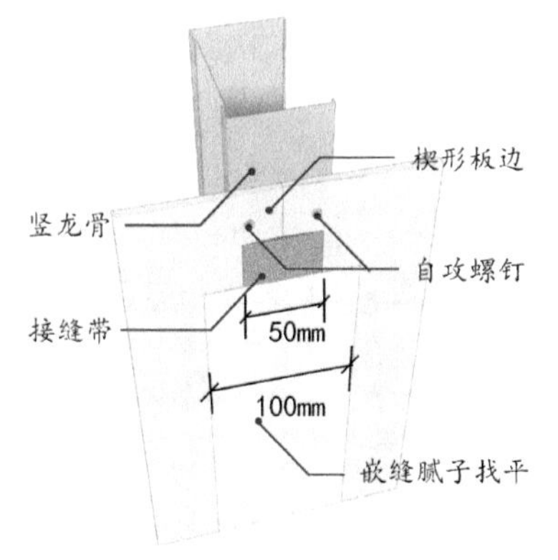

图 6-26　墙面暗接缝

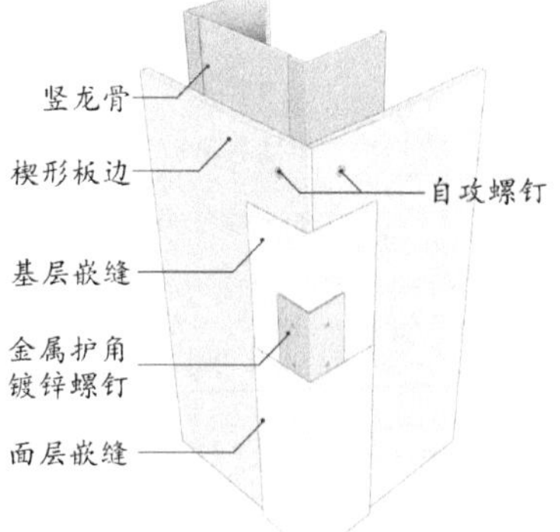

图 6-27　阳角接缝

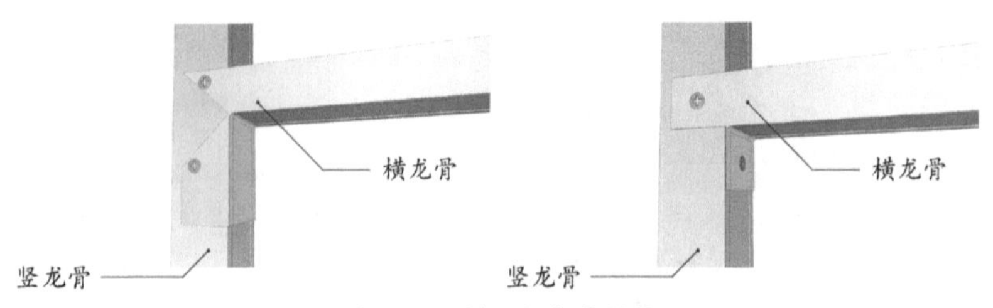

图 6-28 横 / 竖龙骨搭接

6.6.10 消耗量指标（表 6-9）

轻钢龙骨隔墙施工消耗量指标 单位：m^2 表 6-9

序号	名称	单位	消耗量
			轻钢龙骨石膏板双面隔墙
1	综合人工	工日	0.15
2	卡托	只	2.50
3	支撑卡	只	4.50
4	角托	只	2.50
5	膨胀螺栓 M8×80	套	1.93
6	自攻螺钉 M4×15	百个	0.32
7	轻钢龙骨通贯连接件	件	0.28
8	轻钢竖龙骨 75×50	m	1.90
9	轻钢天地龙骨 75×40	m	1.10
10	通贯龙骨	m	1.05
11	万能胶	kg	0.15
12	隔音棉	m^2	1.10
13	纸面石膏板	m^2	2.10
14	工作内容	测量放线→浇筑墙枕→安装顶地龙骨→安装边龙骨→分档竖龙骨→安装竖龙骨→安装横龙骨→布设管线→填充材料→封罩面板→处理钉孔→处理接缝	

装饰小百科
Decoration Encyclopedia

① 地枕带
② 沿顶沿地龙骨
③ 通贯龙骨
④ 横撑龙骨
⑤ 支撑卡
⑥ 卡托
⑦ 射钉
⑧ 膨胀螺栓
⑨ 自攻钉
⑩ 抽芯铆钉

地枕带：又称混凝土导墙，如有防潮要求时，可在地面做200mm高，宽度与墙同厚的混凝土地枕带，再在上面安装轻钢龙骨罩面板隔墙。

沿顶沿地龙骨：轻钢龙骨架体系中用于竖向龙骨与板顶和墙面水平龙骨的连接结构。

通贯龙骨：竖龙骨的水平联系构件，用于竖龙骨的稳定。

横撑龙骨：墙体高于3m时，连接于竖向龙骨之间以增强竖龙骨整体性及刚度的水平龙骨。

支撑卡：辅助支承龙骨开口面、竖龙骨与贯通龙骨的连接配件。

卡托：竖龙骨开口面，与横撑龙骨之间的连接配件。

射钉：射钉的钉体以优质钢材通过特殊加工制成，具有高强度、高硬度和良好的韧性及抗腐蚀性能，可分为一般射钉、高速枪射钉、螺纹射钉和特殊射钉等数种。

膨胀螺栓：一种配用螺母的圆柱形带螺纹紧固件，需与螺母配合，用于紧固连接两个带有通孔的构件，其材质主要有普通钢制螺栓及不锈钢螺栓。

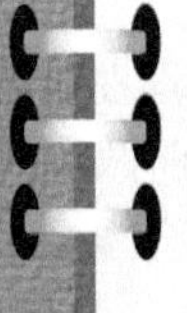

自攻钉：用于紧固连接两个厚度较薄的构件，使之成为整体。自攻钉具有较高的硬度，先在构件上打出小孔，让螺钉直接旋入构件的孔中，使构件中形成相应的内螺纹，属于可拆卸连接。

抽芯铆钉：为单面铆接的紧固件，具有机械强度高、使用方便、效率高、噪声低、铆接牢固等特点。装饰工程中用于薄壁铝合金构件、薄质零配件及薄型板材的铆固。

6.7 玻璃板隔墙施工技术标准

6.7.1 适用范围

本施工技术标准适用于一般工业与民用建筑中**玻璃板隔墙工程**。

6.7.2 作业条件

（1）主体结构交接验收完成，现场已清理完毕。

（2）预埋件、连接件或镶嵌玻璃的龙骨槽完成并经检查合格。

6.7.3 材料要求

（1）玻璃：所用玻璃须为安全玻璃，且四周已进行磨边处理。表面平整、颜色一致、无污染、划痕；品种和厚度及单块最大面积按设计要求选用。见表 6-10。

钢化玻璃和夹层玻璃最小装配尺寸（mm）　　表 6-10

玻璃公称厚度	前部余隙、后部余隙		嵌入深度	边缘间隙
	密封胶	胶条		
4 ～ 6	3.0	3.0	8.0	4.0
8 ～ 10	5.0	3.5	10.0	5.0
12 ～ 19		4.0	12.0	8.0

（2）玻璃胶：选用中性玻璃结构胶及密封胶，有出厂质量证明及材料试验报告。

（3）型钢框材：均要有出厂质量证明，物理性能试验记录。品牌、规格、尺寸、断面尺寸应符合设计要求。使用前做防锈处理。

（4）五金配件：膨胀螺栓、连接角码等配套连接件、支撑件外观应平整，不得有裂纹、毛刺、凹凸、翘曲等缺陷；种类、规格、型号符合设计要求，且有出厂合格证；材质成分与制作偏差符合国家现行标准。

（5）支承块：宜采用挤压成形的未增塑 PVC-U、增塑 PVC 或邵氏 A 硬度为 80 ～ 90 的**氯丁橡胶**①等材料制成。支承块长度不得小于 50mm，宽度应等于玻璃厚度加上前后部余隙。

（6）定位块：长度大于25mm，宽度应等于玻璃的厚度加上前后部余隙，厚度应等于边缘间隙。

（7）**弹性止动片**[②]：长度不应小于25mm，高度应比凹槽深度小3mm，厚度应等于前部余隙或后部余隙。

6.7.4 工器具要求（表6-11）

工器具要求 表6-11

机具	电锤、手电钻、电焊机、焊枪、电动螺丝刀、吸尘器
工具	小白线、扳手、锤子、玻璃吸盘、玻璃胶枪
测具	激光投线仪、钢卷尺、方尺、水平尺、靠尺、线坠、墨斗

6.7.5 施工工艺流程

1. 工艺流程图（图6-29）

弹线定位 → 安装框架 → 安装玻璃 → 嵌缝打胶

图6-29 玻璃板隔墙施工工艺流程图

2. 工艺流程表（表6-12）

玻璃板隔墙施工工艺流程表 表6-12

弹线定位	分别在墙、柱、顶、地面弹出隔墙的位置线。有竖框，标出竖框分档位置和固定点位置；无竖框，根据**玻璃板**[③]宽幅标出玻璃板分档位置
安装框架	根据隔墙位置线，安装顶地及两端框架龙骨槽。龙骨基层找平后用$\phi 8 \sim \phi 12$mm膨胀螺栓进行固定，间距800mm；框架固定后，再次复核玻璃安装高度。当玻璃板块较大较高时，采用吊挂式安装
安装玻璃	玻璃板入槽深度应不小于12mm，与槽底余隙为8mm，与槽两侧余隙为4～5mm。清理槽内杂物灰尘，每块玻璃座底放置两块支承橡胶垫块（距边角30～50mm），并准备在玻璃上框各安装两块定位橡胶垫块（距边角30～50mm）；将玻璃竖起，抬放至底槽口支承块上，将两侧定位块塞入玻璃板两端及顶端，调整垂直后嵌入弹性止动片，间距300mm，并与支承块、定位块错开分布。 玻璃板块间无竖框且板块高度超过4.5m，细长比较大时，宜采用**吊挂安装**[④]，同时根据抗风压性能和抗玻璃自重弯曲设置**玻璃肋**[⑤]
嵌缝打胶	玻璃板全部就位后，校正平整度、垂直度，同时用聚苯乙烯泡沫嵌条嵌入槽口内使玻璃与龙骨槽接合紧密、稳固。注入硅酮结构胶时，应从嵌缝的端头开始均匀注入，注满后随即刮平

6.7.6 过程保护要求

（1）玻璃板隔墙就位后，通过粘不干胶等方法做出醒目的标志，防止碰撞。

（2）对边框粘贴不干胶保护膜或用其他相应方法对边框进行保护，防止其他工序对边框造成损坏或污染。

（3）作为人员主要通道部位的玻璃板隔墙，应设硬性围挡，防止人员及物品碰损隔墙。

6.7.7 质量标准

1. 主控项目

（1）内容：玻璃板隔墙工程所用材料的品种、规格、性能、图案和颜色应符合设计要求，玻璃板隔墙应使用安全玻璃。

检验方法：观察；检查产品合格证书、进场验收记录和性能检测报告。

（2）内容：玻璃板隔墙的安装方法应符合设计要求。

检验方法：观察。

（3）内容：玻璃板隔墙的安装必须牢固， 玻璃板隔墙胶垫的安装应正确。

检验方法：观察；手推检查；检查施工记录。

2. 一般项目

（1）内容：玻璃隔墙表面应色泽一致、平整洁净、清晰美观。

检验方法：观察。

（2）内容：玻璃隔墙接缝应横平竖直，玻璃应无裂痕、缺损和划痕。

检验方法：观察。

（3）内容：玻璃板隔墙嵌缝缝应密实平整、均匀顺直、深浅一致。

检验方法：观察。

3. 允许偏差（表 6-13）

玻璃板隔墙施工允许偏差　　表 6-13

项目	面板安装允许偏差(mm)	检验方法
立面平整度	2.0	用 2m 垂直检测尺检查
表面平整度	—	用 2m 靠尺和塞尺检查
阴阳角方正	2.0	用直角检测尺检查
接缝直线度	2.0	拉 5m 线，不足 5m 拉通线，用钢直尺检查
接缝高低差	2.0	用钢直尺和塞尺检查
接缝宽度	1.0	用钢直尺检查

6.7.8 质量通病及其防治

1. 玻璃边缘收口粗糙

（1）原因分析：未考虑玻璃的可透视性及镜面材料的反射性能。

（2）防治措施：

① 图纸深化时把镜面反射面部分做成磨砂处理、对可透视或可被反射的隐藏部位进行封闭或其他方式处理，保证装饰效果。

② 玻璃（镜面）安装时，玻璃四周均匀张贴黑色粘纸，约 30mm 宽，在玻璃施工完毕后，多余部分用刀片切平直。

③ 可以根据玻璃的厚度，定制铝质或不锈钢 U 形嵌条，嵌入其中，装饰效果较好。

2. 玻璃板安装不稳固

（1）原因分析：

① 未设龙骨槽及仅用玻璃胶固定。

② 全玻璃板无竖框隔墙且未设置玻璃肋。

（2）防治措施：隔墙上下方固定端均须安装龙骨槽，玻璃下方除设有两块支承垫块外，凹槽距边角 30 ～ 50mm 处须塞入 2 块橡胶止动块，再打玻璃胶收口；全玻璃板无竖框隔墙须设置玻璃肋。

6.7.9　构造图示（图 6-30 ～图 6-33）

图 6-30　玻璃板隔墙

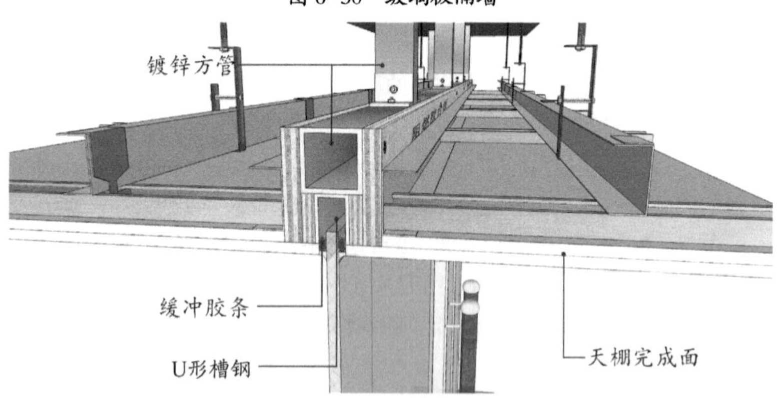

图 6-31　玻璃板隔墙顶部构造

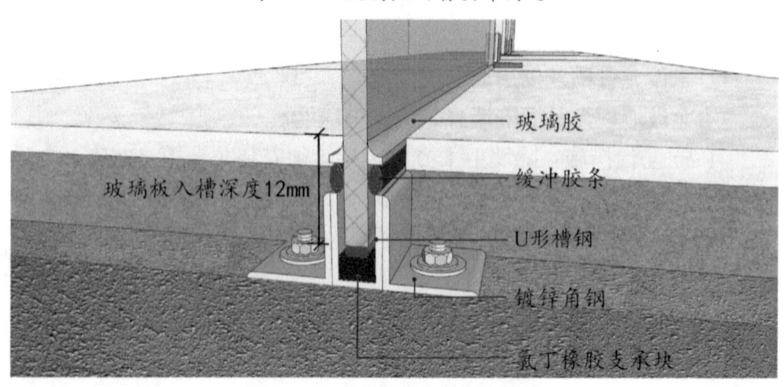

图 6-32　玻璃板隔墙底部构造

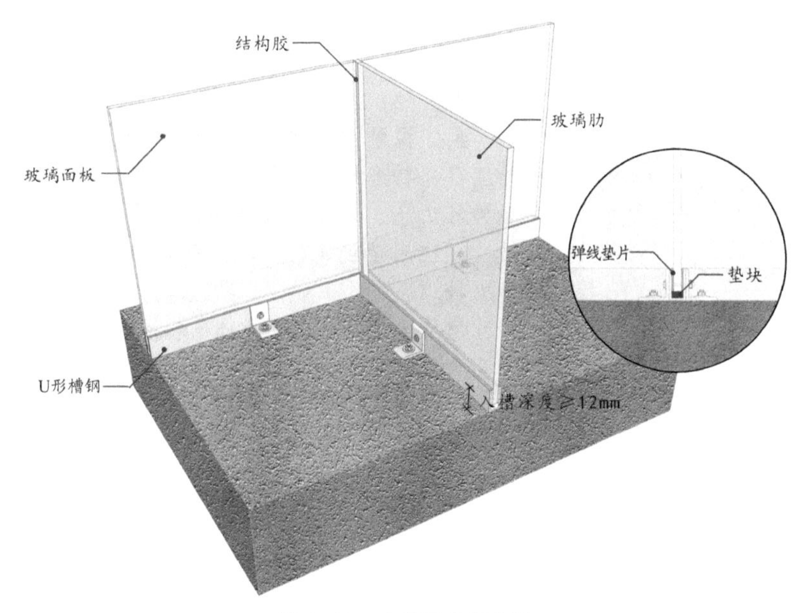

图 6-33　玻璃肋底部构造

6.7.10　消耗量指标（表 6-14）

玻璃板隔墙施工消耗量指标　单位：m²　**表 6-14**

序号	名称	单位	消耗量
			玻璃板隔墙
1	综合人工	工日	0.20
2	镀锌槽钢 8 号	kg	6.07
3	玻璃胶	支	0.36
4	锚栓	个	1.25
5	橡胶垫块	个	4.00
6	钢化玻璃	m^2	1.03
7	工作内容	弹线定位→安装框架→安装玻璃→嵌缝打胶	

装饰小百科
Decoration Encyclopedia

① 氯丁橡胶
② 弹性止动片
③ 玻璃板
④ 吊挂安装
⑤ 玻璃肋

氯丁橡胶：又名氯丁二烯橡胶，由氯丁二烯为主要原料进行 α—聚合而生产的合成橡胶，外观为乳白色、米黄色或浅棕色的片状或块状物，被广泛应用于抗风化产品、粘胶鞋底、涂料和火箭燃料。

弹性止动片：位于玻璃板和槽钢之间的垫片，主要作用是防止因荷载作用而引起玻璃板运动的弹性材料片。

玻璃板：以玻璃为原料制作而成的大型板块状玻璃，具有透光、透明、保温、隔声，耐磨、耐气候变化等性能。

吊挂安装：玻璃面板和玻璃肋板采用吊挂支承，玻璃重量由上部结构梁承载的一种玻璃板安装方式。

玻璃肋：在与大面玻璃等高并垂直大面玻璃安装的、对大面玻璃起抗弯作用的长条状玻璃。

6.8 百叶玻璃隔墙施工技术标准

6.8.1 适用范围

本施工技术标准适用于一般工业与民用建筑中百叶玻璃隔墙工程。

6.8.2 作业条件

（1）主体结构交接验收完成，现场已清理完毕。

（2）周边装饰装修工序已基本完成。

6.8.3 材料要求

（1）玻璃：所用玻璃须为安全玻璃，且四周已进行磨边处理。表面平整、颜色一致、无划痕；品种和厚度及单块最大面积按设计要求选用。

（2）百叶：出厂质量证明，产品合格证，产品使用说明齐全。品牌、规格、尺寸符合设计要求。

（3）型钢框材：应有出厂质量证明，物理性能试验记录。品牌、规格、尺寸、断面尺寸符合设计要求。

（4）金属压条：均要有出厂质量证明，规格、颜色、断面符合设计要求，表面无污染、麻坑、划痕、翘曲等缺陷。

（5）五金配件：膨胀螺栓、连接角码等配套连接件、支撑件的外观应平整，不得有裂纹、毛刺、凹凸、翘曲、变形等缺陷；种类、规格、型号符合设计要求，且有出厂合格证；材质成分与制作偏差符合国家现行标准。

（6）支承块：宜采用挤压成形的未增塑 PVC-U、增塑 PVC 或邵氏 A 硬度为 80 ～ 90 的氯丁橡胶等材料制成。支承块长度不得小于 50mm，宽度应等于玻璃厚度加上前后部余隙。

（7）玻璃胶：宜选用中性玻璃结构胶[①]及密封胶[②]，有出厂质量证明及材料试验报告。

6.8.4 工器具要求（表6-15）

工器具要求 表6-15

机具	电锤、手电钻、电焊机、焊枪、电动螺丝刀、吸尘器
工具	扳手、锤子、铝合金靠尺、玻璃吸盘、玻璃胶枪
测具	激光投线仪、钢卷尺、方尺、水平尺、靠尺、线坠、墨斗

6.8.5 施工工艺流程

1. 工艺流程图（图6-34）

定位放线 → 安装框架 → 安装门框 → 安装玻璃 → 安装百叶 → 安装门扇 → 边框修饰

图6-34 百叶玻璃隔墙施工工艺流程图

2. 工艺流程表（表6-16）

百叶玻璃隔墙施工工艺流程表 表6-16

定位放线	依据施工图在相应部位放出隔断位置及天地龙骨、竖龙骨位置线。标出竖龙骨和门框位置和固定点位置
安装框架	实地放线，预留门及转角的位置，将天地龙骨分别平行放置于天花板或楼板，用 ϕ6 膨胀螺栓固定，间距600mm。 将竖龙骨两端插入直角连接件，放入地龙骨槽内，搭接至天龙骨，将天、地龙骨与连接件用顶丝固定，竖龙骨与天龙骨缝隙应小于5mm。与门框相连接的两侧竖龙骨应落地安装。 用水平仪在竖龙骨上测定横龙骨安装位置，将横龙骨两端插入直角连接件，放入左右竖龙骨间调整就位后用顶丝固定
安装门框	将两侧门框及**门楣**[3]切割成45°角，用门框直角连接件插入门框拼接成90°角，要求拼角严密。将门框与两侧竖龙骨及横龙骨连接，调整水平并测量门对角线，尺寸应一致。用自攻钉将门框与龙骨固定，固定点间隔为400mm。安装门框前先在合页槽内插入固定合页用的合页背板
安装玻璃	将玻璃内面擦拭干净，用吸盘将玻璃面板直立，下端放入地龙骨内一侧的支承块上，将玻璃整体安放在龙骨框架内，用小块扣条做临时固定

续表

安装百叶	当全部龙骨立完后，在竖龙骨130～140mm高度打孔，安装百叶传动系统。顺竖龙骨向上拉直软绳，将一头固定于百叶旋转杆上，调试是否转动灵活。再将百叶吊件及百叶帘固定在玻璃扣板上。锁住百叶轨道横杆，调试闭合、开启是否灵活。待百叶系统调试完毕后将安装另一面玻璃（先将玻璃及扣板内侧擦拭干净）及扣条，最后装百叶旋钮
安装门扇	将合页衔接安装于门扇与门框之间，确定稳固、开合灵活、无杂音后，安装门框合页扣板，合页与合页扣板接缝处应严密
边框修饰	无框玻璃板墙收口处按设计要求安装不锈钢等其他配套压缝装饰条

6.8.6 过程保护要求

（1）已安装好型材、门框及转角防止磕碰、划伤。

（2）已装好的面板、玻璃及配件，防止损坏、及丢失、污染，玻璃面板安装好后须贴警示条。

（3）注意保护墙内装好的各种管线。

6.8.7 质量标准

1. 主控项目

（1）内容：任何可以用肉眼在1000mm处察觉到板面凹凸、水平、垂直度不足或墙面弯曲的现象均需修正，隔间墙面与铅垂面最大误差不超过2mm。

检验方法：观察。

（2）内容：各种材质面板及转角柱，质量必须符合设计要求及有关行业标准的规定。

检验方法：检查设计图纸；检查隐蔽工程验收记录。

2. 一般项目

（1）内容：骨架应顺直，无弯曲、变形。

检验方法：观察；检查隐蔽工程验收记录。

（2）内容：面板表面应平整、洁净、无污染、麻点、锤印、颜色一致。

检验方法：观察。

（3）内容：龙骨扣条应平直，与面板接封严密。

检验方法：观察；检查隐蔽工程验收记录。

3. 允许偏差（表 6-17）

百叶玻璃隔墙施工允许偏差　　表 6-17

项目	面板安装允许偏差（mm）	检验方法
表面平整度	1.5	用 2m 靠尺和塞尺检查
阴阳角方正	2.0	用直角检测尺检查
接缝直线度	1.5	拉 5m 线，用钢直尺检查
扣条直线度	1.5	拉 5m 线，用钢直尺检查
接缝高低差	0.3	用钢直尺和塞尺检查

6.8.8　质量通病及其防治

1. 百叶开启不灵活

（1）原因分析：传动系统五金配件不合格；百叶安装完毕后未进行调试便安装第二块玻璃封板。

（2）防治措施：

① 材料进场时，应充分检查五金配件的出厂质量证明及产品合格证，检验合格后方可使用。

② 百叶安装完毕后须进行调试，合格后方可安装第二块玻璃封板。

2. 墙体不隔音、不稳固

（1）原因分析：隔墙施工不完善，顶部仅与天花相连接。

（2）防治措施：在隔音要求较高的房间内设置吊顶时，应将隔墙装至楼板底面并密封，以有效地阻隔外界声音。并且要与楼板粘结牢固，增强隔墙稳定性。

6.8.9 构造图示（图6-35）

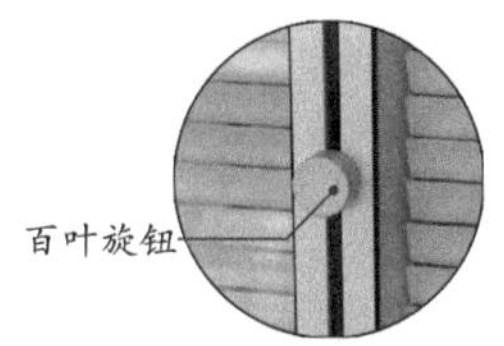

图6-35 玻璃百叶隔墙

6.8.10 消耗量指标（表6-18）

百叶玻璃隔墙施工消耗量指标 单位：m^2 **表6-18**

序号	名称	单位	消耗量
			成品（百叶）玻璃隔断
1	综合人工	工日	0.29
2	不锈钢板	m^2	6.07
3	玻璃胶	支	0.72
4	水泥钉	个	1.25
5	百叶片	m^2	1.03
6	橡皮板	m^2	4.00
7	钢化玻璃	m^2	2.06
8	工作内容	定位放线→安装框架→安装门框→安装玻璃→安装百叶→安装门扇→边框修饰	

装饰小百科
Decoration Encyclopedia

① 结构胶
② 密封胶
③ 门楣

结构胶：适用于承受强力的结构件粘接的胶粘剂，强度高（压缩强度＞65MPa，钢－钢正拉粘接强度＞30MPa，抗剪强度＞18MPa），能承受较大荷载，且耐老化、耐疲劳、耐腐蚀，在预期寿命内性能稳定。

密封胶：随密封面形状而固化成形，不易流淌，有一定粘结性，用来填充构件间缝隙、以起到密封作用的胶粘剂。具有防泄漏、防水、防振动及隔音、隔热等作用。

门楣：即正门上方，门框上部的横梁。

6.9 空心玻璃砖隔墙施工技术标准

6.9.1 适用范围

本施工技术标准适用于一般工业与民用建筑中空心玻璃砖隔墙工程。

6.9.2 作业条件

（1）室内适宜操作温度 5 ～ 30℃。

（2）地面垫层工程、室内抹灰工程等湿作业已基本完成。

6.9.3 材料要求

（1）空心玻璃砖：样式、规格和抗压强度、导热系数、单块质量、隔声、透光率符合设计要求。

（2）水泥：白色硅酸盐水泥、白色普通硅酸盐水泥，强度等级不应低于 42.5 级，不同品种、不同强度等级严禁混用。进场水泥应有出厂证明和复试报告，若出厂超过三个月，应按试验结果等级使用。

（3）砂：砌筑用砂浆的砂粒径不得大于 3mm，勾缝用砂浆的砂粒径不得大于 1mm。

（4）金属型材：金属夹持框厚度不小于 3mm，深度不小于 50mm。

（5）膨胀螺栓：固定金属夹持框的膨胀螺栓直径不小于 8mm。

（6）钢筋：加固玻璃隔墙用的钢筋（ϕ6 或 ϕ8）有出厂证明和物理性能试验记录。使用前作防锈处理。

（7）掺和料：石膏粉、胶粘剂均符合相关产品合格标准。

6.9.4 工器具要求（表 6-19）

工器具要求　　表 6-19

机具	电锤、电动手电钻、电焊机
工具	泥刀、腻子刀、灰槽、灰桶、扫帚、橡皮锤、小白线
测具	激光投线仪、钢卷尺、水平尺、靠尺、线坠、墨斗

6.9.5 施工工艺流程

1. 工艺流程图（图 6-36）

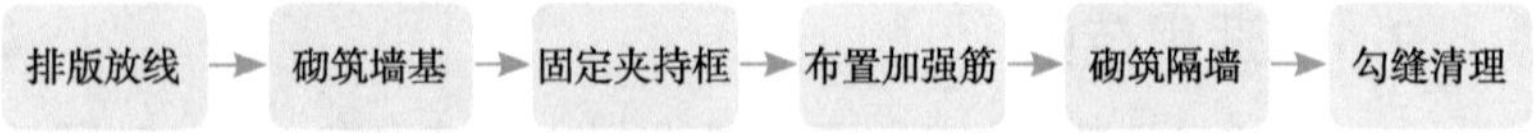

排版放线 → 砌筑墙基 → 固定夹持框 → 布置加强筋 → 砌筑隔墙 → 勾缝清理

图 6-36 空心玻璃砖隔墙施工工艺流程图

2. 工艺流程表（表 6-20）

空心玻璃砖隔墙施工工艺流程表 表 6-20

工序	内容
排版放线	按设计要求，结合**空心玻璃砖**[①]块模数、砖缝厚度及夹持框入槽尺寸进行排版，并在相应位置放线。每隔 3.5m 长度或高度应设置一道伸缩缝
砌筑墙基	按隔墙放线位置立模板，放置水平通长 ϕ6 或 ϕ8 钢筋及预埋竖向加强钢筋，根数和截面符合设计要求。浇筑 C20 细石混凝土
固定夹持框	用线锤将地面隔墙线返至结构顶板上并弹线。将水平夹持框（铝合金或槽钢）用膨胀螺栓固定，间距小于 500mm，控制平整度并牢固结合，可在隔墙总长度内增设竖向分格框
布置加强筋	为增强稳定性，可在砌体的水平和垂直方向布置 ϕ6 钢筋。当隔墙高度和长度同时超过 3.0m 与 4.6m 规定时，每间隔一道横缝、两道竖缝须各布置双排加强钢筋，钢筋伸入夹持框不得少于 35mm。纵向钢筋应在隔墙砌筑之前预先安放到位，砌筑时卡入玻璃砖齿槽内，纵横双向钢筋设置根数应符合设计要求
砌筑隔墙	用 M5 白水泥砂浆砌筑，砖缝应控制在 10 ～ 30mm 之间。挂线并安装**定位支架**[②]，控制玻璃砖横平竖直。加强筋随砖砌筑，砌在砖缝砂浆中，不得暴露在明处。每砌完一层用靠尺检查墙的垂直度，并将灰浆擦干净。每砌 1.5m 高，待下部砌体材料达到强度再继续砌上部。砌筑完，去除定位支架的外露端头块。过程中，所有竖向齿槽内应用 1:2 白水泥白石渣灌严，随砌随灌。 隔墙两端与夹持框内侧应留有宽度不小于 4mm 的**滑缝**[③]，框内侧两面贴**沥青毡条**[④]；与型材内腹面应留有宽度不小于 10mm 的**胀缝**[⑤]，框内侧底面用**硬质泡沫塑料**[⑥]填充。顶端玻璃砖砌块应伸入顶部夹持框槽口 10 ～ 25mm，与框内侧设置缓冲材料。滑缝与胀缝的设置是为了适应玻璃砖缩胀或结构变化
勾缝清理	砌筑完毕后，用棉丝将墙两侧擦干净，用 1:1 白水泥勾缝，自上往下先勾水平缝，后勾竖直缝。勾缝应做到横平竖直，深浅一致。

6.9.6 过程保护要求

（1）空心玻璃砖运输及码放过程中要防止碰撞。运到使用地点拆箱后，轻拿轻放，码放整齐。

（2）每砌完一层玻璃砖随时将外溢的灰浆擦净，防止水泥硬化损伤玻璃面，同时要及时清理落地灰。如玻璃砖有保护膜，砌筑完再撕膜。

（3）玻璃隔墙砌筑并验收合格，用塑料薄膜覆盖保护。

6.9.7 质量标准

1. 主控项目

（1）内容：玻璃砖隔墙的砌筑安装方法应符合设计要求。

检验方法：观察。

（2）内容：玻璃砖隔墙工程所用材料的品种、规格、性能、图案和颜色应符合设计要求。

检验方法：观察；检查产品合格证书、进场验收记录和性能检测报告。

（3）内容：玻璃砖隔墙砌筑中埋设的拉结筋必须与基体结构连接牢固，并应位置正确。

检验方法：手扳检查；尺量检查；检查隐蔽工程验收记录。

2. 一般项目

（1）内容：玻璃砖隔墙表面应色泽一致、平整洁净、清晰美观。

检验方法：观察。

（2）内容：玻璃砖隔墙接缝应横平竖直，玻璃应无划痕、缺损。

检验方法：观察。

（3）内容：玻璃砖隔墙勾缝应密实平整、均匀顺直、深浅一致。

检验方法：观察。

3. 允许偏差（表 6-21）

空心玻璃砖隔墙施工允许偏差　　表 6-21

项目	允许偏差（mm）	检验方法
立面垂直度	3.0	用 2m 垂直检测尺检查
表面平整度	3.0	用 2m 靠尺和塞尺检查

续表

项目	允许偏差（mm）	检验方法
阴阳角方正	—	用直角检测尺检查
接缝直线度	—	拉5m线，不足5m拉通线，用钢直尺检查
接缝高低差	3.0	用钢直尺和塞尺检查
接缝高度	—	用钢直尺检查

6.9.8 质量通病及其防治

1. 玻璃砖开裂、松动

（1）原因分析：隔墙夹持框未预留伸缩空间；隔墙超长超高未设置伸缩缝；未设置横纵加强钢筋。

（2）防治措施：

① 隔墙顶部和两端应用金属夹持框固定，且预留伸缩空间，并设缓冲材料。

② 隔墙长度或宽度大于1500mm时，玻璃砖间应设置加强钢筋。

③ 隔墙长度或高度大于3500mm时，应设置伸缩缝。

2. 缝隙不均匀顺直，线条不一致

（1）原因分析：砌筑时未拉线，立皮数杆；未使用定位支架。

（2）防治措施：在砌筑位置按图纸弹线并架设皮数杆，为保证玻璃砖成品横平竖直，砌筑玻璃砖时应挂线并使用定位支架。

3. 勾缝不密实、平整

（1）原因分析：砂浆强度低，和易性差，砌筑时挤浆费劲，灰缝产生空穴，砂浆不饱满。

（2）防治措施：

① 改善砂浆强度和和易性，确保灰缝砂浆饱满度，提高粘结强度。

② 拌制砂浆要有计划性，做到随伴随用，3～4h内必须用完，超过时间禁止使用。

③ 玻璃砖施工环境温度尽量控制在5～30℃之间。

6.9.9 构造图示（图6-37～图6-39）

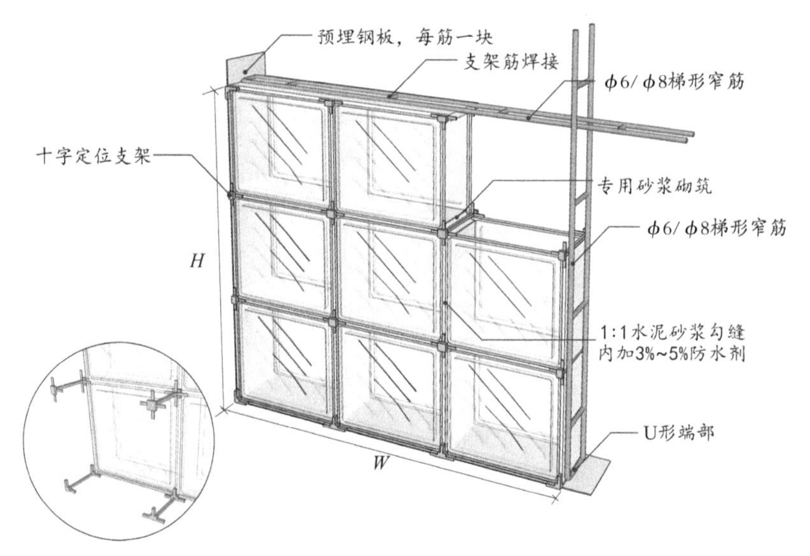

图6-37 玻璃砖隔墙构造

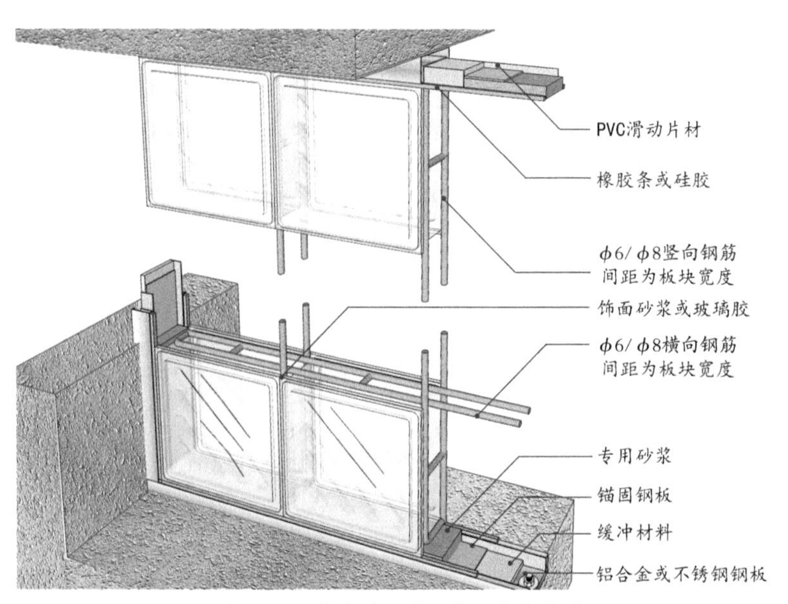

图6-38 玻璃砖隔墙顶部、底部构造

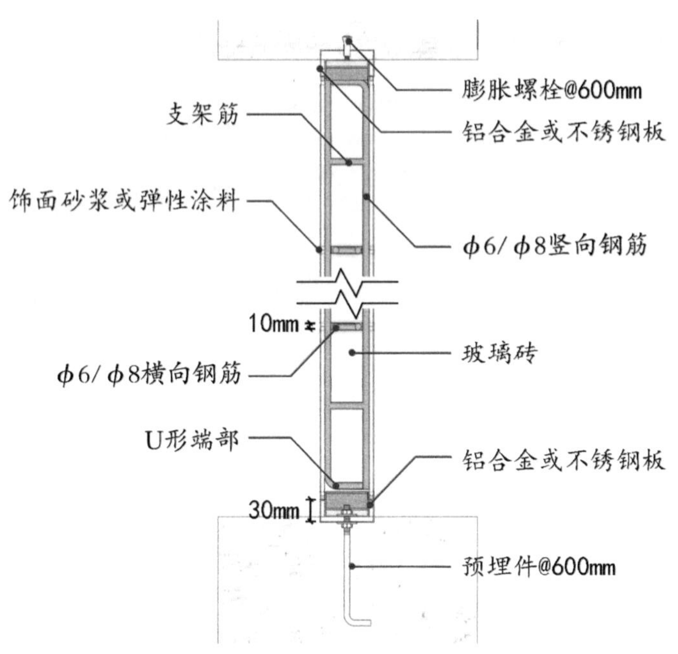

图 6-39 玻璃砖隔墙剖面

6.9.10 消耗量指标（表 6-22）

空心玻璃砖隔墙施工消耗量指标 单位：m^2 **表 6-22**

序号	名称	单位	消耗量
			玻璃砖隔墙
1	综合人工	工日	0.32
2	膨胀螺栓 M8×80	套	1.93
3	橡胶条	m	4.00
4	圆钢筋 φ8	kg	2.65
5	槽钢 8 号	kg	12.14
6	扁钢	kg	0.36
7	白水泥白砂浆	m^3	0.00
8	支架	个	36.00
9	玻璃砖 190×190×80	块	27.09
10	工作内容	排版放线→砌筑墙基→固定夹持框→布置加强筋→砌筑隔墙→勾缝清理	

装饰小百科
Decoration Encyclopedia

① 空心玻璃砖
② 定位支架
③ 滑缝
④ 沥青毡条
⑤ 胀缝
⑥ 硬质塑料泡沫

空心玻璃砖：砖体内部为空心的玻璃制品，由两块半坯玻璃在高温下熔接而成，具有透光、不透明、隔音、热导率低、强度高、耐腐蚀、保温、隔潮等特点。

定位支架：根据支架的截面类型可分为“+”形或“T”形或“L”形，主要作用是辅助玻璃砖横平竖直、规律码放，便于施工。

滑缝：玻璃砖墙面与夹持框两侧在竖向形成的缝隙，主要作用是防止玻璃砖由于受热膨胀从而受到水平剪切应力，避免玻璃砖隔墙受损。

沥青毡条：以沥青为主要材料制成的柔性条状材料，具有防震、密封、防尘、抗冲击等特点。

胀缝：玻璃砖墙体顶端与夹持框在竖向形成的缝隙，主要作用是防止玻璃砖由于受热膨胀从而受到水平挤压应力，避免玻璃砖隔墙受损。

硬质泡沫塑料：无柔韧性，压缩硬度大，应力达到一定值能产生形变，解除应力后不能恢复原状的泡沫塑料。具有容重低、抗冲击好、抗震性能优良、对温度和湿度的变化适应性强、易加工等特点。

7 饰面板工程

饰面板工程 是指采用天然石材、人造石材、陶瓷板、金属板、木板饰面、塑料板等作为饰面板，以干挂或粘贴的方式附着于墙、柱面的装饰工程。其主要作用包括保护结构墙体、隐藏墙内管线、改善装饰室内环境等。

饰面板工程主要包括石板安装、陶瓷板安装、木板安装、各类金属板安装、玻璃板安装、陶土板安装等。

7.1 饰面板工程构造组成

饰面板安装方法大致分为干挂、粘贴、湿贴。根据要求与条件不同，可采用挂件将饰面板干挂于型钢龙骨或采用轻钢龙骨找平、板材打底后粘贴饰面板的方式；而湿贴法则分为找平层、结合层与饰面层。

7.1.1 干挂、粘贴

1. 骨架

骨架材料一般有木龙骨、轻钢龙骨或型钢龙骨，其作用是找平并固定打底层、饰面层并承受其及自身荷载。

2. 打底层

如饰面板构造不便于直接挂于龙骨时，可增设打底层，起找平及固定的作用，一般可选用胶合夹板、大芯板、玻镁板。

3. 饰面层

主要起罩面及饰面作用，可用作挂贴饰面板的有石板、陶瓷板、木板、金属板、玻璃板、陶土板等。见图 7–1。

石板饰面　　搪瓷钢板饰面　　陶土板饰面　　木板饰面

图 7 –1　饰面层

7.1.2 湿贴、满粘

1. 找平层

粘贴石板或陶瓷板时，常用水泥砂浆四角规方、找平、打底，便于面层饰面粘贴与找平。

2. 结合层

作为粘合石板或陶瓷板的胶凝层，常选用石材 / 瓷砖专用黏合剂。

3. 饰面层

装饰罩面层，可用作湿贴的饰面板材料包括石板、陶瓷板等。

7.2 饰面板工程材料选用

7.2.1 骨架龙骨

（1）型钢龙骨：型钢骨架的竖龙骨宜选用槽钢，通过角码固定件与承重结构埋板连接，横龙骨宜选用角钢，饰面板再通过挂件与横龙骨固定。型钢一般采用热镀锌碳素结构钢或低合金结构钢，种类、牌号、质量等级应符合设计要求，其规格尺寸按设计图纸加工，并做好防腐处理，锌膜或涂膜厚度应符合国家相关规范技术标准。见图 7–2。

图 7–2　型钢龙骨

（2）轻钢龙骨：饰面板工程找平用轻钢龙骨通常用 U 形安装夹固定并调平 C 形贴面竖向龙骨，适用于胶合夹板等多种轻质板材的钉固打底。其质量与技术性能应符合现行国家标准《建筑用轻钢龙骨》GB/T 11981 的规定。不建议采用卡式主龙骨配套覆面龙骨的方式抄平。

7.2.2 打底板

常用打底板有胶合夹板、大芯板、玻镁板（图 7–3）等，根据需求选用板材，要满足隔声、保温、隔热、抗震等设计要求。面板应平整、干燥，完整无损，不得使用有受潮、弯曲变形、板断裂、面层起鼓等缺陷的板材。使用胶合夹板时除满足以上指标外，还应注意环保、防火等指标。

图 7–3　玻镁板

7.2.3 胶凝材料

（1）水泥砂浆：水泥宜采用强度等级不低于 42.5 级的硅酸盐水泥或普通硅酸盐水泥；砂宜采用中砂或粗砂，砂粒洁净，含泥量不超过 3%。水泥砂浆配比通常控制在 1∶2，如提高水泥比例，在增强粘结力的同时，也会带来收缩过大造成拉应力空鼓。另外，不建议纯水泥或高强度等级水泥铺贴，以防水泥收缩过大造成拉应力拉裂饰面板。

（2）专用粘结剂：由水泥、石英砂、聚合物胶结料配以多种添加剂经机械混合均匀而成，具有粘结强度高、硬化速度快、施工方便、良好的保水性、和易性、抗流坠性，无毒、无味、无污染。主要用于粘结瓷砖、面砖、饰面石材。目前市面上的粘结剂主要以水泥基为主，选用时注意 C1—普通型水泥基粘结剂拉伸粘结强度及冻融循环后粘结强度应不小于 0.5MPa，C2—增强型水泥基粘结剂拉伸粘结强度及冻融循环后粘结强度应不小于 1.0MPa。

（3）云石胶：云石胶是由环氧树脂和不饱和树脂两种原料制作，优良的性能主要体现在硬度、韧性、快速固化、抛光性、耐候、耐腐蚀等方面。适用于各类石材间的快速粘结或修补石材表面的裂缝和断痕，常用于各类型铺石工程及各类石材的修补、临时快速定位和填缝。应特别注意，云石胶决不可用于长久性结构性粘贴。

（4）干挂胶：包括环氧树脂、有机填充料、石英粉等。优点包括不渗油，不污染石材，抗震、扭曲性能强，在温差和震动条件的作用下，伸缩、沉降产生的位移较小。适用于石材墙面干挂。干挂胶固化初干期不能负载重荷，需用云石胶作临时性辅助固定。

7.2.4 饰面板

图 7–4 石板

（1）石板：选用花岗岩、大理石、石灰石、石英砂岩及其他石材作为饰面板时，质地必须密实，其材质、品种、色泽、花纹应符合设计要求。板材的加工尺寸允许偏差应符合国家标准中优等品的要求。作墙面干挂时，最小厚度不宜小于 25mm，最大单块面积不宜大于 1.5m^2。见图 7–4。

（2）陶瓷板：由黏土或其他无机非金属原料，经成型、烧结等工艺，用于装饰和保护建筑墙面的板块状陶瓷制品。瓷板面料的材质、品种、色泽须符合设计要求，其弯曲强度 ≥ 35MPa，表面莫氏硬度 ≥ 6，吸水率 ≤ 0.5%，如采用背栓其厚度 ≥ 12mm，单块面积不宜 > 1.2m^2，耐腐蚀性 A 级，断裂模数 ≥ 30MPa，湿膨胀系数 ≤ 1.6%，抗冻性能（严寒地区）应无破坏。

（3）木板饰面：木饰面板基材应选用国家优质 E1 级板材，含水率 ≤ 12%，板材燃烧性能、防腐处理须符合设计及消防规范的有关规定，板底厚度为 12 ～ 18mm，正背两面均贴同厚度木皮或背贴平衡纸，以减少饰面板的变形系数。木皮（图 7–5）厚度应不小于 0.6mm，对于造型较复杂的线条，按照实际可以弯曲的厚度进行控制，一般控制在 0.3mm 以上。饰面板六面宜使用 UV 环保油漆，紫外线光固化。

图 7–5　木皮

（4）金属板：金属装饰板是采用金属板为基材，经加工成型、表面喷涂等工艺制成的金属板块装饰材料，有良好的装饰性、耐久性、防水、防污、防火、防蚀、加工性能好、便于施工和维护的优点。按材料的材质与构造不同，可分为不锈钢装饰板、铝单板（图 7–6）、铝蜂窝板、瓦楞复合铝板、搪瓷钢板等。选用时要注意其品种、防腐、规格、形状、平整度、几何尺寸、光洁度、颜色和图案须符合设计要求。板材表面清洁，色泽均匀，不应有皱纹、裂纹、起皮、腐蚀斑点、气泡、电灼伤、流痕、发黏以及膜（涂）层脱落等缺陷。

图 7–6　铝单板

图 7–7　玻璃板

（5）玻璃板：玻璃用作墙面饰面板时，一般采用焗漆玻璃、夹丝或夹绢玻璃、镜面玻璃等单面装饰性较好的玻璃板制品。选用时其材质、品种、规格、性能、图案、颜色、耐酸碱性必须符合设计要求及现行行业标准《建筑玻璃应用技术规程》JGJ 113 的规定，材质上须选用如钢化、夹胶等安全玻璃。见图 7–7。

图 7–8　陶土板

（6）陶土板：陶土板是以天然陶土为主要原料，添加少量石英、浮石、长石及色料等成分，经过高压挤出成型、低温干燥及 1200℃的高温烧制而成的新型建筑装饰材料。可根据设计要求定制尺寸，单块面积不宜大于 $0.8m^2$，吸水率应小于 11%，弯曲强度不应小于 9MPa，并应具有相关使用年限的质量保证书。见图 7–8。

7.3 饰面板工程质量验收

7.3.1 质量文件和记录

（1）饰面板工程的施工图、设计说明及其他设计文件。

（2）材料的产品合格证书、性能检验报告、进场验收记录和复验报告。

（3）后置埋件和槽式预埋件的现场拉拔检验报告。

（4）满粘法施工的石板和陶瓷板粘结强度检验报告。

（5）隐蔽工程验收记录。

（6）施工记录。

7.3.2 检验批划分

相同材料、工艺和施工条件的室内饰面板工程每 50 间划分为一个检验批，不足 50 间也应划分为一个检验批。大面积房间和走廊按饰面板面积每 30m2 为 1 间。

7.3.3 检查数量规定

室内每个检验批应至少抽查 10%，并不得少于 3 间，不足 3 间时应全数检查。

7.3.4 材料及性能复试指标

（1）室内用花岗石板的放射性、室内用人造木板的甲醛释放量。

（2）水泥基粘结料的粘结强度。

（3）板材的燃烧性能。

（4）石材密封胶的环保要求。

7.3.5 隐藏工程验收

（1）预埋件（或后置埋件）。

（2）龙骨安装。

（3）连接节点。

（4）防水、保温、防火节点。

7.3.6 实测实量（图7-9～图7-14）

图7-9 感观：墙面石材色泽均匀，合格

图7-10 响鼓锤敲击墙面挂贴面石材，表面无空鼓，合格

图7-11 墙面石材垂直度：用垂直检测尺检查，墙面垂直度误差≤2mm，合格

图7-12 墙面石材表面平整度：用2m靠尺及塞尺检查，墙面平整度误差≤2mm，合格

图 7-13　墙面石材阴角方正：用直角检测尺检查，阴角方正偏差≤ 2mm，合格

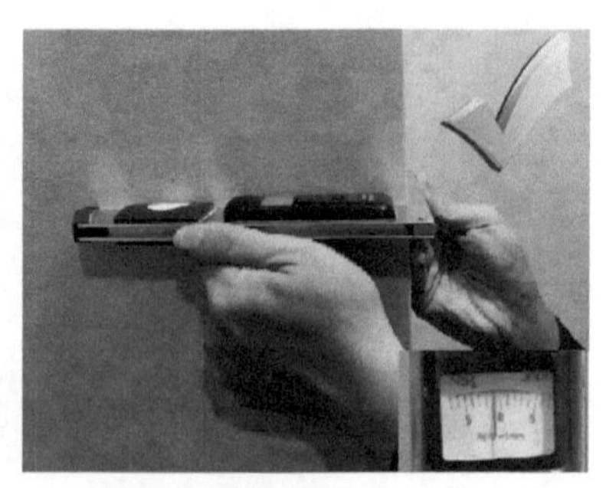

图 7-14　墙面石材阳角方正：用直角检测尺检查，阳角方正偏差≤ 2mm，合格

7.4 饰面板工程施工要点

7.4.1　饰面石材干挂

（1）石材安装前，对墙柱基层吊直、套方、找规矩，弹出水平基准线。将墙角竖向控制线弹在距墙角 200mm 的两侧墙面上，以便随时检查垂直挂线的准确。

（2）按排版图后置件位置确定钻孔部位，成孔要求与基层面垂直，成孔后采用空压机将孔内的灰粉吹出，安放膨胀螺栓紧固镀锌钢板。膨胀螺栓按规范进行现场取样拉拔试验合格。

（3）主龙骨立柱安装从底层往上顺序安装，再依据水平放线进行角钢横梁的安装，先将横梁与立柱点焊，水平调校准确后焊牢。所有钢骨架、预埋件必须进行热镀锌处理，所有焊缝进行防锈防腐处理。

（4）石材应按要求六面防护，加工后，须在工厂根据图案、颜色、纹理试拼，试拼后按两个方向排列编号，并按编号成套打包装箱运输。

（5）干挂石材厚度应大于 25mm，单块面积一般不超过 1.5m^2，防止翘曲变形。

（6）石材板块侧面开槽位置距板边缘距离 1/4 边长且不小于 50mm，切槽后石材外侧净厚不得小于 6mm。

（7）板销式挂件中心距板边不得大于 150mm，两挂件中心间距不宜大于 700mm，边长不大于 1m 的 20mm 厚板每边可设两个挂件，边长大于1m时，应增加一个挂件。

（8）高度在2500mm高以内的墙体，竖向须采用5号钢槽，横向采用40mm×40mm型角钢，间距根据石材的横缝间距排版确定；2500mm高以上的墙体，竖向须采用8号钢槽，横向采用50mm×50mm型角钢，间距根据石材的横缝排版确定。

（9）与主体结构连接的各种预埋件，其数量、规格、位置和防腐处理必须符合设计要求。

（10）所有型钢规格符合国家标准，须镀锌处理，焊接部位做防锈处理。不锈钢石材挂件钢号202以上，沿海项目须采用304钢号连接配件。

（11）拉双线控制石材完成面的水平及垂直度，从下而上依次安装，上下两块石材安装间隔时间应在1h左右。石材就位后立即清槽，槽内注满干挂胶；对石板校正后立即采用云石胶作辅助固定并拧紧挂件螺栓。安装过程中随时检查石材的位置、材质、颜色、纹路并随时校正。

（12）饰面石材的防震缝、伸缩缝、沉降缝等部位的处理应保证缝的使用功能和饰面的完整性。

（13）石材墙面安装调试完毕后，要注意保护，在24h内不能受较大外力撞击，以免胶体未完全固化使墙面发生变形。

7.4.2 饰面石材挂贴

（1）混凝土墙基层如有油污或脱模剂，可用10%火碱去除并冲净晾干，再用掺胶水砂浆甩毛。对光滑的混凝土墙面应凿毛，并用钢丝刷满刷一遍，浇水湿润。砖砌体墙面基层必须清扫干净，浇水湿润两到三遍。

（2）找规矩并弹出垂直线及完成面线，分墙面设点，做灰饼。打底灰时以灰饼为基准点进行冲筋，使底灰做到横平竖直。分多遍抹底层砂浆，每遍厚度宜小于5mm，抹后用木抹子搓平，隔天浇水养护，待前一遍六至七成干时，即抹下一遍。

（3）石材加工后充分干燥，铲除背网后对石材进行六面全防护处理。确保无污染，防护剂须涂刷两遍，第一遍涂刷完成24h后方可进行第二遍，再经24h后方可搬动使用。

（4）灌浆法，石板上下端面分别开孔，开孔位置距背面8mm为宜，且距板边角距离为 1/4 边长处，如板幅较大，可增加孔数。钻孔后用云石机剔槽以备铜丝与钢筋骨架绑扎固定。最后，将铜丝一端粘结构胶卧入石材槽孔内备用。

（5）灌浆法，拉双线控制安成面，从下而上依次安装，石材就位后，将石材上口外仰，从石板背面将下口绑丝绑扎在横筋上，再将石材竖起，绑上口绑丝，用木楔垫稳。调正后，用粥状石膏封闭石材四周接缝，待石膏硬化后方可灌浆。

（6）灌浆法，充分湿润基层后将水泥砂浆调成糊状倒入石材与墙体间隙，边灌边振捣。第一层浇筑 150mm 且不超过 1/3 石板高度；2h 后检查无位移，进行第二层灌浆，即 1/2 石板高度；第三层灌浆至低于板材上口 100mm 处为止。每排石材灌浆完毕，应养护不少于 24h 再进行上一排石材的绑扎和分层灌浆。

7.4.3 陶瓷板背栓干挂

（1）根据施工图及墙砖排版分格划定竖向槽钢及水平角钢位置，并标注到墙柱与梁上。墙面主要部位排整砖，非整砖排到次要部位，且不能小于砖边长 1/3，同时注意布局的一致和对称，在墙面阴阳角和门窗洞口弹整砖控制线；上下吊直，挂双线，确保陶瓷板砖完成面的精确度。

（2）采用数控拓孔钻机配金刚石钻头，在陶瓷板背面四角分别钻孔、扩孔，孔位距砖边 80mm 为宜，最大不超过 150mm；扩孔略大孔径 2mm，孔深超 1/2 板厚且不破坏板面。当钻孔造成瓷板孔边出现裂纹、崩边缺陷时不得使用。

（3）陶瓷板安装背栓时要轻缓，先将环氧树脂及粘接剂填满钻孔内，再将背栓置入孔口，不得敲击安装。将锚栓在无应力的状态下装入圆锥形钻孔内，再按规定的扭矩扩压，使扩压环张开并填满孔底，形成凸型结合。

（4）拉双线控制板块完成面的水平度与垂直度。由下而上依次按一个方向顺序安装，尽量避免交叉作业以减少偏差。铝合金专用挂件内需粘好橡胶衬垫，以隔绝不同金属的电偶腐蚀。每行板块安装完成后，应做一次外形误差的调校，并以测力扳手对挂件螺栓旋紧力进行抽检复验后，进入上一行板块的干挂施工。

7.4.4 陶土板干挂

（1）将运到工地的陶土板按编号分类，检查尺寸是否准确、色差偏差和有无破损、缺楞、掉角，按施工要求分层次将陶土板运到作业面附近，在搬运陶土板时，要有安全防护措施，摆放时下面要垫木方。

（2）注意安装金属横梁的标高，金属挂件与金属横梁可靠连接，通过调解螺栓调整面板的水平度和垂直度，接缝应整齐。安装时要将金属挂件和陶土板之间用柔性垫片或弹性卡片，保证陶土板与挂件柔性连接。

（3）施工完毕后，除去陶土板表面的保护纸，用清水或清洁剂将陶土板表面均匀擦洗干净，两道清洗即可。清洗完毕的陶土板墙面要自然干燥 2 ～ 3d，表面吸水率达到平衡吸水率后再观测表面整体观感。

7.4.5 木板饰面挂贴

（1）安装场所空气湿度应控制在 40% ～ 60%，温度不低于 10℃。临近卫生间及其他有防潮要求的墙面，施工前须对基层涂装两道水柏油，或在钉装龙骨时同时铺设防水卷材。

（2）木饰面深化设计前须进行现场测量放线，并与相关联饰面工种进行联合下单，如现场基层未完成，须组织基层作业方与木饰面供方对临空放线尺寸进行书面确认，并作为基层施工及木饰面深化生产的依据。

（3）人造板外贴浅色木皮时，应对人造板进行涂色隐蔽处理或在胶粘剂中加入适量颜料或隐蔽剂，以防透色；贴木皮涂胶量不宜过大，胶层应均匀；大而薄的部件胶贴时应遵守对称原则，正面贴设计实木皮，反面贴平衡杂木皮或平衡纸。

（4）木皮厚度应不小于 0.6mm，对于曲面造型部分木皮厚度控制在 0.3mm 以上。板幅长度小于 2400mm 时，纵向宜整皮不拼接，横向拼皮注意纹理、图案、颜色对称相似；幅面长度大于 2400mm 时，纵向接长应保证纹理连贯顺畅。

（5）板厚度小于 9mm 时，须再增加打底板。打底板与龙骨连接禁止单纯采用枪钉，须采用自攻螺钉固定。打底板之间拼接应错缝并留 2 ～ 3mm 膨胀缝隙为宜，木质打底板不得直接落地，须与地面留置 20mm 间隙防潮。

（6）成品在工厂试拼合格后，方可成套打包运至现场安装。采用干挂配件将板块从下而上、从左到右顺序安装，板块之间企口榫接；如钉粘，则先将木板背面涂胶上墙，并沿板企口及板槽处用间距100mm射钉加固。

7.4.6　金属板干挂

（1）竖向龙骨和角码固定件采用螺栓固定，如材质不同，两者接触处要加设尼龙衬垫隔离防止电位差腐蚀。

（2）施工前应检查选用的金属板及型材是否符合设计要求，规格是否齐全，表面有无划痕，有无弯曲现象。选用的材料最好一次进货，可保证规格型号统一、色彩一致。

（3）金属成品板进场禁止在现场开槽或钻孔，一切孔槽均应现场实测后、在加工厂预留，加工成成品后现场组合。竖向龙骨间距与金属装饰板规格尺寸一致，减少现场切割。

（4）金属板的边线膨胀系数，在施工中一定要留足排缝，墙脚处铝型材应与板块或水泥类抹面相交，不可直接插在垫层或基层中。

7.4.7　玻璃板镶贴

（1）打底板与龙骨连接禁止单纯采用枪钉，须采用自攻螺钉固定。打底板之间拼接应错缝并留2～3mm膨胀缝隙为宜，木质打底板不得直接落地，须与地面留置20mm间隙防潮。

（2）采用纯干粘法固定玻璃时，须选用钢化玻璃，且玻璃厚度不大于6mm，单块面积不大于1m^2；如玻璃板块面积较大时，则须配合螺钉固定或边条镶嵌。

（3）采用钉固法或嵌压法固定时，为了缓冲由于基层变形造成玻璃/镜面破损，宜在两者间加铺一层薄毛毡或海绵的弹性体衬垫材料，厚度以2～3mm，尺寸以小于玻璃/镜面10～15mm为宜，以便玻璃/镜面安装后，用嵌缝膏封闭周边。

7.5　石材板干挂施工技术标准

7.5.1　适用范围

本施工技术标准适用于一般工业与民用建筑中**石材板干挂工程**。

7.5.2 作业条件

（1）基层墙体的安装工程、管线、设备等施工完成，并隐蔽验收合格。

（2）如果墙面石材要求设计到顶，周边吊顶应待石材完成后方可封板，以保证顶部石材施工的操作空间。

7.5.3 材料要求

（1）石材：品种、颜色、花纹和尺寸规格符合设计要求，所有石材外露切割面须进行抛光处理。室内用石材应有物理性能、放射性性能合格的检测报告。

（2）型钢：技术要求和性能试验方法应符合现行国家标准和行业标准的规定。表面热镀锌膜厚度不小于 45μm。现场焊接处清理后须进行表面防腐处理。

（3）**云石胶**[①]**：**须出具出厂合格证和进场复试报告，并通过试验确定其适用性和使用要求。其性能及适用范围需符合现行行业标准《非结构承载用石材胶粘剂》JC/T 989。

（4）五金配件：五金配件、膨胀螺栓、连接件等配套的垫板、垫圈、螺帽及与骨架固定的各种连接件的种类、规格、型号符合设计要求，且有出厂合格证。

（5）**AB 胶**[②]**：**挂件与板件的粘结固定应使用双组分环氧型胶粘剂，其性能应符合行业标准的要求。应有保质期限、质量证明书、国家检测部门出具的其物理力学性能检测报告等。

7.5.4 工器具要求（表 7-1）

工器具要求 **表 7-1**

机具	无齿锯、电锤、手电钻、电焊机、焊枪、云石机、空压机
工具	钢丝刷、**力矩扳手**[③]、开口扳手、胶枪、钳子、橡皮锤、小白线、扫帚、铁锹、灰槽、灰桶
测具	激光投线仪、钢卷尺、水平尺、靠尺、方尺、线坠、墨斗

7.5.5 施工工艺流程

1. 工艺流程图（图 7-15）

套方挂线 → 排版放线 → 后置钢板 → 安装骨架 → 石材准备 → 安装石材

图 7-15 砌板干挂施工工艺流程图

2. 工艺流程表（表 7-2）

石材板干挂施工工艺流程表　　表 7-2

套方挂线	清理墙柱基层，进行吊直、套方、找规矩，弹出水平基准线。将墙角的竖向控制线弹在距墙角 200mm 的两侧墙面上，以便随时检查垂直挂线的准确。竖向挂线宜用 ϕ1.0～ϕ1.2mm 的钢丝为好，下挂 8～10kg 沉铁，上端设置专用的挂线角钢，并要注意保护和经常校核
排版放线	根据图纸结合实地测量，综合考虑**石材毛板**④出材率，对墙面进行深化排版，并在墙基层上弹出**后置钢板**⑤、竖向槽钢与横向角钢的位置；同时制作石材加工清单，应标明石材的品质、厚度、加工尺寸、使用部位、加工数量和编号等
后置钢板	按排板图后置件位置确定钻孔部位，成孔要求与基层面垂直，成孔后采用空压机将孔内的灰粉吹出，安放膨胀螺栓，将 250mm×200mm×8mm **镀锌钢板**⑥（或按设计规格）紧固
安装骨架	先将转接件（角码）与后置钢板焊接，槽钢立柱与转接件焊接（或螺栓连接），焊接前检查校正，使其符合技术要求；槽钢立柱从底层向上层依次安装好后，再依据水平放线进行角钢横梁的安装，先将横梁与立柱点焊，水平调校准确后再焊牢。骨架焊接完毕经自检合格后报监理工程师检验，待隐蔽验收合格后，对所有焊缝进行防锈防腐处理。所有钢骨架、预埋件进场前都必须进行热镀锌处理
石材准备	首先用比色法对经厂家预排的石材进行复核，要求颜色一致或自然过渡。安装前用云石机在石材板块侧面开槽，槽口尺寸根据挂件尺寸确定，不宜过深过长。开槽位置距板边缘距离为 1/4 边长且不小于 50mm，槽口靠板背面一侧切槽后石材外侧净厚不得小于 6mm。干挂石材厚度应大于 25mm，单块面积一般不超过 1.5m^2，防止翘曲变形
安装石材	墙体拉双线控制石材完成面的水平及垂直度。从下而上依次安装，根据石材编号就位后调整准确，并立即清槽，槽内注满调制好的干挂胶，并控制好胶的凝固时间；对板面位置及垂直与平整度校正后应立即采用快干型云石胶作辅助固定并拧紧挂件螺栓。安装过程中随时检查石材的材质、颜色、纹路和加工尺寸，并注意石材的安装交圈

7.5.6 过程保护要求

（1）及时清理残留在门窗框、玻璃和金属饰面板上的污物，如密封胶、手印、尘土等杂物，粘贴保护膜，预防污染、锈蚀。

（2）认真贯彻合理施工顺序，少数工种（水、电、通风、设备安装等）的工作应做在前面，防止损坏、污染干挂石材饰面板。

（3）拆改架子时，严禁碰撞石材饰面板。

（4）易破损部分的棱角处要粘护角保护，其他工种操作时不得碰坏石材。

（5）已完工的石材应设专人看管，遇有危害成品的行为，应立即制止，并严肃处理。

7.5.7 质量标准

1. 主控项目

（1）内容：石材的品种、规格、颜色、性能应符合设计要求及国家现行有关规定。

检验方法：观察；检查产品合格证书、进场验收记录、性能检验报告和复验报告。

（2）内容：石材孔、槽的数量、位置、尺寸应符合设计要求。

检查方法：检查进场验收记录和施工记录。

（3）内容：石材安装的预埋件（或后置埋件）、连接件的材质、数量、规格、位置、连接方式和防腐处理应符合设计要求。后置埋件的现场拉拔力应符合设计要求。石材安装应牢固。

检查方法：手扳检查；检查进场验收记录、现场拉拔检验报告、隐蔽工程验收记录和施工记录。

2. 一般项目

（1）内容：石材表面应平整、洁净、无污染、缺损和裂痕。石材表面应无泛碱等污染。

检验方法：观察。

（2）内容：石材填缝应密实、平直，宽度和深度应符合设计要求，填缝材料色泽应一致。

检查方法：观察；尺量检查。

（3）内容：石材上的孔洞应套割吻合，边缘应整齐。

检查方法：观察。

3. 允许偏差（表 7-3）

石材板干挂施工允许偏差　　表 7-3

项目	允许偏差（mm）			检验方法
	光面	剁斧石	蘑菇石	
立面垂直度	2.0	3.0	3.0	用 2m 垂直检测尺检查
表面平整度	2.0	3.0	—	用 2m 靠尺和塞尺检查
阴阳角方正	2.0	4.0	4.0	用 200mm 直角检测尺检查
接缝平直度	2.0	4.0	4.0	拉 5m 线，不足 5m 拉通线，用钢直尺检查
墙裙上口平直	2.0	3.0	30	
接缝高低差	1.0	3.0	—	用钢直尺和塞尺检查
接缝宽度	1.0	2.0	20	用钢直尺检查

7.5.8　质量通病及其防治

1. 墙面色泽不一

（1）原因分析：使用的石材在外观、颜色上差别较大。

（2）防治措施：施工前应对石材板块采用色板对色、认真的挑选分类，安装前须进行试拼。

2. 石材锈斑

（1）原因分析：

① 石材内部的物质成分中都含有赤铁矿和硫铁矿，这些铁质矿物接触空气被氧化而生成三氧化二铁（铁锈）后，通过石材的毛细孔渗出。

② 石材在开采、加工、运输、安装、使用等过程中，不可避免地接触到铁制物品，这些铁质物品的残留黏敷在石材表面，被氧化后形成铁锈污染。

（2）防治措施：

① 石材铺贴前在底部刷一层树脂来阻隔水分，同时尽量采用干贴施工。

② 施工过程中杜绝石材与铁制品的接触，完工后及时做好成品保护。

3. 线角不直、缝格不匀

（1）原因分析：施工前未认真排线或施工中不按弹好的线位施工；工人责任心不强，为抓进度减少检查力度。

（2）防治措施：施工前要认真按照图纸尺寸，核对结构施工的实际尺寸；分段分块弹线要仔细，施工时拉线要直、勤吊线校正。

4. 墙面脏、斜视有胶痕

（1）原因分析：工人施工未及时清理受污墙面；未按正确的施工顺序施工；非操作人员在墙上乱涂乱画。

（2）防治措施：自下而上的安装方法和工艺直接给成品保护带来一定的难度，越是高层其难度就越大；操作人员须养成随时施工随时清擦的良好习惯；要加强成品保护的管理和教育工作；竣工前要自上而下地进行全面彻底的清擦。

7.5.9 构造图示（图7-16～图7-21）

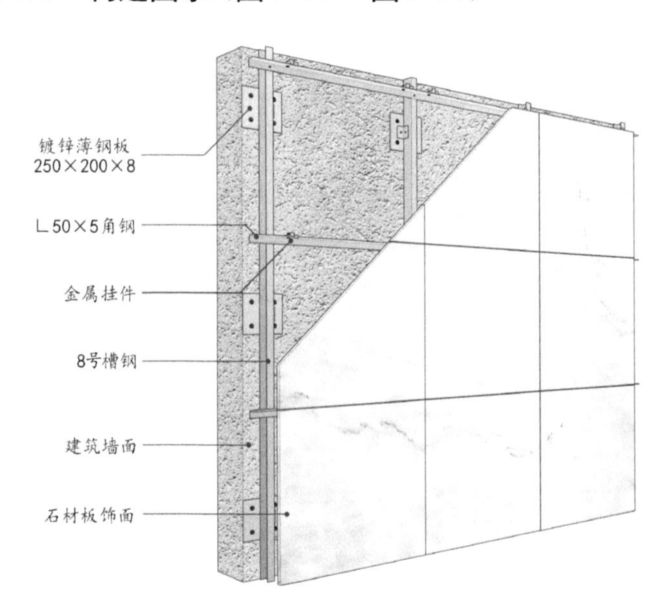

图7-16 石板干挂墙面构造

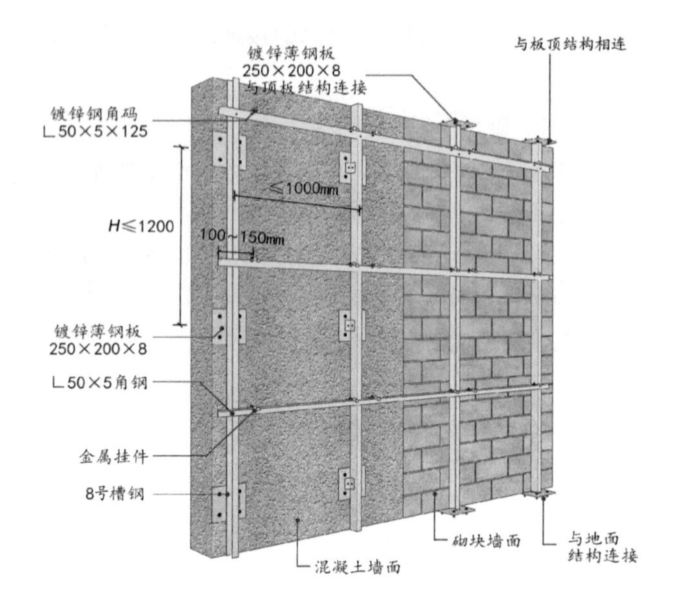

图 7-17　石板干挂龙骨构造

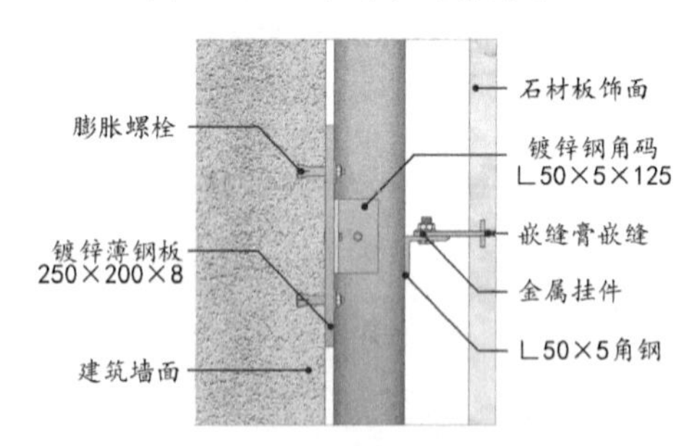

图 7-18　龙骨 / 墙体连接侧视剖面

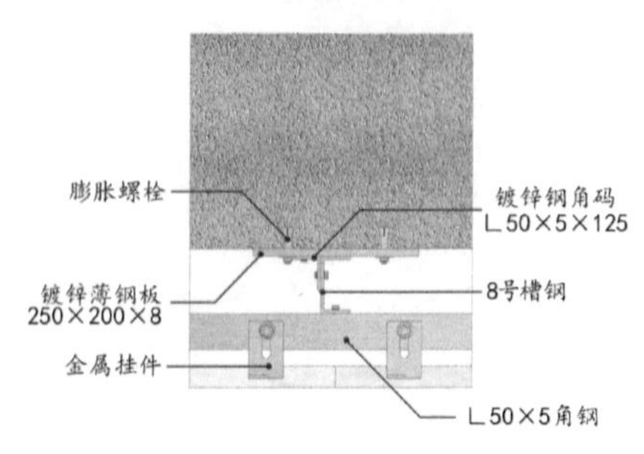

图 7-19　龙骨 / 墙体连接俯视剖面

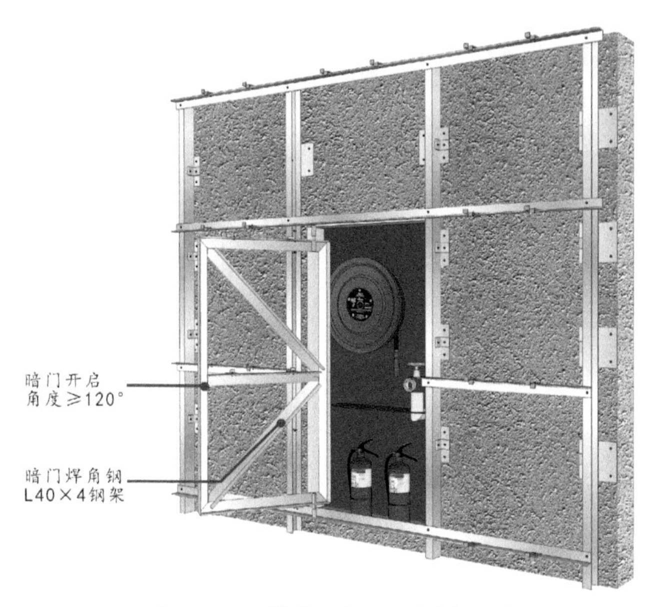

图 7-20　石材墙面消火栓箱骨架构造

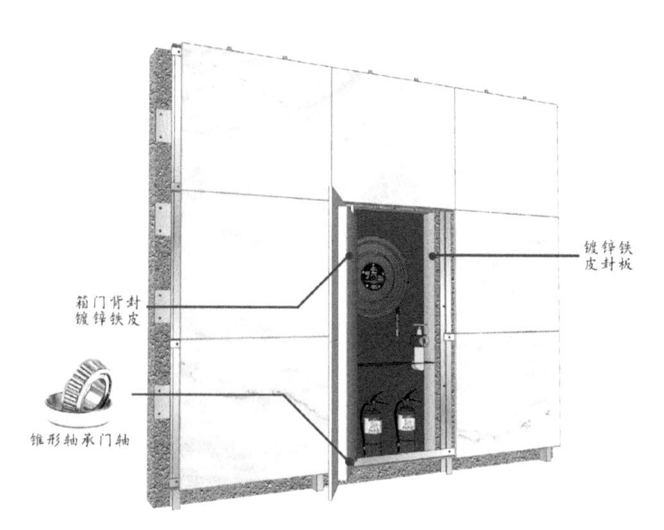

图 7-21　石材墙面消火栓箱构造（一）

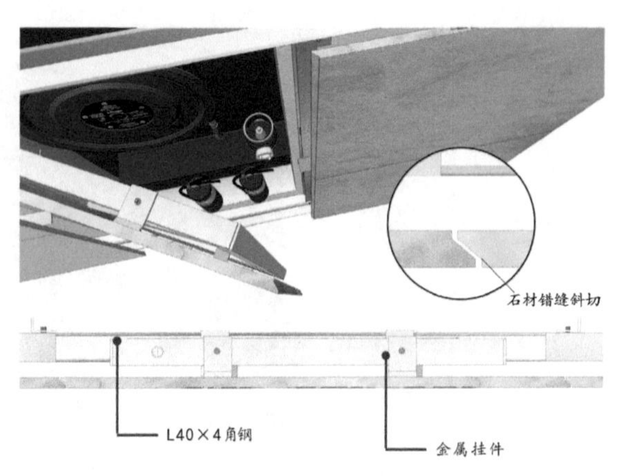

图 7–21　石材墙面消火栓箱构造（二）

7.5.10　消耗量指标（表 7–4）

石材板干挂施工消耗量指标　单位：m^2　**表 7–4**

<table>
<tr><th rowspan="2">序号</th><th rowspan="2">名称</th><th rowspan="2">单位</th><th colspan="2">消耗量</th></tr>
<tr><th>钢骨架安装</th><th>饰面石材干挂</th></tr>
<tr><td>1</td><td>综合人工</td><td>工日</td><td>0.23</td><td>0.26</td></tr>
<tr><td>2</td><td>膨胀螺栓 M8×80</td><td>个</td><td>5.52</td><td rowspan="7">—</td></tr>
<tr><td>3</td><td>螺栓 φ6</td><td>个</td><td>2.76</td></tr>
<tr><td>4</td><td>镀锌角钢∟40×4</td><td>kg</td><td>4.04</td></tr>
<tr><td>5</td><td>镀锌钢角码
∟50×5×125</td><td>kg</td><td>1.18</td></tr>
<tr><td>6</td><td>镀锌槽钢 8 号</td><td>kg</td><td>8.05</td></tr>
<tr><td>7</td><td>镀锌薄钢板
250×200×8</td><td>kg</td><td>5.20</td></tr>
<tr><td>8</td><td>不锈钢挂件</td><td>套</td><td>6.61</td></tr>
<tr><td>9</td><td>502 胶</td><td>瓶</td><td rowspan="4">—</td><td>1.00</td></tr>
<tr><td>10</td><td>云石胶</td><td>kg</td><td>0.50</td></tr>
<tr><td>11</td><td>AB 胶</td><td>kg</td><td>1.50</td></tr>
<tr><td>12</td><td>石材饰面板
$L \leqslant 1000mm$</td><td>m^2</td><td>1.02</td></tr>
<tr><td>13</td><td>工作内容</td><td colspan="3">套方挂线→排版放线→后置钢板→安装骨架→石材准备→安装石材</td></tr>
</table>

① 云石胶
② AB 胶
③ 力矩扳手
④ 石材毛板
⑤ 后置钢板
⑥ 镀锌钢板

云石胶：由环氧树脂和不饱和树脂两种原料制作，优良的性能主要体现在硬度、韧性、快速固化、抛光性、耐候性、耐腐蚀等方面。

AB 胶：按一定比例将 A 组分（丙烯酸改性环氧或环氧树脂，或含有催化剂及其他助剂）、B 组分（改性胺或其他硬化剂，或含有催化剂及其他助剂）混合在一起的双组分胶粘剂。具有使用方便、固化后胶膜透明、硬度高，抗冲击及剪切力强，对各种材料的粘接强度高，耐候性佳等特性。

力矩扳手：又叫扭矩扳手、扭力扳手、扭矩可调扳手，是扳手的一种。其既可初紧又可终紧，一般对于高强度螺栓的紧固都要先初紧再终紧，而且每步都需要有严格的扭矩要求。

石材毛板：石材荒料经锯切加工成片状石材称为毛板；如继续经研磨抛光则称为毛光板。光板根据工程设计继续切割成排版要求的尺寸，则称为规格板。

后置钢板：相对于施工结构中预埋的埋件而言，后置件为结构施工后采用锚栓固定在结构的板件。

镀锌钢板：表面有热浸镀或电镀锌层的钢板，镀锌层可有效防治钢材腐蚀，延长使用寿命。

7.6 石材板挂贴施工技术标准

7.6.1 适用范围

本施工技术标准适用于一般工业与民用建筑中**石材板挂贴工程**。

7.6.2 作业条件

（1）施工温度应该在5℃以上，35℃以下。

（2）基层墙体的接线盒、管道、管线、设备、门窗等安装工程及墙上预埋件已完工；电气穿线、测试，管路打压、试水完成并经隐蔽验收合格。

（3）基层抹灰及表面清理已完成，墙面洁净、无油污、浮浆、残灰等。

7.6.3 材料要求

（1）石材：品种、颜色、花纹和尺寸规格符合设计要求，所有石材外露切割面须进行抛光处理。室内用石材应有物理性能、放射性性能合格的检测报告。

（2）水泥：宜采用硅酸盐水泥或普通硅酸盐水泥，强度等级不应低于42.5级，不同品种、不同强度等级严禁混用。应有出厂证明及复试单，若出厂超过三个月，应增加复试并按试验结果使用。

（3）砂：中砂或粗砂，过8mm孔径筛子，其含泥量不大于3%。

7.6.4 工器具要求（表7-5）

工器具要求　　表7-5

机具	电锤、手电钻、电焊机、焊枪、云石机、空压机
工具	钢丝刷、喷壶、木抹子、小白线、扫帚、铁锹、灰槽、灰桶、橡皮锤、铁簸箕
测具	激光投线仪、钢卷尺、水平尺、靠尺、方尺、线坠、墨斗

7.6.5 施工工艺流程

1. 工艺流程图（图 7-22）

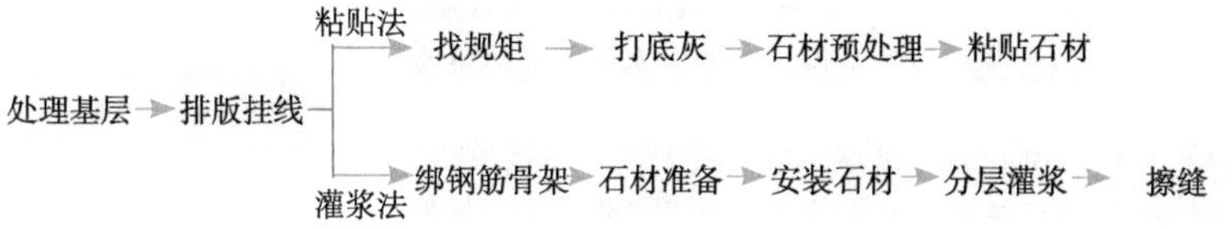

图 7-22 石材板挂贴施工工艺流程图

2. 工艺流程表（表 7-6）

石材板挂贴施工工艺流程表 表 7-6

处理基层	用钢丝刷清理混凝土墙基层，如有油污或脱模剂，可用 10% 火碱去除并及时冲净、晾干，再用 1∶1 水泥细砂浆对墙基层拉毛处理。对于采用铝膜工艺浇筑的墙基面油污或脱模剂，可在表面滚涂专用界面剂。对光滑的混凝土墙面应凿毛，并用钢丝刷满刷一遍，再浇水湿润。砖砌体墙面基层必须清扫干净，浇水湿润两到三遍
排版挂线	根据图纸结合实地测量数据，综合考虑石材毛板出材率，对墙饰面进行深化排版，注意布局的一致和对称，在墙阴阳角和门窗洞口处放出控制线，以控制石材面层出墙厚度及垂直、平整度；上下吊直，挂双线以确保镶贴石材的精确度。同时制作石材加工清单，应标明石材的品质、厚度、加工尺寸、使用部位、加工数量和编号等

（1）**粘贴法**[①]

找规矩	根据墙面和门窗洞口边线找规矩，弹出垂直线及石材完成面线，分墙面设点，做灰饼。横线则以楼层水平基准线交圈控制，竖线则以大墙转角或垛子为基准控制，打底灰时以灰饼作为基准点进行冲筋，使底灰做到横平竖直
打底灰	先刷一道含水重 10% 建筑胶水的水泥素浆，紧跟着分层分遍抹底层砂浆（1∶3 水泥砂浆），每一遍厚度宜小于 5mm，抹后用木抹子搓平，隔天浇水养护；待前一遍六至七成干时，即抹下一遍，操作相同。底灰达到找平要求并确保不空鼓
石材预处理	石材加工完后充分干燥，铲除**背网**[②]后再用石材防护剂进行六面全防护处理。确保无污染，防护剂共需涂刷两遍，第一遍涂刷完成 24h 后方可进行第二遍，再经过 24h 后方可搬动使用
粘贴石材	粘贴应自下而上进行，在石材上口拉水平通线，作为粘贴的标准。在墙基层及石材背面满刮石材胶粘剂，并用齿形抹刀将胶凝材料均匀涂刮于工作面上，贴后用橡皮锤轻轻敲打，使之附线，再用钢片调整竖缝，并用小杠通过标准点调整平面和垂直度并对缝隙处补填胶凝材料，要求胶凝材料饱满，刮胶要饱满至溢出为止，亏空时须取下重贴

续表

(2) **灌浆法**③

绑钢筋骨架	先剔凿出结构施工时墙基层的预埋钢筋环，若没有预埋锚固件，可在墙上钻孔锚固，先焊接或绑扎竖向钢筋，再根据石材挂点水平位置绑扎或焊接横向钢筋，第一道横筋离地面100mm，以上每道横筋宜比石材水平接缝处低20～30mm，依此类推。钢筋必须绑扎牢固不得有颤动和弯曲。为了方便施工，如强度验算合格，可只拉横向钢筋
石材准备	石材板块上下端面分别各打两个孔，孔径5mm，深度12mm。开孔位置距背面8mm为宜，且距板边角距离为1/4边长处，如板幅较大，可增加孔数。钻孔后用云石机剔一道槽，深5mm左右，以备铜丝使用。亦可在以上位置开槽，槽长30～40mm，槽深12mm，槽两端与板背面开短槽打通，再在板背面距边角30mm处相应位置开一横槽，用于铜线卧入槽内与钢筋骨架绑扎固定。最后，将铜丝一端粘结构胶卧入石材槽孔内备用
安装石材	墙体拉双线控制石材完成面的水平及垂直度。从下而上依次按一个方向顺序安装，按安装部位编号取石材将其就位，先将石材上口外仰，从石板背面将下口绑丝绑扎在横筋上，再将石材竖起，绑上口绑丝，并用木楔垫稳，石板与墙基层间隙留30～50mm灌浆厚度。调完垂直、平直、方正后，用熟粥状石膏封闭石材四周接缝，使相邻石材相对固定，木楔处也利用石膏防止移位，待石膏硬化后方可灌浆
分层灌浆	充分湿润基层，再将1∶2.5水泥砂浆加水调成糊状，用铁簸箕舀浆徐徐倒入石材与墙体间隙，边灌边用橡皮锤轻轻敲石材或用短钢筋轻捣，使浇入砂浆排气。灌浆应分层分批进行，第一层浇筑高度为150mm且不超过石材高度1/3，第一次灌浆后待1～2h，等砂浆初凝后检查无位移后，进行第二层灌浆，即板材的1/2高度，第三层灌浆至低于板材上口80～100mm处为止，每排石材灌浆完毕，应养护不少于24h再进行上一排石材的绑扎和分层灌浆。第一层灌浆很重要，防止碰撞和猛灌，如石材外移错位，应立即拆除重新安装
擦缝	石板安装完毕，缝隙必须在擦缝前清理干净，尤其注意固定石材的石膏渣不得留在缝隙内，然后用与板色相同的颜色调制纯水泥浆擦缝，使缝隙密实、干净、颜色一致。也可在缝隙两边的板面上先粘贴一层胶带纸，打密封胶嵌缝

7.6.6 过程保护要求

（1）石材运输时光面相对，避免表面污染及碰撞，大理石切忌淋雨，以免污染。

（2）石材饰面在施工过程中切忌火烤，防止体积骤然膨胀产生爆裂破坏。

（3）柱面、门窗套安装后，对所有面层阳角要用木护板遮盖。

（4）墙面应贴纸或贴塑料薄膜保护，保证不被污染。

（5）拆架子或搬动高凳时，注意不要碰撞饰面板，以免引起缺陷。

7.6.7 质量标准

1. 主控项目

（1）内容：饰面石材的品种、规格、图案、颜色和性能应符合设计要求及国家现行标准的有关规定。

检验方法：观察；检查产品合格证书、进场验收记录、性能检测报告和复试报告。

（2）内容：饰面石材的找平、防水、粘结和填缝材料及施工方法应符合设计要求和国家现行标准的有关规定。

检验方法：检查产品合格证书、复试报告和隐蔽工程验收记录。

（3）内容：饰面石材应粘贴牢固。

检验方法：手拍检查；检查施工记录。

（4）内容：满粘法施工的内墙饰面石材应无裂缝，大面和阳角应无空鼓。

检验方法：观察；用小锤轻击检查。

2. 一般项目

（1）内容：饰面石材表面应平整、洁净、色泽一致，应无裂痕和缺损。

检验方法：观察。

（2）内容：墙面凸出物周围的饰面石材应整砖套割吻合，边缘应整齐。墙裙、贴脸凸出墙面的厚度应一致。

检验方法：观察；尺量检查。

（3）内容：饰面石材接缝应平直、光滑，填嵌应连续、密实；宽度和深度应符合设计要求。

检验方法：观察；尺量检查。

3. 允许偏差（表 7-7）

石材板挂贴施工允许偏差　　表 7-7

项目	允许偏差（mm）	检验方法
立面垂直度	2.0	用 2m 垂直检测尺检查
表面平整度	3.0	用 2m 靠尺和塞尺检查
阴阳角方正	3.0	用 200mm 直角检测尺检查
接缝直线度	2.0	拉 5m 线，不足 5m 拉通线，用钢直尺检查
接缝高低差	1.0	用钢直尺和塞尺检查
接缝宽度	1.0	用钢直尺检查

7.6.8 质量通病及其防治

1. 墙面空鼓、脱落

（1）原因分析：施工方法选择不当。

（2）防治措施：小规格块材采用粘贴方法，大规格块材或粘贴高度超过 1m 时使用挂贴安装方法；分层灌浆时每次灌浆高度不宜过高（超过 200mm），防止石材面板膨胀外移影响饰面平整度。

2. 石材“泛碱”

（1）原因分析：水泥中的碱性物质，由于铺贴时基层水泥不干，或受到雨水、清洁用水、石材表面研磨用水等侵蚀溶解后，随着水分向上向外蒸发，其碱性物质通过石材的毛细孔或裂缝、拼接缝等处迁移到石材表面，形成云雾状的盐碱斑。

（2）防治措施：

① 石材安装之前，要根据石材的类别与特性选对防护剂，石灰变质岩选择的防护剂要具有抗碱功能。

② 湿贴石材一定要做好六面防护，不能因为做了防水背胶就省略了石材底面的防护，现场动刀切割的断面一定要补好防水剂。刷防护剂前，要保证石材完全干净干透，一般石材切割后要在常温下放置 4d，不能有水分残留在石头内部。

③ 湿铺石材 28d 内不予打磨做结晶面，并且保证此期间石材表面干净（无尘）无覆盖，石底水分正常蒸发。

3. 接缝不平、板面纹理不顺、色泽不均匀

（1）原因分析：施工前未严格检查石材质量、色调纹理，未试拼等，分层灌浆高度过高。

（2）防治措施：

① 安装前先检查基层表面平整情况，对偏差大的要剔凿或修补，且清扫干净、浇水湿润。

② 事先清理已经缺损的石材并进行套方检查，对尺寸有偏差的进行磨边修正。

③ 在基层弹线做好规矩，并设**分仓缝**[4]，在较大的面上弹出中心线、水平通线，柱子应先测量中心线和柱与柱之间的水平通线，并弹出墙表线。

④ 根据墙面的弹线找规矩，进行试拼、对色调、调整纹理。

4. 墙面碰损、污染

（1）原因分析：石材搬运过程及施工中棱角受损伤，石材安装完毕后未做好成品保护。

（2）防治措施：

① 石材搬运过程中防止棱角受损影响安装时接缝的严密吻合。

② 石材灌浆时要防止接缝处漏浆，接缝要平直、紧密。

7.6.9 构造图示（图 7-23～图 7-26）

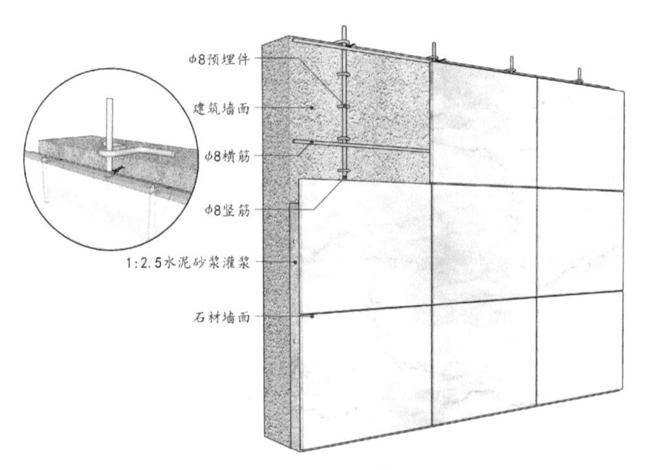

图 7-23 石板挂贴墙面构造

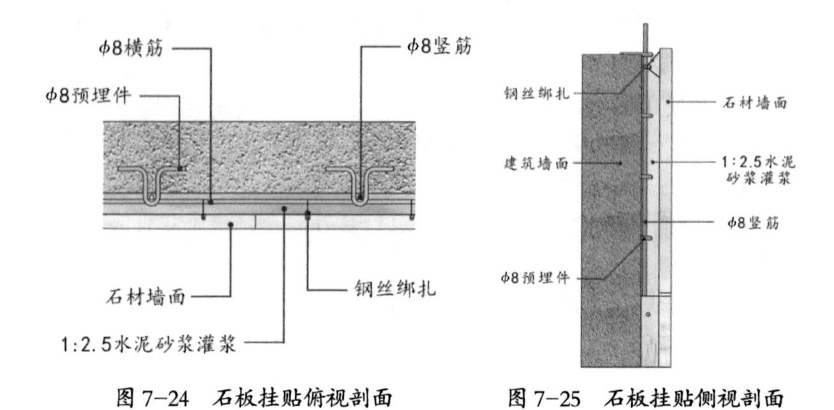

φ8横筋
φ8竖筋
φ8预埋件
石材墙面
钢丝绑扎
1:2.5水泥砂浆灌浆

图 7-24　石板挂贴俯视剖面

钢丝绑扎
石材墙面
建筑墙面
1:2.5水泥砂浆灌浆
φ8竖筋
φ8预埋件

图 7-25　石板挂贴侧视剖面

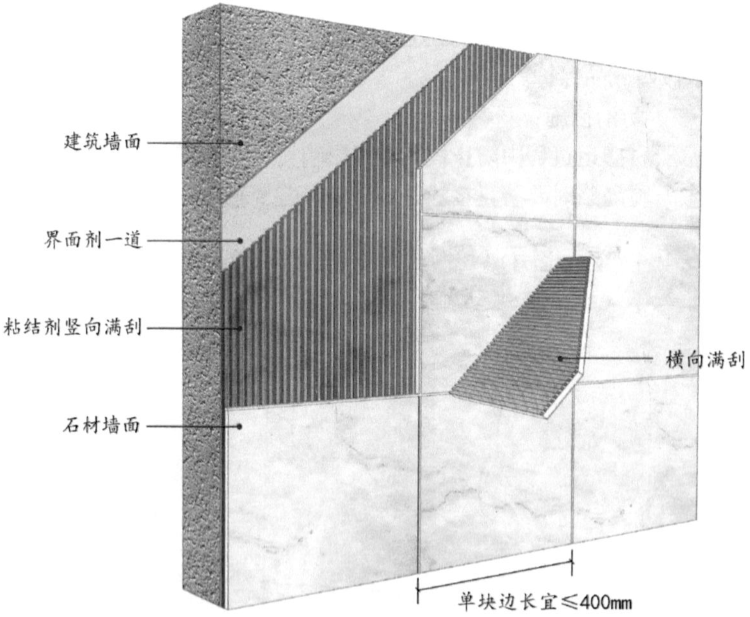

建筑墙面
界面剂一道
粘结剂竖向满刮
横向满刮
石材墙面
单块边长宜≤400mm

图 7-26　石板湿贴墙面构造

7.6.10 消耗量指标（表7-8）

石材板挂贴施工消耗量指标　单位：m^2　　表7-8

序号	名称	单位	消耗量	
			饰面石材挂贴	饰面石材粘贴
1	综合人工	工日	0.23	0.20
2	AB胶	kg	2.00	—
3	铜丝	kg	0.08	—
4	ϕ8铁件	kg	0.35	—
5	ϕ8圆钢筋	kg	1.10	—
6	水泥砂浆1：2.5（42.5）	m^3	0.06	—
7	素水泥浆（仅用于混凝土墙面）	m^3	—	—
8	水泥砂浆1：3（42.5）	m^3	—	—
9	专用胶粘剂	kg	—	15.00
10	瓷缝剂	kg	0.15	0.15
11	石材饰面板	m^2	1.02	1.02
12	工作内容	粘贴法：处理基层→排版挂线→找规矩→打底灰→石材预处理→粘贴石材。 灌浆法：处理基层→排版挂线→绑钢筋骨架→石材准备→安装石材→分层灌浆→擦缝		

装饰小百科

Decoration Encyclopedia

① 粘贴法

② 背网

③ 灌浆法

④ 分仓缝

粘贴法：在墙面和石材饰面板背面涂抹胶凝材料并将其牢固粘贴于墙面的一种施工工艺，适用于边长＜400mm，厚度＜20mm的小规格石材，粘贴高度小于1m的石材墙面。

背网：大理石背网能增强石材整体强度，经过网格布背帖后的板材在运输以及切割过程中不易破碎。石材背网常用环氧树脂、不饱和树脂作粘结剂与水泥基材料不相容，背面网层的存在会引起石材与基层粘不住，而引起脱落、起壳、空鼓等病症，因此，石材挂贴或粘贴前应将背面网层铲掉。

灌浆法：先将石材饰面板固定于钢架上，然后向钢架内部灌注胶凝材料的一种铺贴施工工艺，适用于边长＞400mm，厚度＞20mm，挂贴高度超过1m的石材墙面。

分仓缝：防止刚性混凝土变形裂缝的产生而设置的分格缝。

7.7 陶瓷板干挂施工技术标准

7.7.1 适用范围

本施工技术标准适用于一般工业与民用建筑中**陶瓷板干挂工程**。

7.7.2 作业条件

（1）有门窗的墙面须把门窗框立好，位置准确、垂直和牢固，并考虑安装时尺寸有足够的留量。

（2）穿过墙体的所有管道、线路等已全部完工，设备安装完毕。

（3）设计要求墙面饰面砖到顶的，周边吊顶应待陶瓷板安装完成后方可封板，以保证最上一行砖的施工操作空间。

7.7.3 材料要求

（1）陶瓷板：**背栓**①式瓷砖的厚度不宜小于12mm，品种、花色及规格应符合设计要求，外观光洁、方正、平整、质地坚固，无色差、缺楞掉角、暗痕裂纹等缺陷，抗折、抗拉及抗压强度等性能符合产品合格要求。

（2）五金配件：膨胀螺栓、连接角码、挂件等配套连接件、支撑件的外观应平整，不得有裂纹、毛刺、凹凸、翘曲、变形等缺陷；种类、规格、型号符合设计要求，且有出厂合格证；材质成分与制作偏差符合国家现行标准。

（3）云石胶：须出具出厂合格证和进场复试报告，并通过试验确定其适用性和使用要求。其性能及适用范围见现行行业标准《非结构承载用石材胶粘剂》JC/T 989。

（4）AB胶：挂件与板件的粘结固定应使用双组分环氧型胶粘剂，其性能应符合行业标准的要求。应有保质期限、质量证明书、国家检测部门出具的其物理力学性能检测报告等。

7.7.4 工器具要求（表7-9）

工器具要求　　表7-9

机具	电锤、手电钻、电焊机、焊枪、云石机、空压机
工具	喷壶、力矩扳手、开口扳手、**测力扳手**②、小白线
测具	激光投线仪、钢卷尺、水平尺、靠尺、方尺、线坠、墨斗

7.7.5 施工工艺流程

1. 工艺流程图（图7-27）

吊垂套方 → 排版放线 → 安装骨架 → 瓷砖钻孔 → 组装背栓 → 安装瓷砖

图7-27　陶瓷板干挂施工工艺流程图

2. 工艺流程表（表7-10）

陶瓷板干挂施工工艺流程表　　表7-10

吊垂套方	用**激光投线仪**③打出竖向控制线，弹在距阴阳角200mm位置的墙面上，以便随时校核垂直挂线的准确性；根据墙面和门窗洞口边线找规矩并在地面弹出陶瓷板饰面的完成面线
排版放线	根据施工图及陶瓷板排版分格划定竖向槽钢及水平角钢位置，并标注到墙柱与梁上。墙面主要部位排整块陶瓷板，非整块陶瓷板排到次要部位，且不能小于板边长1/3，同时注意布局的一致和对称，在墙面阴阳角和门窗洞口弹整砖控制线；上下吊直，挂双线，确保陶瓷板完成面的精确度
安装骨架	槽钢立柱通过焊接或不锈钢螺栓与预埋件连接，底层槽钢立柱安装好后，再安装上一节槽钢。立柱安装好以后，依据水平弹线进行安装角钢横梁，先将其与立柱点焊，水平调校准确后再焊牢。骨架焊接完毕经自检合格后报监理工程师检验，待隐蔽验收合格后，对所有焊缝进行防锈防腐处理。所有钢骨架、预埋件进场前都必须进行**热镀锌处理**④
排版放线	采用数控拓孔钻机配金刚石钻头，在每块陶瓷板背面四角位置分别钻孔和孔底扩孔，孔位中心距砖边80mm左右为宜，且不小于3倍板厚及2倍孔径，最大不得超过150mm；钻孔直径7mm，扩孔直径9mm，孔深要超过1/2板厚且在达到锚固要求的前提下不破坏陶瓷板面层。当钻孔造成陶瓷板孔边出现裂纹、崩边缺陷时不得使用

续表

组装背栓	陶瓷板较薄易碎，安装背栓时要轻缓。先将环氧树脂及粘接剂填满钻孔内，再将背栓置入孔口，不得敲击安装。将锚栓在无应力的状态下装入圆锥形钻孔内，再按规定的扭矩扩压，使扩压环张开并填满孔底，形成凸型结合
安装瓷板	墙体两侧拉紧水平拉丝，控制陶瓷板完成面的水平及垂直度。由主墙面开始，由下而上依次按一个方向顺序安装，尽量避免交叉作业以减少偏差，并注意板材色泽的一致性。铝合金专用挂件内需粘好橡胶衬垫，以隔绝角钢和铝合金的接触造成**电偶腐蚀**⑤，并对龙骨进行精心调平，每行陶瓷板安装完成，应做一次外形误差的调校，并以测力扳手对挂件螺栓旋紧力进行抽检复验后，进入上一行陶瓷板的干挂施工

7.7.6　过程保护要求

（1）构件储存应依照安装顺序排列，储存架应具有足够的承载力和刚度，在室外储存时应采取有效的防雨防潮措施。

（2）陶瓷板吊运及施工过程中，严禁随意碰撞板材，不得损坏、划花板材及污损板材光泽面。

（3）施工完毕拆除外脚手之前，对墙面进行保洁。拆脚手架时，要小心谨慎，防止破坏板材，确有破坏，要及时更换。

7.7.7　质量标准

1. 主控项目

（1）内容：陶瓷板的品种、规格、颜色、性能应符合设计要求及国家现行有关规定。

检验方法：观察；检查产品合格证书、进场验收记录、性能检验报告和复验报告。

（2）内容：陶瓷板孔、槽的数量、位置、尺寸应符合设计要求。

检查方法：检查进场验收记录和施工记录。

（3）内容：陶瓷板安装的预埋件（或后置埋件）、连接件的材质、数量、规格、位置、连接方式和防腐处理应符合设计要求。后置埋件的现场拉拔力应符合设计要求。陶瓷板安装应牢固。

检查方法：手扳检查；检查进场验收记录、现场拉拔检验报告、隐蔽工程验收记录和施工记录。

2. 一般项目

（1）内容：陶瓷板表面应平整、洁净、无污染、缺损和裂痕。石材表面应无泛碱等污染。

检查方法：观察。

（2）内容：陶瓷板填缝应密实、平直，宽度和深度应符合设计要求，填缝材料色泽应一致。

检查方法：观察；尺量检查。

（3）内容：陶瓷板上的孔洞应套割吻合，边缘应整齐。

检查方法：观察。

3. 允许偏差（表 7-11）

陶瓷板干挂施工允许偏差　　表 7-11

项目	允许偏差（mm）	检验方法
立面垂直度	2.0	用 2m 垂直检测尺检查
表面平整度	2.0	用 2m 靠尺和塞尺检查
阴阳角方正	2.0	用 200mm 直角检测尺检查
接缝平直度	2.0	拉 5m 线，不足 5m 拉通线，用钢直尺检查
墙裙、勒脚上口平直度	2.0	
接缝高低差	1.0	用钢直尺和塞尺检查
接缝宽度	1.0	用钢直尺检查

7.7.8　质量通病及其防治

1. 扩孔不合格

（1）原因分析：钻头稳定性差；开孔用钻头本身质量不高，长期使用未更换或未进行专业保养。

（2）防治措施：更换新的开孔钻头或定制专业开孔机具。

2. 切割方法不合理

（1）原因分析：人工切割误差大；工人操作精度不高。

（2）防治措施：选择切割经验丰富、操作精度高的操作工人进行饰面砖切割。如有必要，应委托专业厂家进行数控切割。

3. 连接方式不正确

（1）原因分析：挂件未采取物理化学双重连接方式。

（2）防治措施：

① 修订物理、化学双重连接的施工方案。

② 采用结构胶在挂设完成的瓷砖与挂件之间粘结以增强饰面砖的稳定性和牢固性。

7.7.9 构造图示（图 7-28 ～图 7-30）

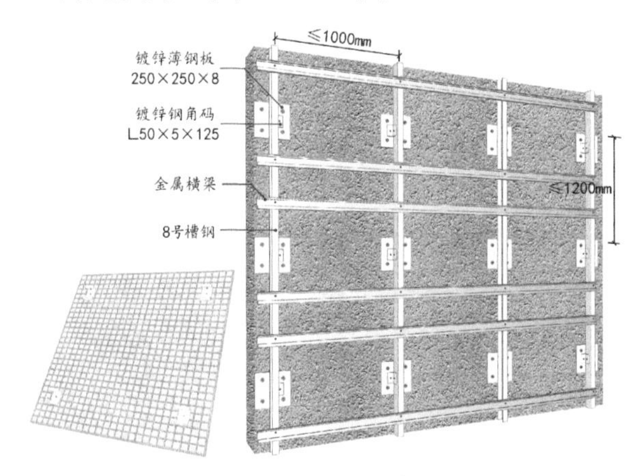

图 7-28 陶瓷板干挂骨架构造

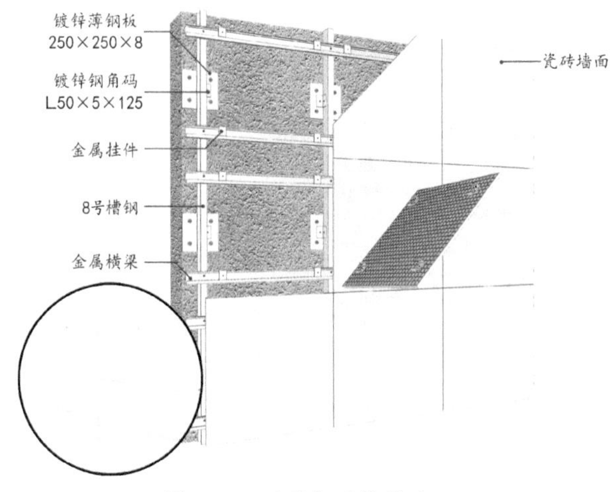

图 7-29 陶瓷板干挂构造

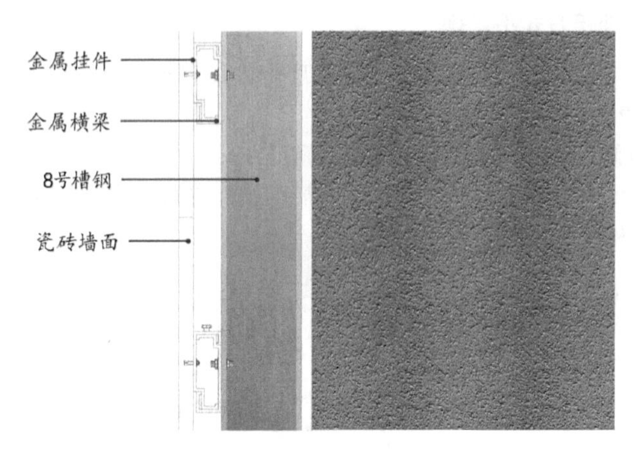

图 7-30　陶瓷板干挂侧视剖面

7.7.10　消耗量指标（表 7-12）

陶瓷板干挂施工消耗量指标　单位：m^2　**表 7-12**

序号	名称	单位	消耗量	
			饰面瓷砖挂贴	打底灰
1	综合人工	工日	0.23	0.20
2	膨胀螺栓 M8×80	个	5.52	
3	螺栓 ϕ6	个	2.76	
4	镀锌角钢 ∟40×4	kg	4.04	
5	镀锌钢角码 ∟50×5×125	kg	1.18	—
6	镀锌槽钢 8 号	kg	8.05	
7	镀锌薄钢板 250×200×8	m^2	5.20	
8	不锈钢挂件	套	6.61	
9	502 胶	瓶		1.00
10	云石胶	kg	—	0.50
11	AB 胶	kg		1.50
12	陶瓷面砖	m^2		1.35
13	工作内容	吊垂套方→排版放线→安装骨架→瓷砖钻孔→组装背栓→安装瓷砖		

① 背栓
② 测力扳手
③ 激光投线仪
④ 热镀锌处理
⑤ 电偶腐蚀

背栓：对石板、砖饰面板背面钻孔护底，使用背栓固定后连接件的一种干挂方式，其具有良好的抗震性、安全性。

测力扳手：可以显示在加力过程中实时扭力大小的扳手。具有造型美观，使用方便，精度高，性能可靠，使用寿命长等特点。

激光投线仪：又被称作是激光标线仪或激光水准仪，其实是在普通水准仪望远镜筒上安装并固定了激光装置而制成的一类测量仪器。在使用的过程中，激光投线仪通过发射激光束，使激光束通过棱镜导光系统形成激光面以投射出水平和铅垂的激光线，最终实现测量的目的。

热镀锌处理：也叫热浸锌和热浸镀锌，是将除锈后的钢构件浸入500℃左右融化的锌液中，使钢构件表面附着锌层，从而起到防腐目的的一种金属表面处理方法。

电偶腐蚀：又称接触腐蚀，即两种不同的金属相互接触而同时处于电解质中所产生的电化学腐蚀。由于它们构成自发电池，故受腐蚀的是较活泼的及作为阳极的金属。接触腐蚀通常可用电镀、涂刷涂料、加入缓蚀剂等来防止。

7.8 陶土板安装施工技术标准

7.8.1 适用范围

本施工技术标准适用于一般工业与民用建筑中**陶土板安装工程**。

7.8.2 作业条件

（1）基层墙体的接线盒、管道、管线、设备等安装工程及墙上预埋件已完工；电气穿线、测试，管路打压、试水完成并经隐蔽验收合格。

（2）设计要求墙面陶土板到顶的，周边吊顶应待陶土板安装完成后方可封板，以保证最上一行砖的施工操作空间。

7.8.3 材料要求

（1）陶土板：可根据设计要求定制尺寸，单块面积不宜大于 $0.8m^2$。陶板吸水率应小于 11%，弯曲强度不应小于 0.9MPa，并应具有相关年限的质量保证书。

（2）型钢：技术要求和性能试验方法应符合现行国家标准和行业标准的规定。表面热镀锌膜厚不小于 45μm。现场焊接处清理后须进行表面防腐防锈处理。

（3）五金配件：膨胀螺栓、连接角码、挂件等配套连接件、支撑件的外观应平整，不得有裂纹、毛刺、凹凸、翘曲、变形等缺陷；种类、规格、型号符合设计要求，且有出厂合格证；材质成分与制作偏差符合国家现行标准。

7.8.4 工器具要求（表 7-13）

工器具要求　　表 7-13

机具	电焊机、焊枪、电锤、手电钻、云石机、空压机、电动螺丝刀
工具	锤子、扳手、钳子
测具	激光投线仪、钢卷尺、水平尺、靠尺、方尺、塞尺、线坠、墨斗

7.8.5 施工工艺流程

1. 工艺流程图（图 7-31）

测量放线 → 安装角码 → 安装竖骨 → 安装横梁 → 挂陶土板 → 处理板缝

图 7-31 陶土板安装施工工艺流程图

2. 工艺流程表（表 7-14）

陶土板安装施工工艺流程表　　表 7-14

测量放线	清理墙柱基层，进行吊直、套方、找规矩。根据图纸分格，结合现场尺寸与**陶土板**[①]规格进行深化排版，在墙体基层上弹出水平与垂直控制线，并分别弹出后置**角码**[②]及主次龙骨分档位置
安装角码	根据角码位置钻孔，成孔要求与墙面垂直，成孔后采用空压机清孔并放入膨胀螺栓，将 50×50×5 角码与墙体连接，检查并调整垂直度后紧固
安装竖骨	用螺栓将竖向龙骨固定在角码连接件上，测量龙骨完成面后拉通线控制竖向龙骨的离墙距离，同时调节竖向龙骨的垂直度，力求竖向龙骨垂直且在同一平面
安装横梁	依据排版图分格及现场放线，将金属横梁固定到竖向龙骨的挂点位置，调整水平及标高后紧固
挂陶土板	拉双线控制陶土板完成面的水平、垂直与平整度，并依次自下而上完成整个墙面的安装。先将分缝橡胶条安装在横梁连接件上，用挂件插入到陶土板背面的预留槽内固定，两者之间须垫柔性垫片。再将安装好挂件的**陶土板单元体**[③]挂在横梁连接件上，通过挂件螺栓顶杆调节陶土板的平整度和垂直度
处理板缝	陶土板墙面可以留**自然缝**[④]，也可以使用密封胶条进行密封或填塞**泡沫棒**[⑤]后灌注耐候密封胶

7.8.6 过程保护要求

（1）骨架施工中应保证已安装项目不受损坏，墙内管线及附墙设备不得扰动、错位及损伤。

（2）龙骨及陶土板入场、存放、使用过程中应妥善保管，保证不变形、不受潮、不污染、不损坏。

（3）已安装好的墙体不得碰撞，保持墙面不受损坏和污染。

7.8.7 质量标准

1. 主控项目

（1）内容：陶土板墙面龙骨骨架施工质量验收应符合现行国家标准《建筑装饰装修工程质量验收规范》GB 50210 中相关规定。

检验方法：检查相关施工记录。

（2）内容：陶土板水平切割尺寸允许偏差不大于 ±2mm；45°斜角倒边时，允许偏差不大于 ±1.5mm，出刀口边缘距陶板正面 4～5mm。

检验方法：观察；尺量检查。

（3）内容：相邻两个横向连接件水平标高偏差不应大于 1mm；同层标高偏差不应大于 5mm。

检验方法：观察；尺量检查。

（4）内容：陶土板、窗洞口位置采用陶土板收口，预留 40～60mm 宽间距确保收口的需要。

检验方法：观察；尺量检查。

2. 一般项目

（1）内容：胶缝应横平竖直，表面光泽无污染。

检验方法：观察。

（2）内容：陶土板表面应平整，用肉眼观察时不应有变形、波纹或局部压砸等缺陷。

检验方法：观察。

（3）内容：陶土板墙面分格装饰条和收边、收角金属框应横平竖直，造型符合设计要求。

检验方法：观察。

3. 允许偏差（表 7-15）

陶土板安装施工允许偏差　　表 7-15

项目	允许偏差（mm）	检验方法
墙面高度不大于 30m 时垂直度	≤ 10.0	激光投线仪
表面平整度	≤ 2.0	用 2m 靠尺和塞尺检查

续表

项目	允许偏差（mm）	检验方法
立面垂直度	≤ 2.0	用 2m 垂直检测尺检查
接缝直线度	≤ 2.0	拉 5m 线，不足 5m 拉通线，用钢直尺检查
接缝宽度	±3.0	用钢直尺检查
接缝高低差	≤ 3.0	用钢直尺和塞尺

7.8.8 质量通病及其防治

1. 接缝不平，横竖缝不齐

（1）原因分析：竖龙骨安装不平整；金属横梁安装不规范，水平度不够；挂件未采用标准配套挂件。

（2）防治措施：

① 挂板前对龙骨安装进行检查，保证其安装的平整度达到技术要求误差范围内。

② 对陶土板的尺寸进行检查，不标准的规格不能使用。

③ 采用标准的配套挂件，并保证挂件及横梁的生产均为标准件。

2. 墙面不平整，收边收口不整齐

（1）原因分析：竖向龙骨安装不标准；窗口、转角收口板的切角不标准。

（2）防治措施：

① 对收口板材如需切边或切角的，选用标准的设备来加工，加工保证尺寸的准确性与边角直线度。

② 在安装时，对不能满足平整度要求的龙骨要采取加补连接件来进行校正，校正并经验收合格方可进入下一道工序。

7.8.9 构造图示（图 7-32、图 7-33）

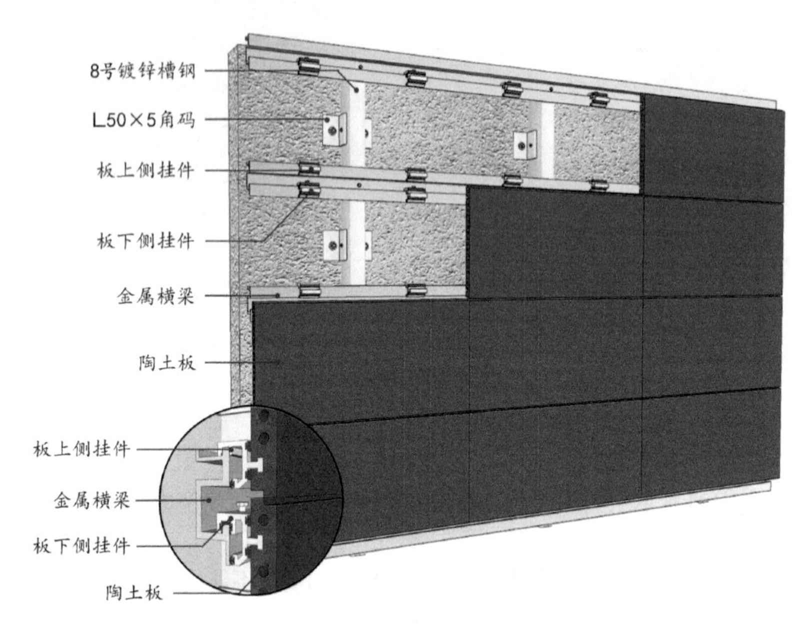

图 7-32 陶土板墙面构造

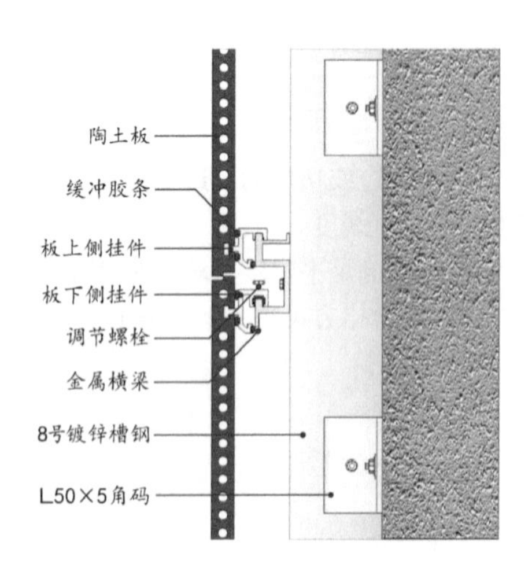

图 7-33 陶土板侧视剖面

7.8.10 消耗量指标（表 7-16）

陶土板安装施工消耗量指标 单位：m^2 **表 7-16**

序号	名称	单位	消耗量	
			饰面石材挂贴	饰面石材粘贴
1	综合人工	工日	0.23	0.79
2	膨胀螺栓 M8×80	个	1.67	
3	螺栓 φ6	个	0.84	
4	镀锌钢角码 ∟50×5×125	kg	1.18	—
5	镀锌槽钢 8 号	kg	8.05	
6	铝合金配套横梁	kg	1.43	
7	不锈钢挂件	套	6.61	
8	陶土板	m^2	—	1.02
9	工作内容	测量放线→安装角码→安装竖骨→安装横梁→挂陶土板→处理板缝		

装饰小百科
Decoration Encyclopedia

① 陶土板
② 角码
③ 陶土板单元体
④ 自然缝
⑤ 泡沫棒

陶土板：又称陶板，是以天然陶土为主要原料，不添加任何其他成分，经过高压挤出成型、低温干燥并经过1200～1250℃的高温烧制而成的装饰材料，具有绿色环保、无辐射、色泽温和、不会带来光污染等特点。

角码：是连接90°直角相交构件的五金件，随着非直角连接需要，也出现了用途类似的直条角码。角码常用于装饰工程及家具装配。除了成品熟料角码外，工程中常用角钢根据需要长度制成直角角码。

陶土板单元体：是指由陶土板与支承框架在工厂预制成完整的墙面基本单位，可直接安装于支承结构上。

自然缝：不做任何修饰，在安装中自然留下来的缝隙。

泡沫棒：可压缩的、有弹性的聚乙烯发泡产品，主要用来填缝。常和灰浆、密封胶、填缝料配合使用，气密性好，不吸水。

7.9 木板饰面安装施工技术标准

7.9.1 适用范围

本施工技术标准适用于一般工业与民用建筑中**木板饰面安装工程**。

7.9.2 作业条件

（1）安装场所必须干燥，空气最大湿度应控制在 40% ～ 60% 范围内，最低温度不低于 10℃。

（2）基层墙体的接线盒、管道、管线、设备等安装工程及墙上预埋件已完工；电气穿线、测试，管路打压、试水完成并经隐蔽验收合格。

（3）设计要求墙面木板饰面到顶的，周边吊顶应待木板饰面安装完成后方可封板，以保证木板饰面上部的施工操作空间。

（4）木制品拆除部分包装后须在待安装场所内放置 48h，以便其适应室内环境而定型。

7.9.3 材料要求

（1）**木板饰面**①：品种、规格、纹理、颜色和吸声性能符合设计要求。

（2）木龙骨：宜采用红松或白松木方条，含水率应小于 12%，并不能有腐朽、节疤、劈裂、扭曲等弊病。

（3）轻钢龙骨：应符合现行国家标准《建筑用轻钢龙骨》GB 11981 的规定。双面镀锌量不少于 $120g/m^2$。应平整、光滑、无变形、锈蚀。最大弹性形变量≤ 10mm，塑形变形量≤ 2mm。

（4）五金配件：膨胀螺栓、挂件等配套连接件、支撑件的外观应平整，不得有裂纹、毛刺、凹凸、翘曲、变形等缺陷；种类、规格、型号符合设计要求，且有出厂合格证；材质成分与制作偏差符合国家现行标准。

7.9.4 工器具要求（表 7-17）

工器具要求　　表 7-17

机具	电锯、电刨、气钉枪、空压机、电动螺丝刀
工具	锤子、扳手、凿子、斧子、手锯、手刨、冲子、扁铲、胶刷
测具	激光投线仪、钢卷尺、水平尺、靠尺、方尺、角尺、线坠、墨斗

7.9.5 施工工艺流程

1. 工艺流程图（图 7-34）

防潮处理 → 定位弹线 → 安装龙骨 → 铺钉底板 → 安装木板饰面

图 7-34　木板饰面安装施工工艺流程图

2. 工艺流程表（表 7-18）

木板饰面安装施工工艺流程表　　表 7-18

防潮处理	临近卫生间及其他有防潮要求的墙面，施工前须对基层涂装两道**水柏油**[②]，或在钉装龙骨时同时铺设防水卷材
定位弹线	对空间四周墙面进行吊垂直、套方正、找规矩。结合现场与图纸，在墙基层上弹出龙骨分档线，并弹出墙面完成面线及各构造层标识线。基层作业方与木板饰面供应方对现场放线尺寸进行书面确认，并作为基层施工及木板饰面深化生产的依据
安装龙骨	通过膨胀螺栓将U形安装夹或角码固定在墙基层上。竖向主龙骨与安装角码连接，间距不大于600mm，横向副龙骨间距不大于400mm。安装时随时校核龙骨的垂直、平整，并保证龙骨完成面与原放线位置相符。如设计有要求，同时在龙骨间隙位置填充玻璃丝棉或岩棉等吸声与防火材料
铺钉底板	如木板饰面厚度小于9mm时，须在龙骨上增加厚度不低于9mm的**阻燃多层夹板**[③]（潮湿地区可选用**玻镁板**[④]）打底。打底板与龙骨连接禁止单纯采用枪钉，须采用自攻螺钉固定，钉距与板边钉距分别不大于300mm与200mm，螺钉距板边缘距离应在10～15mm范围内。打底板之间拼接应错缝并留2～3mm膨胀缝隙为宜，木质打底板不得直接落地，须与地面留置20mm间隙防潮

续表

安装木板饰面	木板饰面成品板生产完成后须在工厂进行试拼，对板块尺寸、接缝接头、木纹色差、油漆观感等进行复核。如采用**干挂**[5]，须采用专用配件将木板饰面板块从下而上、从左到右顺序安装，板块之间企口**榫接**[6]；如采用**钉粘**[7]，则对木板饰面背面涂胶，并沿面板企口及板槽处用射钉固定在打底板上，射钉间距100mm且均匀排布。铺钉时禁止破损木板饰面见光面

7.9.6 过程保护要求

（1）堆放区域不得与动火作业交叉施工，与邻近照明等电器进行隔离，现场禁止吸烟。包装纸皮严禁现场堆放，当日清场。

（2）堆放时应在下方垫不低于100mm方木，不得靠幕墙窗边堆放。

（3）安装完成后用保护膜进行成品保护，阳角用“L”形护角保护。

7.9.7 质量标准

1. 主控项目

（1）内容：木板的品种、规格、颜色和性能应符合设计要求及国家现行标准的有关规定。木龙骨、木饰面板的燃烧性能等级应符合设计要求。

检验方法：观察；检查产品合格证书、进场验收记录、性能检测报告和复试报告。

（2）内容：木板安装工程中的龙骨、连接件的材质、数量、规格、位置、连接方式和防腐处理应符合设计要求。木板安装应牢固。

检验方法：手扳检查；检查进场验收记录、隐蔽工程验收记录和施工记录。

2. 一般项目

（1）内容：木板表面应平整、洁净、色泽一致、无裂痕和缺损。

检验方法：观察。

（2）内容：木板接缝应平直，宽度应符合设计要求。

检验方法：观察、尺量检查。

（3）内容：木板上的孔洞应套割吻合，边缘应整齐。

检验方法：观察。

3. 允许偏差（表 7-19）

木板饰面安装施工允许偏差　　表 7-19

项目	允许偏差（mm）	检验方法
立面垂直度	2.0	用 2m 垂直检测尺检查
表面平整度	1.0	用 2m 靠尺和塞尺检查
阴阳角方正	2.0	用 200mm 直角检测尺检查
接缝直线度	2.0	拉 5m 线，不足 5m 拉通线，用钢直尺检查
墙裙、勒脚上口直线度	2.0	拉 5m 线，不足 5m 拉通线，钢直尺检查
接缝高低差	1.0	用钢直尺和塞尺检查
接缝宽度	1.0	用钢直尺检查

7.9.8　质量通病及其防治

1. 木饰面板面色差

（1）原因分析：

① **木皮**[8]选购过程中，选皮不当，色差较大。

② 木皮运输，储藏过程中未注意温度、湿度及光照对木皮的影响。

③ 贴皮过程中质量控制不严。

④ 油漆着色、修色控制不到位。

（2）防治措施：

① 木皮采购时要注意对色，并考虑有气候的色差，尽量选择同一批木皮或同一棵树刨切的木皮。

② 普通单板储存的室内空间应保持阴凉，相对湿度为 65%，使单板含水率不应低于 12%，室内应避免阳光直射引起单板变色。易变色或发霉单板应在 5℃以下的环境内保存，且用黑色聚氯乙烯薄膜包封，以免发霉或腐朽。

③ 木皮热压前要选皮排版，再次确保木皮的纹路和颜色相同或自然过渡。

④ 油漆上色时，要求同一个人统一调色、着色。

⑤ 产品包装前，同一个空间或区域按安装部位摆放，统一检查，如发现有色差再次修正。

2. 木饰面板面翘曲

（1）原因分析：

① 原始墙面垂直和平整度超出允许偏差，且后期未对龙骨的垂直偏差和平整度进行调整。

② 木饰面加工过程中未能平衡板材的收缩变形应力。

③ 材料在堆放过程中未做好保护措施；施工中未剔除不合格板材。

（2）防治措施：

① 在安装饰面板时，先检查墙面垂直偏差和平整度，如超出允许偏差时，调整龙骨后再安装。

② 木饰面加工中背面加贴平衡纸或杂木皮及刷油漆，以平衡板材的收缩变形应力。

③ 木饰面在存放及施工过程中要控制湿度，板材尽量竖直侧放，平放时底部垫材间距合理。施工过程中要将变形、翘曲板材剔出。

7.9.9 构造图示（图 7-35 ～图 7-39）

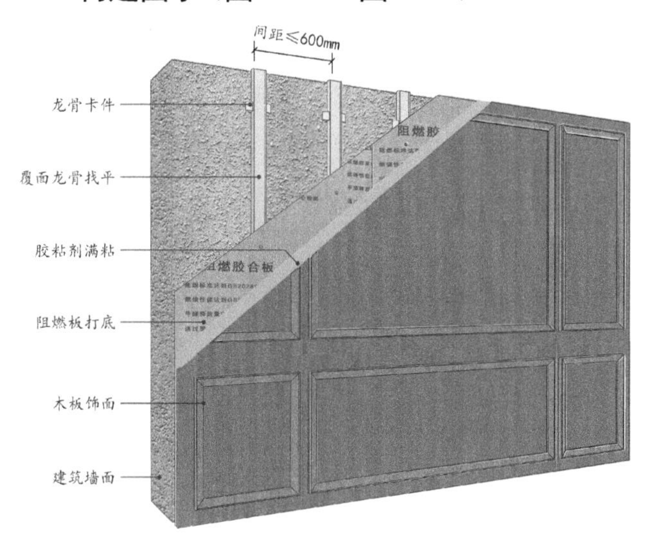

图 7-35 木板饰面胶粘构造

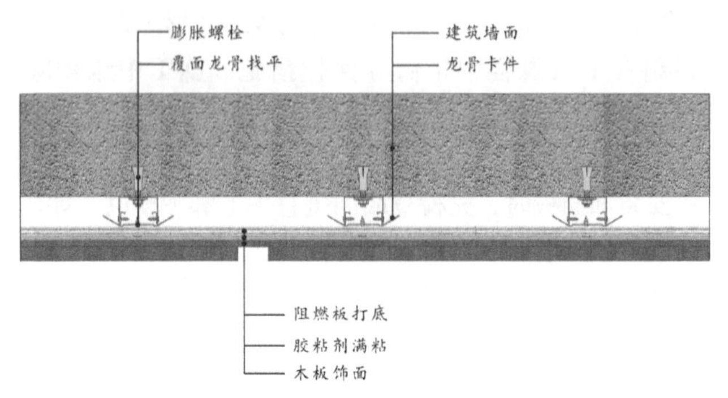

图 7–36　木板饰面胶粘节点

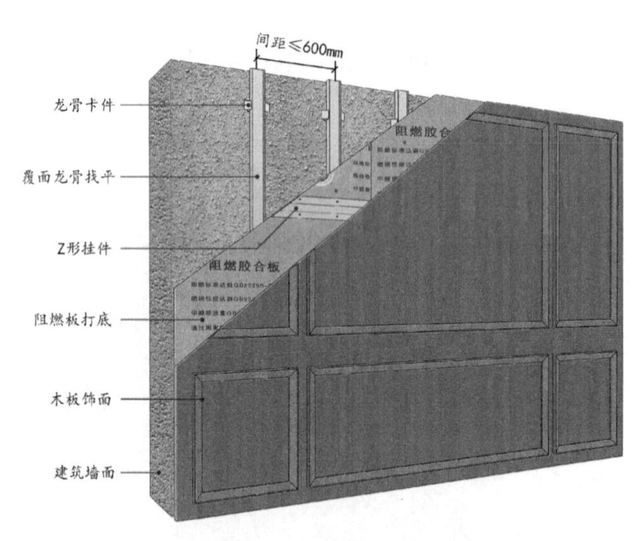

图 7–37　木板饰面干挂构造

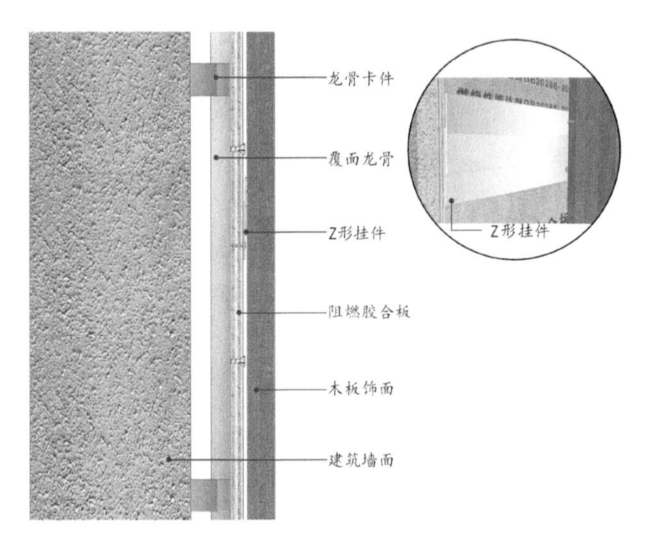

图 7-38　木板饰面干挂节点

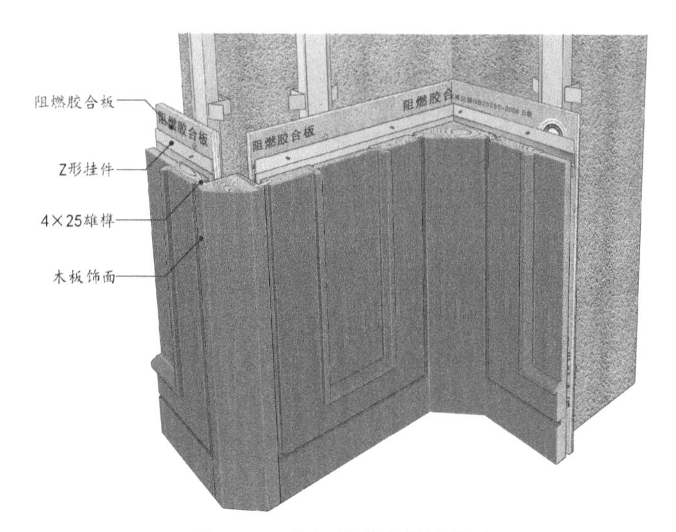

图 7-39　木板饰面块接缝构造

7.9.10 消耗量指标（表7-20）

木板饰面安装施工消耗量指标 单位：m^2 表7-20

序号	名称	单位	消耗量	
			轻钢龙骨墙面基层	木饰面板安装
1	综合人工	工日	0.17	0.13
2	膨胀螺栓 M8×80	套	1.67	—
3	U形安装卡件	个	1.67	
4	轻钢竖龙骨 75×40	m	1.20	
5	自攻螺钉 M3.5×25	个	23.00	
6	阻燃胶合板	m^2	1.05	
7	玻璃胶	kg	—	0.38
8	成品木板饰面	m^2		1.10
9	工作内容	防潮处理→定位弹线→安装龙骨→铺钉底板→安装木板饰面		

装饰小百科
Decoration Encyclopedia

① 木板饰面
② 水柏油
③ 阻燃多层夹板
④ 玻镁板
⑤ 干挂
⑥ 榫接
⑦ 钉粘
⑧ 木皮

木板饰面：以人造木板为基层，按设计要求选择单板，经工厂化加工制作而成的各类装饰面板，俗称“成品木饰面”。

水柏油：一般指乳化沥青，主要成分为沥青、乳化剂、稳定剂和水，可以用于防水。

阻燃多层夹板：由木段旋切成单板或由木方刨切成薄木，对单板进行阻燃处理，使其阻燃性能达到B级以上，再用胶粘剂胶合而成的三层或多层的板状材料。通常用奇数层单板，并使相邻层单板的纤维方向互相垂直胶合而成。

玻镁板：俗称氧化镁板，是以氧化镁、氯化镁、水经配置和加改性剂而制成的，通过中碱性玻纤网、轻质填充材料制成的新型不燃性装饰材料。具有防火、防水、无味、无毒、不冻、不腐、不裂、不变、不燃、高强质轻、施工方便、使用寿命长等特点。

干挂：通过金属挂件将饰面板材直接吊挂于墙面或空挂于钢架之上的一种施工工艺。

榫接：两块材料一个做出榫头，一个做出榫眼，两个嵌合一起，靠材料间咬合与摩擦将两块材料固定在一起的一种结合方式。

钉粘：通过胶粘剂与螺钉相结合的方式将饰面板固定在墙面打底层的一种安装工艺。

木皮：用旋切、刨切或锯制方法加工成的用于表面装饰的木质薄片状材料。

7.10 金属板安装施工技术标准

7.10.1 适用范围

本施工技术标准适用于一般工业与民用建筑中**金属板安装工程**。

7.10.2 作业条件

（1）基层墙体的接线盒、管道、管线、设备等安装工程及墙上预埋件已完工；电气穿线、测试，管路打压、试水完成并经隐蔽验收合格。

（2）设计要求墙面金属板到顶的，周边吊顶应待饰面板安装完成后方可封板，以保证金属板上部的施工操作空间。

7.10.3 材料要求

（1）金属饰面板：铝单板、蜂窝铝板、冲孔铝单板、瓦楞复合铝板、搪瓷钢板等材料的品种、防腐、规格、形状、平整度、几何尺寸、光洁度、颜色和图案须符合设计要求。板材表面清洁，色泽均匀。不应有皱纹、裂纹、起皮、腐蚀斑点、气泡、电灼伤、流痕、发黏以及膜（涂）层脱落等缺陷。

（2）型材：技术要求和性能试验方法应符合现行国家标准和行业标准的规定。表面热镀锌膜厚不小于 45μm。现场焊接处清理后须进行表面防腐防锈处理。

（3）密封胶：应采用同一牌号和同一批号的中性硅酮结构密封胶，其性能须符合现行国家标准《建筑用硅酮结构密封胶》GB 16776 的规定，并有保质年限的质量证书，严禁使用过期产品。

（4）五金配件：膨胀螺栓、连接角码、挂件等配套连接件、支撑件的外观应平整，不得有裂纹、毛刺、凹凸、翘曲、变形等缺陷；种类、规格、型号符合设计要求，且有出厂合格证；材质成分与制作偏差符合国家现行标准。

7.10.4 工器具要求（表 7-21）

工器具要求　　表 7-21

机具	电焊机、焊枪、电锤、电锯、手电钻、气钉枪、空压机、砂轮机、电动螺丝刀
工具	锤子、扳手、钳子、胶刷
测具	激光投线仪、钢卷尺、水平尺、靠尺、角尺、塞尺、线坠、墨斗

7.10.5 施工工艺流程

1. 工艺流程图（图 7-40）

测量套方 → 排版放线 → 后置埋件 → 安装竖骨 → 安装挂梁 → 安装面板 → 处理板缝

图 7-40　金属板安装施工工艺流程图

2. 工艺流程表（表 7-22）

金属板安装施工工艺流程表　　表 7-22

测量套方	为了满足金属板高精度的施工要求、消除土建施工误差，须由基准轴线和水准点重新测量，以校正复核建筑水平基准线。对空间进行吊直、套方、找规矩，弹出垂直与水平控制线，同时将墙面阴阳角竖向控制线弹在距墙角 200mm 的两侧墙面上，以便随时复核垂直挂线
排版放线	根据图纸分格，结合现场尺寸与金属板规格进行深化排版，在墙体基层上弹出后置埋件、竖向主龙骨、横向副龙骨位置。联合金属板深化人员现场校核后绘制加工图纸
后置埋件	复核排版图与现场放线，确定埋件的中心点位置无误后，按各锚栓位置钻孔，成孔要求与基层面垂直，孔径、深度符合锚固要求，成孔后空压机清孔并保持孔内干燥。根据设计要求安装膨胀螺栓（或**化学药栓**①），将后置角码固定件安装紧固后并在规定时间内**拉拔试验**②
安装竖骨	竖向龙骨和角码固定件采用螺栓固定，如材质不同，两者接触处要加设**尼龙衬垫**③隔离防止**电偶腐蚀**④。拉通线控制竖向龙骨的离墙距离，同时调节竖向龙骨的垂直度与间距
安装挂梁	根据金属板的挂点位置，将配套挂梁采用螺钉固定在竖向龙骨上，相邻两根挂梁的水平标高偏差不大于 1mm，调整水平标高及水平度后紧固

续表

安装面板	由下而上安装金属面板，避免交叉作业。将面板上的挂钩扣在挂梁上，调整位置确保上下左右的偏差不大于1.5mm。安装完毕，在易于被污染的部位，用塑料薄膜覆盖保护
处理板缝	一般采用配套**嵌缝板**[5]构造，或采用密封胶嵌缝方式。面板安装完成后将板面四周的保护膜撕开，在板缝两侧贴上单面胶带纸，将填充橡胶条塞入板缝内并均匀灌注耐候密封胶

7.10.6 过程保护要求

（1）二次搬运时，不允许发生碰撞变形，轻拿轻放，人工搬运时支垫平稳，防止滑动倾倒；垂直运输时，缓吊慢运。

（2）金属饰面板的保护膜应在安装完成后才可揭去，同时注意保护膜胶粘成分的有效期。避免任何尖锐的物体直接打击板面或高强度压迫接触。

（3）运输和安装其他设备时，应确保设备与金属板墙面有足够的距离，避免产生擦碰和撞击。

（4）与金属板墙面相邻的活动部件，应装有柔性缓冲装置，以避免活动部分直接撞击金属板表面。

7.10.7 质量标准

1. 主控项目

（1）内容：金属板的品种、规格、颜色和性能应符合设计要求及国家现行标准的有关规定。

检验方法：观察；检查产品合格证书、进场验收记录和性能检测报告。

（2）内容：金属板安装工程的龙骨、连接件的材质、数量、规格、位置、连接方法和防腐处理应符合设计要求。饰面板安装必须牢固。

检验方法：手扳检查；检查进场验收记录、隐蔽工程验收记录和施工记录。

（3）内容：外墙金属板的防雷装置应与主体结构防雷装置可靠接通。

检验方法：检查隐蔽工程验收记录。

2. 一般项目

（1）内容：金属板表面应平整、洁净 、色泽一致。

检验方法：观察。

（2）内容：金属板接缝应平直，宽度应符合设计要求。

检验方法：观察；尺量检查。

（3）内容：金属板的孔洞应套割吻合，边缘应整齐。

检验方法：观察。

3. 允许偏差（表 7-23）

金属板安装施工允许偏差　　表 7-23

项目	允许偏差（mm）	检验方法
立面垂直度	2.0	用 2m 垂直检测尺检查
表面平整度	3.0	用 2m 靠尺和塞尺检查
阴阳角方正	3.0	用直角检测尺检查
接缝直线度	2.0	拉 5m 线，不足 5m 拉通线用钢直尺检查
墙裙勒脚上口直线度	2.0	拉 5m 线，不足 5m 拉通线用钢直尺检查
接缝高低差	1.0	用钢直尺和塞尺检查
接缝宽度	1.0	用钢直尺检查

7.10.8　质量通病及其防治

1. 板面不平整、接缝不齐平

（1）原因分析：

① 龙骨与连接码件完成面不平整。

② 金属板面本身不平整。

（2）防治措施：

① 确保连接件的固定，应在码件固定时放通线定位，且在上板前核对供应商提供的产品编号。

② 严格检查面板的质量，板面不平不上墙。

2. 密封胶开裂

（1）原因分析：

① 注胶部位不洁净。

② 胶缝深度过大，造成三面粘结。

③ 胶未完全固结前受到污染或损伤。

（2）防治措施：

① 充分清洁板材间缝隙（尤其是粘结面），并加以干燥。

② 在较深的胶缝中充填聚氯乙烯发泡材料（小圆棒），使胶形成两面粘结，保证嵌缝深度。

③ 确保胶固结前不受挠动。

7.10.9 构造图示（图 7-41 ～图 7-51）

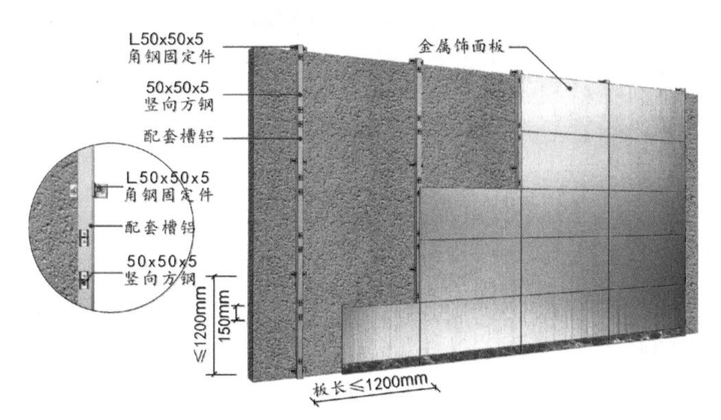

图 7-41 金属板饰面墙面构造

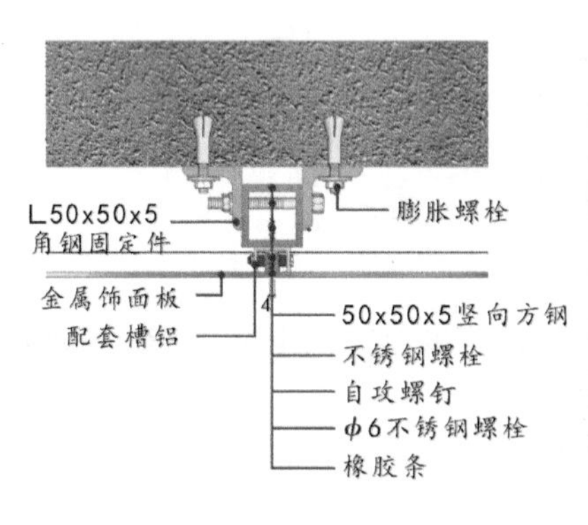

图 7-42 金属板饰面墙面俯视剖面图

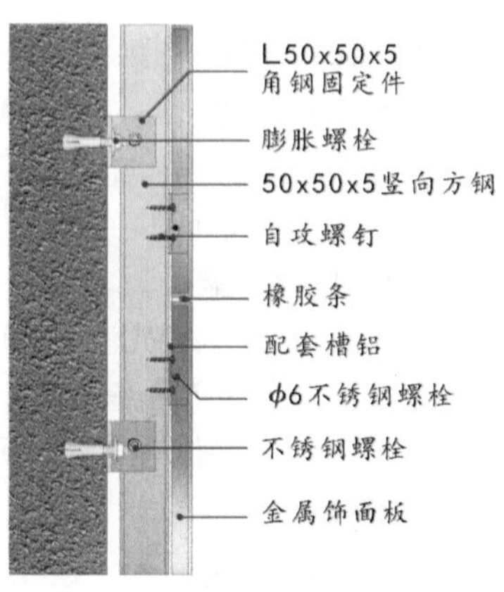

图 7-43 金属板饰面墙面侧视剖面

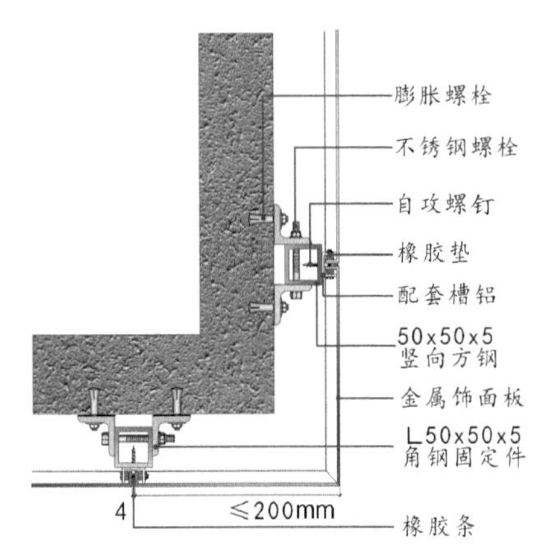

图 7-44 金属板墙面阳角构造

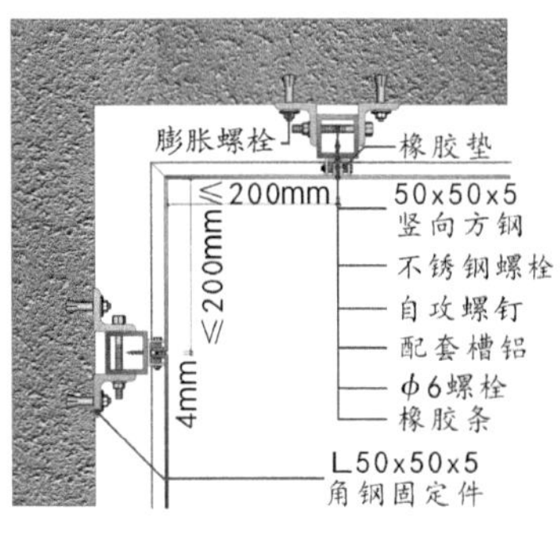

图 7-45 金属板墙面阴角构造

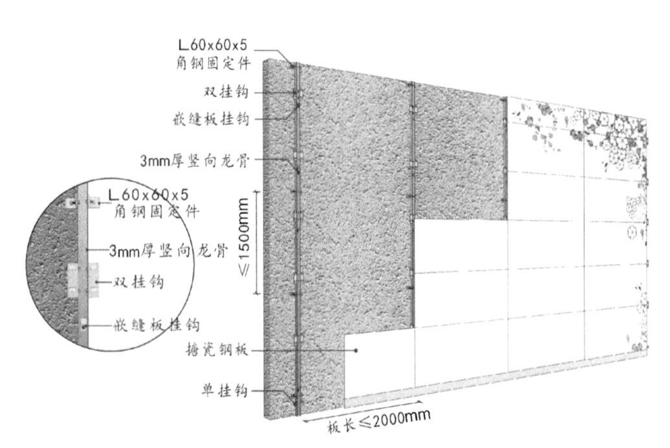

图 7-46 搪瓷钢板饰面墙面构造

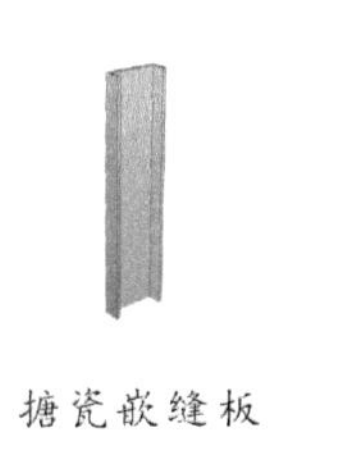

搪瓷嵌缝板

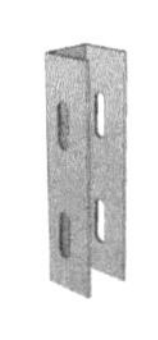

3mm厚竖向龙骨

双挂钩

单挂钩

图 7-47 搪瓷钢板挂配件

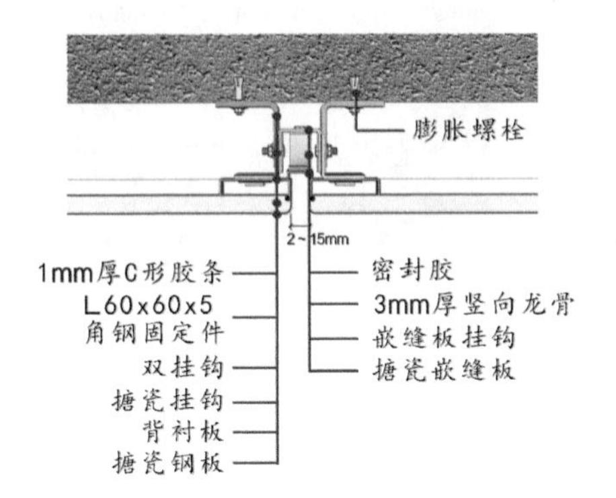

图 7-48 搪瓷钢板饰面俯视剖面

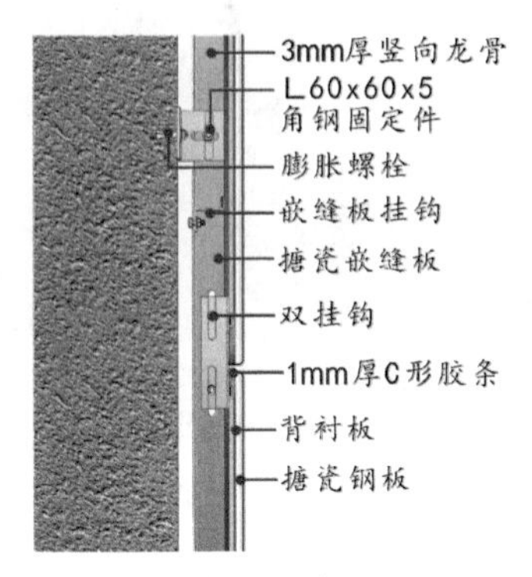

图 7-49 搪瓷钢板饰面侧视剖面

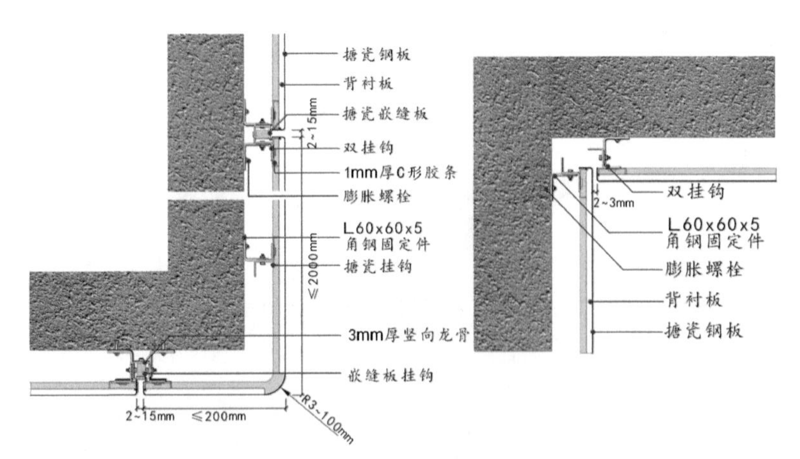

图 7-50 搪瓷钢板墙面阳角构造

图 7-51 搪瓷钢板墙面阴角构造

7.10.10 消耗量指标（表 7-24）

金属板安装施工消耗量指标 单位：m² **表 7-24**

<table>
<tr><th rowspan="2">序号</th><th rowspan="2">名称</th><th rowspan="2">单位</th><th colspan="2">消耗量</th></tr>
<tr><th>龙骨墙面基层</th><th>金属饰面</th></tr>
<tr><td>1</td><td>综合人工</td><td>工日</td><td>0.17</td><td>0.13</td></tr>
<tr><td>2</td><td>膨胀螺栓 M8×80</td><td>套</td><td>1.50</td><td></td></tr>
<tr><td>3</td><td>∟50×50×5 角钢</td><td>套</td><td>1.50</td><td>—</td></tr>
<tr><td>4</td><td>50×50×5 竖向方钢</td><td>kg</td><td>16.35</td><td></td></tr>
<tr><td>5</td><td>配套铝槽</td><td>个</td><td>5.56</td><td></td></tr>
<tr><td>6</td><td>自攻螺钉 M3.5×25</td><td>个</td><td>11.11</td><td>—</td></tr>
<tr><td>7</td><td>不锈钢螺栓 φ6</td><td>套</td><td>6.31</td><td></td></tr>
<tr><td>8</td><td>橡胶条</td><td>m</td><td rowspan="2">—</td><td>2.75</td></tr>
<tr><td>9</td><td>金属饰面</td><td>m²</td><td>1.03</td></tr>
<tr><td>10</td><td>工作内容</td><td colspan="3">测量套方→排版放线→后置埋件→安装竖骨→安装挂梁→安装面板→处理板缝</td></tr>
</table>

装饰小百科
Decoration Encyclopedia

① 化学药栓
② 拉拔试验
③ 尼龙衬垫
④ 电偶腐蚀
⑤ 嵌缝板

化学药栓：由乙烯基树脂为主体原料的高强度锚栓，主要通过特制的化学粘结剂，将螺杆胶结固定于混凝土基材钻孔中，以实现对固定件锚固的一种复合件。

拉拔试验：现场检测后置埋件抗拉拔力学性能的一种试验。

尼龙衬垫：以高分子物质为主原料加工而成的衬垫，具有优异的绝缘、耐腐蚀、隔热和非磁性能，重量轻。

电偶腐蚀：又称接触腐蚀，即两种不同的金属相互接触而同时处于电解质中所产生的电化学腐蚀。由于它们构成自发电池，故受腐蚀的是较活泼的及作为阳极的金属。接触腐蚀通常可用电镀、涂刷涂料、加入缓蚀剂等来防止。

嵌缝板：用来填充相邻金属板间工艺缝隙的收口嵌缝板。

7.11 玻璃装饰板安装施工技术标准

7.11.1 适用范围

本施工技术标准适用于一般工业与民用建筑中**玻璃装饰板／镜面安装工程**。

7.11.2 作业条件

（1）基层墙体的安装工程、管线、设备等施工完成并隐蔽验收合格。

（2）设计要求墙面饰面板到顶的，周边吊顶应待饰面板安装完成后方可封板，以保证玻璃／镜面上部的施工操作空间。

7.11.3 材料要求

（1）**玻璃装饰板**①／镜面：品种、规格、性能、图案和颜色应符合设计要求及国家现行标准的规定。

（2）阻燃板：板材尺寸应符合规范，厚薄均匀且应在4mm以上，板型挺直。无刺鼻性气味，甲醛释放量符合现行国家标准《室内装饰装修材料人造板及其制品中甲醛释放限量》GB 18580的规定。

（3）型材：技术要求和性能试验方法应符合国家现行标准和行业标准规定。表面热镀锌膜厚不小于45μm。现场焊接处清理后须进行表面防腐防锈处理。

（4）五金配件：须符合现行国家标准，非标准五金件还应符合设计要求并应有出厂合格证。

7.11.4 工器具要求（表7-25）

工器具要求 表7-25

机具	电焊机、焊枪、电锯、电锤、手电钻、气钉枪、空压机、电动螺丝刀
工具	锤子、扳手、玻璃刀、玻璃吸盘
测具	激光投线仪、钢卷尺、水平尺、靠尺、角尺、塞尺、线坠、墨斗

7.11.5 施工工艺流程

1. 工艺流程图（图 7-52）

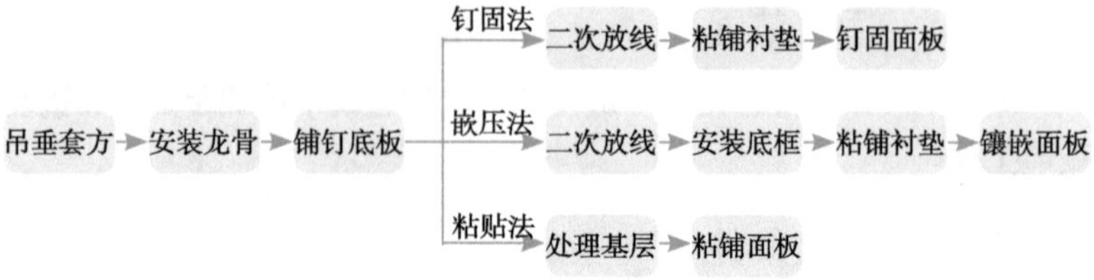

图 7-52 玻璃装饰板安装施工工艺流程图

2. 工艺流程表（表 7-26）

玻璃装饰板安装施工工艺流程表 表 7-26

工序	内容
吊垂套方	清理墙柱面基层，对空间四周墙面进行吊垂直、套方正、找规矩。结合现场与图纸，在墙基层弹出水平控制线、竖向控制线及主龙骨分档线与墙面完成面线
安装龙骨	通过膨胀螺栓将U形安装夹或角码固定在墙基层上。竖向主龙骨与安装角码连接，间距不大于600mm，横向副龙骨间距不大于400mm。安装时，随时校核龙骨的垂直、平整，并保证龙骨完成面与原放线位置相符。如设计有要求，同时在龙骨间隙位置填充**玻璃丝棉**[2]或**岩棉**[3]等吸声与防火材料
铺钉底板	玻璃/镜面装饰一般宜在龙骨上增加厚度不低于9mm的阻燃多层夹板（潮湿地区可选用玻镁板）打底。打底板与龙骨连接禁止单纯采用枪钉，须采用自攻螺钉固定，钉距与板边钉距分别不大于300mm与200mm。打底板之间拼接应错缝并留2～3mm膨胀缝隙为宜，木质打底板不得直接落地，须与地面留置20mm间隙防潮

(1) 钉固法

工序	内容
二次放线	根据玻璃/镜面规格排版在打底层弹线，并标出安装孔位。按选用的螺钉尺寸钻孔，孔径以小于螺钉端头直径3mm为宜
粘铺衬垫	为了缓冲由于基层变形造成玻璃/镜面破损，须在两者间加铺一层薄**毛毡**[4]或**海绵**[5]的弹性体衬垫材料，厚度以2～3mm，尺寸以小于玻璃/镜面10～15mm为宜，以便玻璃/镜面安装后，用嵌缝膏封闭周边
钉固面板	将塑料膨胀头预埋在墙柱面打底板孔内，玻璃/镜面对好孔就位后用螺钉固定好，对角拧紧，以玻璃/镜面平稳无晃动为宜，最后在钉上拧入装饰帽

续表

（2）嵌压法

二次放线	根据玻璃／镜面规格排版及边框压条尺寸在打底层弹线，并排好线条安装孔位。根据选用的螺钉尺寸钻孔，孔径以小于螺钉端头直径3mm为宜
安装底框	按弹好的线先固定下部边框压条，钉子的间距以100～150mm为宜，以增加底部支撑强度
粘铺衬垫	为了缓冲由于基层变形造成玻璃／镜面破损，须在两者间加铺一层薄毛毡或海绵的弹性体衬垫材料，厚度以2～3mm，尺寸以小于玻璃／镜面10～15mm为宜，以便玻璃／镜面安装后，用嵌缝膏封闭周边
镶嵌面板	将玻璃／镜面镶嵌在下部边框的压条内，找正与墙面贴平，安装上部边框压条及两侧边框压条。应该注意的是在固定木压条时，最好用20～25mm的钉枪钉来固定，避免用普通圆钉，防止在钉压条时震破镜子

（3）粘贴法

处理基层	根据玻璃／镜面规格排版在打底层弹线，找出板块的排版位置。分别对打底层与玻璃／镜面的粘贴面进行清理，除去尘土和沙粒等影响粘贴效果的杂质
粘铺面板	在打底板基层涂装玻璃结构胶或**双面泡棉胶条**⑥，将玻璃／镜面按事先弹好的位置线直接粘贴在衬板上，用手按压使其与衬板粘合紧密，用嵌缝膏封闭周边

7.11.6 过程保护要求

（1）及时清理残留在门窗框和饰面板上的污染物，如密封胶、手印、水等，宜粘贴保护膜，预防污染、锈蚀。

（2）玻璃应存放在干燥通风的室内，每箱都应立放，不可平放。

（3）玻璃安装完毕后应覆薄膜保护，人员出入密集区应做加强保护以防止磕碰。

7.11.7 质量标准

1. 主控项目

（1）内容：玻璃的品种、规格、颜色、加工几何尺寸偏差、表面缺陷及物理性能必须符合设计和国家现行标准的有关规定。

检验方法：观察；检查产品合格证书、进场验收记录和性能检测报告。

（2）内容：所用的金属骨架、连接件（板）等的材质、品种、型号、规格及连接方式必须符合设计要求和国家现行标准的有关规定。

检验方法：检查产品合格证书、性能检测报告、隐蔽工程验收记录。

（3）内容：连接件与基层，骨架与连接件的连接，玻璃与边框连接安装必须牢固可靠无松动。

检验方法：手扳检查。

2. 一般项目

（1）内容：金属骨架表面洁净、无污染，连接牢固、安全可靠，横平竖直，无明显错台错位，不得弯曲和扭曲变形。垂直偏差不大于3mm，水平偏差不大于2mm。

检验方法：观察；尺量检查。

（2）内容：构件需满焊连接，焊缝外形均匀、成型较好、过渡平滑，焊渣清除打磨干净。

检验方法：检查隐蔽工程验收记录。

（3）内容：玻璃安装表面平整、洁净，无污染，颜色基本一致。

检验方法：观察。

3. 允许偏差（表7-27）

玻璃装饰板安装施工允许偏差　　表7-27

项目	允许偏差（mm）	检验方法
立面垂直度	2.0	用2m垂直检验尺检查
表面平整度	2.0	用2m靠尺和塞尺检查
阴阳角方正	2.0	用直角检测尺检查
接缝直线度	2.0	拉5m线或用钢直尺检查
接缝高低差	2.0	用钢直尺和塞尺检查

7.11.8　质量通病及其防治

1. 镜面玻璃腐蚀

（1）原因分析：

①粘贴玻璃时，采用有腐蚀性的万能胶或玻璃胶。

②镜子放在有腐蚀的环境中，且四周未密封。

（2）防治措施：

①采用中性硅胶固定或将万能胶涂抹在镜子的基层板上。

②放置在有腐蚀环境中的镜子，四周应采用密封胶全部密封。

2. 镜子变形翘角

（1）原因分析：基层变形；与基层粘结不牢。

（2）防治措施：

①基层材料宜采用不易变形的实心木板或夹板。

②选用粘结力强的粘结材料，使镜子与基层粘结牢固、四周密封。

3. 接缝错台

（1）原因分析：基层不平；粘结材料涂抹不均匀。

（2）防治措施：

①基层必须经过验收合格后方可进行玻璃施工。

②接缝处的粘结材料涂抹厚度应保持一致。

4. 玻璃未刨边

（1）原因分析：加工单考虑不周全。

（2）防治措施：

①所有玻璃定做前，应根据施工规范及使用要求，确定玻璃是否刨边、车边。

②有特殊要求的玻璃，其间距要满足使用及安全要求。

7.11.9 构造图示（图 7-53 ～图 7-56）

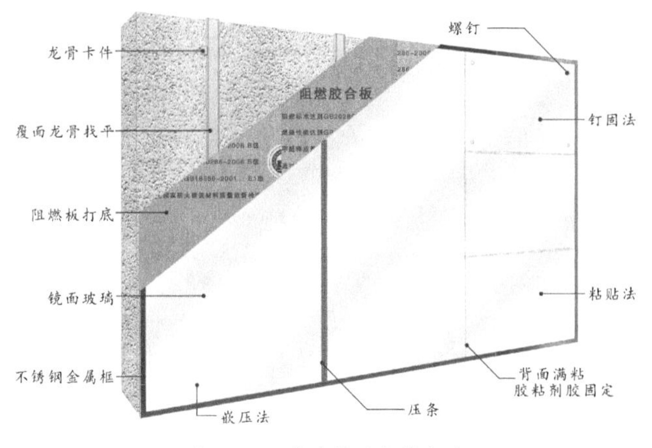

图 7-53 玻璃饰面安装方法

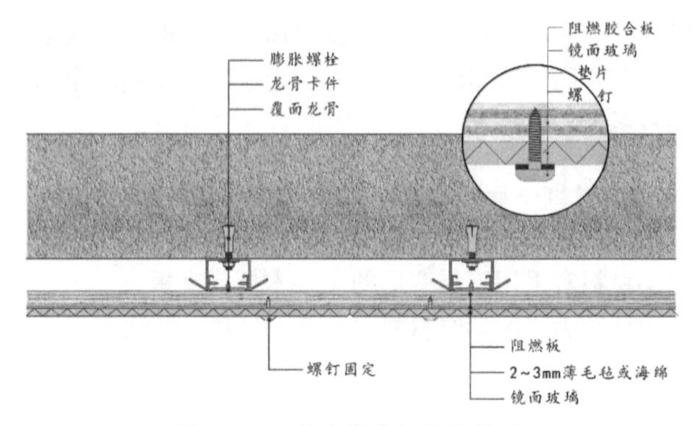

图 7-54 玻璃饰面钉固法构造

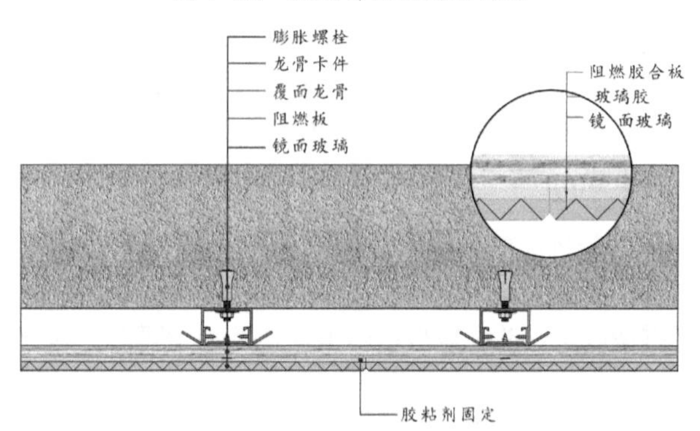

图 7-55 玻璃饰面胶粘法构造

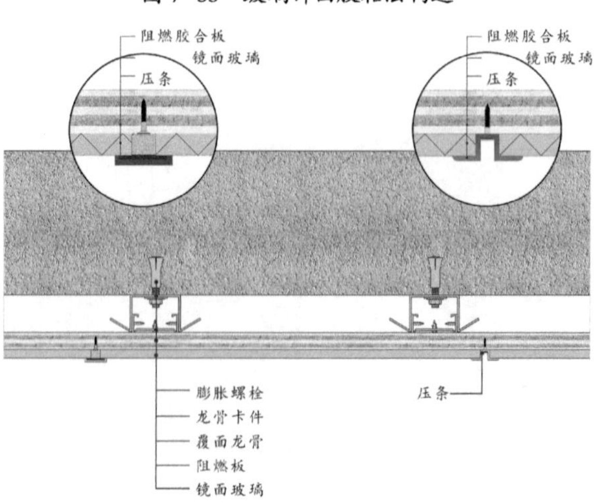

图 7-56 玻璃饰面嵌压法构造

7.11.10 消耗量指标（表 7-28）

玻璃装饰板安装施工消耗量指标 单位：m^2 **表 7-28**

序号	名称	单位	消耗量	
			轻钢龙骨墙面基层	镜面玻璃安装
1	综合人工	工日	0.17	0.13
2	膨胀螺栓 M8×80	套	1.67	
3	U 形安装卡件	个	1.67	
4	轻钢竖龙骨 75×40	m	1.20	—
5	自攻螺钉 M3.5×25	个	23.00	
6	阻燃胶合板	m^2	1.05	
7	2～3mm 厚毛毡或海绵（钉固法）	m^2		1.05
8	螺钉（钉固法）	个	—	1.11
9	玻璃胶	kg		0.38
10	镜面玻璃 6mm 厚	m^2		1.00
11	工作内容		钉固法：吊重套方→安装龙骨→铺钉底板→二次放线→粘铺衬垫→钉固面板。 嵌压法：吊垂套方→安装龙骨→铺钉底板→二次放线→安装底框→粘铺衬垫→镶嵌面板。 粘贴法：吊垂套方→安装龙骨→铺钉底板→处理基层→粘铺面板	

装饰小百科
Decoration Encyclopedia

① 玻璃装饰板
焗漆玻璃
夹丝玻璃
夹绢玻璃
镜面
② 玻璃丝棉
③ 岩棉
④ 毛毡
⑤ 海绵
⑥ 双面泡棉胶条

玻璃装饰板：即采用玻璃作为墙面饰面板，一般采用焗漆玻璃、夹丝玻璃或夹绢玻璃、镜面等单面装饰性较好的玻璃板制品。

焗漆玻璃：即采用焗漆设备，将漆用高温热气流快速涂附于被焗玻璃背面。焗漆玻璃不易褪色脱落，绿色环保。

夹丝玻璃：也称防碎玻璃。它是将普通平板玻璃加热到红热软化状态，再将预热处理过的铁丝或铁丝网压入玻璃中间而制成。它的特性是防火性优越，可遮挡火焰，高温燃烧时不炸裂，破碎时不会造成碎片伤人。

夹绢玻璃：也称夹层工艺玻璃，是两片玻璃间夹入强韧而富热可塑性的多片中级膜或装饰绢布类、丝织类的夹层装饰玻璃。

镜面：是一种表面十分平整光滑，具有反射光线能力的玻璃制品。

玻璃棉丝：为适应大面积铺设需要而制成的卷材，除保持了特有的保温、隔热的特点外，还具有十分优异的防火、减震、吸声特性，有利于减少噪声污染，改善工作环境。

岩棉：采用优质玄武岩、白云石等原材料，经 1450℃以上高温熔化后通过四轴离心机高速离心成纤维，同时喷入一定量粘结剂、防尘油、憎水剂后经集棉机收集，经过摆锤法、三维法铺棉后进行固化、切割而成的墙体填充材料。

毛毡：采用羊毛或牛毛、纤维通过加工粘合而成，富有弹性，可作为防震、密封、衬垫的材料。

海绵：由木纤维、素纤维或发泡塑料聚合物制成，具有保温、隔热、吸音、减震、阻燃、防静电、透气性能好等特性。

双面泡棉胶条：指在发泡泡棉基材两面涂上强粘丙烯酸胶粘剂，然后一面覆上离型纸或离型膜而成的一种双面胶，具有黏着力强、保持力佳、防水性能好、耐温性强、防紫外线能力强的特性。

8 饰面砖工程

饰面砖工程 饰面砖工程主要指将瓷砖粘贴于墙、柱面，以达到完善建筑的使用功能和观感效果的工程。饰面砖具有无毒、无味、易清洁、防潮、耐酸碱腐蚀、强度高、质地均匀、美观耐用的优点，是中高档建筑装饰工程中常选的装饰材料。

饰面砖工程按砖体材质与加工工艺不同，分为陶质砖、瓷质砖、釉面砖、通体砖、抛光砖、玻化砖、陶瓷锦砖；按粘贴方式与胶凝材料不同，分为水泥砂浆满粘、益胶泥满粘、瓷砖粘结剂满粘、挂件固定后灌浆等方法。

8.1 饰面砖工程构造组成

墙面饰面砖粘贴施工一般先对墙面进行基础找平处理后，再采用胶凝材料将砖饰面层满粘或挂贴灌浆粘贴在墙面上，构造可分为找平层、结合层与饰面层。见图 8–1。

图 8–1 饰面砖墙面

8.1.1 找平层

墙面饰面砖粘贴施工一般先对墙面进行基础找平处理后，再采用胶凝材料将砖饰面层满粘或挂贴灌浆粘贴在墙面上，构造可分为找平层、结合层与饰面层。

8.1.2 结合层

作为饰面砖的胶凝粘合层，除吸水率高的陶质砖可采用水泥砂浆外；随着吸水率较低瓷质砖的普遍使用，建议选用益胶泥或瓷砖专用粘合剂作为结合层。

8.1.3 饰面层

瓷砖装饰层，常用饰面砖有陶质砖、瓷质砖、釉面砖、通体砖、抛光砖、玻化砖、陶瓷锦砖等。

8.2 饰面砖工程材料选用

8.2.1 胶凝材料

选择配套的胶凝材料是能否牢固粘贴饰面砖的关键，当饰面砖的吸水率大于 5% 时，可选用水泥基的胶凝材料，如水泥砂浆；饰面砖的吸水率介于 0.2% ～ 5% 之间时，可选用膏状乳液胶粘剂；当吸水率小于 0.2% 时，则须选用反应型的树脂胶粘剂。

（1）水泥砂浆：宜采用强度等级不低于 42.5 的硅酸盐水泥或普通硅酸盐水泥；采用中砂或粗砂，砂粒洁净，含泥量不得超过 3%，水泥砂浆配合比通常控制在 1 : 2。另外，不建议采用纯水泥或高强度等级水泥铺贴，以防水泥收缩过大造成拉应力拉裂饰面板。

（2）益胶泥：一种以多种无机化工原料为主，部分高分子聚合物为辅，多种外加剂均匀混合而成的水硬性水泥基防水粘结材料。其外观应呈均质、干粉状，无结块。Ⅰ型益胶泥 7d 粘结强度和抗折强度应分别不小于 1.2MPa、3.5MPa；Ⅱ型益胶泥 7d 粘结强度和抗折强度应分别不小于 1.5MPa、3.0MPa。

（3）专用粘结剂：由水泥、石英砂、聚合物胶结料配以多种添加剂经机械混合均匀而成，具有粘结强度高、硬化速度快、施工方便、良好的保水性、和易性、抗流坠性，无毒、无味、无污染等特点。主要用于粘结瓷砖、面砖、饰面石材。选用时注意 C1—普通型水泥基粘结剂拉伸粘结强度及冻融循环后粘结强度应不小于 0.5MPa，C2—增强型水泥基粘结剂拉伸粘结强度及冻融循环后粘结强度应不小于 1.0MPa。

8.2.2 饰面砖

饰面砖的质量应符合现行国家标准《建筑材料放射性核素限量》GB 6566 中 A 类装修材料的要求；吸水率不大于 21%；经抗釉裂性试验后，釉面应无裂纹或剥落；破坏强度不小于 600N；优等品色差要基本一致，一级品色差不明显；无可见缺陷（无剥边、落脏、釉彩斑点、胚粉釉偻、枯釉、图案缺陷、正面磕碰等）为优等品。见图 8-2。

图 8-2 饰面砖

8.3 饰面砖工程质量验收

8.3.1 质量文件和记录

（1）饰面砖工程的施工图、设计说明及其他设计文件。

（2）材料的产品合格证书、性能检验报告、进场验收记录和复验报告。

（3）后置埋件的现场拉拔检验报告。

（4）满粘法施工的石材和陶瓷砖粘结强度检验报告。

（5）隐蔽工程验收记录。

（6）施工记录。

8.3.2 检验批划分

相同材料、工艺和施工条件的室内饰面砖工程每50间应划分为一个检验批，不足50间也应划分为一个检验批。大面积房间和走廊可按饰面砖面积每30m^{2}计为1间。

8.3.3 检查数量规定

室内每个检验批应至少抽查10%，并不得少于3间，不足3间时应全数检查。

8.3.4 隐藏工程验收

（1）预埋件（或后置埋件）。

（2）龙骨安装。

（3）连接节点。

（4）水泥砂浆强度、安定性及其他必要的性能指标。

（5）防水、保温、防火节点。

8.3.5 材料及性能复试指标

（1）室内用花岗岩和瓷质饰面砖的放射性。

（2）水泥基粘结料的粘结强度。

8.3.6 实测实量（图8-3～图8-8）

图8-3 目测：墙面砖色泽均匀，合格

图8-4 响鼓锤敲击饰面砖表面无空鼓，合格

图 8-5 墙面砖垂直度：用垂直检测尺检查，墙面垂直度误差≤ 2mm，合格

图 8-6 墙面砖表面平整度：用 2m 靠尺及塞尺检查，墙面平整度误差≤ 3mm，合格

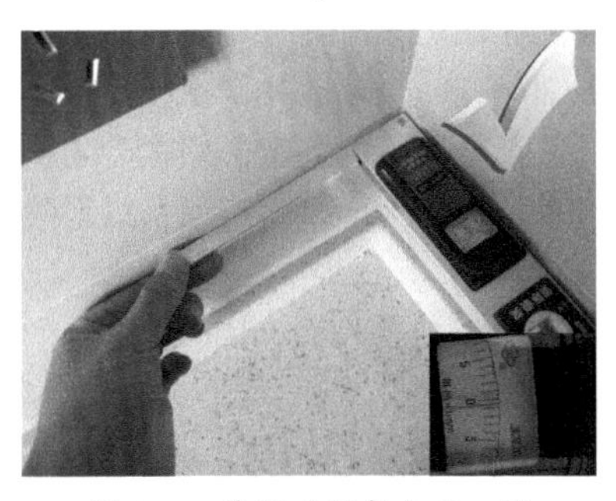

图 8-7 墙面砖阴角方正：用直角检测尺检查，阴角方正偏差≤ 3mm，合格

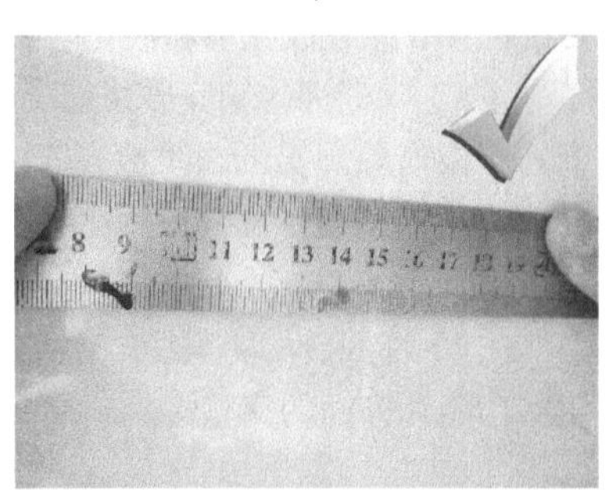

图 8-8 墙面砖接缝宽度：用钢直尺检查，接缝宽度偏差≤ 1mm，合格

8.4 饰面砖工程施工要点

（1）饰面砖工程施工前，应在待施工基层上做样板，并对样板的饰面砖粘结强度进行检验，检验方法和结果判定应符合现行行业标准《建筑工程饰面砖粘结强度检验标准》JGJ/T 110 的规定。

（2）饰面砖满粘法施工温度应该在 5℃以上，35℃以下；勿在强风下施工，且砂浆的使用温度不低于 5℃，以免砂浆过快失水、受冻融造成空鼓、脱落等质量问题。

（3）施工前，对墙体抹灰空鼓、脱落等缺陷先返修处理，并须确保墙体基层平整度、垂直度达到规范要求；排版时，墙面主要部位排整砖，非整砖排到次要部位，且不能小于砖边长 1/3。

（4）陶质砖粘贴前应放入清水中浸泡 2h 以上，然后取出晾干至砖背无水迹方可粘贴。砖墙要提前 1d 湿润好，混凝土墙可以提前 3 ～ 4d 湿润，以避免吸走水泥砂浆中的水分。

（5）陶质粘结砂浆过厚或过薄均易产生空鼓，厚度一般控制在 7 ～ 10mm。必要时掺入适量的建筑胶水，提高砂浆的粘结性能。

（6）瓷质砖用钢丝刷将砖背面清洗干净，分别对砖背面及墙体基层涂刷背覆胶备用；采用齿形抹刀分别在砖背面及墙面满刮胶凝材料，使之均匀分布，贴上后用橡皮锤轻轻敲至完成面位置。

（7）粘贴要求胶凝材料饱满，特别是最上一皮砖，刮胶要饱满至溢出为止，亏空时须取下重贴；门窗洞口上部一皮砖由于自重会出现下滑位移，须在胶凝材料固化前采用木方支撑。

（8）陶瓷锦砖铺完砂浆初凝前（20 ～ 30min），用清水喷湿护面纸并予以清除。揭纸同时检查缝隙，不符合要求的缝隙必须在砂浆初凝前拨正、调直；调缝后用小锤敲击木拍板将砖面拍实一遍，以增强粘结。

（9）饰面砖的防震缝、伸缩缝、沉降缝等部位的处理应保证缝的使用功能和饰面的完整性。

8.5 饰面砖粘贴施工技术标准

8.5.1 适用范围

本施工技术标准适用于一般工业与民用建筑中**饰面砖粘贴工程**。

8.5.2 作业条件

（1）施工温度应该在 5℃以上，35℃以下。

（2）基层墙体的接线盒、管道、管线、设备、门窗等安装工程及墙上预埋件已完工；电气穿线、测试、管路打压、试水完成并经隐蔽验收合格。

（3）基层粉刷抹灰及表面清理已完成，墙面洁净、无油污、浮浆、残灰等。

8.5.3 材料要求

（1）饰面砖：有出厂合格证，抗压、抗折及规格品种均符合设计要求，外观颜色一致、表面平整、边角整齐、无翘曲、裂纹等缺陷。

（2）水泥：宜采用硅酸盐水泥或普通硅酸盐水泥，强度等级不应低于 42.5 级，严禁混用不同品种、不同强度等级水泥。应有出厂证明及复试单，若出厂超过三个月，应增加复试并按试验结果使用。

（3）砂：中砂或粗砂，过 8mm 孔径筛子，其含泥量不大于 3%。

（4）**瓷砖胶粘剂**[①]：须出具出厂合格证和进场复试报告，并通过试验确定其适用性和使用要求。其性能及适用范围见现行行业标准《陶瓷墙地砖胶粘剂》JC/T 547。

（5）背覆胶：须出具出厂合格证和进场复试报告。经浸水、热老化、晾置、冻融循环后的拉伸胶粘强度均≥ 1.0MPa。

8.5.4 工器具要求（表 8-1）

工器具要求　　表 8-1

机具	电锤、手电钻、云石机
工具	钢丝刷、錾子、锤子、橡皮锤、铁锹、灰槽、灰桶、刮杠、刮板、木抹子、齿形抹刀、胶刷、扫帚、小白线、棉丝、软毛刷、喷壶
测具	激光投线仪、钢卷尺、水平尺、靠尺、方尺、线坠、墨斗

8.5.5 施工工艺流程

1. 工艺流程图（图 8-9）

处理基层 → 找规矩 → 打底灰 → 排砖放线 → 面砖预处理 → 刮浆镶贴 → 勾缝擦缝

图 8-9　饰面砖粘贴施工工艺流程图

2. 工艺流程表（表 8-2）

饰面砖粘贴施工工艺流程表　　表 8-2

 处理基层	用钢丝刷清理混凝土墙基层，如有油污或脱模剂，可用 10% 火碱去除并及时冲净、晾干，再用 1 : 1 水泥细砂浆对墙基层拉毛处理。对于采用铝膜工艺浇筑的墙基面油污或脱模剂，可在表面滚涂专用界面剂。对光滑的混凝土墙面应凿毛，并用钢丝刷满刷一遍，再浇水湿润。砖砌体墙面基层必须清扫干净，浇水湿润 2 ～ 3 遍

续表

找规矩	根据墙面和门窗洞口边线找规矩，弹出垂直线及砖饰面完成面线，分墙面设点，做灰饼。横线则以楼层水平基准线交圈控制，竖线则以大墙转角或垛子为基准控制，打底灰时以灰饼作为基准点进行冲筋，使底灰做到横平竖直
打底灰	先抹一层薄灰，用力压实使砂浆挤入细小缝隙内，接着分层装档压实抹平至与标筋平齐，每遍厚度控制在5～7mm，再用木杠刮找平整，用木抹子搓压使表面平整密实。然后全面检查底灰是否平整，阴阳角是否方正、垂直，与墙顶板交接处是否光滑平整、顺直。基层抗拉伸强度须不小于0.4MPa，表面平整度和垂直度应控制在4mm以内
排砖放线	结合设计图纸要求，根据饰面砖模数及墙面尺寸进行排砖。注意大墙面要排整砖，非整砖要排到次要部位，且不能小于砖边长1/3。同时也要注意布局的一致和对称，在四周大角和门窗洞口放出整砖控制线，并同时贴上饰面砖当作标准点，以控制面层出墙尺寸及垂直、平整度；上下吊直，挂双线（细尼龙线）保证镶贴面砖的精确度
面砖预处理	墙饰面砖铺贴前，**瓷质砖**[②]应用钢丝刷将砖背面清洗干净，分别对砖背面及墙体基层涂刷**背覆胶**[③]以增加瓷砖粘结强度，防止空鼓；**陶质砖**[④]应放入净水中浸泡2h以上，取出待表面晾干或擦拭干净后方可铺贴。有防水要求的墙面，铺贴前应对防水层完成面上的浮灰进行清洗，并涂刷背覆胶以增加附着力，防止空鼓、脱落
刮浆镶贴	镶贴应自下而上进行，从最下一层砖下皮的位置线先稳好靠尺，以此托住第一皮面砖。在面砖外皮上口拉水平通线，作为镶贴的标准。分别在面砖背面及墙面满刮**胶凝材料**[⑤]并采用齿形抹刀均匀涂刮，墙面每次涂刮约1m^2，根据采用的不同胶凝材料将涂刷厚度控制在5～10mm，贴上后用橡皮锤轻轻敲打，使之附线，再用钢片调整竖缝，并用小杠通过标准点调整平面和垂直度并对砖缝处补填胶凝材料。粘贴要求胶凝材料饱满，特别是最顶上一皮砖，刮浆要饱满至溢出为止，亏料时须取下重贴。贴砖完成后，经自检无空鼓，至少3d后进行勾缝
勾缝擦缝	砖缝应采用专用填缝剂，颜色应符合设计要求或与砖相近的颜色。 勾缝：勾缝前先对面砖进行修边、修角，将贴砖时残留在砖缝中的砂浆清理干净。勾缝时先勾水平缝再勾竖缝；勾好的缝要求凹进面砖表面2mm；勾缝应深浅一致、平滑密实、无砂眼裂纹，砖缝的交叉处应呈八字角。 擦缝：面砖采用密缝贴时可对砖缝进行擦缝。用抹子将与砖同色填缝剂摊施在砖缝处，用刮板将水泥往小缝里刮满、刮实、刮严，再用棉丝擦布将表面擦干净，小缝里的浮砂可用潮湿干净的软毛刷轻轻带出

8.5.6 过程保护要求

（1）及时清擦干净残留在门窗框上的砂浆，特别是铝合金门窗框宜粘贴保护膜，预防污染、锈蚀。

（2）油漆粉刷不得将油浆喷滴在已完饰面砖上，宜先做涂料后贴面砖。若需先做面砖时，完工后须做好成品保护，防止污染。

（3）抹灰打底层在凝结前应防止风干、暴晒、水冲和振动，以保证各层有足够的强度。

（4）拆架子或运送其他坚硬器具时注意不要碰撞墙砖饰面。

（5）在施工过程中应防止噪声污染，施工场界噪声敏感区域宜选择使用低噪声设备，也可采用其他降噪措施。

8.5.7 质量标准

1. 主控项目

（1）内容：饰面砖的品种、规格、图案、颜色和性能应符合设计要求及国家现行标准的规定。

检验方法：观察；检查产品合格证书、进场验收记录、性能检测报告和复试报告。

（2）内容：饰面砖的找平、防水、粘结和填缝材料及施工方法应符合设计要求和国家现行标准的有关规定。

检验方法：检查产品合格证书、复试报告和隐蔽工程验收记录。

（3）内容：饰面砖应粘贴牢固。

检验方法：手拍检查，检查施工记录。

（4）内容：满粘法施工的内墙饰面砖应无裂缝，大面和阳角应无空鼓。

检验方法：观察；用小锤轻击检查。

2. 一般项目

（1）内容：饰面砖表面应平整、洁净、色泽一致，应无裂痕和缺损。

检验方法：观察。

（2）内容：墙面凸出物周围的饰面砖应整砖套割吻合，边缘应整齐。墙裙、贴脸凸出墙面的厚度应一致。

检验方法：观察；尺量检查。

（3）内容：饰面砖接缝应平直、光滑，填嵌应连续、密实；宽度和深度应符合设计要求。

检验方法：观察；尺量检查。

3. 允许偏差（表 8-3）

饰面砖粘贴施工允许偏差　　表 8-3

项目	允许偏差（mm）	检验方法
立面垂直度	2.0	用 2m 垂直检测尺检查
表面平整度	3.0	用 2m 靠尺和塞尺检查
阴阳角方正	3.0	用 200mm 直角检测尺检查
接缝直线度	2.0	拉 5m 线，不足 5m 拉通线，用钢直尺检查
接缝高低差	1.0	用钢直尺和塞尺检查
接缝宽度	1.0	用钢直尺检查

8.5.8 质量通病及其防治

1. 墙面不平

（1）原因分析：结构施工期间，几何尺寸控制不好，造成墙面垂直、平整度偏差大，且装修前对基层处理未进行吊垂直、找平整。

（2）防治措施：加强对基层打底工作的检查，合格后方可进行下一道工序。

2. 饰面砖空鼓、脱落

（1）原因分析：

① 瓷质砖同陶质**釉面砖**[⑥]相比，吸水率较低，粘贴力较弱。

② 规格较大的瓷质砖，在热胀冷缩的情况下，与水泥的膨胀收缩率不一致，致使分离。

③ 未按要求施工，水泥保存不当或超期而失效。

④ 墙体抹灰垂直度较差，墙砖施工时粘结层整体厚度不均匀，局部超厚；墙体抹灰质量不合格，抹灰层与墙基层间空鼓、脱落。

⑤ 冬天气温低，砂浆受冻，春天化冻后容易发生脱落。

（2）防治措施：

① 选用粘结强度高，耐久性优良的粘结材料，如根据需要采用瓷砖胶粘剂代替水泥砂浆粘贴。

② 采用瓷质砖时，砖背面应涂刷背覆胶，以增强砖背面的粘结力。

③ 避免选择较大规格饰面砖，在选择粘结材料时，须选用具有一定柔韧性的粘结材料。

④ 现场应严格按照相关工艺标准施工，杜绝使用不合格的粘结材料，胶凝材料现配现用。

⑤ 施工前，实体检查墙体抹灰质量，如有空鼓、脱落现象，要返修处理后方可贴砖。此外，须确保墙体垂直度达到规范要求，粘结层厚度控制在 6 ～ 10mm，贴砖过程中随时观察铺贴效果。

⑥ 在进行贴面砖操作时应保持恒温，尽量不在冬期施工。

3. 砖幅过小、排列有大小头

（1）原因分析：未按砖模数合理排版，施工前未四角套方、找规矩。

（2）防治措施：

① 施工前，根据饰面砖模数及墙面尺寸进行横竖向预排砖，注意大墙面要排整砖，非整砖要排到次要部位，且不能小于砖边长 1/3。

② 贴砖前，要进行吊垂直、套方正等工作，确保四个墙角都是近似于直角或各墙面相互垂直。

4. 墙面不洁净

（1）原因分析：勾缝后未及时擦净砂浆；其他工种污染所致。

（2）防治措施：面砖施工结束后，可用棉丝蘸稀盐酸加 20% 水刷洗，然后用自来水冲净，同时应加强成品保护。

8.5.9 构造图示（图8-10、图8-11）

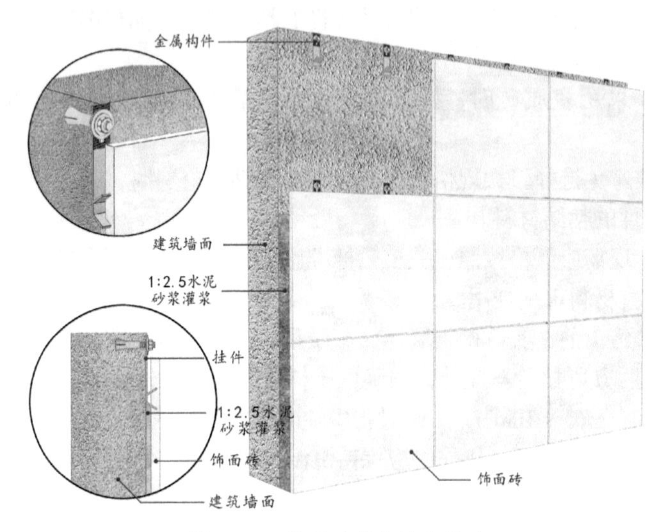

图8-10 饰面砖背槽挂贴构造

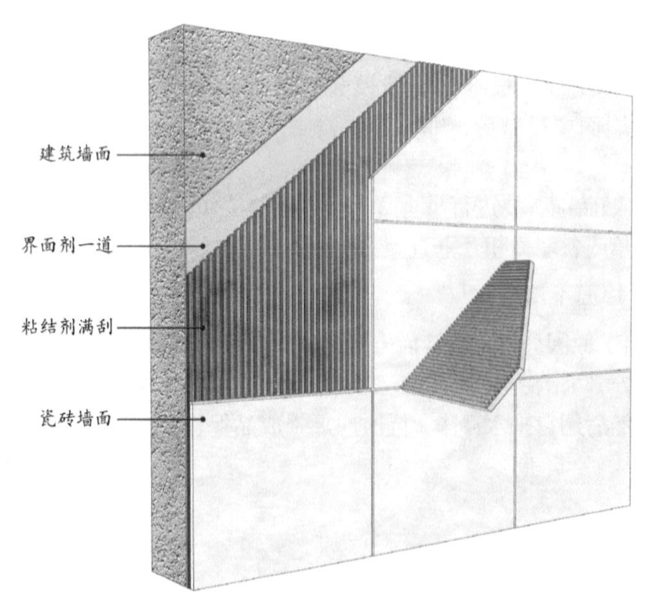

图8-11 饰面砖湿贴构造

8.5.10 消耗量指标（表8-4）

饰面砖粘贴施工消耗量指标　单位：m^2　表8-4

序号	名称	单位	消耗量	
			饰面瓷砖挂贴	饰面瓷砖粘贴
1	综合人工	工日	0.21	0.15
2	环氧树脂胶	kg	2.00	
3	铜丝	kg	1.14	
4	瓷砖背栓	个	5.73	
5	水泥砂浆1∶2.5（42.5）	m^3	0.06	—
6	素水泥浆（仅用于混凝土墙面）	m^3		
7	水泥砂浆1∶3（42.5）	m^3	—	
8	专用胶粘剂	kg		15.00
9	瓷缝剂	kg		0.20
10	陶瓷面砖	m^2	1.13	1.13
11	工作内容	处理基层→找规矩→打底灰→排砖放线→面砖预处理→刮浆镶贴→勾缝擦缝		

装饰小百科
Decoration Encyclopedia

① 瓷砖胶粘剂
② 瓷质砖
③ 背覆胶
④ 陶质砖
⑤ 胶凝材料
益胶泥
⑥ 釉面砖

瓷砖胶粘剂：由水泥、石英砂、聚合物胶结料配以多种添加剂经机械混合均匀而成。主要用于粘结瓷砖的粘合剂。亦被称为聚合物瓷砖粘结砂浆。

瓷质砖：由天然石料破碎后添加化学粘合剂压合经高温烧结而成。吸水率小于0.5%，吸湿膨胀极小，该砖抗折强度高、耐磨损、耐酸碱、不变色、寿命长，在−15℃至20℃冻融循环20次无可见缺陷。

背覆胶：分为单组分无砂型、单组分有砂型和双组分混合型三类。单组分砖石背覆胶是采用抗碱型的超细纳米粒子乳液和其他添加剂配置而成；双组分砖石背覆胶，A组分以进口聚合物乳液及助剂组成，B组分以无机填料和助剂组成。专用于湿贴玻化砖、石材等低吸水率硬质砖石的背面处理，提高瓷砖石材与粘结材料之间的粘结强度，有效解决瓷砖、石材湿贴中常见的空鼓、脱落问题。

陶质砖：由粘土和其他无机非金属原料，经成型、烧结等工艺生产的板状或块状陶瓷砖制品，吸水率大于10%。

胶凝材料：经过一系列物理、化学变化，将散粒状或块状材料粘结成整体的材料，统称为胶凝材料。本节所指胶凝材料主要包括水泥砂浆、瓷砖胶粘剂、益胶泥。

益胶泥：以多种无机化工原料为主，部分高分子聚合物为辅，再添加多种外加剂均匀共混聚合而成的水硬性水泥基防水粘结材料，与水调和后即具有粘结功能，固化后即具有防水抗渗功能。多用于建筑室内防水及瓷砖、石材材料粘接。

釉面砖：砖表面经过施釉高温高压烧制处理的瓷砖，主体又分陶土和瓷土两种，陶土烧制出来的背面呈红色，瓷土烧制的背面呈灰白色。釉面砖表面可以做各种图案和花纹，比抛光砖色彩和图案丰富。

8.6 陶瓷锦砖（马赛克）施工技术标准

8.6.1 适用范围

本施工技术标准适用于一般工业与民用建筑中**陶瓷锦砖（马赛克）工程。**

8.6.2 作业条件

（1）施工温度应该在5℃以上，35℃以下。

（2）基层墙体的接线盒、管道、管线、设备、门窗等安装工程及墙上预埋件已完工；电气穿线、测试、管路打压、试水完成并经隐蔽验收合格。

（3）基层粉刷抹灰及表面清理已完成，墙面洁净、无油污、浮浆、残灰等。

8.6.3 材料要求

（1）陶瓷锦砖：陶瓷、玻璃、石材锦砖（马赛克）品种、规格、花色符合设计要求，每张长宽规格一致，边棱整齐，并有产品合格证。

（2）水泥：宜采用硅酸盐水泥或普通硅酸盐水泥，强度等级不应低于42.5级，严禁混用不同品种、不同强度等级水泥。应有出厂证明及复试单，若出厂超过三个月，应增加复试并按试验结果使用。

（3）砂：中砂或粗砂，过8mm孔径筛子，其含泥量不大于3%。

（4）砖石胶粘剂：须出具出厂合格证和进场复试报告，并通过试验确定其适用性和使用要求。其性能及适用范围见现行行业标准《陶瓷墙地砖胶粘剂》JC/T 547。

8.6.4 工器具要求（表8-5）

工器具要求 **表8-5**

机具	云石机
工具	手推车、灰槽、灰桶、木抹子、塑料抹子、橡皮锤、刮板、毛刷、擦布
测具	激光投线仪、钢卷尺、水平尺、靠尺、角尺、塞尺、线坠、墨斗

8.6.5 施工工艺流程

1. 工艺流程图（图 8-12）

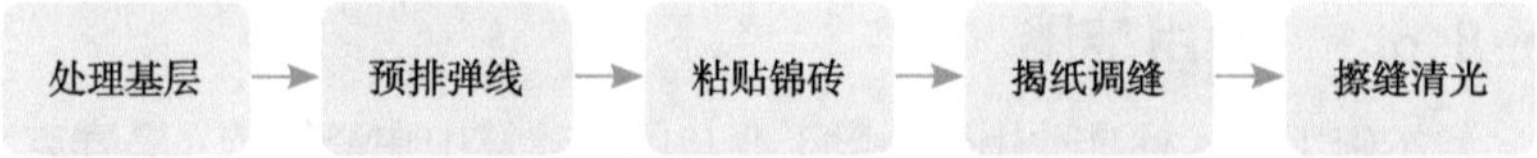

处理基层 → 预排弹线 → 粘贴锦砖 → 揭纸调缝 → 擦缝清光

图 8-12 陶瓷锦砖（马赛克）施工工艺流程图

2. 工艺流程表（表 8-6）

陶瓷锦砖（马赛克）施工工艺流程表　　表 8-6

处理基层	根据空间方正度及基层抹灰平整垂直情况，判断是否对其做找平处理。找平一般分两遍操作，先刷一道掺胶水泥素浆，紧跟着抹头遍水泥砂浆并用抹子压实。第二遍用相同配合比的砂浆抹平，低凹处事先填平补齐，最后用木抹子搓出麻面
预排弹线	镶贴前，核实墙面的实际尺寸，按锦砖**模数**①和分格要求绘制施工**大样图**②，对锦砖统一编号，镶贴时对号入座。在基层弹好图案分界线及垂直、水平分格线，分格线间距应考虑锦砖模数，确保两线之间为整数砖。同一装饰面不得超过一排以上的非整张砖，并应将其镶贴在较隐蔽部位
粘贴锦砖	浇水湿润基层后，将胶凝材料满涂至贴砖部位，用木抹子将其搓至 1～2mm 厚并均匀一致。将锦砖铺在木垫板上，用毛刷蘸水清除表面灰尘后，将胶凝材料填满**马赛克**③缝隙，然后逐张拿起由下往上对齐粘贴，并同时用塑料抹子压实使其粘牢、平整
揭纸调缝	陶瓷锦砖上墙后，将拍板贴附于砖面，用小锤逐一敲击拍板（敲实、敲平），然后用软毛刷将**护纸**④刷水湿润，约半小时后由上往下揭纸，揭纸后检查缝隙是否均匀，如出现歪斜不正，应先横后竖顺序拨正贴实
擦缝清光	粘贴后 2d，先将嵌缝剂摊铺在需擦缝的面砖上，用刮板将其往缝里刮满、刮实、刮严，再用麻丝和擦布将表面擦净。待嵌缝材料硬化后，用**稀盐酸溶液**⑤刷光，并用清水洗净

8.6.6 过程保护要求

（1）水电、通风、设备安装等工序应做在锦砖镶贴之前，防止损坏砖面。

（2）镶贴好的锦砖面，应有切实可靠的防止污染的措施。

8.6.7 质量标准

1. 主控项目

（1）内容：锦砖的品种、规格、颜色、图案必须符合设计要求和现行国家标准的规定。

检验方法：观察；检查产品合格证书、进场验收记录、性能检测报告和复验报告。

（2）内容：锦砖镶贴必须牢固，无歪斜、缺楞、掉角和裂缝等缺陷。

检验方法：观察。

2. 一般项目

（1）内容：完工后的墙地面表面应平整、洁净，颜色协调一致。

检验方法：观察。

（2）内容：锦砖接缝应填嵌密实、平直，宽窄一致，颜色一致，阴阳角处的砖压向正确，非整砖的使用部位适宜。

检验方法：观察。

（3）内容：流水坡向正确，滴水线顺直。

检验方法：观察。

（4）内容：套割应用整砖套割吻合，边缘整齐；墙裙、贴脸等突出墙面的厚度一致。

检验方法：观察；尺量检查。

3. 允许偏差（表 8-7）

陶瓷锦砖（马赛克）施工允许偏差　　表 8-7

项目	允许偏差（mm）	检验方法
立面垂直度	2.0	用 2m 垂直检测尺检查
表面平整度	2.0	用 2m 靠尺和塞尺检查
阴阳角方正	2.0	用直角检测尺检查
接缝直线度	2.0	拉 5m 线，不足 5m 拉通线，用钢直尺检查
墙裙上口平直度	2.0	拉 5m 线，不足 5m 拉通线，用钢直尺检查
接缝高低差	0.5	用钢直尺和塞尺检查

8.6.8　质量通病及其防治

1. 分格缝不匀

（1）原因分析：陶瓷锦砖的规格尺寸不一致，施工中选砖不细、操作不当。

（2）防治措施：

① 严格选料，同一房间应选用同一规格尺寸的马赛克。

② 揭纸后检查分格缝是否均匀，如出现歪斜不正的缝隙，应先横后竖拨正贴实。

2. 砖体空鼓、脱落

（1）原因分析：基层清理不净、洒水湿润不均；上人过早影响粘结层强度；季节性施工影响。

（2）防治措施：

① 基层清理要认真仔细，洒水润滑均匀合格后方可进入下道工序。

② 地面锦砖面层施工完毕后，2d 内禁止上人。

③ 夏季气温过高，冬季气温过低都会影响水泥砂浆的粘结强度，施工时宜选择环境温度为 5 ～ 35℃的区间内施工。

8.6.9 质量标准（图 8-13、图 8-14）

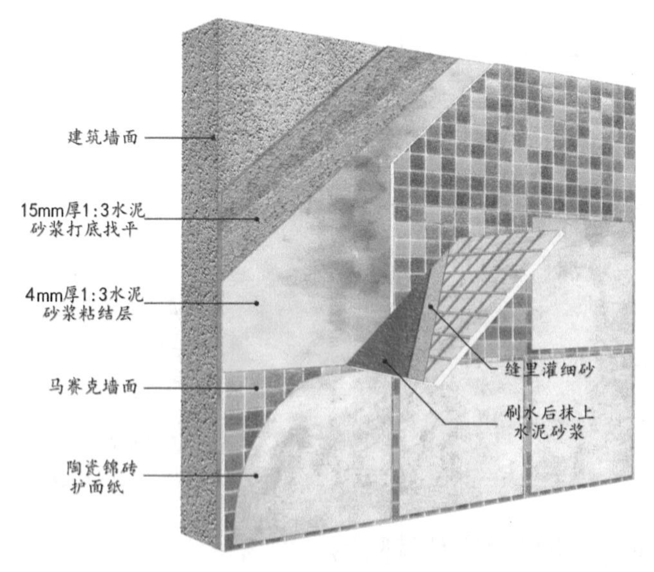

图 8-13　马赛克镶贴构造

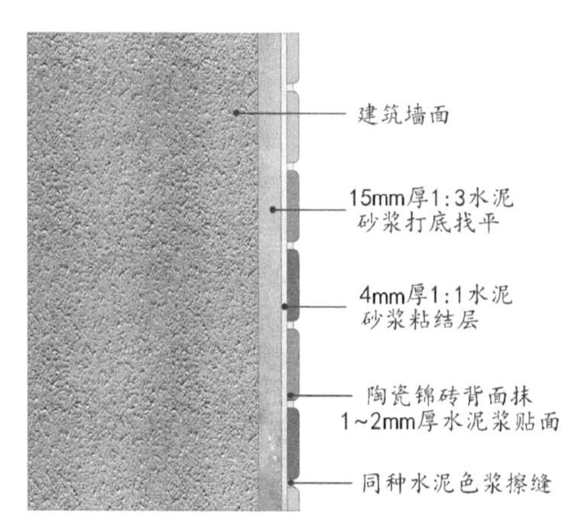

图 8-14　马赛克镶贴侧视剖面

8.6.10　消耗量指标（表8-8）

陶瓷锦砖（马赛克）施工消耗量指标　单位：m^2　**表8-8**

序号	名称	单位	消耗量	
			打底灰	陶瓷锦砖水泥砂浆粘贴
1	综合人工	工日	0.03	0.20
2	素水泥浆	m^3	0.00	—
3	水泥砂浆 1 : 3 (42.5)	m^3	0.02	
4	专用粘结剂	kg	—	7.00
5	陶瓷锦砖	m^2		1.14
6	工作内容	处理基层→预排弹线→粘贴锦砖→揭纸调缝→擦缝清光		

装饰小百科
Decoration Encyclopedia

① 模数
② 大样图
③ 马赛克
④ 护纸
⑤ 稀盐酸溶液

模数：指选定的尺寸单位，作为尺度协调中的增值单位，也是建筑设计、施工、材料、设备、组合件等进行尺度协调的基础尺度，其目的是使构配件安装吻合，并有互换性。建筑设计中，为了实现建筑工业化大规模生产，使不同材料、不同形式和不同制造方法的建筑构配件、组合件具有一定的通用性和互换性，统一选定的协调建筑尺度的增值单位。

大样图：某些形状特殊、开孔或连接复杂的零件或节点，在整体图中不便表达清楚时，可移出另画大样图。严格的讲，“大样图”一词在装饰工程图纸中多为对于构件局部放大的详图。

马赛克：俗称陶瓷锦砖，常规由优质瓷土烧成，也有石材与玻璃材质的马赛克材料。陶瓷锦砖色泽多样，质地坚实，经久耐用，耐酸、碱，抗压力强，吸水率小，不渗水，易清洗，多用于室内墙地面饰面。

护纸：一般贴在马赛克饰面的正面，起到对零碎马赛克片以规格模数固定成整片，便于运输与铺贴。贴完后，仅需将护纸用水冲刷揭除即可。同时，护纸还可以对马赛克的表面起到一定的保护作用。也有采用网格代替护纸，优点是通过网格可以增加胶凝材料的结合力。

稀盐酸溶液：盐酸加水后经过稀释的溶液，主要用于处理墙面“泛碱”的问题。

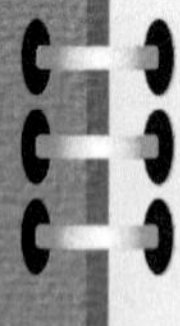

9 涂饰工程

涂饰工程是指将涂料采用刷涂、滚涂、喷涂、抹涂、刮涂的方式涂敷于建筑构件的表面，与建筑构件粘结后形成完整涂膜（又称涂层），以达到覆盖、保护、着色、提升建筑构件装饰效果的作用。

涂饰工程按材质与工艺不同，可分为水性涂料涂饰、溶剂型涂料涂饰与美术涂饰等。水性涂料包括乳液型涂料、无机涂料、水溶性涂料等；溶剂型涂料包括丙烯酸酯涂料、聚氨酯丙烯酸涂料、有机硅丙烯酸涂料、交联型氟树脂涂料等；美术涂饰包括套色涂饰、滚花涂饰、仿花纹涂饰等。

9.1 涂饰工程构造组成

9.1.1 腻子层

在涂料涂装前，先用腻子将构件基层表面的缝隙和坑洼等缺陷批刮填平，并用砂纸打磨平整光滑。其作用是找平，为涂料的涂装提供牢固、粘结良好、不起皮、不龟裂、不粉化的基层。

9.1.2 底涂层

根据作用要求不同，可选用防腐性能好、涂膜坚韧、附着力强的涂料做底层涂装，以起到抗碱、封底、覆盖、增厚等作用。

9.1.3 面涂层

面涂是涂装的最终一道涂层，作为涂饰工程的饰面与罩面层，通过涂料的固化、成膜、着色，以达到提高施涂构件装饰效果及抗划伤、耐擦洗、耐老化等性能。见图 9–1。

图 9–1　乳胶漆涂饰

9.2 涂饰工程材料选用

选用建筑涂料除考虑其装饰效果外，同时还应考虑涂料本身的性能与施涂部位的适用性，不同的建筑构件基层、使用环境与功能性要求（如防火、防潮、防腐、防霉等），应选用相适应的涂料。

9.2.1 涂料

涂料一般包含四种基本成分：成膜物质（树脂、乳液）、颜料（包括体质颜料）、溶剂和添加剂（助剂）。

成膜物质是涂膜的主要成分，包括油脂、油脂加工产品、纤维素衍生物、天然树脂、合成树脂和合成乳液。成膜物质还包括部分不挥发的活性稀释剂，它是使涂料牢固附着于被涂物面上形成连续薄膜的主要物质，是构成涂料的基础，决定着涂料的基本特性。

助剂如消泡剂、流平剂等，还有一些特殊的功能助剂，如底材润湿剂等。这些助剂一般不能成膜并且添加量少，但对基料形成涂膜的过程与耐久性起着相当重要的作用。

颜料一般分为两种，一种为着色颜料，常用钛白粉、铬黄等；另一种为体质颜料，也就是填料，如碳酸钙、滑石粉。

溶剂包括烃类溶剂（矿物油精、煤油、汽油、苯、甲苯、二甲苯等）、醇类、醚类、酮类和酯类物质。溶剂和水的主要作用在于使成膜基料分散而形成黏稠液体。它有助于施工和改善涂膜的某些性能。

根据涂料中使用的主要成膜物质可将涂料分为油性涂料、纤维涂料、合成涂料和无机涂料；按涂料或漆膜性状可分为溶液、乳胶、溶胶、粉末、有光、消光和多彩美术涂料等。选用涂料时，应保证涂料的品种、型号、性能符合设计要求，进场时应具有产品合格证书、性能检测报告、环保检测报告、进场验收记录，有害物质如甲醛、苯、挥发性有机物、重金属等含量符合设计及国家现行标准的要求。见图 9–2。

图 9–2　涂料

9.2.2　腻子粉

腻子（填泥）是涂料涂刷前，直接批刮于被涂物表面，用以清除被涂物表面高低不平的缺陷的一种厚浆状涂料。其采用少量漆基、助剂、大量填料及适量的着色颜料配制而成。助剂有水溶性树脂或改性淀粉、甲基纤维素或羧甲基纤维素等，而填料主要有重碳酸钙、滑石粉、双飞粉等。

施工选用的腻子应具有良好的塑性、易涂性和粘结性；粘结强度及其他性能应符合现行行业标准《建筑室内用腻子》JG/T 298 的要求；进场时具备产品出厂合格证、性能检测报告。见图 9–3。

图 9–3　腻子粉

9.3 涂饰工程质量验收

9.3.1 质量文件和记录

（1）涂饰工程的施工图、设计说明及其他设计文件。

（2）材料的产品合格证书、性能检验报告、进场验收记录和复验报告。

（3）施工记录。

9.3.2 检查数量规定

室内涂饰工程每个检验批应至少抽查 10%，并不得少于 3 间；不足 3 间时应全数检查。

9.3.3 材料及性能复试指标

涂料有害物质含量。

9.3.4 检验批划分

室内涂饰工程同类涂料涂饰墙面每 50 间应划分为一个检验批，不足 50 间也应划分为一个检验批，大面积房间和走廊可按涂饰面积每 $30m^2$ 计为 1 间。

9.3.5 隐藏工程验收

（1）基层含水率。

（2）抗碱、防锈底漆涂刷情况。

（3）涂料有害物质含量。

9.3.6 实测实量（图 9-4、图 9-7）

图 9-4　感观：目测涂刷均匀，无刷纹、漏涂、露底、各层合格牢固。表面无鼓泡，脱皮，裂纹等缺陷，合格

图 9-5　感观：表面有凹坑，不合格

图 9-6　乳胶漆墙面立面垂直度验收：用垂直检测尺检查，偏差≤ 3mm，合格

图 9-7　乳胶漆墙面表面平整度验收：用 2m 靠尺和塞尺检查，偏差≤ 3mm，合格

9.4 涂饰工程施工要点

（1）水性涂料涂饰工程施工的环境温度应为 5 ～ 35℃。

（2）冬期室内涂料施工应在采暖环境下进行，室内温度不宜低于 10℃，相对湿度不宜大于 60%；且湿度不能骤变，应设专人负责温测和开关门窗，以利通风排湿。

（3）既有建筑墙面用腻子找平或直接涂饰前，应清除疏松的旧装修层并涂刷界面剂；新建筑物的混凝土或抹灰基层用腻子找平或直接涂饰前，应涂刷抗碱封闭底漆。

（4）混凝土或抹灰基层在用溶剂型腻子找平或直接涂刷溶剂型涂料时，含水率不得大于 8%；在用乳液型腻子找平或直接涂刷乳液型涂料时，含水率不得大于 10%，木材基层的含水率不大于 12%。

（5）涂饰工程使用的腻子应坚实牢固，不得粉化、起皮和裂纹，厨房、浴室及厕所等需使用涂料的部位，应使用具有耐水性能的腻子及防水乳胶漆，窗帘盒、窗侧等阳光直射区域宜采用外墙腻子及外墙乳胶漆。

（6）涂料涂装时，注意保持涂料的稠度，不可加水过多；彩色涂料涂装，配料要适当，保证每间或每个单独面和每遍都用同一批涂料，并宜一次用完，确保颜色一致。

（7）墙面腻子未干透涂漆容易引起乳胶漆渗水发霉脱落，面层起皮脱落。后一遍腻子也应在前一遍腻子完全干后方能施工。

（8）特别注意有灯光部位的墙体，及靠近日光的顶面一定要用灯光验收检查平整度，找补。

（9）前遍腻子打磨以平整为主要目的，不得打磨十分光滑，以免降低与下道腻子的粘结力。

9.5 水溶性涂料涂饰施工技术标准

9.5.1 适用范围

本施工技术标准适用于一般工业与民用建筑中**水溶性涂料涂饰工程**。

9.5.2 作业条件

（1）冬施时室内温度不宜低于5℃，不宜高于35℃。如温度较低易造成漆膜成膜不完全，形成粉化脱落等现象。

（2）基层基本干燥，含水率≤10%，pH值≤10。

（3）抹灰已完成，过墙管道、洞口、阴阳角等提前处理完毕。

（4）管道设备安装且试水试压完成。门窗玻璃应安装完毕。

9.5.3 材料要求

（1）水性涂料：**乳液型涂料**①、**无机涂料**②、**水溶性涂料**③、乳胶漆等材料的各项技术指标应符合现行国家标准《合成树脂乳液内墙涂料》GB/T 9756及《室内装饰装修材料内墙涂料中有害物质限量》GB 18582的要求。进场时具有产品出厂合格证、性能检测报告。

（2）内墙腻子：粘结强度应符合现行行业标准《建筑室内用腻子》JG/T 298的要求。

（3）胶水：应符合现行行业标准《室内装饰装修材料胶粘剂中有害物质限量》GB 18583的要求。

9.5.4 工器具要求（表9-1）

工器具要求　　表9-1

机具	手提式电动搅拌机
工具	钢丝刷、锤子、錾子、扫帚、砂纸、油刷、滚筒、排笔、水桶、人字梯、腻子刮板、腻子托板、毛刷
测具	靠尺、直角检测尺

9.5.5 施工工艺流程

1. 工艺流程图（图9-8）

处理基层 → 吊垂套方 → 批刮腻子 → 打磨基层 → 涂装底漆 → 打磨层间 → 涂装面漆 → 湿磨漆面 → 复涂面漆

图9-8　水溶性涂料涂饰施工工艺流程图

2. 工艺流程表（表9-2）

水溶性涂料涂饰施工工艺流程表　　表9-2

处理基层	将墙基层起皮、松动及鼓包处凿平，对局部凹槽用腻子补平。新建筑的混凝土或抹灰层刷抗碱封闭底漆。旧墙面应清除疏松层，并涂刷界面剂。纸面石膏板对板缝、钉眼进行处理
吊垂套方	对房间四角的阴阳角进行吊垂直、套方、找规矩
批刮腻子	将墙面按上下或左右顺序批嵌拉直，注意厚度均匀，垂直平整，阴阳角用直尺靠直。一次填刮不要过厚，不要超过0.5mm。第二遍与上道的方向成90°方向顺序满批腻子，注意批腻子接口处平整，阴阳角两次靠角。待干透后进行第三遍满批，方法与前次一样，注意表面光滑性
打磨基层	待腻子干燥后，用1号砂纸打磨，先阴阳角（线）后大面。阳角用直尺靠在角上进行平磨，确保阳角的顺直。阴角也须注意顺直，常用角尺检查。边缘棱角要打磨光滑，去其锐角以利涂料的黏附。大面用水砂纸夹在砂皮夹上，轻轻平磨，用力均匀，不能漏磨。遇纸面石膏板注意不能使纸面起毛

续表

涂装底漆	底漆涂装顺序为先刷顶板后刷墙面，刷墙面时应先上后下。先将墙面清扫干净，再用布将墙面粉尘擦净。底漆一般用排笔涂刷，使用新排笔时，注意将活动的排笔毛清理掉。乳胶漆使用前应搅拌均匀，适当加水稀释，防止头遍涂装不开，待表面干燥后加适当乳胶漆调腻子进行再次找补
打磨层间	涂层干燥后，用 **0 号砂纸**④或 280 目**水砂纸**⑤打磨。遇有凹凸线角部位可适当运用直磨、横磨交叉进行的方法轻轻打磨
涂装面漆	施涂头道面漆操作要求同底漆，使用前要充分搅拌，面漆根据黏稠度可不加水或尽量少加水，以防影响面漆覆盖率
湿磨漆面	涂膜干燥后，用 400 目以上水砂纸蘸清水或肥皂水打磨至正面呈暗光，但从水平侧面看去如同侧面。打磨边缘、棱角、曲面时不可使用垫块，须轻磨并随时查看以免磨透磨穿
复涂面漆	刷涂法：涂刷顺序宜先左后右、先上后下、先难后易、先边后面。由于乳胶漆膜干燥较快，应连续迅速操作，涂刷时从一端开始，逐渐涂刷向另一端，要注意上下顺刷相互衔接，后一排紧接前一排笔，避免出现干燥后再处理接头。 滚涂法：将蘸取漆液的滚筒先按“VV”方式运动将涂料大致涂在基层上，然后用干滚筒紧贴基层上下、左右来回滚动，使漆液在基层上均匀展开，最后用蘸取漆液的滚筒按一定方向满滚，阴角及上下口宜采用羊毛刷涂装找齐。 喷涂法：喷枪压力宜控制在 0.4 ～ 0.8MPa 范围内，喷涂时喷枪与墙面保持垂直，距离宜在 500mm 左右，匀速平行移动，两行重叠宽度宜控制在喷涂宽度的 1/3

9.5.6 过程保护要求

（1）涂装前对附近的成品部件用塑料薄膜进行遮盖，以免污染。

（2）涂装完的墙面，随时用护角条将边角等保护好，防止碰撞造成损坏。

（3）涂装前要对空间环境进行彻底清扫，防止尘土飞扬污染漆面。

（4）乳胶漆涂装未干前，不应打扫室内地面，严防灰尘污染漆面。

9.5.7 质量标准

1. 主控项目

（1）内容：水性涂料涂饰工程所用涂料品种、型号和性能应符合设计要求及国家现行标准的有关规定。

检验方法：检查产品合格证书、性能检测报告、有害物质限量检验报告和进场验收记录。

（2）内容：水性涂料涂饰工程的颜色、光泽、图案应符合设计要求。

检验方法：观察。

（3）内容：水性涂料涂饰工程应涂饰均匀、粘结牢固，不得漏涂、透底、起皮和掉粉。

检验方法：观察；手摸检查。

2. **一般项目**

（1）内容：薄涂料的涂饰质量和检验方法应符合表 9-3 要求。

薄涂料涂饰质量和检验方法　　表 9-3

项目	普通涂饰	高级涂饰	检验方法
颜色	均匀一致	均匀一致	观察
光泽光滑	光泽基本均匀，光滑无挡手感	光泽均匀一致，光滑	
泛碱咬色	允许少量轻微		
流坠疙瘩	允许少量轻微		
砂眼刷纹	允许少量轻微砂眼，刷纹通顺	无砂眼，无刷纹	

（2）内容：厚涂料的涂饰质量和检验方法应符合表 9-4 规定。

厚涂料涂饰质量和检验方法　　表 9-4

项目	普通涂饰	高级涂饰	检验方法
颜色	均匀一致	均匀一致	观察
光泽	光泽基本一致	光泽基本一致	
泛碱、咬色	允许少量轻微	不允许	
点状分布	—	疏密均匀	

（3）内容：复层涂料的涂饰质量和检验方法应符合表 9-5 规定。

复层涂料涂饰质量和检验方法　　表 9-5

项目	普通涂饰	检验方法
颜色	均匀一致	观察
光泽	光泽基本均匀	
泛碱、咬色	不允许	
喷点疏密程度	均匀，不允许连片	

（4）内容：涂层与其他装修材料和设备衔接处应吻合，界面应清晰。

检验方法：观察。

3. 允许偏差（表 9-6）

水溶性涂料涂饰施工允许偏差　　表 9-6

项目	允许偏差（mm）					检验方法
	色漆		清漆		复层材料	
	普通涂饰	高级涂饰	普通涂饰	高级涂饰		
立面垂直度	3.0	2.0	4.0	3.0	5.0	用 2m 垂直检测尺检查
表面平整度	3.0	2.0	4.0	3.0	5.0	用 2m 靠尺和塞尺检查
阴阳角方正	3.0	2.0	4.0	3.0	4.0	用 200mm 直角检测尺检查
装饰线、分色线直线度	2.0	1.0	2.0	1.0	3.0	拉 5m 线，不足 5m 拉通线，用钢直尺检查
墙裙、勒脚上口直线度	2.0	1.0	2.0	1.0	3.0	拉 5m 线，不足 5m 拉通线，用钢直尺检查

9.5.8　质量通病及其防治

1. 泛碱、咬色

（1）原因分析：未涂刷封闭底漆或底漆封闭性差、不耐水、不耐碱。

（2）防治措施：冬施取暖不能生明火，涂装遍数不能跟得太紧，应遵循合理的施工顺序，严防室内跑水、漏水形成水痕。应先涂刷底漆再涂刷面漆。

2. 透底

（1）原因分析：施工前未进行基层表面清理；涂料覆盖力不够；涂装遍数不够。

（2）防治措施：涂装前将基层表面处理干净，涂装前保持腻子大面色彩均匀，无花感。涂装遍数与涂料调度要达到遮盖要求。

3. 划痕

（1）原因分析：刮完腻子后未进行打磨或未填补腻子。

（2）防治措施：刮腻子后认真用砂纸打磨找平，找补腻子要认真仔细至目测无刮痕方可。

4. 涂料表层起粉

（1）原因分析：作业温度过低；基层养护时间短，掺水过多；涂料本身耐水性不合格；涂料使用时未搅拌均匀。

（2）防治措施：保持作业温度 5℃以上；选择优质涂料；涂饰施工时搅拌均匀，控制好涂料稀释程度，提高涂膜密实度。

5. 流泪

（1）原因分析：稀释比例不当，涂刷或喷涂漆层太厚。

（2）防治措施：按产品说明要求稀释，每层都应薄涂，避免此类现象发生。

6. 涂层颜色不均匀

（1）原因分析：

① 混凝土或砂浆基层养护时间短，强度低，太潮湿。

② 基层表面光滑不一致，吸附力不同。

③ 基层施工接槎痕迹明显，表面颜色深浅不一致。

④ 使用的不是同一批涂料，颜色掺入量有差异。

⑤ 涂料没搅拌均匀或任意加水，使涂料颜色深浅不同。

（2）防治措施：

① 混凝土基层养护时间宜在 28d 以上，砂浆宜在 7d 以上，砂浆补洞的宜在 3d 以上。

② 含水率控制在 10% 以内，混凝土或砂浆的配合比应相同。

③ 基层施工应平整，抹纹应通顺一致，涂刷前将表面油污等清理干净。

④ 每批涂料的颜色料和各种原材料的配合比必须一致。

⑤ 使用涂料时必须随时搅拌均匀，不得任意加水。

9.5.9 构造图示（图9-9）

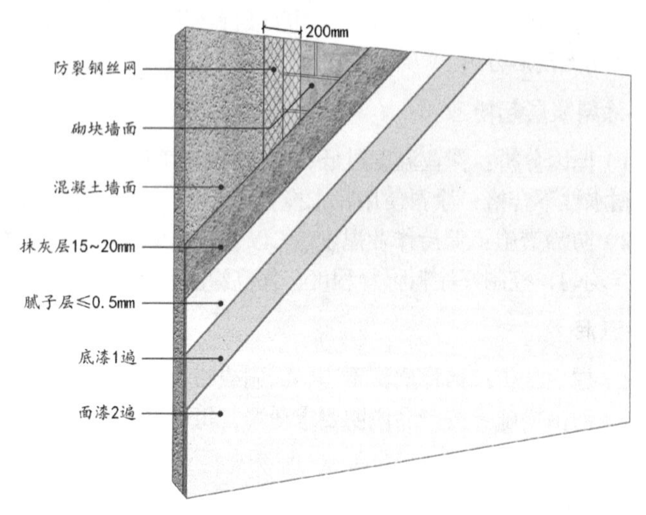

图 9-9 乳胶漆墙面构造

9.5.10 消耗量指标（表9-7）

水溶性涂料涂饰施工消耗量指标 单位：m^2 **表 9-7**

序号	名称	单位	消耗量			
			板材面		抹灰面	
			墙面	天棚	墙面	天棚
1	综合人工	工日	0.08	0.08	0.07	0.07
2	嵌缝膏（适用于板材面）	kg	0.17	0.17	—	—
3	接缝带（适用于板材面）	m	1.73	1.73		
4	腻子粉	kg	4.00	4.00	4.00	4.00
5	内墙水泥漆底漆	kg	0.22	0.25	0.22	0.25
6	内墙水泥漆面漆	kg	0.37	0.42	0.37	0.42
7	工作内容	处理基层→垂直套方→批刮腻子→打磨基层→涂装底漆→打磨层间→涂装面漆→湿磨漆面→复涂面漆				

装饰小百科
Decoration Encyclopedia

乳液型涂料：又称乳胶漆，是将合成树脂以1.1～0.5um极细颗粒分散于水中形成乳液，并以乳液为主要成膜物质，加入适当的颜料、填料及辅助材料后，经研磨而成。

无机涂料：由无机聚合物和经过分散活化的金属、金属氧化物纳米材料、稀土超微粉体组成的无机聚合物涂料，以无机材料为主要成膜物质。

水溶性涂料：以水溶性合成树脂为主要成膜物质，水为稀释剂，加入适量的颜料、填料及辅助材料等，经研磨而成的一种涂料。

0号砂纸：砂纸型号是指磨料的粒度，即单位面积内磨料颗粒数，以$1cm^2$为单位，0号120目，1号100目，1号半80目，2号60目，2号半46目，3号36目，4号24目。目数越多越细，0号的较细。

水砂纸：也叫水磨砂纸，耐水砂纸，与**干砂纸**最大的区别即可在水中打磨的砂纸。水砂纸的砂粒材质一般是碳化硅，纸基一般是牛皮纸。也有比较高端的，比如进口水砂纸的纸基很多都是乳胶纸。乳胶纸的特点是柔韧性好，砂粒的表面附着力更强，因而砂纸更耐用，颗粒也更均匀，抛光效果也比较出色。水砂纸的砂粒之间的间隙较小，磨出的碎末也较小，和水一起使用时碎末就会随水流出，所以要和水一起使用。如果拿水砂纸干磨的话产品碎屑就会附着在砂粒的间隙中，使砂纸表面失去锋利度而没有磨削力，从而达不到它的使用效果。

干砂纸：也叫干磨砂纸。相对于水砂纸来说，干砂纸砂粒之间的间隙较大，磨出来的产品碎屑也较大，由于它在使用过程中由于间隙大，产品碎屑会自行脱落，所以它不需要和水一起使用。干砂纸的砂粒一般是优质碳化硅，纸基一般都是采用乳胶纸，因而它们的柔韧性比较好，使用过程中散热性也更好，不易产生堵塞现象。

9.6 溶剂型涂料涂饰施工技术标准

9.6.1 适用范围

本施工技术标准适用于一般工业与民用建筑中丙烯酸酯涂料、聚氨酯丙烯酸涂料、有机硅丙烯酸涂料等**溶剂型涂料涂饰工程**。

9.6.2 作业条件

（1）环境须干燥，相对湿度不大于60%，室内温度不宜低于10℃。

（2）施工区域有良好的通风设施，抹灰工程、地面工程、木装修工程、水暖电气工程等全部完工。

9.6.3 材料要求

（1）所有材料应有使用说明、储存有效期和产品合格证，品种、颜色应符合设计要求。

（2）油漆、填充料、催干剂、稀释剂等材料须符合现行国家标准《民用建筑工程室内环境污染控制规范》GB 50325 和《室内装饰装修材料溶剂型木器涂料中有害物质限量》GB 18581 要求，并具备国家环境检测机构出具的相关有害物资限量等级检测报告。

（3）溶剂型涂料中有害物质限量应符合表 9-8 要求。

溶剂型涂料中有害物质限量表　　表 9-8

项目		限量值	
		硝基漆类	聚氨酯
挥发性有机化合物①（VOC）A/（g/L）		≤750	光泽（60°）≥80，600 光泽（60°）＜80，600
苯②（%）		0.5	
苯和二甲苯总和 /%		≤45	
游离甲苯二异氰酸酯③（TDI）C（%）		—	≤0.7
重金属漆（限色漆）（mg/kg）	可溶性铅	≤90	
	可溶性镉	≤75	
	可溶性铬	≤60	
	可溶性汞	≤60	

9.6.4 工器具要求（表9-9）

工器具要求　　表9-9

机具	空气压缩机、单斗喷机、手提式电动搅拌机
工具	砂纸、油刷、铲刀、刮刀、水桶、棉丝、腻子刮板、腻子托板、毛刷
测具	靠尺、直角检测尺

9.6.5 施工工艺流程

1. 工艺流程图（图9-10）

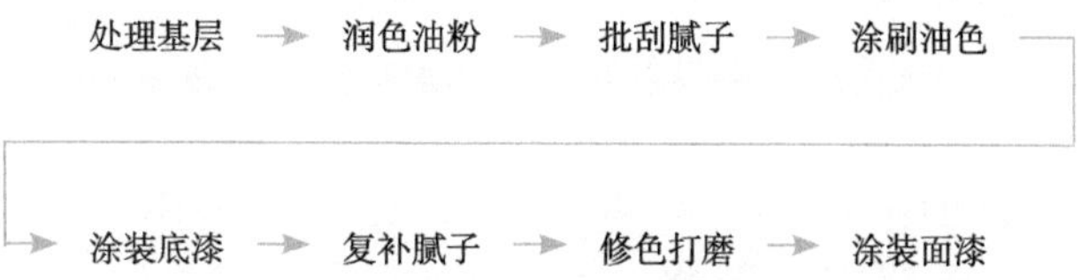

处理基层 → 润色油粉 → 批刮腻子 → 涂刷油色 → 涂装底漆 → 复补腻子 → 修色打磨 → 涂装面漆

图9-10　溶剂型涂料涂饰施工工艺流程图

2. 工艺流程表（表9-10）

溶剂型涂料涂饰施工工艺流程表　　表9-10

处理基层	用刮刀将木作表面的灰尘、胶迹、锈斑刮干净，注意不要刮出毛刺。顺木纹将基层打磨光滑，先打磨线条后打磨平面
润色油粉	用棉丝蘸油粉在木材表面反复擦涂，将油粉擦进**棕眼**[④]，然后用麻布或木丝擦净，线角上的余粉用竹片剔除。待油粉干透后，用砂纸顺木纹轻打磨，打到光滑为止
批刮腻子	满批油腻子，颜色浅于色板1～2成，油性大小适宜。用开刀将腻子刮入钉孔、裂纹等内部，刮腻子要横抹竖起，腻子要刮光，不留散腻子。待腻子干透后，用1号木砂纸轻轻顺纹打磨，磨至光滑，潮布擦净
涂刷油色	顺木纹涂刷，每个刷面要一次刷好。收刷、理油时要轻快，不留接头刷痕，涂刷后要求颜色一致、不盖木纹
涂装底漆	刷涂：刷法与刷油色相同，但应略加些**稀释剂**[⑤]以便消光和快干。涂刷时要做到横平竖直、纵横交错、均匀一致。涂刷顺序先上后下，先内后外，按木纹方向理平理直；先蘸漆将物面均匀刷满，而后迅速将漆膜横、竖交替各刷2～3次，再顺木纹方向迅速轻刷一次，最后收刷边缘棱角，干后即可获得平整光亮的漆膜。待漆干透后，用1号旧砂纸彻底打磨一遍，再用潮布擦净

续表

涂装底漆	喷涂：喷涂油漆要调好稠度，太稠，不便施工；太稀，漆膜厚度不够，易流坠。空气压力在 0.15 ～ 0.2N/mm^2 之间。喷射距离应为距喷涂面 200 ～ 250mm。喷枪运行中喷嘴中心线必须与喷涂面垂直，喷枪近螺旋形前进，成“之”字行走，运行速度要保持一致且速度不宜过快，以每分钟 8 ～ 10m 的移动速度为宜。喷涂作业要连续，如发现涂层不匀，应在4h 内进行局部喷漆。门套脸线、门上下冒头等小边不易喷涂的部位，先用 1 寸毛刷刷一遍再进行大面的喷漆
复补腻子	头道底漆干透后，对底腻子收缩处及残缺处，用腻子批补一次。腻子要收刮干净、平滑、无腻子疤痕，不损伤漆膜
修色打磨	对表面黑斑、节疤、腻子疤及材色不一致处统一修色，并绘出木纹。使用细砂纸轻轻往返打磨，再用潮布擦净粉末
涂装面漆	面漆遍数根据需求确定，操作同刷底漆，动作要敏捷，多刷多理，涂装饱满、不流不坠、光亮均匀。涂装后一道油漆前应打磨消光

9.6.6 过程保护要求

（1）每遍油漆前都应将地面、窗台清扫干净，防止尘土飞扬。

（2）每遍油漆后，都应将门窗扇用挺钩固定在开启状态，防止门窗扇、框油漆粘结，破坏漆膜。

（3）刷油后应将地面、窗台、墙面上污染油点及时清理干净。

（4）油漆完成后应派专人负责看管，并设警告牌。

9.6.7 质量标准

1. 主控项目

（1）内容：溶剂型涂料涂饰工程所选用涂料的品种、型号和性能应符合设计要求和国家现行标准的有关规定。

检验方法：检查产品合格证书、性能检测报告和进场验收记录。

（2）内容：溶剂型涂料涂饰工程的颜色、光泽、图案应符合设计要求。

检验方法：观察。

（3）内容：溶剂型涂料涂饰工程应涂饰均匀、粘结牢固，不得漏涂、透底、起皮和返锈。

检验方法：观察；手摸检查。

2. 一般项目

（1）内容：色漆的涂饰质量和检验方法应符合表 9–11 规定。

色漆的涂饰质量和检验方法　　表 9–11

项目	普通涂饰	高级涂饰	检验方法
颜色	均匀一致	均匀一致	观察
光泽光滑	光泽基本均匀，光滑无挡手感	光泽均匀一致，光滑	观察、手摸检查
刷纹	刷纹通顺	无刷纹	观察
裹棱、流坠、皱皮	明显处不允许	不允许	观察

（2）内容：清漆的涂饰质量和检验方法应符合表 9–12 规定。

清漆的涂饰质量和检验方法　　表 9–12

项目	普通涂饰	高级涂饰	检验方法
颜色	均匀一致	均匀一致	观察
木纹	棕眼刮平、木纹清楚	棕眼刮平、木纹清楚	观察
光泽光滑	光泽基本均匀 光滑无挡手感	光泽均匀一致、光滑	观察、手摸检查
刷纹	刷纹通顺	无刷纹	观察
裹棱、流坠、皱皮	无刷纹	无刷纹	观察

（3）内容：涂层与其他装修材料和设备衔接处应吻合，界面清晰。检验方法：观察。

3. 允许偏差（表 9–13）

溶剂型涂料涂饰施工允许偏差　　表 9–13

项目	允许偏差（mm）				检验方法
	色漆		清漆		
	普通涂饰	高级涂饰	普通涂饰	高级涂饰	
立面垂直度	4.0	3.0	3.0	2.0	用 2m 垂直检测尺检查
表面平整度	4.0	3.0	3.0	2.0	用 2m 靠尺和塞尺检查
阴阳角方正	4.0	3.0	3.0	2.0	用 200mm 直角检测尺检查

续表

项目	允许偏差（mm）				检验方法
	色漆		清漆		
	普通涂饰	高级涂饰	普通涂饰	高级涂饰	
装饰线、分色线直线度	2.0	1.0	2.0	1.0	拉5m线，不足5m拉通线，用钢直尺检查
墙裙、勒脚上口直线度	2.0	1.0	2.0	1.0	拉5m线，不足5m拉通线，用钢直尺检查

9.6.8 质量通病及其防治

1. 流坠、裹楞

（1）原因分析：涂刷不均，涂层过厚，刷时蘸油过多，施涂不匀或温度过低。

（2）防治措施：施工时应掌握好稀料与油漆配比，并根据现场实际情况做适当调整，大面积施工前先做样板，确认配合比没问题后再正式施工。同时每次涂装漆膜都不能过厚，待前一遍漆膜干燥后再做下一道油漆。

2. 钉眼修补痕迹明显

（1）原因分析：腻子批刮不实；腻子打磨不光滑，未及时清理粉末。

（2）防治措施：钉眼腻子要调得稠些，用力将腻子嵌入钉眼，同时顺木纹收净残渣。待腻子干透后进行修色，将钉眼用由浅到深的颜色并入大面木纹，多次调色比色。

3. 刷纹明显

（1）原因分析：涂装时不当使用毛刷、油漆干燥过快都易形成刷纹。

（2）防治措施：选用柔软的羊毛刷，且用稀料泡软后再使用；如油漆干燥过快可适当减少稀料用量。

4. 不显木纹

（1）原因分析：腻子涂抹厚度过大；在打磨腻子的过程中用力过大。

（2）防治措施：刮油腻子时，要控制好刮涂厚度，以每遍0.3～

0.5mm 为宜，打磨砂纸要磨至木纹明显，不要太过用力将木皮磨穿。

5. 五金件污染

（1）原因分析：未及时将小五金进行保护，或污染后未及时清擦干净。

（2）防治措施：油漆作业前，门窗合页、门锁、拉手、插销等五金件须用美纹纸或塑料膜等加以覆盖保护，待油漆施工完毕后再予以撤除，以确保五金洁净美观。

9.6.9 构造图示（图 9-11）

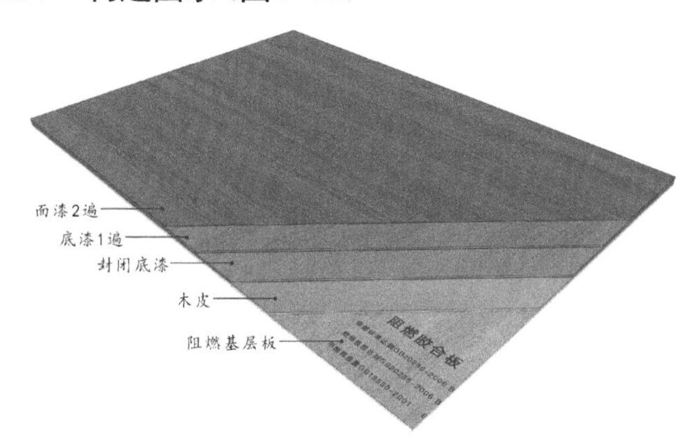

图 9-11 溶剂型木器油漆构造

9.6.10 消耗量指标（表 9-14）

溶剂型涂料涂饰施工消耗量指标 单位：m^2 **表 9-14**

序号	名称	单位	消耗量
			溶剂型涂料涂饰工程
1	综合人工	工日	0.30
2	醇酸漆稀释剂	kg	0.01
3	醇酸磁漆	kg	0.11
4	油漆溶剂油	kg	0.05
5	无光调和漆	kg	0.26
6	工作内容	处理基层→润色油粉→批刮腻子→涂刷油色→涂装底漆→复补腻子→修色打磨→涂装面漆	

装饰小百科
Decoration Encyclopedia

① 挥发性有机化合物
② 苯
③ 游离甲苯二异氰酸酯
④ 棕眼
⑤ 稀释剂

挥发性有机化合物：指以氧火焰离子检测器检测出的非甲烷烃类检出物的总称，主要包括烷烃类、芳烃类、烯烃类、卤烃类，酯类、醛类、酮类和其他有机化合物。

苯：一种碳氢化合物，在常温下是甜味、可燃、有致癌毒性的无色透明液体，并带有强烈的芳香气味。它难溶于水，易溶于有机溶剂，本身也可作为有机溶剂。

游离甲苯二异氰酸酯：水白色或淡黄色液体，具有强烈的刺激性气味，主要用于生产软质聚氨酯泡沫及聚氨酯弹性体、涂料、胶粘剂等。

棕眼：木材横切、弦切时木纤维导管或者树脂道、树胶道形成的小孔，常见有小叶紫檀一类的散孔材横切面所散布的细小孔洞。

稀释剂：把原料加工成粉剂时，或为了使其便于喷施所加入的进行稀释的惰性物质。

10 裱糊与软包工程

裱糊工程 指采用壁纸、壁布等材料裱糊于室内墙面、顶面或其他构件表面的工程；按纸基的材质不同可分为聚氯乙烯塑料壁纸、复合纸质壁纸、纺织纤维壁纸、金属壁纸与壁布。

软（硬）包工程 指将包括织物、皮革等打面材料扪于软（硬）质基层板及填充物表面制成饰面板，再采用镶挂或粘贴的方式安装于墙、柱面或其他构件上的装饰工程。

10.1 裱糊与软（硬）包工程构造组成

裱糊工程一般先用防潮腻子将基层找平、打磨平整、光滑，再用醇酸清漆或配套壁纸基膜涂装后，表面裱糊壁纸或壁布；软（硬）包工程工序则是先采用轻钢龙骨找平、板材打底后，将预先制作好的软（硬）包饰面板安装罩面，以达到装饰效果。见图 10–1、图 10–2。

图 10–1　墙面裱糊工程

图 10–2　墙面软包工程

10.1.1　裱糊工程

（1）腻子层

一般为腻子批刮层，其作用是找平基层，为裱糊面层材料粘贴提供平整、干燥、牢固、粘结性良好的基础。

（2）底油层

封闭基底，利于面层裱糊时涂刷胶粘剂及减少基层吸水率。

（3）饰面层

壁纸或墙布面层。

10.1.2　软（硬）包工程

（1）龙骨层

常用骨架材料有木龙骨、轻钢龙骨或型钢龙骨，用作找平并固定打底层、软包并承受其及自身荷载。

（2）打底层

软包构造不便直挂于龙骨时，可增设打底层，起固定、找平作用，一般选用阻燃胶合夹板、玻镁板等。

（3）饰面层

软包饰面,采用镶挂或粘贴的方式安装于基层,起饰面、吸声、防护、隔音等作用。

10.2 裱糊与软（硬）包工程材料选用

裱糊与软（硬）包工程的饰面材料主要是壁纸和壁布。壁纸包括塑料壁纸、织物壁纸、金属壁纸、植绒壁纸等，壁布包括无纺贴壁布、玻璃纤维壁布、装饰墙布及化纤装饰墙布、锦缎等。而软（硬）包的扪面材料主要有皮革、织物等。

10.2.1 壁纸和墙布

品种、规格、图案、颜色、规格应符合设计要求，应有产品合格证书和环保及燃烧性能检测报告。色牢度、伸缩性、耐裂强度、防火性能、耐久性等物理性能符合相关质量标准和设计要求，重金属、甲醛等有毒物质含量小于规定值。见图 10–3。

图 10–3　墙纸

10.2.2 胶粘剂

首先，应选择粘结力强、粘结效果好的胶粘剂；其次，选择的胶粘剂宜具有水溶性，以便于施工工具的清洗；最后，胶粘剂应具有一定的防潮性、柔韧性、防霉性、防火性。

10.2.3 扪皮和扪布

选用的皮革、织物等材质、颜色、图案、燃烧性能等级符合设计要求及国家现行标准的有关规定，具有防火检测报告，防火性能须符合设计及建筑内装修设计防火有关规定。材料表面应无条疤、洞眼、起毛、油污、污点等瑕疵，厚薄均匀，布纹方向一致、无色差等。见图 10–4。

图 10–4　扪布

10.3 裱糊与软（硬）包工程质量验收

10.3.1 质量文件和记录

（1）裱糊与软（硬）包工程的施工图、设计说明及其他设计文件。

（2）材料的产品合格证书、性能检验报告、进场验收记录和复验报告。

（3）饰面材料的样板及确认文件。

（4）材料的产品合格证书、性能检验报告、进场验收记录和复验报告。

（5）饰面材料及封闭底漆、胶粘剂、涂料的有害物质限量检测报告。

（6）隐蔽工程验收记录。

（7）施工记录。

10.3.2 检验批划分

同一品种的裱糊或软（硬）包工程每50间应划分为一个检验批，不足50间也应划分为一个检验批，大面积房间和走廊可按裱糊或软（硬）包面积每30m^{2}计为1间。

10.3.3 隐藏工程验收

（1）基层含水率。

（2）抗碱底漆涂刷情况。

（3）软包内衬材料。

10.3.4 检查数量规定

（1）裱糊工程每个检验批应至少抽查5间，不足5间时应全数检查。

（2）软（硬）包工程每个检验批应至少抽查10间，不足10间时应全数检查。

10.3.5 材料及性能复试指标

木材的含水率及人造木板的甲醛释放量。

10.3.6 实测实量（图 10-5 ～图 10-10）

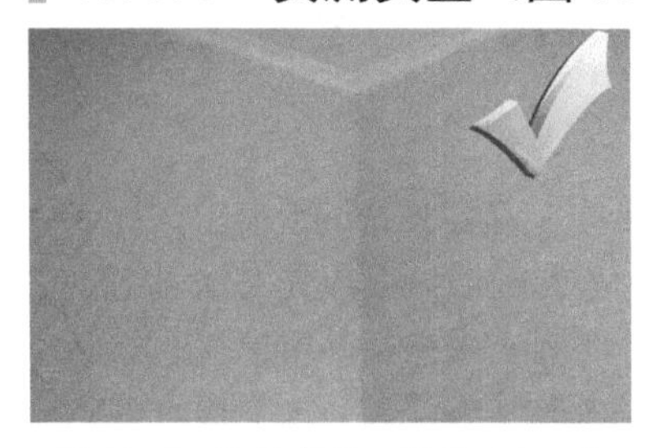

图 10-5　墙纸感观：距墙 1.5m 处观察，色泽一致、无明显拼缝、色差、皱褶、污斑，合格

图 10-6　墙纸感观：距离墙面 1.5m 处观察壁纸，有严重色差，不合格

图10-7　墙纸阴角方正度：用 200mm 直角检测尺检查，方正度误差≤3mm，合格

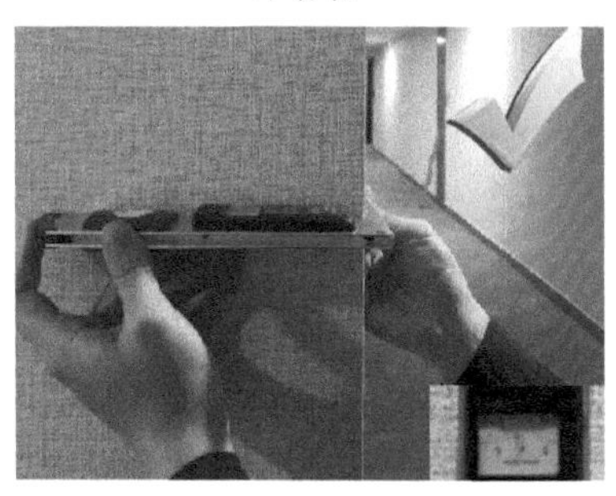

图10-8　墙纸阳角方正度：用 200mm 直角检测尺检查，方正度误差≤3mm，合格

图 10-9　墙面垂直度：用垂直检测尺检查，墙面垂直度误差≤ 3mm，合格

图 10-10　墙面平整度：用 2m 靠尺和塞尺检查，墙面平整度误差≤3mm，合格

10.4 裱糊与软（硬）包工程施工要点

10.4.1 裱糊工程

（1）裱糊前，基层处理应符合要求：新建筑物的混凝土抹灰基层墙面在刮腻子前应刷抗碱封闭底漆；粉化的旧墙面应先去除粉化层，并在刮涂腻子前刷一层界面处理剂；混凝土或抹灰基层含水率不得大于 8%，木基层含水率不得大于 12%；基层表面平整度、立面垂直度、阴阳角方正应达到高级抹灰规定的要求。

（2）腻子批刮要求三遍，每遍批腻子的厚度不宜超过 2mm，腻子层间坚实、牢固、不粉化、不起皮、无裂缝等。

（3）基层腻子充分自然风干，含水率应小于 8%。涂刷墙纸基膜，风干 24h 后滚涂第二遍，厚度宜控制在 0.3mm 以内，贴墙纸（布）前要通风 48h 以上，确保空气中没有味道。基膜风干后，须细磨以达到平整光滑。

（4）壁纸遇水或涂胶后可能会吸湿膨胀，导致其上墙后出现大量的气泡、褶皱；如不了解纸基特性，可取壁纸样片试贴后，隔日观察其纵、横方向收缩情况以确定是否润纸。

（5）壁纸背面和墙面基层应同时刷胶并厚薄均匀，从刷胶到上墙宜控制在 5 ～ 7min。壁纸背面不应有明胶，刷胶后背面对叠备用。墙基层刷胶的宽度要比纸幅宽约 30mm，刷胶要全面、均匀、不裹边、不起堆，以防溢出，弄脏壁纸。

（6）墙纸大面接缝采用拼缝，阴角采用搭缝，阳角采用包角。阴角搭缝时，应先裱糊压在里面的转角部分，再粘贴非转角部分，搭接宽度视阴角垂直度而定且大于 20mm。阳角处禁止拼缝，包角宽度大于 200mm，并注意花纹和阳角的直线关系。

（7）壁纸裱贴 40 ～ 60min 后，在其微干状态时用小滚轮均匀用力滚压一遍。如出现个别翘角，翘边现象，可用乳胶涂抹滚压粘牢，个别鼓泡可用针管排气后注入胶液，再滚压实。

10.4.2 软（硬）包工程

（1）软（硬）包施工前，应认真核对尺寸，加工中要仔细操作，防止面料或镶嵌板下料尺寸偏小、下料不方或裁切不整齐导致板块与周边饰面收口接缝不严密，露底、亏料、离缝。

（2）软包衬板可选用多层板、中纤板（封油）、玻镁板等。软包四周拼口处宜钉实木线条，用修边机倒斜边或圆角。填充物宜选用阻燃橡塑棉，厚度略高于实木收边线条，以防线条露边。填放时用万能胶粘贴于衬板上，保持平整无松动，将面料卷过衬板约 50mm 并用码钉固定。

（3）在铺贴第一板块时，应认真吊垂直、对花、拼花。特别是衬板的制作、安装更要注意对花和拼花，避免相邻两面料的接缝不直、不平，或花纹不吻合、不直、不平等。

10.5 裱糊施工技术标准

10.5.1 适用范围

本施工技术标准适用于一般工业与民用建筑中**裱糊工程**。

10.5.2 作业条件

（1）施工时，室内环境温度不应低于 5℃，湿度不应高于 85%。

（2）顶棚、地面、墙面混凝土和墙面抹灰已完成，且经过干燥，含水率不高于 8%，木材制品含水率不高于 12%。

（3）新浇筑混凝土或抹灰基层在刮腻子前应涂刷抗碱封闭底漆。

（4）旧墙面裱糊前应清除疏松层，并刷涂界面剂。

（5）基层腻子应平整、坚实、牢固，无粉化、起皮和裂缝。平整度、垂直度及阴阳角方正应达到规范要求，表面颜色应一致。

（6）经常处于潮湿状态不应选用壁纸。如必须裱糊时，须用有防水性能的壁纸和胶粘剂等材料。

10.5.3 材料要求

（1）壁纸：耐光**色牢度**①、耐摩擦色牢度、不透明度、断裂伸长率应符合相关质量标准和设计要求。壁纸中重金属、氯乙烯单体、甲醛等有害化学物质含量必须小于规定值。

（2）壁纸规格：

大卷：门幅宽 920 ~ 1200mm，长 50m，40 ~ 60m^2/ 卷。

中卷：门幅宽 760 ~ 900mm，长 20 ~ 50m，20 ~ 45m^2/ 卷。

小卷：门幅宽 530 ～ 600mm，长 10 ～ 12m，5 ～ 6m^2/ 卷。

（3）胶粘剂：胶粘剂中总挥发性有机物 TVOC ≤ 50g/L，游离甲醛≤ 1g/kg，同时应满足建筑物防火要求，避免高温下因胶粘剂失效使壁纸脱落引起火灾。

10.5.4 工器具要求（表 10-1）

工器具要求 表 10-1

机具	电动搅拌机、壁纸上胶机
工具	钢丝刷、锤子、抹灰刀、砂纸、壁纸刀、小滚轮、毛刷、腻子刮板、腻子托板、水桶、刮板
测具	激光投线仪、钢卷尺、水平尺、靠尺、线坠、铅锤、墨斗

10.5.5 施工工艺流程

1. 工艺流程图（图 10-11）

基层处理 → 批刮腻子 → 弹控制线 → 涂刷基膜 → 润纸刷胶 → 裱贴壁纸 → 修整壁纸

图 10-11 裱糊施工工艺流程图

2. 工艺流程表（表 10-2）

裱糊施工工艺流程表 表 10-2

基层处理	对房间吊垂直、套方、找规矩。轻质砌块墙体，满铺 5mm×5mm 玻璃纤维网格布，采用专用薄层灰泥批刮，厚度不宜超过 3mm。在墙面管槽部位、砌体开裂部位，先采用专用界面剂处理，再用专用砂浆修补。混凝土或抹灰基层应将基层表面的灰渣、浆点、污物等清刮干净，并用笤帚将粉尘扫净。不同基层材料相接处应使用宽 200mm 抗裂接缝带粘贴
批刮腻子	木夹板基层使用油性腻子（可按石膏:**酚醛清漆**[②]:熟桐油＝10:2:1），先补平钉眼再大面积找平；石膏板基层，先将钉眼用防锈漆逐一刷填，板缝接缝带粘贴后满刮腻子找平。 墙面批刮一般要求三遍，第一遍批灰腻子调入 10% 清油，用打浆机搅拌均匀后批刮。第二遍用普通批灰腻子批刮，用砂纸打磨，修正平整度和垂直度，达到横平竖直的要求。第三遍主要是大面积修整和阴阳角的顺直。每层腻子厚度≤ 2mm，腻子层间坚实、牢固、不粉化、不起皮、无裂缝
弹控制线	首先应确定从哪个阴角开始按照墙纸的尺寸进行分块弹线控制（一般做法是进门左阴角处开始铺贴第一张）。有挂镜线的按挂镜线，没有挂镜线的按设计要求弹线控制。

续表

弹控制线	按壁纸宽幅，每个墙面的第一幅壁纸都要弹线找垂直，垂线距墙阴角约150mm处，作为裱糊时的基准线。在第一幅壁纸位置的挂铅锤下吊至踢脚上缘处，按锤线弹出基准垂线，并按照壁纸的尺寸进行分块弹线控制。有门窗洞口应增加门窗两边的垂直线
涂刷基膜	墙面批刮完成后，要充分自然风干，腻子层含水率应小于8%。涂刷墙纸**基膜**[3]，风干24h后滚涂第二遍，厚度宜控制在0.3mm以内，贴墙纸（布）前要通风48h以上，确保空气中没有味道。基膜风干后，须细磨以达到平整光滑的程度
润纸刷胶	**塑料基壁纸**[4]应润水2～3min，**纸质基壁纸**[5]则不必**润水**[6]。施工前将两三幅壁纸进行刷胶，使壁纸湿润软化；壁纸背面和墙面基层应同时刷胶并应厚薄均匀，从刷胶到上墙宜控制在5～7min。壁纸背面不应有明胶，刷胶后背面反复对叠备用。墙基层刷胶的宽度要比壁纸宽约30mm，刷胶要全面、均匀、不**裹边**[7]、不**起堆**[8]，以防溢出，弄脏壁纸
裱贴壁纸	裱贴先控制纸幅垂直，再对花拼缝，最后用刮板由上而下赶压平整。裱贴顺序宜先垂直面后水平面，先细部后大面；贴垂直面时从上到下；贴水平面时先高后低。壁纸纸面对折上墙，先展开上半截，凑近墙壁，使纸边缘靠着垂线成一条直线，轻轻压平，由中间向外用刷子将上半截敷平，用壁纸刀将上部多余壁纸割去，再按相同方法处理下半截，修齐与踢脚板交接位置，并用海绵擦掉挤出的胶液。壁纸裱贴40～60min后，在其微干状态时用小滚轮均匀用力滚压一遍（墙大面纸幅间接缝采用拼缝处理）。阳角处禁止拼缝，采用包角宽度不小于200mm，并注意花纹和阳角的直线关系。阴角采用搭缝，应先裱糊压在里面的转角部分，再粘贴非转角部分，搭接宽度视阴角垂直度而定且不小于20mm
修整壁纸	壁纸粘贴完后，应检查是否有空鼓不实之处、接搓是否平顺、有无翘边、胶痕是否擦干净、有无小包、表面是否平整，对检查出的质量问题逐一进行修整

10.5.6 过程保护要求

（1）壁纸、墙布裱糊完的房间应关闭所有门窗，使胶水自然干透并及时清理干净。

（2）裱糊施工中，禁止非操作人员随意触摸墙纸。

（3）安装电气及其他设备时，注意保护墙纸，避免污染和损坏。

（4）施工操作应干净利落，边缝切割整齐，胶痕须清理干净。

（5）严禁在已裱糊好的壁纸、墙布的顶、墙上剔眼打洞。若纯属设计变更，也应采取相应的措施，施工时要小心保护，施工后要及时认真修复，以保证壁纸、墙布的完整。

10.5.7 质量标准

1. 主控项目

（1）内容：壁纸、墙布的种类、规格、图案、颜色、环保和燃烧性能等级必须符合设计要求及国家现行标准的有关规定。

检验方法：检查产品合格证书、性能检测报告和进场验收记录。

（2）内容：裱糊后各幅拼接应横平竖直，拼接处花纹、图案应吻合，不离缝，不搭接，不显拼缝。

检验方法：观察；拼缝检查距离墙面 1.5m 处正视。

（3）内容：壁纸、墙布应粘贴牢固，不得有漏贴、补贴、脱层、空鼓、翘边等缺陷。

检验方法：观察、手摸检查。

2. 一般项目

（1）内容：裱糊后的壁纸、壁布表面应平整，色泽应一致，不得有波纹起伏、气泡、裂缝、褶皱及斑污，斜视时应无胶痕。

检验方法：观察、手摸检查。

（2）内容：复合压花壁纸的压痕及发泡壁纸的发泡层应无损坏。

检验方法：观察。

（3）内容：壁纸、壁布与各种装饰线、设备线盒应交接严密。

检验方法：观察。

（4）内容：壁纸、墙布边缘应平直整齐，不得有纸毛、飞刺。

检验方法：观察。

（5）内容：壁纸、壁布阴角处搭接应顺光，阳角处应无接缝。

检验方法：观察。

3. 允许偏差（表 10-3）

裱糊施工允许偏差　　表 10-3

项目	允许偏差（mm）	检验方法
表面垂直度	3.0	用 2m 靠尺和塞尺检查
立面垂直度	3.0	用 2m 垂直检测尺检查
阴阳角方正	3.0	用 200mm 直角检测尺检查

10.5.8 质量通病及其防治

1. 阴阳角壁纸空鼓、断裂

（1）原因分析：阴阳角基层不平稳、不方正、不垂直；腻子层表面有缺口、脱落、粉化等现象。

（2）防治措施：

① 墙面要求方正、规矩、平整、垂直。

② 腻子层应坚实、牢固、不粉化、不起皮、无裂缝。

③ 阳角不允许甩搓接缝，包角宽度须大于 200mm，并要严实，无空鼓及气泡。阴角处必须裁纸搭接，搭接宽度必须超过 20mm，不允许整张纸铺贴，避免产生空鼓与褶皱。

2. 壁纸有气泡

（1）原因分析：

① 裱糊墙纸时赶压不当，往返挤压胶液次数过多，使胶液干结失去粘结作用。

② 赶压力量太小，多余的胶液未能挤出，存留在墙纸内部长期不能干结，形成囊状；或未将墙纸内部空气赶出而形成气泡。

③ 基层含水率大，抹灰层未干就铺贴壁纸，由于灰层被封闭，多余水分出不来，气化就将壁纸拱起成泡。

（2）防治措施：

① 可用裁纸刀在气泡处切开，挤出气体或多余的胶粘剂，再行压平压实。

② 纸面气泡内侧无胶，可采用注射器注入壁纸胶并压实抹平。

3. 接缝处开裂

（1）原因分析：涂胶不均匀或胶液过早干燥。

（2）防治措施：

① 加胶后重新粘贴压实。

② 如有微小的“张嘴”，用油笔蘸黏度较高的壁纸胶粘贴，然后压实。

4. 壁纸表面不平整，斜视有疙瘩

（1）原因分析：

①基层墙面清理不彻底，基层表面仍有积尘、腻子包、水泥斑痕、小砂粒、胶浆疙瘩等。

②抹灰砂浆中含有未熟化的生石灰颗粒，会将壁纸拱起小包。

（2）防治措施：处理时应将壁纸切开取出污物，重新刷胶粘贴。

10.5.9 构造图示（图 10-12 ～图 10-14）

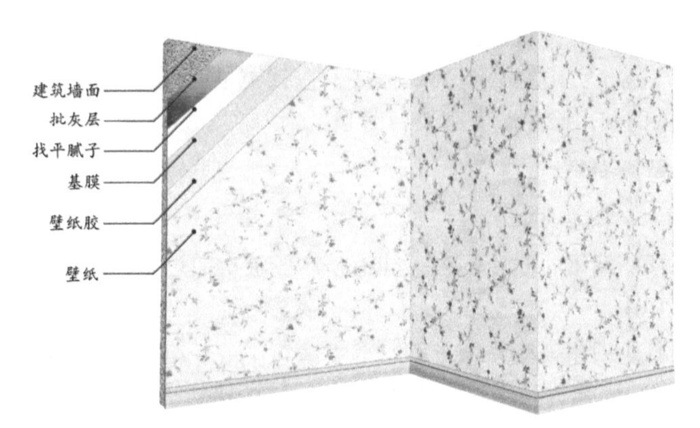

图 10-12 裱糊层间构造

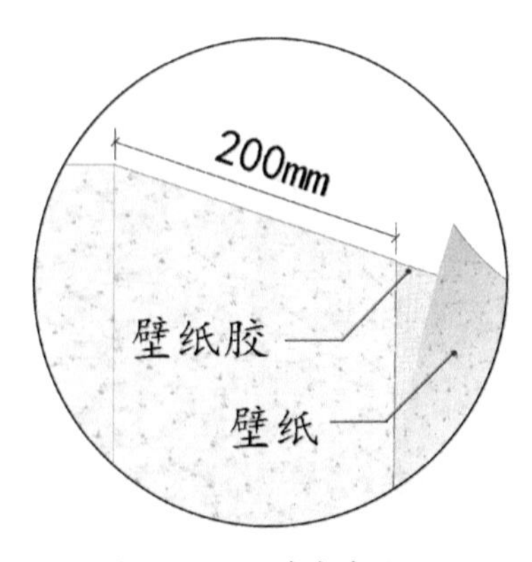

图 10-13 阳角包角处理

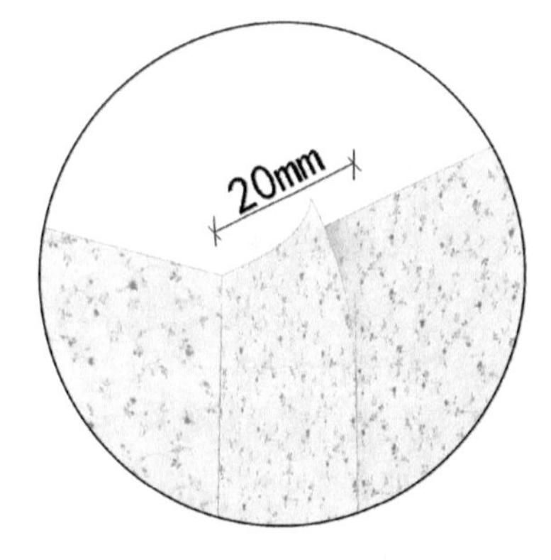

图 10-14 阴角搭缝处理

10.5.10 消耗量指标（表 10-4）

裱糊施工消耗量指标 单位：m^2 **表 10-4**

<table>
<tr><th rowspan="3">序号</th><th rowspan="3">名称</th><th rowspan="3">单位</th><th colspan="3">消耗量</th></tr>
<tr><th colspan="2">基层面满批腻子</th><th rowspan="2">壁纸裱糊</th></tr>
<tr><th>抹灰面</th><th>板材面</th></tr>
<tr><td>1</td><td>综合人工</td><td>工日</td><td>0.07</td><td>0.10</td><td>0.03</td></tr>
<tr><td>2</td><td>嵌缝膏</td><td>kg</td><td>—</td><td>0.17</td><td rowspan="3">—</td></tr>
<tr><td>3</td><td>接缝带</td><td>m</td><td>—</td><td>1.73</td></tr>
<tr><td>4</td><td>腻子粉</td><td>kg</td><td>4.00</td><td>4.00</td></tr>
<tr><td>5</td><td>基膜</td><td>kg</td><td colspan="2" rowspan="4">—</td><td>0.05</td></tr>
<tr><td>6</td><td>壁纸胶</td><td>kg</td><td>0.28</td></tr>
<tr><td>7</td><td>墙纸（不对花）</td><td>m^2</td><td>1.10</td></tr>
<tr><td>8</td><td>墙纸（对花）</td><td>m^2</td><td>1.16</td></tr>
<tr><td>9</td><td>工作内容</td><td colspan="4">处理基层→批刮腻子→弹控制线→涂刷基膜→润纸刷胶→裱贴壁纸→修整壁纸</td></tr>
</table>

装饰小百科
Decoration Encyclopedia

① 色牢度
② 酚醛清漆
③ 基膜
④ 塑料基壁纸
⑤ 纸质基壁纸
⑥ 润水
⑦ 裹边
⑧ 起堆

色牢度：印刷物或染色织物在使用或加工过程中，经受外部因素（挤压、摩擦、水洗、雨淋、暴晒、光照、海水浸渍、唾液浸渍、水渍、汗渍等）作用下的褪色程度。

酚醛清漆：由纯酚醛树脂或改性酚醛树脂与干性植物油经熬炼后，再加入催干剂和溶剂等配制而成的清漆。其涂膜光亮坚韧，耐久性、耐水性和耐酸性均较好。

基膜：一种专业抗碱、防潮、防霉的墙面处理材料，能有效地防止施工基面的潮气水分及碱性物质外渗，避免破坏墙体装饰材料。

塑料基壁纸：也叫胶面壁纸，为纯纸底，面层为 PVC 薄膜，再经印花、压花而成，表面有肌理感。具有结实、耐磨、耐擦洗、价格便宜的特点。

纸质基壁纸：在特殊耐热的纸上直接印花压纹的壁纸，具有绿色环保、无有毒有害物质、质感好、透气的优点。

润水：壁纸遇水或涂胶后可能会吸湿膨胀，导致其上墙后出现大量的气泡、褶皱；如不了解纸基特性，可取壁纸样片试贴后，隔日观察其纵、横方向收缩情况以确定是否润纸。

裹边：因刷胶不仔细导致壁纸或墙布背面胶体附着在其正面边缘的情形。

起堆：由于配胶搅拌不充分或刮板刮胶不均匀，致使壁纸或墙布表面局部凸起的现象。

10.6 软（硬）包施工技术标准

10.6.1 适用范围

本施工技术标准适用于一般工业与民用建筑中**软（硬）包工程**。

10.6.2 作业条件

（1）顶棚、地面、墙面混凝土工程已完工，且经干燥，含水率不高于 8%，木制品含水率不高于 12%。

（2）水电及设备、墙上预留埋件已完成，电气穿线、测试，管路打压、试水完成并经验收合格。

10.6.3 材料要求

（1）面料及其他填充材料必须符合设计要求，并应符合建筑内装修设计防火规范。

（2）木龙骨、打底衬板等木料的树种、规格、等级、含水率和防腐处理，须符合设计图纸要求和国家现行标准的规定。

（3）外饰面用的压条、分格框料和木贴脸等木料含水率不大于 12%，不得有腐朽、节疤、**劈裂**①、扭曲等疵病，并经防腐处理。

（4）辅料如防潮纸或油毡、乳胶、万能胶、钉子、木螺钉、木砂纸等须符合产品合格要求。

10.6.4 工器具要求（表 10-5）

工器具要求　　表 10-5

机具	电锯、电刨、手电钻、气钉枪、电锤、线锯、空压机
工具	锤子、扳手、裁织革刀、小辊轮、毛刷、棉丝、砂纸、凿子、水桶、小白线
测具	激光投线仪、钢卷尺、水平尺、靠尺、方尺、线坠、墨斗

10.6.5 施工工艺流程

1. 工艺流程图（图 10-15）

防潮处理 → 放线排版 → 安装龙骨 → 铺钉底板 → 制作软（硬）包 → 安装软（硬）包

图 10-15 软（硬）包施工工艺流程图

2. 工艺流程表（表 10-6）

软（硬）包施工工艺流程表 表 10-6

防潮处理	临近卫生间及其他有防潮要求的墙面施工前须对基层涂装两道水柏油，或在钉装龙骨时同时铺设防水卷材
放线排版	对空间四周墙面进行吊垂直、套方正、找规矩。在墙基层上弹出龙骨分档线、墙面完成面线等。对软（硬）包板块排版，板块须对称均等、拼缝横平竖直，同时考虑墙面线盒及设备位置须对称或居中
安装龙骨	宜选用膨胀螺栓的锚固方式将 U 形安装夹或角码固定墙基层上。竖向主龙骨间距不大于 600mm，横向副龙骨间距不大于 400mm。安装时随时校核龙骨是否垂直、平整、位置相符。如设计要求，可同时在龙骨间隙位置填充玻璃丝棉或岩棉等吸声与防火材料
铺钉底板	打底板采用厚度不低于 9mm 的多层阻燃夹板（潮湿地区可选用玻镁板）通过螺钉固定龙骨连接（禁止单纯采用枪钉）。打底板之间拼接应错缝并留 2～3mm 膨胀缝隙为宜，木质打底板不得直接落地，须与地面留置 20mm 间隙防潮
制作软（硬）包	软（硬）包衬板一般选用多层板、**中纤板**②（封油）、玻镁板等。软包四周拼口处宜钉实木线条，用修边机拉斜边或圆角。填充物宜选用**阻燃橡塑棉**③，厚度需略高于实木收边线条 1～2mm，以防线条露边。填放时用**万能胶**④粘贴于衬板上，保持平整无松动，将面料卷过衬板约 50mm 并用**码钉**⑤固定在衬板上（注：软包、硬包的区别在于基层板与面层材料之间的填充物，有填充物的称为软包，无填充物的称为硬包）
安装软（硬）包	进行试拼达到效果后，将预制好的软（硬）包背面满刷乳胶并用气钉枪将其边框固定在墙面的基层板上。如软包板块无硬质边框，可用**热熔胶**⑥粘贴在基层板上

10.6.6 过程保护要求

（1）软包布存放时不能将布料的包装拆除，须在干燥位置保存。

（2）其他分项施工时须用塑料膜对墙面进行保护。

（3）墙面施工中须佩戴白手套，完工后须加以保护，严禁非作业人员按压面料，避免表面污染。

（4）墙面施工完成后不能再进行墙面的油漆、涂料等施工，保证不污染面料。

10.6.7 质量标准

1. 主控项目

（1）内容：软包工程的安装位置及构造做法应符合设计要求。

检验方法：观察、尺量检查；检查施工记录。

（2）内容：软包边框所选木材的材质、花纹、颜色和燃烧性能等级应符合设计要求及国家现行标准的有关规定。

检验方法：观察；检查产品合格证书、进场验收记录、性能检测报告和复验报告。

（3）内容：软包衬板的材质、品种、规格、含水率应符合设计要求。面料及内衬材料的品种、规格、颜色、图案及燃烧性能等级应符合国家现行标准的有关规定。

检验方法：观察；检查产品合格证书、进场验收记录、性能检测报告和复验报告。

（4）内容：软包工程的龙骨、边框应安装牢固。

检验方法：手扳检查。

（5）内容：软包衬板与基层应连接牢固，无翘曲、变形。拼缝应平直，相邻板面接缝应符合设计要求，横向无错位拼接的分格应保持通缝。

检验方法：观察、手摸检查。

2. 一般项目

（1）内容：单块软包面料不应有接缝，四周应绷压严密。需要拼花的，拼接处花纹、图案应吻合。软包饰面上的电气槽、盒的开口位置、尺寸应正确，套割应吻合，槽、盒四周应镶硬边。

检验方法：观察；手摸检查。

（2）内容：软包工程表面应平整、洁净，无污染、无凸凹不平及褶皱；图案应清晰、无色差。整体应协调美观，符合设计要求。

检验方法：观察。

（3）内容：软包工程的边框表面应平整、光滑、顺直、无色差、无钉眼；对缝、拼角应均匀对称、接缝吻合。清漆制品木纹、色泽应协调一致。其表面涂饰质量应符合涂饰工程相关规定。

检验方法：观察；手摸检查。

（4）内容：软包内衬应饱满，边缘应平齐。

检验方法：观察；手摸检查。

3. 允许偏差（表 10-7）

软（硬）包施工允许偏差　　表 10-7

项目	允许偏差（mm）	检验方法
单块边框水平度	3.0	用 1m 水平尺和塞尺检查
单块边框垂直度	3.0	用 1m 垂直检测尺检查
单块对角线长度差	3.0	用钢尺检查
单块宽度、高度	0；−2.0	用钢尺检查
分格条（缝）直线度	3.0	拉 5m 线，不足 5m 拉通线，用钢直尺检查
裁口线条结合处高低差	1.0	用钢直尺和塞尺检查

10.6.8　质量通病及其防治

1. 表面起伏不平

（1）原因分析：填充芯材厚薄不一或胶粘剂腐蚀芯材，导致其变硬减薄。

（2）防治措施：选用厚薄一致、质量合格的包覆材料；同时选用无腐蚀性的中性胶粘剂。

2. 扪面松弛

（1）原因分析：基层材质热胀冷缩导致扪面松弛；扪面本身失去弹性，扪张后不回弹。

（2）防治措施：

① 注意材料的收缩率，基层宜选用带吸附力的玻纤板新型热熔胶基层，不选用双层布料。

② 扪面过程中尽量绷紧面料，但不能使其失去收缩弹性。

3. 材料不符合消防或环保要求

（1）原因分析：材料选用和进场验收未检测材料的消防及环保各项指标。

（2）防治措施：严格按国家有关消防及环境污染控制规定，各软（硬）包材料使用前应委托消防、环境检测机构检测有害物质（游离甲醛、苯、总挥发性有机化合物 TVOC 等）限量等级检测及材料防火等级检测。

10.6.9 构造图示（图 10-16、图 10-17）

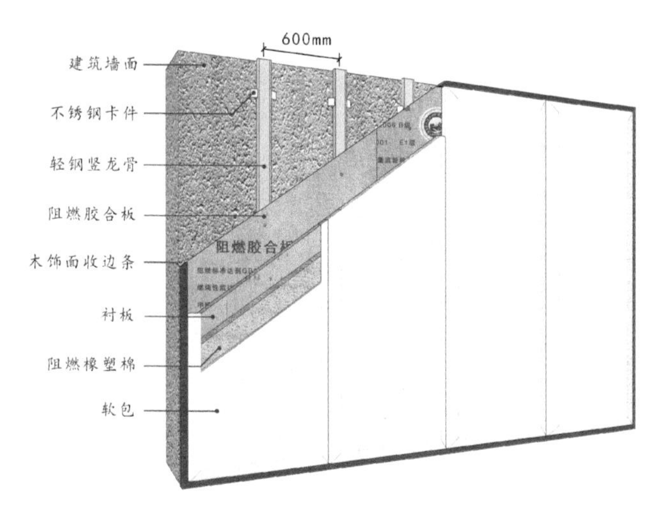

图 10-16 软包墙面构造

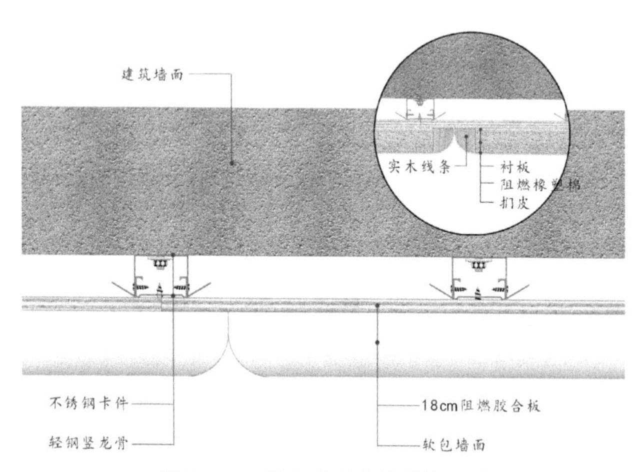

图 10-17 软包墙面构造俯视剖面

10.6.10 消耗量指标（表 10-8）

软（硬）包施工消耗量指标 单位：m^2 **表 10-8**

序号	名称	单位	消耗量	
			轻钢龙骨基层	软（硬）包墙面
1	综合人工	工日	0.17	0.11
2	膨胀螺栓	套	1.67	—
3	U 形安装卡件	个	1.67	
4	轻钢竖龙骨 75×40	m	1.20	
5	自攻螺钉 M3.5×25	个	23.00	
6	阻燃板	m^2	1.05	
7	热熔胶	kg	—	0.28
8	软（硬）包墙面（成品）	m^2		1.30
9	工作内容	防潮处理→放线排版→安装龙骨→铺钉底板→制作软（硬）包→安装软（硬）包		

装饰小百科
Decoration Encyclopedia

① 劈裂
② 中纤板
③ 阻燃橡塑棉
④ 万能胶
⑤ 码钉
⑥ 热熔胶

劈裂：由于木材含水率降低或者内外层含水率差异变大而导致木材表面出现沿径向开裂的一种物理现象。

中纤板：将木材或植物纤维经机械分离和化学处理手段，掺入胶粘剂和防水剂等，再经高温、高压成型制成的一种人造板材，是制作家具较为理想的人造板材。中密度纤维板的结构比天然木材均匀，也避免了腐朽、虫蛀等问题，同时它胀缩性小，便于加工。由于中密度纤维板表面平整，易于粘贴各种饰面，可以使制成品家具更加美观。在抗弯曲强度和冲击强度方面，均优于刨花板。

阻燃橡塑棉：以性能优异的丁腈橡胶、聚氯乙烯为主要原料，经密炼、硫化发泡等特殊工艺制成。其主要特点为低密度、富柔软性、经久耐用、阻燃效果达到国家B1级标准。

万能胶：常见的万能胶的主要成分为氯丁胶，一般采用苯、甲苯、二甲苯作为溶剂，呈黄色液态黏稠状，具有良好的耐油、耐溶剂和耐化学试剂的性能。一般均可用于木材、铝塑板、皮革、人造革、塑料、橡胶、金属等软硬材料的粘接。

码钉：气动枪钉的一种，一般用镀锌铁丝做成的，与钉书钉相似，主要用来平行连接、固定。

热熔胶：一种不需溶剂、不含水分的可塑性、可熔性的粘合剂；它在常温下为固体，加热熔融到一定温度变为能流动，且有一定黏性的液体。其无毒无味，属环保型化学产品。因其产品本身系固体，在一定温度范围内其物理状态随温度改变而改变，而化学特性不变，便于包装、运输、存储、无溶剂、无污染、无毒性，以及生产工艺简单，高附加值，黏合强度大，固结速度快。

11 细部工程

根据现行国家标准《建筑装饰装修工程质量验收标准》GB 50210的规定，**细部工程** 包括橱柜（固定家具）制作与安装、窗帘盒和窗台板制作与安装、门窗套制作与安装、护栏和扶手制作与安装、花饰制作与安装等分项工程。

本章结合通常室内装饰工程的实际运用，针对性的对“橱柜安装”与“护栏和扶手安装”的内容做重点介绍，将“门套安装”合并至“木门安装工程”的章节当中。

11.1 细部工程构造组成

11.1.1 橱柜(固定家具)

橱柜(固定家具)一般有隔板、柜体、柜门、抽屉及收口条等主要部件组成，根据不同的使用功能，五金件还配有挂衣杆、挂衣架、裤架等。见图 11-1。

图 11-1 橱柜

(1) 隔板

主要指橱柜、衣柜以及其他家具内部，用以分隔竖向使用空间的板材，常见材质包括木材、石材、塑料板材等。

(2) 柜体

以木质板材制作，由侧板(中侧板)、顶板(底板)、背板组成橱柜的主体。

(3) 柜门

一般由扇框和扇芯板组成，通过铰链或合页与柜体连接。

(4) 抽屉

橱柜、桌子等家具中用于贮藏物品的匣子，有底无盖，可以抽出来推进去，通过抽屉轨道与柜体连接。

11.1.2 护栏和扶手

栏杆按形式不同，护栏分为镂空和实体两类，镂空的由立柱(金属、木头或石头杆件)、横档(配套的管材或花饰)、扶手组成，实体的是由栏板(如玻璃板、金属板)、扶手组成；按主受力构件的形式与材质分为以金属(或木头)为立柱的栏杆式或以玻璃为立板的栏板式。立柱式杆件通过埋件与后置件与楼地面固定；玻璃拦板式通过一定深

图 11-2 护栏

度的埋深与夹持固定玻璃立板。扶手可选用木头、木塑或各种金属管材采用螺钉或焊接的方式与拦杆（板）连接。见图 11–2。

（1）埋件

便于立杆固定的板件，或固定栏板的槽钢，一般预先固定在楼地面结构上。

（2）立柱

护栏主要受力构件，立柱和基座相连接有以下几种形式：

① 插入式：将开脚扁铁、倒刺铁件等插入基座预留的孔中，用细石混凝土浆填实固结。

② 焊接式：将栏杆立柱焊于基座中预埋的钢板、套管等铁件上。

③ 栓接式：用预埋螺母套接，或用板底螺帽栓紧贯穿基板立柱。

（3）护栏

临空平台的防护设施，由立柱与横档组成。

（4）栏板

是护栏的重要组成部分，可安装于两立柱之间用作水平横档，也可用于楼地面结构上,作为承受可独立固定水平推力的板状护栏设施。

（5）扶手

位于栏杆、栏板上端或梯道侧壁处，供人攀扶的构件。其形式和选材既要满足攀扶要求和舒适的手感，又要满足构件的装饰性。常用实木、木塑、石材、金属管材制作。

11.2 细部工程材料选用

11.2.1 橱柜(固定家具)

（1）人造板材

利用木材在加工过程中产生的边角废料，添加化工胶粘剂制作成的板材。如胶合板（图 11–3）、细木工板、密度板、刨花板等。

图 11–3　胶合板

① 胶合板：胶合板也称多层夹板，俗称细芯板。一般是由三层或多层 1mm 左右的实木单板或薄板胶贴热压而成。常见的有 3mm 板、5mm 板、9mm 板、12mm 板、15mm、18mm 板六种厚度，长宽通常为

2440mm×1220mm。胶合板的结构强度高、拥有良好的弹性、韧性，夹板含胶量相对较大，施工时要做好封边以防污染，并做好防白蚁处理。

图 11-4　细木工板

应根据使用环境，选用合适种类的胶合板。I类胶合板，即耐气候胶合板，供室外条件下使用；Ⅱ类胶合板，即耐水胶合板，供潮湿条件下使用；Ⅲ类胶合板，即不耐潮胶合板，供干燥条件下使用。

② 细木工板：细木工板俗称大芯板，是室内木工装修中最为常用的板材之一。它是由中间木方经烘干处理加工成规格木条，经拼板机拼接后，双面各覆盖两层单板，再经冷、热压机胶压后制成。见图 11-4。

细木工板按板芯结构分为实心细木工板、空心细木工板，其厚度多为 15mm、18mm、25mm，长宽通常为 2440mm×1220mm。

细木工板握螺钉力好，强度高，重量轻，不易变形，稳定性强于胶合板，并具有吸声、绝热等特点。但其横向抗弯性能、环保性较差。

应选用板面平整，无翘曲、变形、起泡等问题，翘曲度不宜超过 0.2%，自身甲醛释放量、环保性能应符合国家现行标准规范或设计要求。

③ 密度板：密度板也叫纤维板，是将原木脱脂去皮，粉碎成木屑后再经高温、高压成型的板材。

按密度可分为：高密度纤维板，密度在 800kg/m^3 以上；中密度纤维板，密度在 450 ～ 800kg/m^3 之间；低密度纤维板，密度低于 450kg/m^3。主要用于强化木地板、门板、隔墙、家具等。

密度板结构细密，表面光滑平整，性能稳定，边缘牢固，加工简单。但密度板握钉力不强，螺钉旋紧后易松动。此外，密度板遇水膨胀率大、抗弯性能差，不能用于过于潮湿和受力太大的木工作业中。见图 11-5。

图 11-5　密度板

④ 刨花板：刨花板是将天然木材粉碎成颗粒状后，加入胶水、添加剂压制而成，因其剖面类似蜂窝状，极不平整，所以称为刨花板。刨花板在性能特点上和密度板类似。

根据用途分为 A 类与 B 类；根据制造方法分为平压刨花板、挤压刨花板。根据表面状况分为：无饰面刨花板、饰面刨花板。主要用于家具制造，常用厚度为 3 ～ 30mm 不等，长宽通常为 2440mm×1220mm。

刨花板握钉力较好，加工方便，甲醛含量比密度板高。可以用于一些受力要求不是很高的基层部位，也可以作为垫层和结构材料。此外，刨花板密度疏松易松动，抗弯性和抗拉性较差，强度也不如密度板，所以一般不适宜制作较大型或者承重要求较高的家具。见图 11–6。

图 11–6　刨花板

（2）单板

木制品制作使用的木皮（单板）应符合现行国家标准《刨切单板》GB/T 13010 和现行行业标准《旋切单板》LY/T 1599 的规定，纹理、颜色应基本一致，拼接处应过渡自然。

厚度规定：一般情况下，木皮（单板）的厚度应＞ 0.6mm，特殊情况不得＜ 0.3mm；木饰板背面平衡层一般选用旋切木皮（单板），且厚度为 0.10 ～ 0.30mm。

普通木皮（单板）储存的室内空间应保持阴凉，相对湿度为 65%，使木皮（单板）含水率≥ 12%，室内应避免阳光直射引起变色；厚度 0.2mm 以下的木皮（单板）一般不需干燥，含水率应保持在 20% 左右，以避免破碎和翘曲；易变色或发霉的木皮（单板）应在 5℃以下的环境内保存，且用黑色聚氯乙烯薄膜包封，以免发霉或腐朽。见图 11–7。

图 11–7　木皮（单板）

（3）胶粘剂

橱柜选用的胶粘剂应符合现行国家标准《木材工业胶粘剂用脲醛、

酚醛、三氰胺甲醛树脂》GB/T 14732、现行行业标准《木工用氯丁橡胶胶粘剂》LY/T 1206、《水基聚合物－异氰酸酯木材胶粘剂》LY/T 1601、《脲醛预缩液》LY/T 1180、《白胶水（聚乙酸乙烯酯乳液木材胶粘剂）》HG/T 2727 的规定。应根据不同的被粘结材料及其材料强度选用合适的胶粘剂（不应对被粘物有腐蚀性），根据不同胶粘剂选择合适的环境内储存，并在其有效储存期内使用。

（4）木器涂料

是指用于木制品上的一类树脂漆，有硝基漆、聚酯漆、聚氨酯漆等，可分为水性和油性。按光泽可分为高光、半哑光、哑光。按用途可分为家具漆、地板漆等。

选择木器漆时要注意是否是正规生产厂家的产品，并要具备质量保证书、产品质量检查报告、生产的批号和日期，其环保性能应符合现行国家标准《室内装饰装修材料溶剂型木器涂料中有害物质限量》GB 18581 的技术要求。

（5）五金配件

橱柜用五金配件不得有裂纹、毛刺、凹凸、翘曲、变形等缺陷；种类、规格、型号符合设计要求，且有出厂合格证；材质成分与制作偏差符合国家现行标准。颜色、品种、类型及材质应由设计确认，并满足使用功能的要求。见图 11-8。

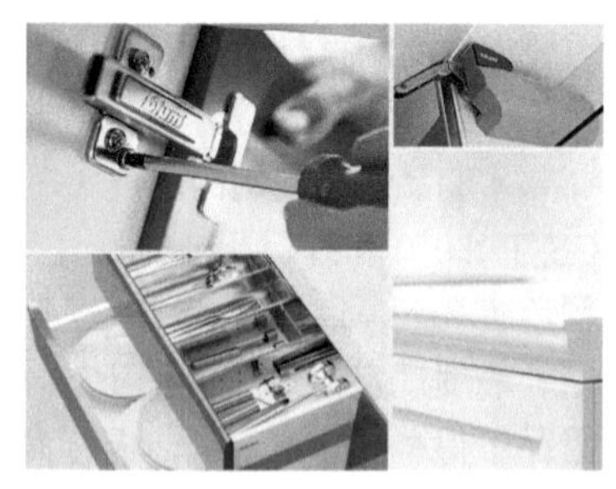

图 11-8　五金配件

11.2.2　护栏与扶手

（1）金属管材

护栏、扶手使用的金属管材其材质、品种、性能、规格、尺寸及拼接形式须符合设计要求，有出厂合格证，管材壁厚尺寸应符合设计要求，一般立柱和扶手壁厚不应小于 1.2mm。

（2）玻璃栏板

应采用符合设计要求厚度的钢化玻璃、夹层钢化玻璃等安全玻璃。多层跑马廊的栏板或扶手高度应符合建筑设计规范要求，高度应在 1.1 ～ 1.2m。钢化玻璃须在热处理前完成裁切钻洞和磨边等加工工序，钢化处理后的玻璃不能再进行切割打孔。夹层玻璃主要技术性能、外观质量、尺寸允许偏差应符合现行国家标准《建筑用安全玻璃第3部分：夹层玻璃》GB 15763.3 的规定。

（3）木材扶手

扶手使用的木材其品种、规格、图案、颜色、规格应符合设计要求，应有产品合格证和环保、燃烧性能、甲醛释放量检测报告，含水率≤12%，质量应符合设计要求。

11.3 细部工程质量验收

11.3.1 质量文件和记录

（1）施工图、设计说明及设计文件。

（2）材料的产品合格证书、性能检验报告、进场验收记录和复验报告。

（3）隐蔽工程验收记录。

（4）施工记录。

11.3.2 隐藏工程验收

（1）预埋件（或后置埋件）。

（2）护栏与预埋件的连接节点。

11.3.3 材料及性能复试指标

石材的放射性和人造木板的甲醛释放量。

11.3.4 检验批划分

（1）同类制品每50间（处）应划分为一个检验批，不足50间（处）也应划分为一个检验批。

（2）每部楼梯应划分为一个检验批。

11.3.5 检查数量规定

橱柜、窗帘盒、窗台板、门窗套和室内花饰每个检验批应至少抽查3间（处），不足3间（处）时应全数检查；护栏、扶手和室外花饰每个检验批应全数检查。

11.3.6 实测实量（图 11-9 ～图 11-16）

图 11-9　橱柜门板缝宽：用塞尺检查，留缝宽度误差≤ 1.5mm，合格

图 11-10　橱柜五金验收：安装位置适宜，固定牢固粘贴平整，不起翘，合格

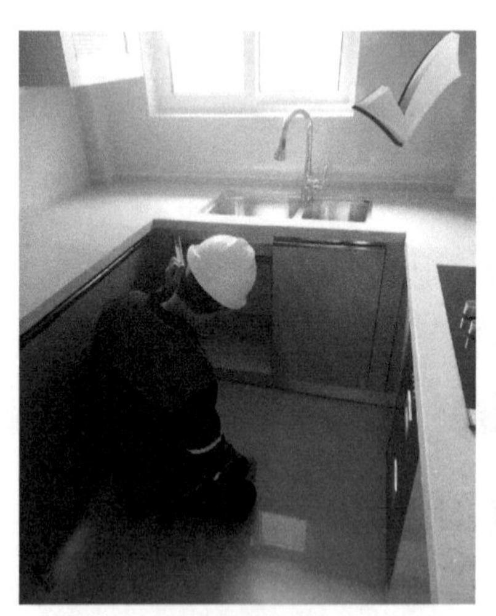

图 11-11　橱柜橱门和抽屉验收：安装牢固，开关灵活，合格

图 11-12　橱柜门板缝宽：用塞尺检查，留缝宽度误差≤ 1.5mm，合格

图 11–13　橱柜门板水平高低差验收：用钢直尺和塞尺检查，留缝宽度≤ 1mm，合格

图 11–14　橱柜柜体与地板缝宽：用钢直尺检查，误差≤ 2mm，合格

图 11–15　玻璃栏板感观：表面光滑、色泽一致，无裂缝、翘曲及损坏，合格

图 11–16　玻璃栏板垂直度：用 1m 垂直检测尺检查，误差≤ 3mm，合格

11.4 细部工程施工要点

11.4.1 橱柜（固定家具）

（1）橱柜（固定家具）柜体宜在相邻的墙体完成抹灰且抹灰层含水率小于18%、墙体涂料施工前安装，抽屉、柜门等部件宜在涂料等工序全部完毕后安装。

（2）橱柜在混凝土墙面上的固定应采用锚栓法；在实心砖墙上，不得固定在砖缝上；在空心砖或轻质砖墙体上，应用混凝土或钢结构进行墙体加固处理；在轻钢龙骨墙体上，应考虑固定件的位置，对相应部位采取补强措施。

（3）橱柜安装，有底座的应先安装底座，调整底座水平后，再安装上部柜体。背板与柜体连接可采用直钉或木螺钉，每个连接点间距离宜在200～300mm之间。

（4）小五金安装应用木螺钉固定，用小型电动工具应注意力度和方向，螺钉深度到位后不得继续拧动，防止形成内部滑丝。安装过程中，连接件不得一次紧固到位，宜先预紧后检查各个项目，调整好各项位置偏差后再逐一分别紧固。

11.4.2 护栏与扶手

（1）玻璃栏杆放线时，须根据现场实际尺寸调整装饰施工图，以消除土建施工偏差；同时，在实际测量、放线所得精确尺寸的基础上还应绘制施工放样详图，作为玻璃及各种配件加工选型和现场安装的准确依据。

（2）玻璃栏杆安装时一定要注意不要在玻璃周边造成破损或缺陷，以免因温度不均发生自爆。立放玻璃的下部要垫有胶垫，玻璃与边框、玻璃与玻璃之间都要留有空隙，以适应玻璃热胀冷缩的变化。

（3）加工过程中，玻璃周边一定要磨光倒角，同时周边切口须平整、无崩边、划伤，合片时孔洞要对齐，防止爪件安装后应力不均匀导致玻璃破裂。对于用螺栓固定的玻璃栏杆，玻璃上预先钻孔的位置必须十分准确，并用胶垫圈或毡垫圈隔开。

（4）临空高度在24m以下时，栏杆高度不应低于1.05m，临空高度在 24m 及 24m 以上（包括中高层住宅）时，栏杆高度不应低于 1.10m。栏杆离楼面或屋面 0.10m 高度内不宜留空。

（5）住宅、托儿所、幼儿园、中小学及少年儿童专用活动场所的栏杆须采用防止少年儿童攀登的构造，当采用垂直杆件做栏杆时，其杆件净距不应大于 0.11m。

（6）文娱建筑、商业服务建筑、体育建筑、园林景观建筑等允许少年儿童进入活动的场所，当采用垂直杆件做栏杆时，其杆件净距不应大于 0.11m。

（7）不承受水平荷载的栏板玻璃应符合现行行业标准《建筑玻璃应用规程》JGJ 113 的规定，且公称厚度不小于 5mm 的钢化玻璃，或公称厚度不小于 6.38mm 的夹层玻璃。

（8）承受水平荷载的栏板玻璃应符合现行行业标准《建筑玻璃应用规程》JGJ 113 的规定，且公称厚度不小于 12mm 的钢化玻璃或不小于 16.76mm 钢化夹层玻璃，当栏板玻璃最低点离一侧楼地面高度大于 5m 时，不得使用承受水平荷载的栏板玻璃。

11.5 橱柜安装施工技术标准

11.5.1 适用范围

本施工技术标准适用于一般工业与民用建筑中**橱柜安装工程**。

11.5.2 作业条件

（1）安装场所必须干燥，空气最大湿度应控制在 40% ～ 60% 范围内，冬期施工温度不低于 5℃

（2）周边装饰基本完成，相关连体构造已具备安装橱柜（**固装家具**①）的条件。

11.5.3 材料要求

（1）**橱柜**②：家具的框和扇，应无窜角、翘扭、弯曲、劈裂。吊柜骨架应无变形锈蚀等缺陷。原材料如**锯材**③、胶合板、纤维板、金属包箱等应符合设计要求并有合格证书和环保、**燃烧性能等级**④检测报告。其中木材含水率不大于 12%。人造板使用面积超过 $500m^2$ 应做甲醛含量复试。

（2）五金配件：**铰链**[⑤]、插销、拉手、锁具等配件无裂纹、毛刺、凹凸、翘曲、变形等缺陷；种类、规格、型号符合设计要求，且有出厂合格证；材质成分与制作偏差符合国家现行标准。

11.5.4 工器具要求（表 11-1）

工器具要求 **表 11-1**

机具	电锯、电刨、电动螺丝刀、气钉枪、空压机
工具	锤子、凿子、斧子、手锯、手刨、冲子、扁铲、扳手、胶刷
测具	激光投线仪、卷尺、水平尺、靠尺、方尺、角尺、墨斗、线坠

11.5.5 施工工艺流程

1. 工艺流程图（图 11-17）

防潮处理 → 定位弹线 → 安装柜体 → 安装柜扇 → 安装部件 → 安装五金 → 安装收口线

图 11-17　橱柜安装施工工艺流程图

2. 工艺流程表（表 11-2）

橱柜安装施工工艺流程表 **表 11-2**

防潮处理	临近卫生间及其他有防潮要求的墙面，安装前须对基层涂装两道水柏油，橱柜靠墙体部位也须作相应防腐防潮处理
定位弹线	抹灰前利用室内标高基准线，按产品说明确定壁柜标高及上下口高度，考虑抹灰厚度确定相应的位置
安装柜体	带漆面的柜体应在周边墙面装修基本完成后安装。柜体与混凝土墙连接应用膨胀螺栓固定，间距 300mm，与轻质隔墙连接处，须预埋在可承载固定点。采用钢框时，须在安装固定框架的位置预埋铁件。在框架固定前核对标高、尺寸、位置等准确无误后紧固
安装柜扇	校对开扇裁口方向，一般以开启方向的右扇为盖口扇。检查框口尺寸，框口高度应量上、下口两端；框口宽度应量侧框间上、中、下三点，并在扇的相应部位定点画线。根据合页位置用扁铲凿出合页边线，剔合页槽。安装时将合页先压入扇的合页槽内，找正拧好固定螺钉。试装时，修合页槽的深度、调好框扇缝隙、框上每支合页先拧一个螺丝，然后关闭。检查框与扇平整、留缝等符合要求后，将全部螺钉拧紧

续表

安装部件	按编号分别安装抽屉、隔板、挂衣杆等家具部件。安装方法同柜扇，先测量划定位置，找正后拧紧**螺钉**[6]，与框连接处每支合页先拧一颗螺钉，调试开闭平顺后，将全部螺钉拧紧
安装五金	五金应用木螺钉固定，不得用钉子。木螺丝应钉入全长1/3、拧入2/3，如部品为硬木时，合页安装螺丝应划位打眼，孔径为木螺丝的0.9倍直径，孔深为螺丝的2/3长度。应注意掌握拧动螺钉的力度和角度，深度到位后不得过拧以防滑丝
安装收口线	安装柜体与周边墙体的收口线，注意线条尺寸精确，保证两侧竖线高低一致，并与横线条接缝紧密。保证美观效果，同时保证安装牢固，线条锯口平齐

11.5.6　过程保护要求

（1）家具进场后，靠墙背面应刷底油、防腐剂；金属制品应及时刷防锈漆并入库存放。

（2）家具安装时，严禁碰撞周边装饰面的边角，防止损坏成品面层。

（3）家具安装后，应覆膜或纸壳保护防止磕碰，保护产品完整。

11.5.7　质量标准

1. 主控项目

（1）内容：壁柜制作与安装所用的材质、规格、性能、有害物质限量及木材的燃烧性能等级和含水率应符合设计要求及国家现行标准的有关规定。

检验方法：观察；检查产品合格证书 、进场验收记录、性能检测报告和复验报告。

（2）内容：壁柜安装预埋件或后置埋件的数量、规格、位置应符合设计要求。

检验方法：检查隐蔽工程验收记录和施工记录。

（3）内容：壁柜配件的品种、规格应符合设计要求。配件应齐全，安装应牢固。

检验方法：观察；手扳检查；检查进场验收记录。

（4）内容：壁柜的造型、尺寸、安装位置、制作和固定方法应符合设计要求。橱柜安装必须牢固。

检验方法：观察；尺量检查；手扳检查。

（5）内容：壁柜的抽屉和柜门应开关灵活、回位正确。

检验方法：观察；开启和关闭检查。

2. 一般项目

（1）内容：壁柜表面应平整、洁净、色泽一致，不得有裂缝、翘曲及损坏。

检验方法：观察。

（2）内容：壁柜裁口应顺直，拼缝应严密。

检验方法：观察。

3. 允许偏差（表 11-3）

橱柜安装施工允许偏差 表 11-3

项目	允许偏差（mm）	检验方法
外形尺寸	3.0	用钢尺检查
立面垂直度	2.0	用 1m 垂直检测尺检查
框门与框架的平行度	2.0	用钢尺检查

11.5.8 质量通病及其防治

1. 墙体与框体不平

（1）原因分析：墙面垂直度偏差过大或框安装不垂直造成的。

（2）防治措施：

①确保墙面抹灰垂直度和垂直度在 4mm 范围内。

②保证框体安装时垂直度在 2mm 范围内。

2. 柜框安装不牢

（1）原因分析：预埋件、木砖安装前已松动或固定点少。

（2）防治措施：连接、钉固点要够数，安装牢固。

3. 框扇开启不灵活

（1）原因分析：合页槽不平、深浅不一致，安装时螺钉打入过长，产生倾斜，达不到螺尾平卧。

（2）防治措施：

①按标准螺钉打入深度的 1/3，拧入深度 2/3。

② 注意螺钉拧入的力度和角度，确保螺钉垂直于框体，并咬合稳固。

4. 框体与墙体缝隙过大

（1）原因分析：柜框与洞口尺寸误差过大，基体留洞不准。

（2）防治措施：结构或基体施工留洞，应符合设计要求的尺寸及标高。

11.5.9 构造图示（图 11-18 ～图 11-23）

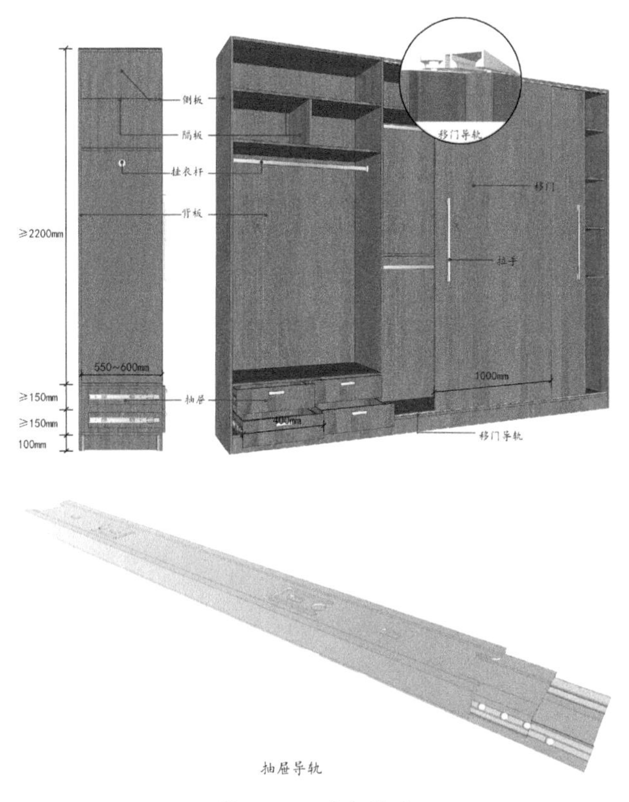

图 11-18　衣柜构造

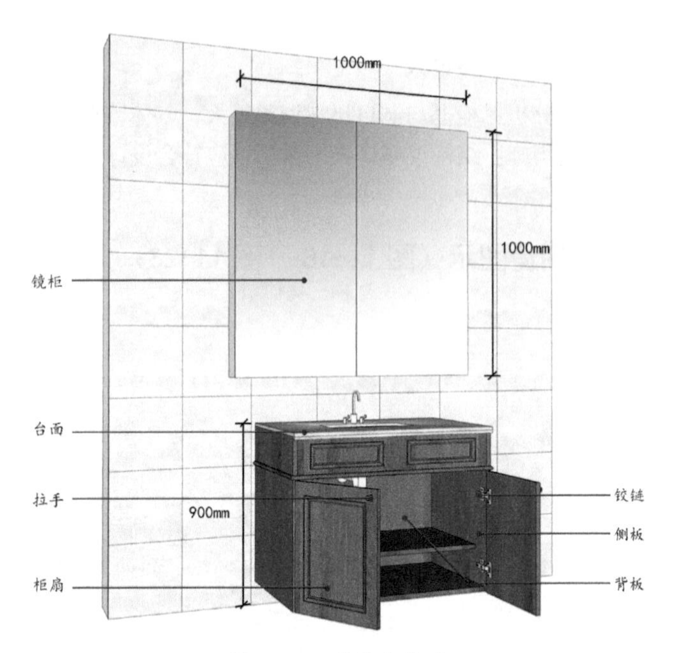

图 11-19 浴室柜构造

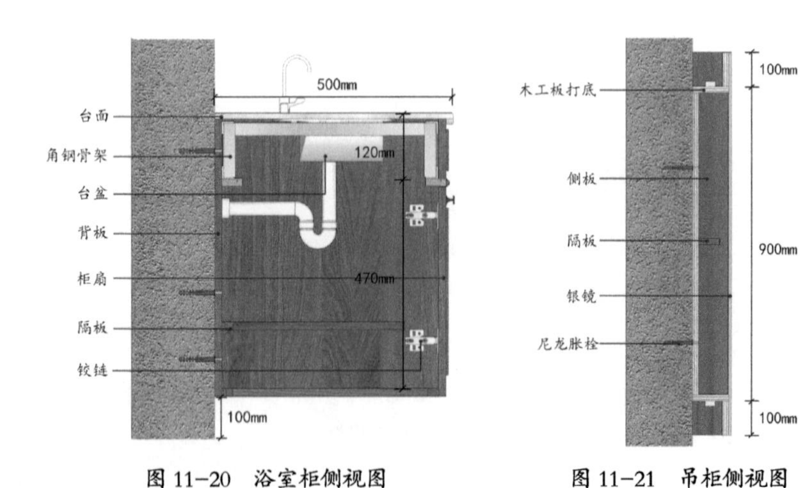

图 11-20 浴室柜侧视图

图 11-21 吊柜侧视图

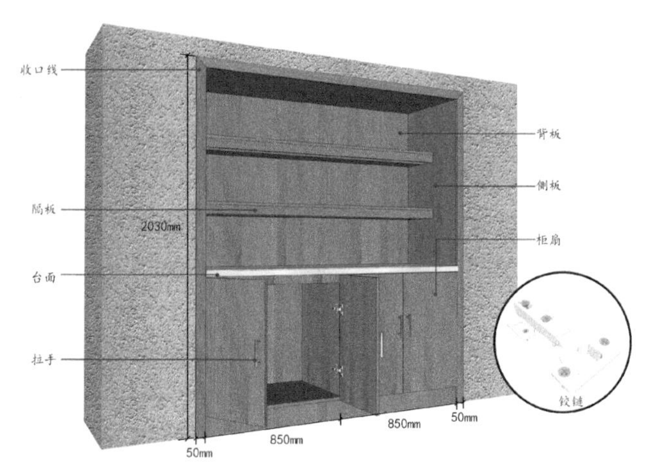

图 11-22 壁柜构造

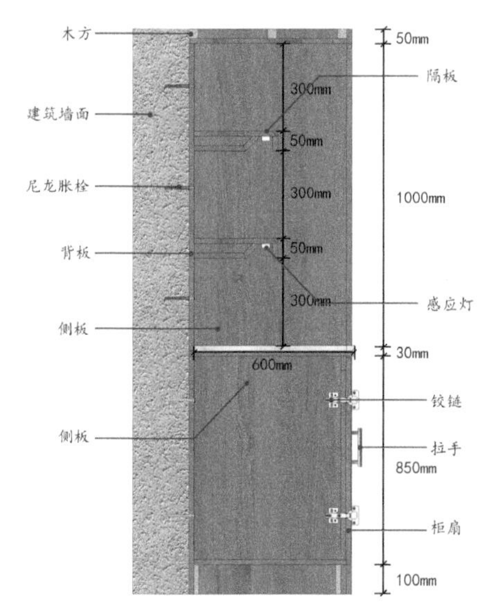

图 11-23 壁柜侧视图

装饰小百科
Decoration Encyclopedia

① 固装家具
② 橱柜
③ 锯材
④ 燃烧性能等级
⑤ 铰链
⑥ 螺钉

固装家具：一般是指固定于墙壁或地面的，不可拆装的家具，具有不可移动的特点。

橱柜：由柜体、门板、五金件等组成，根据使用功能不同可分为橱柜、衣柜、鞋柜、床头柜等。

锯材：伐倒木经打枝和剥皮后的原木或原条，按一定的规格要求加工后的成材。

燃烧性能等级：根据材料、燃烧滴落物／微粒、临界热辐射通量、燃烧增长速率、600s 内试样的热释放总量等指标对材料燃烧或遇火时所发生的一切物理和化学变化这项性能进行等级划分，共包括A级（不燃材料）、B1级（难燃材料）、B2级（可燃材料）、B3级（易燃材料）四个等级。

铰链：又称合页，由可移动的组件构成，或者由可折叠的材料构成，是用来连接两个固体并允许两者之间做相对转动的机械装置。合页主要安装于门窗上，而铰链更多安装于橱柜上。

螺钉：又称螺丝，是利用物体的斜面圆形旋转和摩擦力的物理学和数学原理，循序渐进地紧固器物机件的工具。

11.6 护栏和扶手安装施工技术标准

11.6.1 适用范围

本施工技术标准适用于一般工业与民用建筑中**护栏和扶手安装工程**。

11.6.2 作业条件

（1）平台、跑马廊、楼梯等护栏埋件安装完毕并隐检合格。

（2）装饰完成面标筋完成，便于找标高及埋件的安装。

11.6.3 材料要求

（1）木扶手：树种、规格、尺寸、形状应符合设计要求。木材纹理顺直，颜色一致，不得有腐朽、节疤、裂缝、扭曲等缺陷；含水率不大于12%。弯头料同扶手料，以45°角断面相接。

（2）金属扶手：不锈钢管、**镀铬**①钢管、铜钢管等符合设计要求的材质品种、性能和规格。

（3）玻璃栏板：栏板玻璃应使用厚度不小于12mm的钢化玻璃或**钢化夹层玻璃**②。护栏一侧距楼地面高度5m及以上时，须使用钢化夹层玻璃。

（4）**金属栏杆**③：规格、尺寸、拼接形式要符合设计要求，其材质须有出厂合格证。

11.6.4 工器具要求（表11-4）

工器具要求　　表11-4

机具	电焊机、焊枪、电刨、抛光机、切割机、手电钻、电动螺丝刀
工具	锤子、手锯、手刨、钢锉、木锉、砂纸、玻璃吸盘、打胶枪
测具	激光投线仪、卷尺、水平尺、线坠、墨斗

11.6.5 施工工艺流程

1. 工艺流程图（图 11-24）

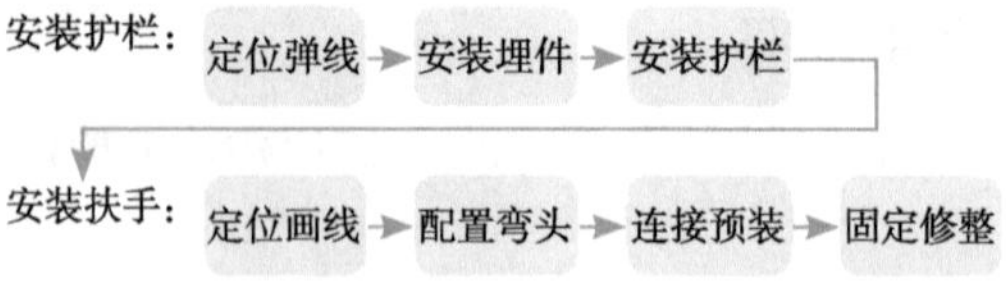

安装护栏：定位弹线 → 安装埋件 → 安装护栏 →

安装扶手：定位画线 → 配置弯头 → 连接预装 → 固定修整

图 11-24 护栏和扶手安装施工工艺流程图

2. 工艺流程表（表 11-5）

护栏和扶手安装施工工艺流程表 表 11-5

（1）安装护栏

定位弹线	复核建筑标高控制线并在两侧墙体弹出楼梯段或平台的楼地面完成面线，依据深化图纸在墙基层弹出护栏的顶标高线、立柱分档及后置或槽式埋件位置线
安装埋件	复核埋件位置无误后，按各锚栓位置钻孔，成孔要求与基层面垂直，孔径、深度符合锚固要求，成孔后空压机清孔并保持孔内干燥。按设计要求安装锚栓，将立柱连接件或玻璃夹槽安装紧固后并在规定时间内进行拉拔试验
安装护栏	金属护栏：先将护栏两端立柱就位后临时固定，拉通线安装中间立柱，复核所有立柱垂直与间距后焊接或栓接牢固，底座**法兰**[4]盖采用胶粘剂粘牢。 玻璃栏板：根据设计要求，固定玻璃栏板的夹槽可采用中距不大于450mm 的槽钢段或设置通长槽钢，玻璃不得直接落在槽钢底部，应使用氯丁橡胶将其垫起。固定时利用螺钉加橡胶垫或利用填充料将玻璃顶紧，夹持深度不宜小于100mm。玻璃两侧的间隙也用橡胶条塞紧，盖口压封条封严（或嵌缝膏）。玻璃板块之间缝隙用硅酮胶密封胶嵌缝

（2）安装扶手

定位画线	根据栏杆定位后两端标高，拉通线找出扶手位置、标高、坡度，校正后弹出扶手纵向中心线。按扶手设计构造，根据弯折位置、角度，画出折弯或割角线。在栏杆顶面画出扶手直线段与弯、折弯段的起点和终点的位置
配置弯头	按栏板或栏杆顶面的斜度，配好起步**弯头**[5]。木弯头应用扶手料割配弯头。采用割角对缝粘接，在断块制配区段内，最少应考虑用三个螺钉与支撑固定件连接固定。大于70mm 断面的扶手接头配置时，除粘结外还应在下面做暗榫或用铁件结合。金属弯头弯折角度要合理，造型美观、过渡自然无焊痕

续表

连接预装	预装扶手由下往上进行，预装起步弯头及连接第一跑扶手的折弯弯头，再配上折弯之间的直线扶手料，进行分段预装
固定修整	分段预装检查无误，进行扶手与栏杆（栏板）的固定，木扶手用木螺钉拧紧固定，间距控制在400mm以内。操作时，应在固定点处先将扶手料钻孔，将木螺钉拧入。木扶手折弯处如有不平顺，应用细木锉锉平，找顺磨光，使其折角线清晰，破角合适，弯曲自然，断面一致，最后用木砂纸打光。对木扶手漆面要求较高时，可在现场预拼、修整、打磨后返厂涂装油漆。金属管扶手与立柱栏杆连接处电焊焊接，焊缝要满焊牢固。金属扶手与栏杆经锉平、抛光至平顺、光洁、无明显焊接痕迹

11.6.6 过程保护要求

（1）安装好的玻璃栏板应在玻璃表面贴上醒目的图案或警示标志，以免碰、撞到玻璃栏板。

（2）安装好的木扶手应用泡沫塑料等柔软物包好、裹严，防止破坏、划伤表面。

（3）禁止攀登玻璃栏板及扶手或以此作为支架。

11.6.7 质量标准

1. 主控项目

（1）内容：护栏和扶手制作与安装所使用材料的材质、规格、数量和木材、塑料的燃烧性能等级应符合设计要求。

检验方法：观察；检查产品合格证书、进场验收记录、性能检测报告。

（2）内容：护栏和扶手的造型、尺寸及安装位置应符合设计要求。

检验方法：观察；尺量检查；检查进场验收记录。

（3）内容：安装预埋件的数量、规格、位置以及护栏与预埋件的连接节点应符合设计要求。

检验方法：检查隐蔽工程验收记录和施工记录。

（4）内容：护栏高度、栏杆间距、安装位置应符合设计要求。护栏安装应牢固。

检验方法：观察；尺量检查；手扳检查。

（5）内容：栏板玻璃的使用应符合设计要求和现行行业标准《建

筑玻璃应用技术规程》JGJ 113 的规定。

检验方法：观察；尺量检查；检查产品合格证书和进场验收记录。

2. 一般项目

内容：护栏和扶手转角弧度应符合设计要求，接缝应密实，表面应光滑，色泽应一致，不得有裂缝、翘曲及损坏。

检验方法：观察；手摸检查。

3. 允许偏差（表 11-6）

护栏和扶手安装施工允许偏差　　表 11-6

项目	允许偏差（mm）	检验方法
护栏垂直度	3.0	用 1m 垂直检测尺检查
栏杆间距	0，−6	用钢尺检查
扶手直线度	1.0	拉通线，用钢尺检查
扶手高度	6，0	用钢尺检查

11.6.8 质量通病及其防治

1. 成品有颤晃感

（1）原因分析：

① 选用管壁太薄致使栏杆扶手整体刚度不够。

② 埋件数量、间距不达标或栏板埋入深度不够。

（2）防治措施：

① 应选用壁厚≥ 1.2mm 的管材做扶手。立管管径不能太小，当扶手直线段长度较长时，立柱设计应有侧向加强措施。

② 施工前，认真核对埋件数量、间距、埋入深度是否符合设计要求或国家现行标准规定。

2. 立柱不垂直

（1）原因分析：弹线不准，安装方法不当。

（2）防治措施：施工时必须精确弹线，先用水平尺校正两端基准立柱和固定，然后拉通线按各立柱定位将各立柱固定。

3. 表面有划痕，凹坑

（1）原因分析：成品保护不当，在交叉作业中被物体碰撞，划伤。

（2）防治措施：应合理安排施工工序，最后将扶手安装放在后期进行。对完工的扶手进行保护和隔离，防止异物碰撞和划伤。

4. **金属扶手圆弧不通顺**

（1）原因分析：选用的管材壁厚太薄，在加工弯头时易发生凹瘪，并使管不圆，在对焊时又没有内衬套管，这样焊接后磨平焊缝时，容易将鼓起一端的管壁磨透。

（2）防治措施：应选用厚度合适的管材，对焊时最好附内衬套管。

11.6.9 构造图示（图 11-25 ～图 11-28）

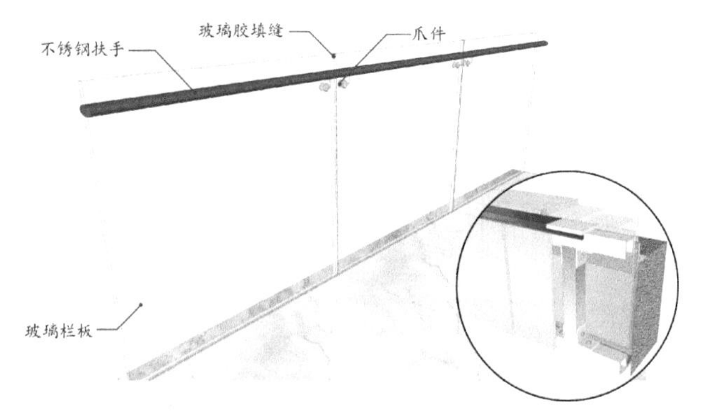

图 11-25 玻璃栏板构造

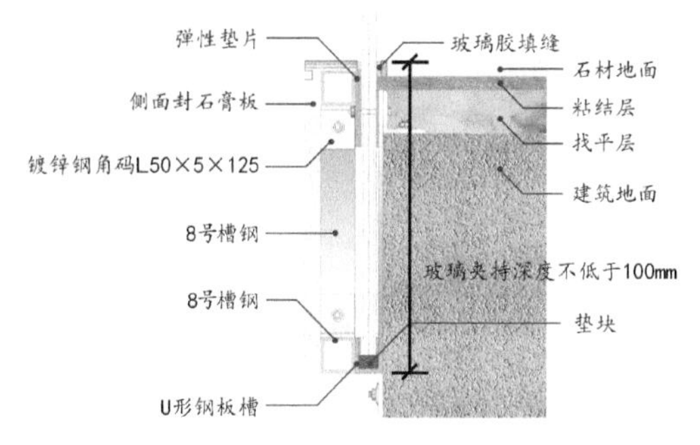

图 11-26 玻璃栏板侧视剖面

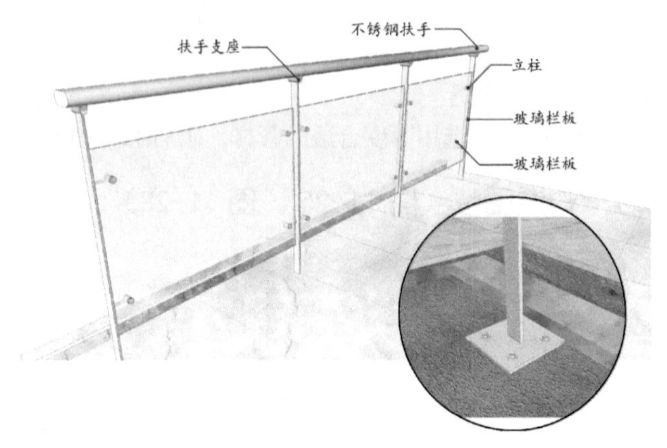

图 11-27　立杆+玻璃栏板构造

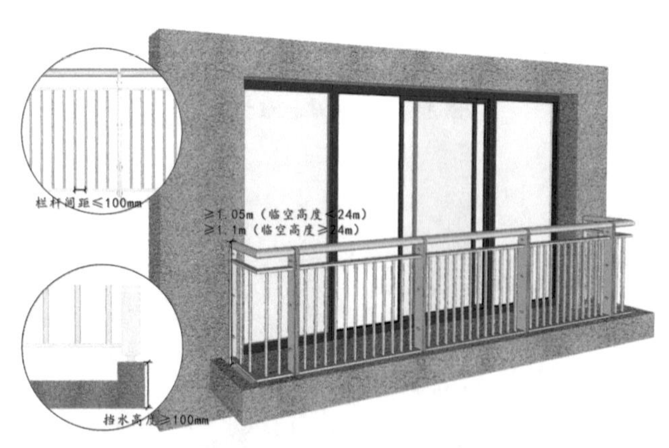

图 11-28　立杆式栏杆构造

装饰小百科
Decoration Encyclopedia

① 镀铬
② 钢化夹层玻璃
③ 栏杆
拦河
④ 法兰
⑤ 弯头

镀铬：一种金属表面电镀处理工艺，目的是为了在金属材料基体上形成一层与基体的机械、物理和化学性能不同的表层，以满足产品的耐蚀性、耐磨性、装饰或其他特种功能要求。

钢化夹层玻璃：在两片或多片钢化玻璃之间夹一层或多层有机聚合物中间膜，经特殊高温预压／抽真空及高温高压工艺处理后，使玻璃和中间膜永久黏合为一体的复合钢化玻璃产品。根据中间膜的熔点不同，可分为：低温夹层玻璃、高温夹层玻璃、中空玻璃；根据中间所夹材料不同，可分为：夹纸、夹布、夹植物、夹丝、夹绢、夹金属丝等众多种类；根据夹层间的粘接方法不同，可分为：湿法夹层玻璃、干法夹层玻璃、中空夹层玻璃；根据夹层的层类不同，可分为：一般夹层玻璃和防弹玻璃。常用的夹层玻璃中间膜有：PVB、SGP、EVA、PU 等。

栏杆：古称阑干，也称勾阑，是桥梁和建筑上的安全设施，现代栏杆在使用中起分隔、导向、维护、装饰等作用。

拦河：又称栏板或扶手，如玻璃拦河，它是将大块的透明安全玻璃固定在地面的基座上，上面加设不锈钢、铜质或木质扶手。从立面的效果来看，通长透明的玻璃栏板，给人一种通透简洁的效果。与其他材料做成的栏板或栏杆相比，装饰效果别具一格。

法兰：轴与轴之间相互连接的零件，用于管端之间的连接。

弯头：木质栏杆的组成部分之一，一般分布在栏杆转向的地方。

12 门窗工程

随着成品套装木门的大量运用，本章将针对性介绍门窗工程中的“木门安装工程”，并将细部工程中的“门套安装”的内容一并介绍。木门除了满足装饰效果外，按不同的设计要求，还应分别具有隔热、隔声、防火、防盗等功能。

室内装饰用木门按构造可分为原木榫拼门、实木复合门、夹板空心门、膜压吸塑门等；按饰面材料可分为木皮、人造板和高分子材料等；按开启方式可分为平开门、推拉门、折叠门、弹簧门等；按功能可分为普通户内门、钢木装甲防盗、防火门等。

12.1 门窗工程构造组成

图 12-1 木门

一套木门通常包括门套（或门框）、门扇及门五金组成；为了便于门套更好地与门洞口固定，宜在门洞处增加副套（框）。

12.1.1 副套（框）

附着于墙体洞口，用于安装门套的木板框基层，对主套（框）起固定和保护作用。

12.1.2 门套（框）

固定门扇、保护门洞墙角，并通过门套线对洞口侧边的墙面装饰收口；门框又称门樘，门框是门扇与墙的联系构件，一般由门洞两侧竖框和门洞上侧横框组成；起初是应“修正、保护及装饰门框”而生，现在一般直接取代门框，而兼有两者的功能。

12.1.3 门扇

门扇是门的开关部件，通过合页安装在门（框）套上，一般由上、中、下冒头和边梃组成骨架，中间镶嵌门芯板。

12.1.4 门五金

门用五金一般有合页、门锁、拉手、闭门器、门禁、插销、门吸等，通过螺钉与木门固定。

木门见图 12-1。

12.2 门窗工程材料选用

12.2.1 木料

木门常用木料的树种有针叶树，如红松、云杉等，高级木门框料宜选用阔叶树，如水曲柳、核桃楸、柏木、麻栎等材质致密的树种。木料含水率要严格控制，经窑干法干燥处理，使其含水率不大于12%。见图 12-2。

12.2.2 人造板材

图 12-2 木料

木门制作过程中通常使用的人造板材有胶合板、细木工板、密度板、刨花板等。其甲醛释放量、环保性能应符合国家现行标准规范或设计要求。当使用面积超过 500m^2 时，应对不同产品分别进行游离甲醛含量或释放量的复试。

12.2.3 木皮（单板）

木门贴皮使用的木皮（单板）应符合现行国家标准《刨切单板》GB/T 13010 和现行行业标准《旋切单板》LY/T 1599 的规定，纹理、颜色应基本一致，拼接处应过渡自然。一般情况下，木皮（单板）的厚度应大于 0.5mm，特殊情况不得小于 0.2mm；木饰面的平衡层一般选用旋切木皮（单板），且厚度为 0.10 ～ 0.30mm。

12.2.4 五金配件

合页、插销、拉手、锁具等五金配件不得有裂纹、毛刺、凹凸、翘曲、变形等缺陷；种类、规格、型号符合设计要求，且有出厂合格证；材质成分与制作偏差符合国家现行标准。颜色、品种、类型及材质应由设计确认，并满足使用功能的要求。见图 12-3。

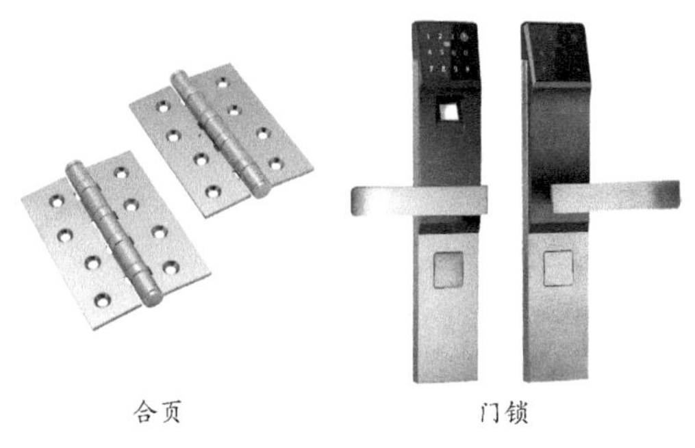

图 12-3 五金配件

12.3 门窗工程质量验收

12.3.1 质量文件和记录

（1）门施工图、设计说明及其他设计文件。

（2）材料的产品合格证书、性能检验报告、进场验收记录和复验报告。

（3）门及其配件的生产许可文件。

（4）隐蔽工程验收记录。

（5）施工记录。

12.3.2 检查数量规定

（1）木门窗和门窗玻璃每个检验批应至少抽查5%，并不得少于3樘，不足3樘时应全数检查。

（2）特种门每个检验批应至少抽查50%，并不得少于10樘，不足10樘时应全数检查。

12.3.3 检验批划分

（1）同一品种、类型和规格的木门窗每100樘划分为一个检验批，不足100樘也应划分为一个检验批。

（2）同一品种、类型和规格的特种门每50樘划分为一个检验批，不足50樘也应划分为一个检验批。

12.3.4 隐藏工程验收

（1）预埋件和锚固件。

（2）隐蔽部位的防腐和填嵌处理。

12.3.5 材料及性能复试指标

人造木板门的甲醛释放量。

12.3.6 实测实量（图 12-4 ~图 12-11）

图 12-4 门扇上下口边缘：检测镜查看门扇上口是否刷漆，透气孔设置是否合理

图 12-5 门吸验收：安装位置适宜，固定牢固，无松动，合格

图 12-6 门窗套正面垂直度：用垂直检测尺检查，垂直度误差≤ 3mm，合格

图 12-7 门窗套背面垂直度：用垂直检测尺检查，垂直度误差＞ 3mm，不合格

图 12-8　门框对角线：用对角检测尺检查，对角线误差≤ 2mm，合格

图 12-9　门扇对角线：用对角检测尺检查，对角线误差≤ 2mm，合格

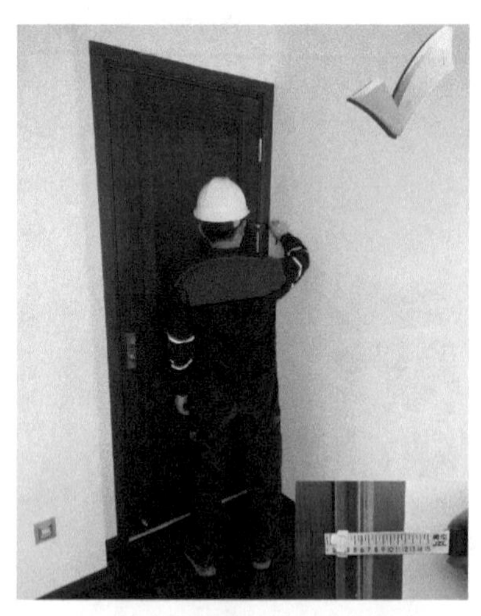

图 12-10　门窗扇与侧框间留缝：用塞尺检查，留缝宽度 1 ～ 2.5mm，合格

图 12-11　门窗扇与地面留缝宽度（无下框）：用塞尺检查，留缝宽度 5 ～ 8mm，合格

12.4 门窗工程施工要点

木门安装

（1）对门洞口尺寸进行检验，除检查单个门洞口尺寸外，还应对能够通视的成排或成列的门洞口拉通线检查，如果发现明显偏差，应向有关人员反映，采取处理措施后再安装门套。

（2）门套（框）与砖石砌体、混凝土或抹灰层接触处应进行防腐处理。门套（框）宜采用主副门套设计。副门套应在墙体上先行安装18mm多层板或细木工板制作，起调节并统一门洞尺寸的作用。

（3）门扇与门套连接牢固、稳定，五金均应用木螺钉固定，钉尾表面平齐、槽口方向统一。木螺钉应先打入1/3深度，然后拧紧至丝口充分咬合，严禁全部打入；合页安装“套三扇二”，承重轴应固定在门套侧。

（4）门锁位置不应破坏门扇结构的可靠连接，并不得置于门扇空心处；开孔位置同拉手（执手）位置距地面以950～1050mm为宜。门吸应安装在离门下口和开启边30～50mm处，且固定点不少于3个。

12.5 木门安装施工技术标准

12.5.1 适用范围

本施工技术标准适用于一般工业与民用建筑中**木门安装工程**。

12.5.2 作业条件

（1）砌体及部分墙面装饰已施工完毕并验收合格，工种之间已办好交接手续。

（2）墙体中用于固定门框的预埋防腐木砖牢固程度、数量和间距满足安装要求；洞口每侧预埋3～4块，间距不大于500mm。

（3）对本项目所有门规格及洞口进行策划，力求统一规格与门洞位置，便于批量化生产与安装。

（4）门套和扇安装前应核检型号、确认尺寸是否符合要求，有无瑕疵，必要时进行修理或退换。

12.5.3 材料要求

（1）木门：成品木门有出厂合格证、原材料产品合格证、性能检测报告、人造木板的甲醛含量复试记录，并进行抽样检查；规格、尺寸、数量等要符合设计要求；木料含水率不大于12%，饰面**木皮**①以设计封样为准。

（2）五金配件：锁具、铰链、滑轨、拉手、滑轮、门吸等配套连接件、支撑件的外观应平整，不得有裂纹、毛刺、凹凸、翘曲、变形等缺陷；种类、规格、型号符合设计要求，且有出厂合格证；材质成分与制作偏差符合国家现行标准。

12.5.4 工器具要求（表12-1）

工器具要求　　表12-1

机具	电锯、电刨、电锤、手电钻、电动螺丝刀、气钉枪、空压机
工具	锤子、凿子、斧子、手锯、手刨、扁铲、扳手、胶刷
测具	激光投线仪、卷尺、水平尺、靠尺、方尺、角尺、塞尺、墨斗、线坠

12.5.5 施工工艺流程

1. 工艺流程图（图12-12）

测量放线 → 修正洞口 → 安装副框 → 安装门套 → 安装门扇 → 安装五金

图12-12　木门安装施工工艺流程图

2. 工艺流程表（表12-2）

木门安装施工工艺流程表　　表12-2

测量放线	根据图纸在楼地面基层上弹出门的平面位置并划出门的中心线，再以门中心线为准向两侧量出门套及套线的边线
修正洞口	检查门洞尺寸、边角方正度、洞口两侧墙体扭曲与否，对同空间内能通视的成排或成列的门洞拉通线检查并修正偏差
安装副框	成品门套基底宜采用18mm **多层板**②或**细木工板**③制作副门框。预埋木砖及副框与砌体、砼或抹灰层接触处应进行防腐、防潮、防火处理。**副框**④一般在墙面抹灰前，采用自攻螺钉与预埋木砖连接（或用螺栓与U形镀锌扁铁固定），间距不大于500mm均匀分布。立副框时须随时校验尺寸、水平、垂直与方正度

续表

安装门套	根据门扇开启方向确定门套企口方向，门套企口边镶嵌橡胶防撞条（色系与木饰面相同）。将门套试装于洞口中，四边用木楔临时塞紧。校正套口水平、垂直、方正、无扭曲后，立即用自攻螺钉（或专用铁片）将门套固定于门副框上，主副框之间打发泡剂，最后安装**门套线**[⑤]收口。注意成品门套背面必须刷防潮漆或贴平衡纸
安装门扇	复核门套两侧立板高度及其上、中、下三点距离宽度，检查边角是否方正、有无串角，是否符合尺寸要求，结合留缝大小对门扇校正。在高度方向，可对**冒头**[⑥]略微修刨并封油处理；在宽度方向，严禁修刨，只能通过调整合页安装深度微调。合页的承重轴应安装在门套上，即“套三扇二”，螺钉尾部凹槽应统一、平齐。门扇应开启灵活、无异响，与门套连接须牢固、稳定，与门槛石、地砖等的衔接应符合设计要求
安装五金	门锁合页、闭门器开孔、开槽等工序尽量在门窗工程完成。安装时先将木螺钉打入长度的1/3，再用螺丝刀将木螺钉拧紧、拧平，不得歪扭、倾斜，严禁打入全部深度。合页距门扇上、下端分别180mm与200mm位置，中间合页距上端合页200mm位置。门锁不宜安装在中冒头与**立梃**[⑦]的结合处，以防伤**榫**[⑧]，一般应高出地面950～1050mm。门吸应安装距门扇下口和开启边30～50mm处

12.5.6　过程保护要求

（1）门窗框扇进场后入库存放，离地200～400mm并垫平，按使用先后顺序码放整齐。

（2）门套边角应包覆1.2m高阳角保护条。门扇装好后不得在室内推车，防止破坏和磕碰。

12.5.7　质量标准

1. 主控项目

（1）内容：木门的品种、类型、规格、尺寸、开启方向、安装位置、连接方式及性能应符合设计要求及国家现行标准的有关规定。

检验方法：观察；尺量检查；检查产品合格证书、性能检验报告、进场验收记录和复验报告；检查隐蔽工程验收记录。

（2）内容：木门应采用烘干的木材，含水率及饰面质量应符合国家现行标准的有关规定。

检验方法：检查材料进场验收记录、复验报告及性能检验报告。

（3）内容：木门的防火、防腐、防虫处理应符合设计要求。

检验方法：观察；检查材料进场验收记录。

（4）内容：木门框的安装必须牢固。预埋木砖的防腐处理、木门框固定点的数量、位置及固定方法应符合设计要求。

检验方法：观察；手扳检查；检查隐蔽工程验收记录和施工记录。

（5）内容：门扇应安装牢固，开关灵活，关闭严密，无倒翘。

检验方法：观察；开启和关闭检查；手扳检查。

（6）内容：门配件的型号、规格、数量应符合设计要求，安装应牢固，位置应正确，功能应满足使用要求。

检验方法：观察；开启和关闭检查；手扳检查。

2. 一般项目

（1）内容：木门表面应洁净，不得有刨痕、锤印。

检验方法：观察。

（2）内容：木门的割角和拼缝应严密平整。门框、扇裁口应顺直，刨面应平整。

检验方法：观察。

（3）内容：木门上的槽和孔应边缘整齐，无毛刺。

检验方法：观察。

（4）内容：木门与墙体间的缝隙应填嵌饱满。严寒和寒冷地区外门框与砌体间的空隙应填充保温材料。

检验方法：轻敲门框检查；检查隐蔽工程验收记录和施工记录。

（5）内容：木门批水、盖口条、压缝条和密封条安装应顺直，与门窗结合应牢固、严格。

检验方法：观察；手扳检查。

3. 允许偏差（表 12-3）

木门安装施工允许偏差 **表 12-3**

<table>
<tr><th>项目</th><th>留缝限值（mm）</th><th>允许偏差（mm）</th><th>检验方法</th></tr>
<tr><td>门框的正、侧面垂直度</td><td>—</td><td>2.0</td><td>用 1m 垂直检测尺检查</td></tr>
<tr><td>框与扇接缝高低差</td><td rowspan="2">—</td><td>1.0</td><td rowspan="4">用塞尺检查</td></tr>
<tr><td>扇与扇接缝高低差</td><td>1.0</td></tr>
<tr><td>门扇对口缝</td><td>1 ～ 4</td><td>—</td></tr>
<tr><td>门扇与上框间留缝</td><td>1 ～ 3</td><td>—</td></tr>
</table>

续表

项目	留缝限值（mm）	允许偏差（mm）	检验方法
门扇与合页侧框间留缝	1～3	—	用塞尺检查
门扇与下框间留缝	—	1.0	

12.5.8 质量通病及其防治

1. 门扇下坠

（1）原因分析：门扇自重大或安装数量及位置不符合；合页松动或合页选用过小。

（2）防治措施：数量及位置符合安装要求；选用承载力合适的合页，并将固定合页螺钉全部拧紧，使其牢固。

2. 门扇开合不灵活

（1）原因分析：门扇安装的两个合页轴不在一条直线上；合页一边门套立梃不直；合页进框较多，扇和梗产生碰撞，造成开关不灵活。

（2）防治措施：掩扇前先检查门框立梃是否垂直，如有问题应及时调整，使装扇的上下两个合页轴在同一垂直线上；选用合适的五金材料；螺钉安装平直。

3. 合页安装不合格

（1）原因分析：合页槽深浅不一，安装时螺钉入太长，或倾斜拧入。

（2）防治措施：合页遵循“套三扇二”原则，安装时螺钉应钉入1/3、拧入2/3，拧时不能倾斜；安装时如遇木节，应在木节处钻眼，重新塞入木塞后再拧螺钉；同时应注意每个孔眼都拧好螺钉。

4. 门框安装不牢固

（1）原因分析：砌筑时预留的木砖数量少或木砖砌得不牢；砌半砖墙或轻质墙未设置预埋固定件或预埋件松动。

（2）防治措施：木砖设置要满足数量和间距的要求。预埋固定件与墙体做有效固定，预防松动。

12.5.9 构造图示（图 12-13 ～图 12-17）

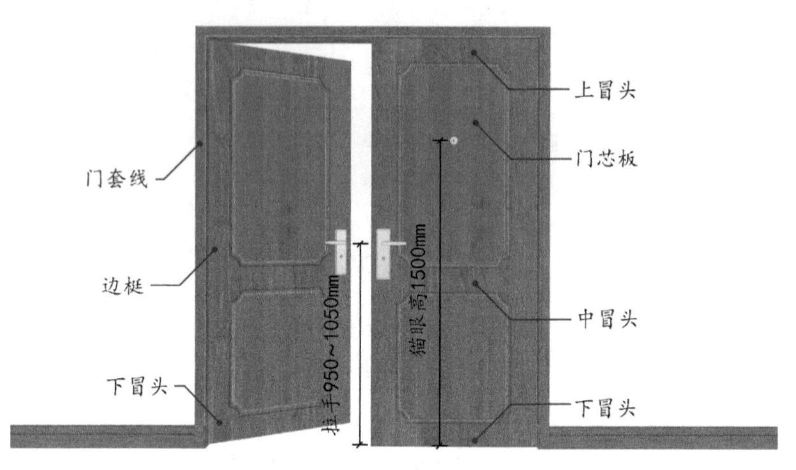

图 12-13 木门构造

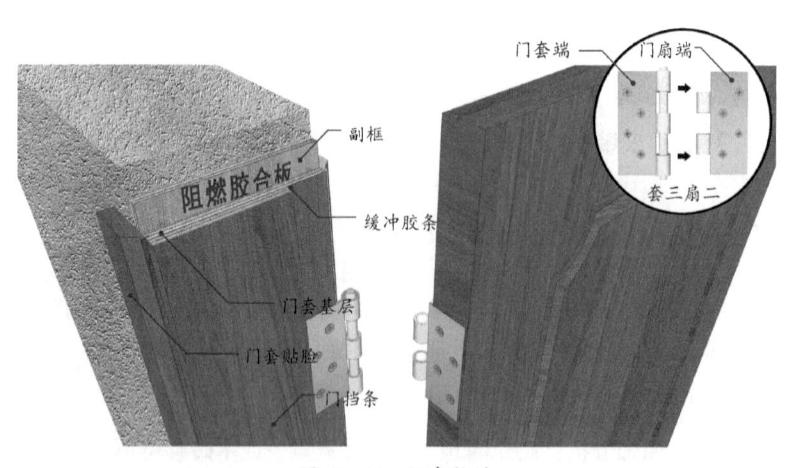

图 12-14 门套构造

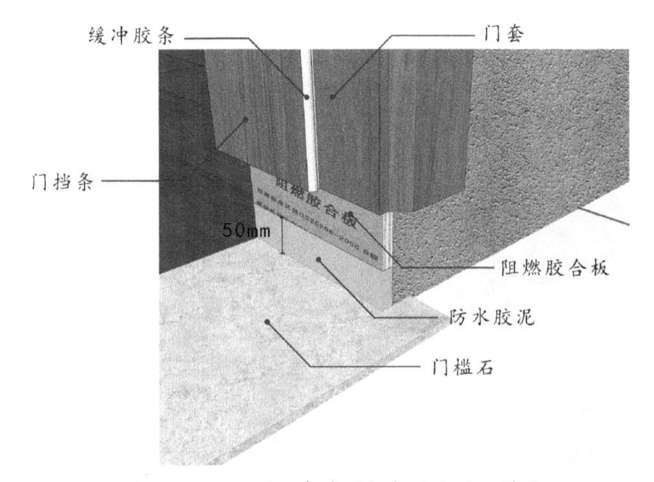

图 12-15　湿区门套基层根部防潮处理节点

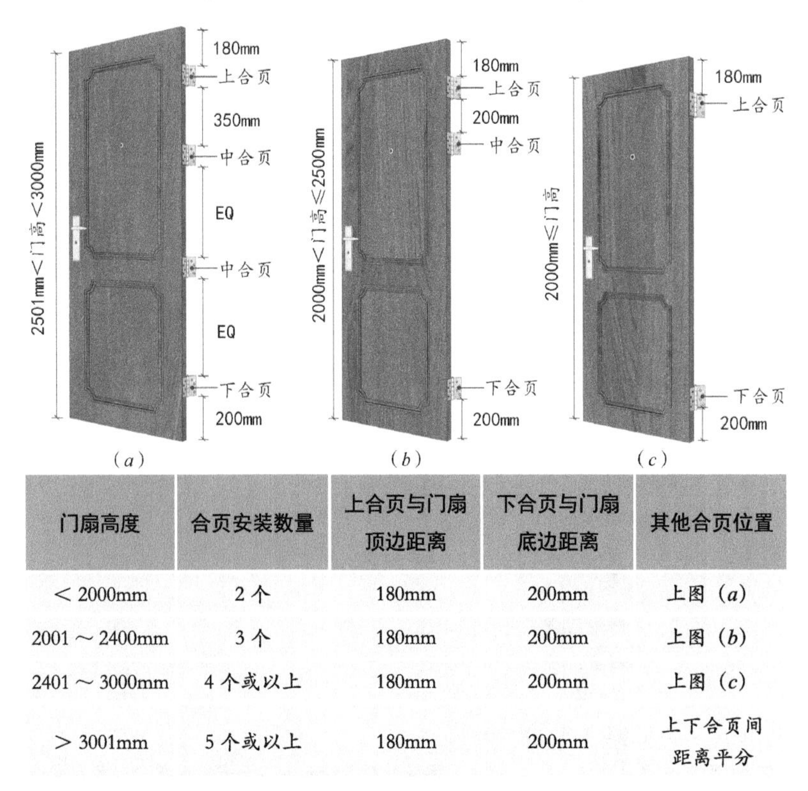

门扇高度	合页安装数量	上合页与门扇顶边距离	下合页与门扇底边距离	其他合页位置
＜2000mm	2 个	180mm	200mm	上图（*a*）
2001～2400mm	3 个	180mm	200mm	上图（*b*）
2401～3000mm	4 个或以上	180mm	200mm	上图（*c*）
＞3001mm	5 个或以上	180mm	200mm	上下合页间距离平分

图 12-16　合页安装位置

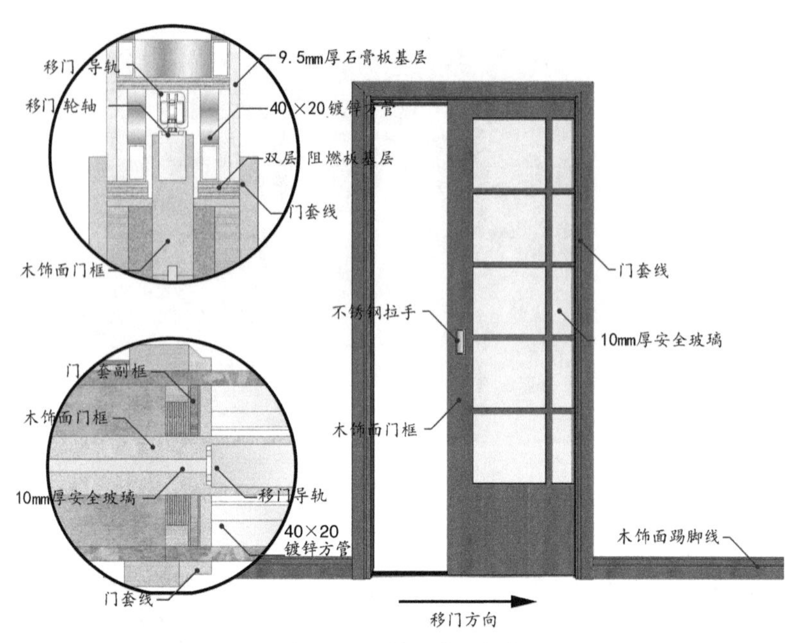

图 12-17　移门节点构造

12.5.10　消耗量指标（表 12-4）

木门安装施工消耗量指标　单位：樘　　　**表 12-4**

序号	名称	单位	消耗量	
			门套基层制作	成品木门安装(单开)
1	综合人工	工日	0.25	0.25
2	发泡剂 750ml	瓶	0.50	—
3	阻燃胶合板 18mm 厚	m^2	1.48	
4	美固钉 60mm	个	30.00	
5	防腐油	kg	0.63	
6	防白蚁药剂	kg	0.20	
7	不锈钢门合页	片	—	3.00
8	磁性门碰	套		1.00
9	门锁	把		1.00
10	成品装饰单开木门及门套	樘		1.00
11	工作内容	测量放线→修正洞口→安装副框→安装门套→安装门扇→安装五金		

装饰小百科
Decoration Encyclopedia

① 木皮
② 多层板
③ 细木工板
④ 副框
⑤ 门套线
⑥ 冒头
⑦ 立梃
⑧ 榫

木皮：又称单板，是将原木切割成0.15～0.30mm的薄片，经过浸泡、烘干等工艺加工而成的饰面材料。

多层板：由木段旋切成单板或由木方刨切成薄木，再用胶粘剂胶合而成的三层或多层的板状材料。通常用奇数层单板，并使相邻层单板的纤维方向互相垂直胶合而成。

细木工板：指在胶合板生产基础上，以木板条拼接或空心板作芯板，两面覆盖两层或多层胶合板，经胶压制成的一种特殊胶合板。

副框：固定附着于门洞口，用于安装门套的木板框基层，对主套（框）起固定和保护作用。

门套线：又名门脸线、门边线，用来收口门套侧边与墙体连接处缝隙的装饰线条，是门套的压条、卡条、档条等部分。目前常用的门套线有50～80mm宽的7字形插口线条，有弧形、平板、波浪形等款式。

冒头：门扇上面横向结构方木，其中有上、中、下三根，分别为“上冒头”“中冒头”“下冒头”。

立梃：门扇上面纵向结构方木，其中有左右及中间三根，分别为“边梃”“中梃”。

榫：制作木竹等器物时，为使两块材料接合所特制的凸凹部分。凸出的叫榫头，凹下的叫榫眼。

附件 1

13 装饰工程收口构造

“收口”一词应该是在装饰工程中出现频率最高的词汇之一，从设计到施工、从管理到操作，几乎每一个行业从业人员都将其当作口头禅挂在嘴边。“装饰就是收口”“不懂收口就不懂装饰”，此概括虽然言过其实，但足以看出“收口”在装饰工程设计与施工中的重要性。

那么，什么是装饰收口呢？

13.1 装饰收口简介

装饰收口即相同（或不同）质地的装饰材料在相同（或不同）的平面、转角的过渡与交圈。通过对各装饰面的边、角及衔接部位的工艺构造的处理，以达到自然过渡不同饰面、遮盖隐蔽材质断面、增强装饰设计效果的目的。收口的工艺水准及美观程度是体现装饰工程整体品质与水平的关键。见图 13–1。

图 13–1 装饰收口构造

13.1.1 收口原则

综合考虑收口形式一般应遵循以下三个原则。

（1）与风格和谐统一

装饰收口选用的构造样式、材质、色彩等均要服从于装饰工程的整体风格。

（2）兼有美观与功能

收口在满足边线交圈、工艺精致的视觉效果的前提下，要考虑不同的收口部位的功能要求，如承受外力、缓冲材料收缩等。

（3）易实施与降成本

根据设计效果和施工成本控制的要求，灵活应用收口的构造方法，在满足设计要求的前提下，选用施工难度低、效率高的收口方案。

13.1.2 收口构造

常见的收口构造可以分为以下这五种方式。

（1）打胶

打胶几乎可以掩盖装饰收口中的所有缺陷，可谓“一胶解千愁”。当接缝、边角出现边口毛糙、接缝交错、开裂露底等构造缺陷又无法更改补救时，往往采用打胶的方式来收口。打胶的方法仅是掩饰缺陷，而不能突出工艺的细节之美，所以被认为是一种较“Low”的收口方式，一般在优质工程中不推荐使用。见图 13–2。

图 13–2　打胶收口构造

（2）压条

压条是装饰收口中采用最多的一种方法，因为它施工简单，成本低廉，效果美观。所以被做成分隔条、压边条、护套线、护角线、装饰条等构件，广泛的运用在材料分割、阴阳角、边角、围合造型框等收边收口上。见图 13–3。

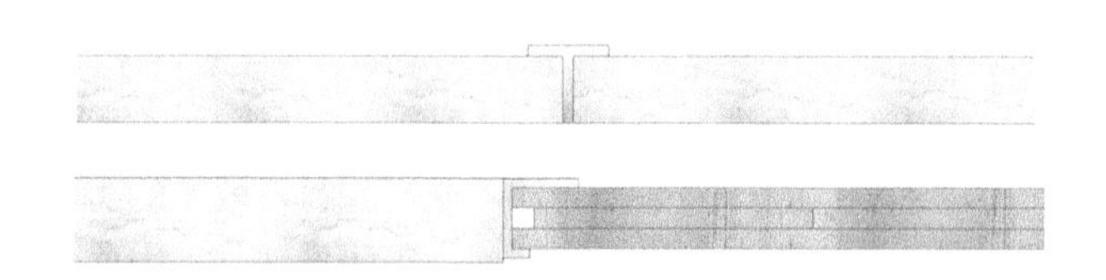

图 13–3　压条收口构造

（3）直碰

直碰也叫“密缝”，即直接把不同材料密拼在一起，是一种没有收口的收口方式。这种方式对材料的平整度和施工的质量要求都特别高，做的好，所呈现的效果近乎完美；但做的不好，稍有瑕疵，则会毁掉整个造型。所谓的细节决定成败，应该是对这个做法的准确诠释。见图 13–4。

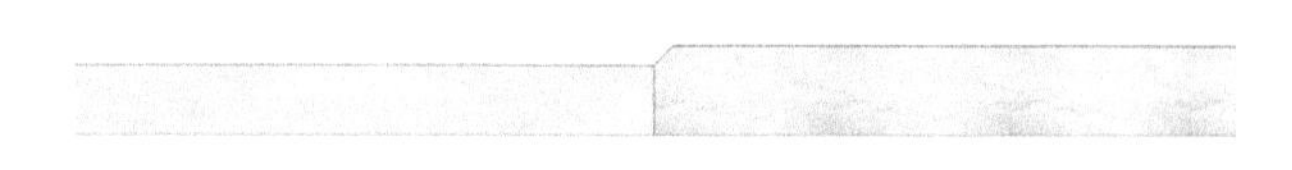

图 13–4　直碰收口构造

（4）错台

当同种材料或不同种材料在一个平面“密缝”直碰收口时，要想边角平整、严丝合缝，往往对工艺的要求较高；特别是不同胀缩系数的两种材料，采用“密缝”方式极易出现质量通病。所以，当两种材料因为设计或施工的因素，很难做平整，或者做平时很难保证质量时，往往采用错台的方式，即将两种材料的完成面处于不同平面使其交接处形成“高低差”，构造出阴角衔接的关系。见图 13–5。

图 13–5　错台收口构造

（5）留缝

留缝是所有收口中施工难度最大、最能体现设计细节与工艺水平的收口方式。即在相邻的材料或构件之间留出一定宽度的自然缝或坑线作为收口，它特别适用于面积较大的装饰面的分割、两种材料的平面对接，空间伸缩缝的处理、以及饰面层次感的突出体现；既在功能上起到缓冲作用，又在感观上取得精致美观的效果。见图 13–6。

留缝一定程度上会增加施工成本，且若施工过程把控不好，缝隙不顺直、边口毛糙、盖压关系不合理，既影响收口效果的美观，还会造成饰面材料开裂、形变起拱、空鼓起壳等质量缺陷。因此采用留缝处理时，对于缝隙大小、顺直及构造关系都要严格把控制。

综上所述，在保证达到收口目的的前提下，可根据设计风格、装修的档次、材料性质、构件形式等因素，对收口形式进行单独选用或互相组合搭配选用。

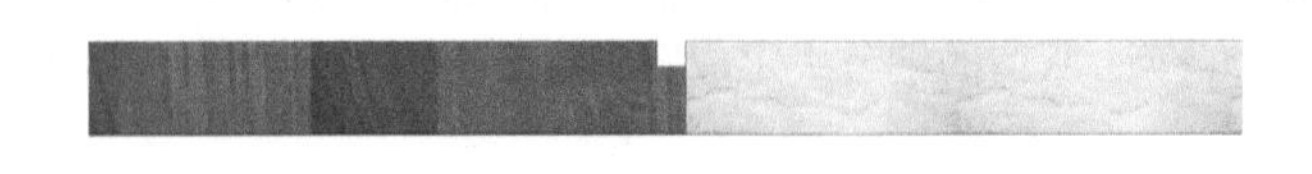

图 13–6　留缝收口构造

13.1.3 收口类型

收口的部位一般有墙顶地同一平面的收口、墙面阴阳角的收口、墙面与地面或墙面与顶面阴角的收口等，可归纳分为平面与转角两大部位。由于阴角处的空间阴影关系，视觉上材料交接形成的瑕疵会变得弱化；另外，阴角处不易受到外力的破坏，在功能上也能得到较好的体现。所以，阴角部位的收口就成为各种收口方式的首选。如果没有阴角，通常通过工艺方式构造出阴角，为实现留缝收口或错台收口创造条件。

13.2 装饰工程常用收口构造

13.2.1 地面平面（图 13-7 ～图 13-22）

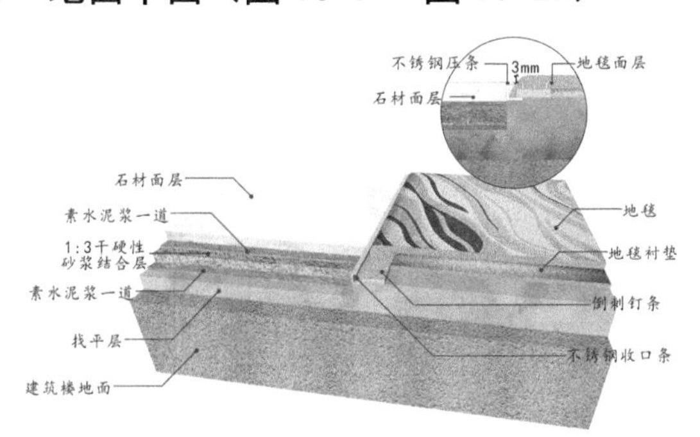

图 13-7 石材 | 地毯
——压条收口

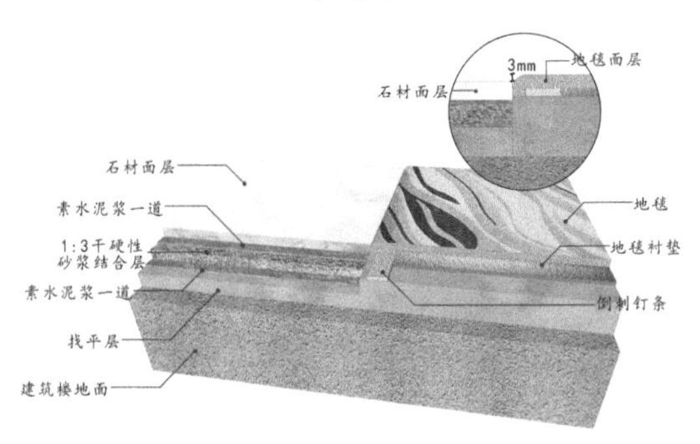

图 13-8 石材 | 地毯
——直碰收口

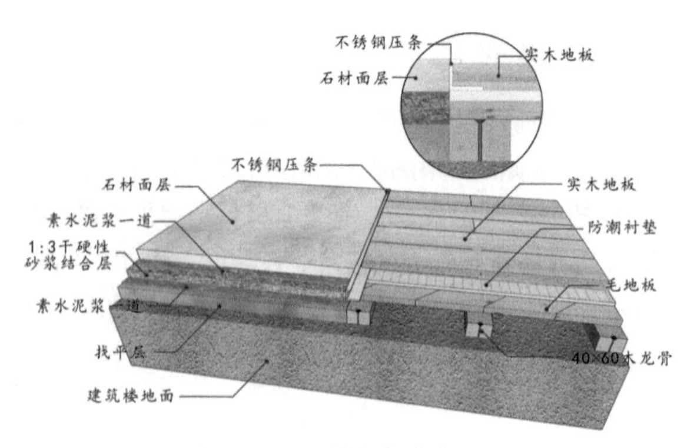

图 13-9　石材 | 架空木地板
——压条收口

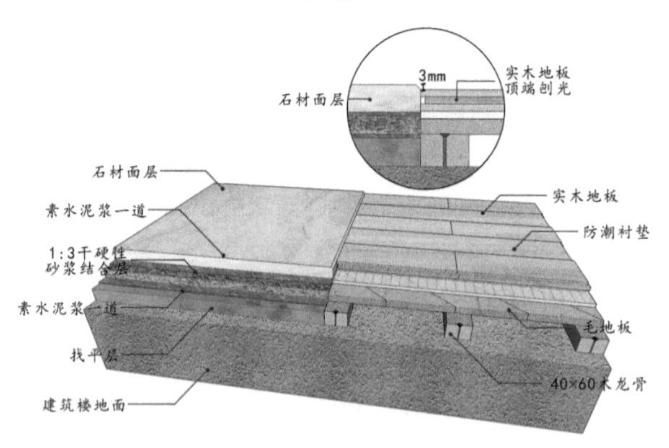

图 13-10　石材 | 架空木地板
——直碰收口

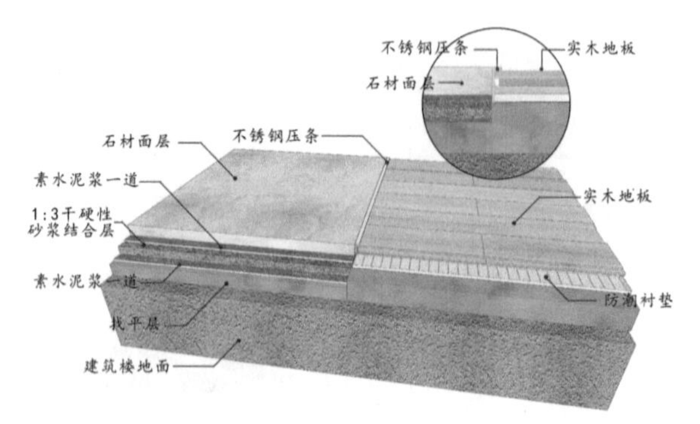

图 13-11　石材 | 实铺木地板
——压条收口

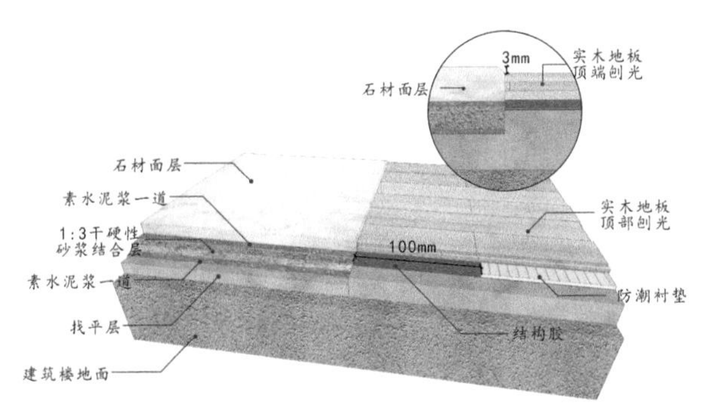

图 13-12　石材 | 实铺木地板
——直碰收口

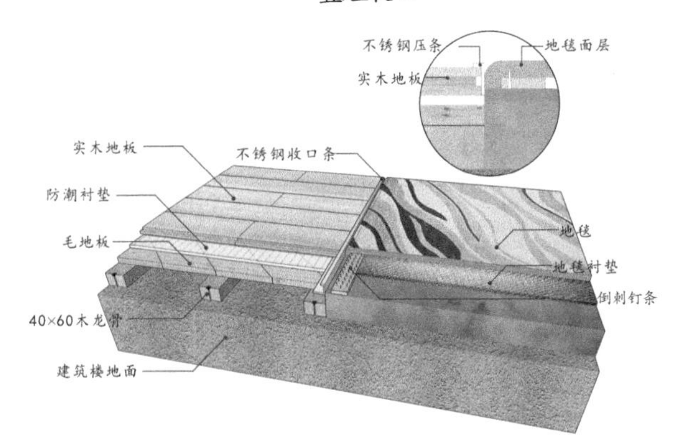

图 13-13　架空木地板 | 地毯
——压条收口

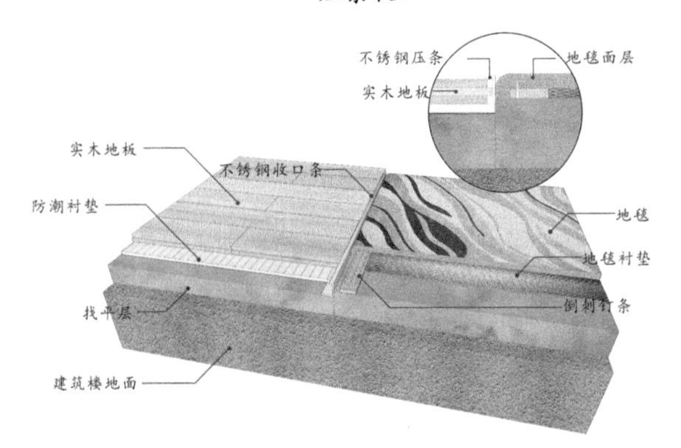

图 13-14　实铺木地板 | 地毯
——压条收口

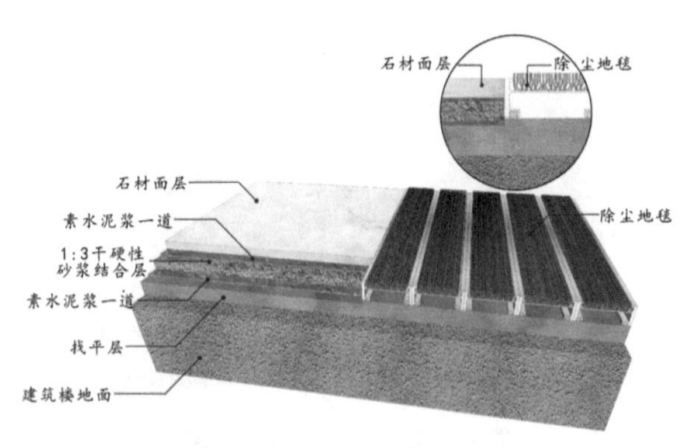

图 13-15　石材 | 除尘地毯
——直碰收口

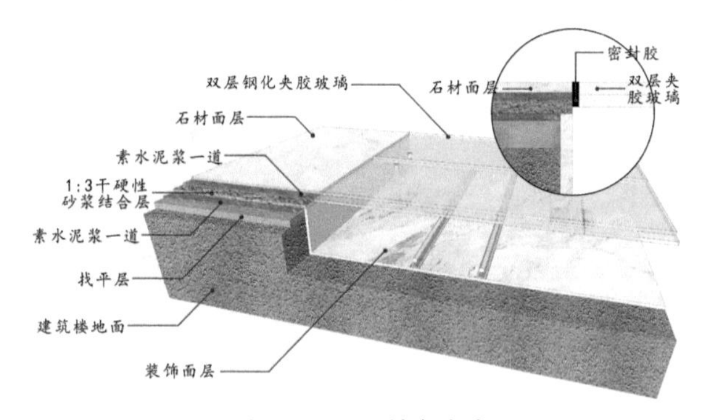

图 13-16　石材 | 玻璃
——打胶收口

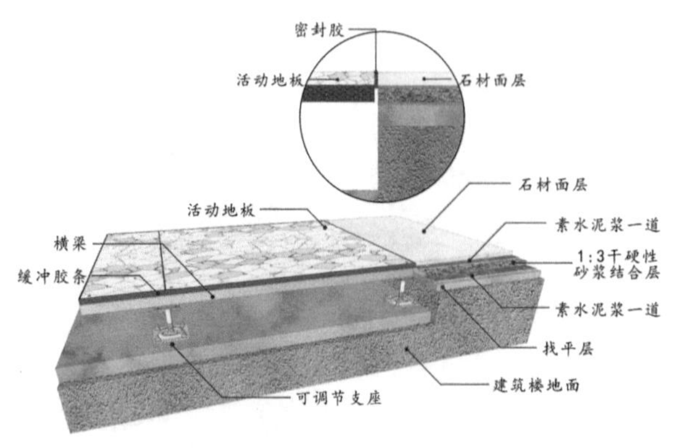

图 13-17　活动地板 | 石材
——打胶收口

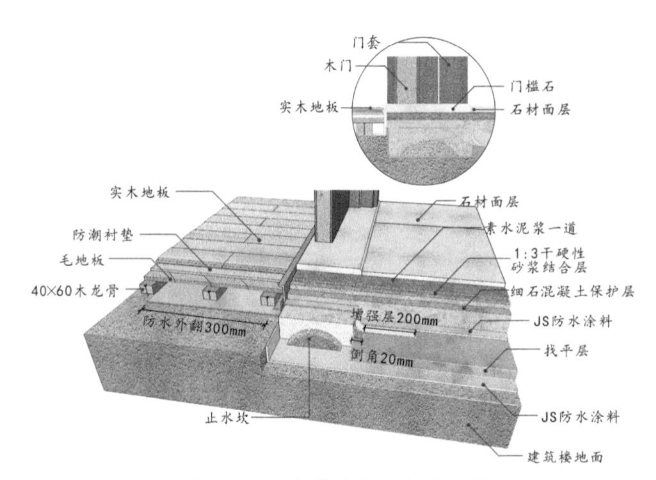

图 13-18　架空实木地板 | 石材

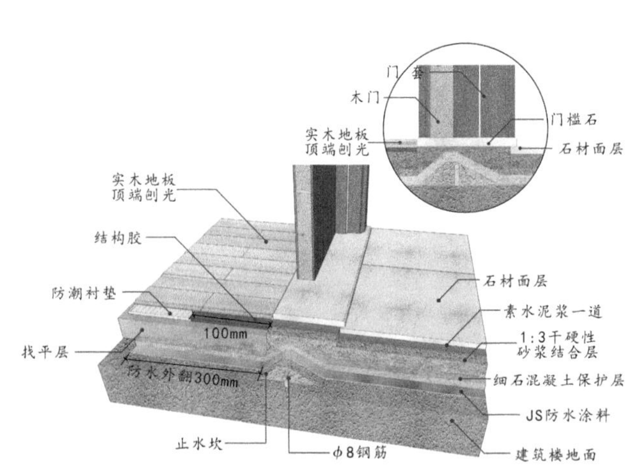

图 13-19　实铺实木地板 | 石材
——直碰收口

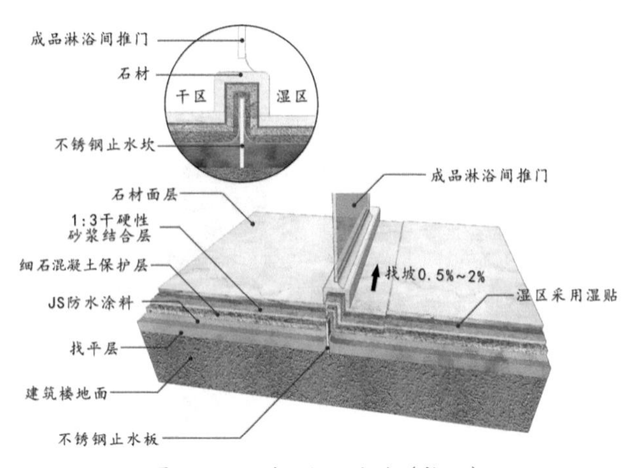

图 13-20　淋浴间止水坎（推门）

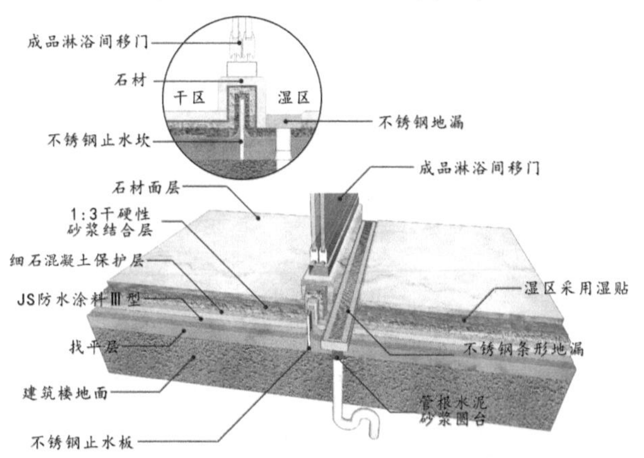

图 13-21　淋浴间止水坎（移门，不锈钢条形地漏）

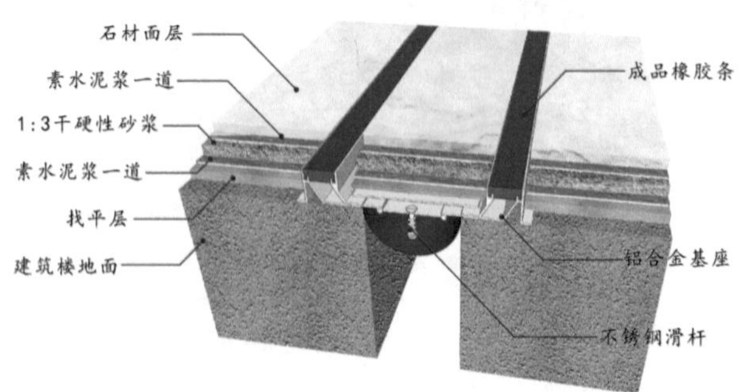

图 13-22　结构伸缩缝

13.2.2 吊顶平面（图 13-23 ～图 13-26）

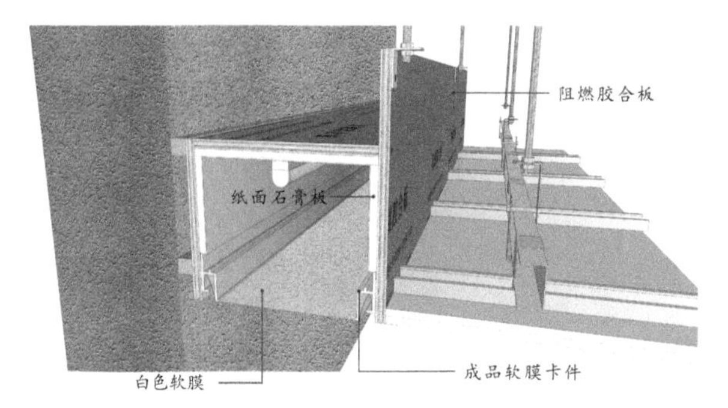

图 13-23　软膜天花 | 石膏板吊顶
——压条收口

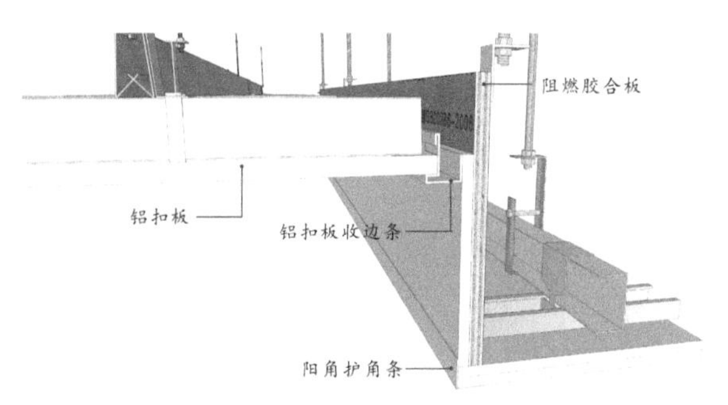

图 13-24　铝扣板吊顶 | 石膏板吊顶
——压条收口

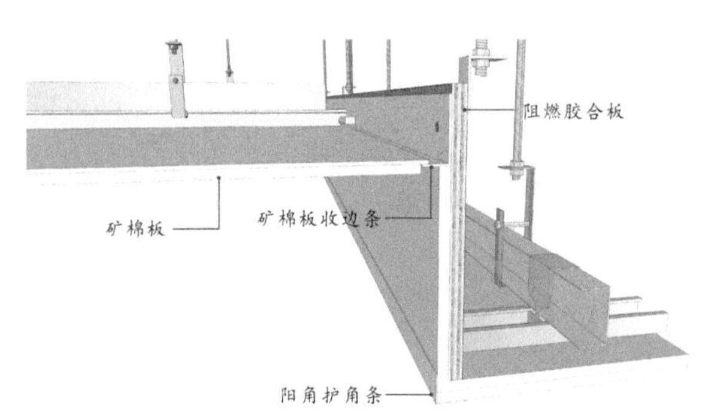

图 13-25　矿棉板吊顶 | 石膏板吊顶
——压条收口

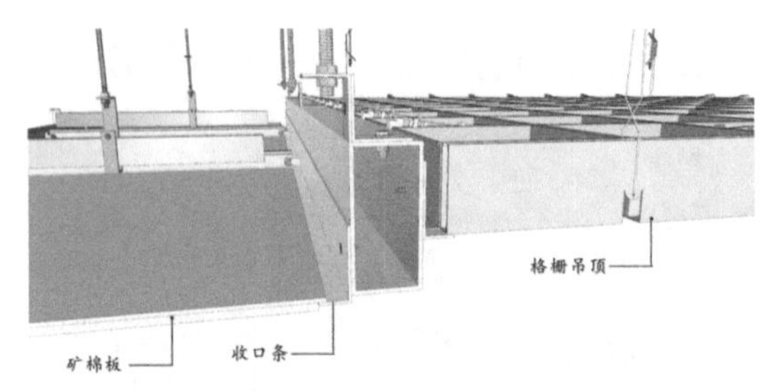

图 13-26 矿棉板吊顶 | 格栅吊顶
——压条收口

13.2.3 墙面平面（图 13-27 ～图 13-36）

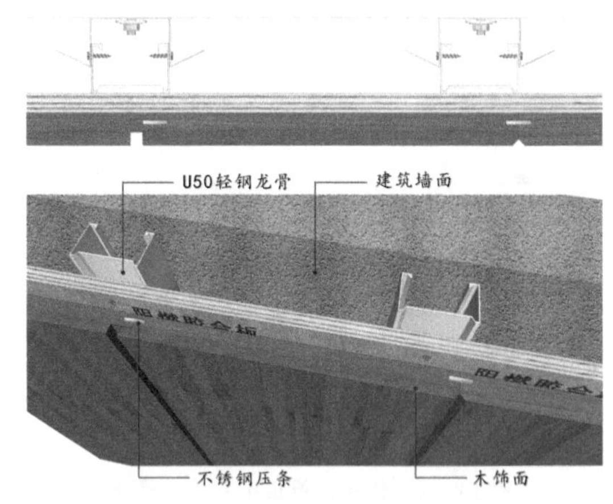

图 13-27 木板饰面 | 木板饰面
——压条收口

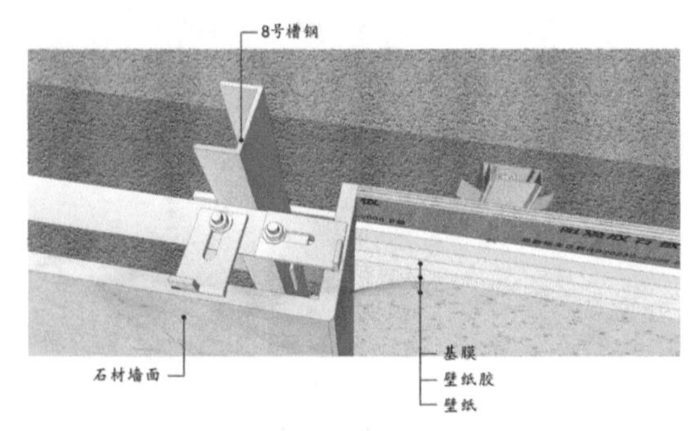

图 13-28 石材板饰面 | 壁纸
——错台收口

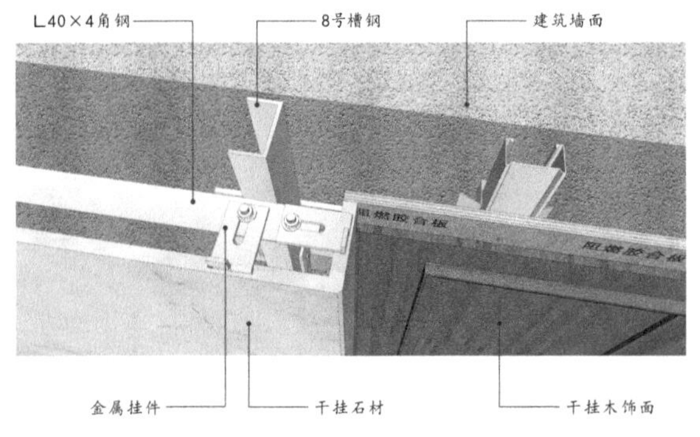

图 13-29 石材板饰面 | 木板饰面
——错台收口

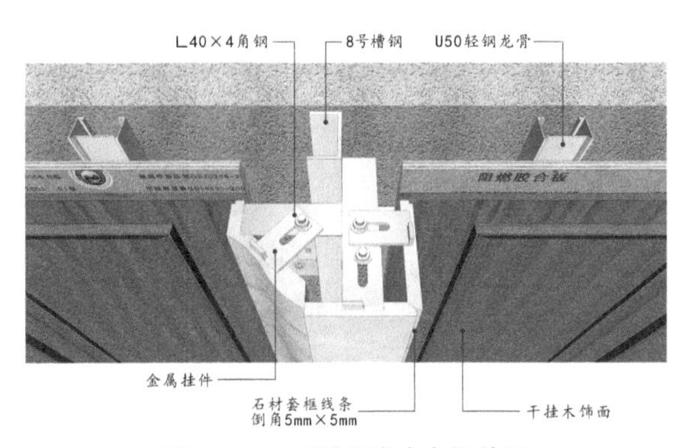

图 13-30 石材框线 | 木板饰面
——错台、留缝收口

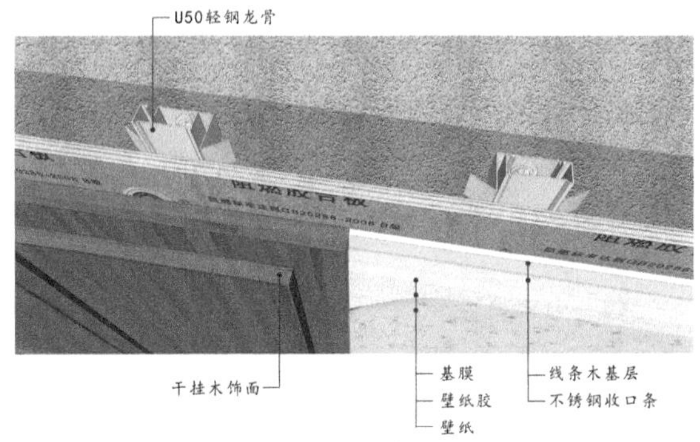

图 13-31 木板饰面 | 壁纸
——错台收口

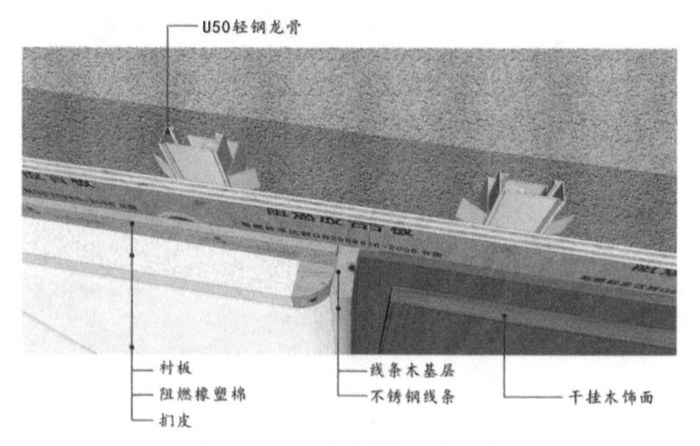

图 13–32　木板饰面 | 软包
——压条收口

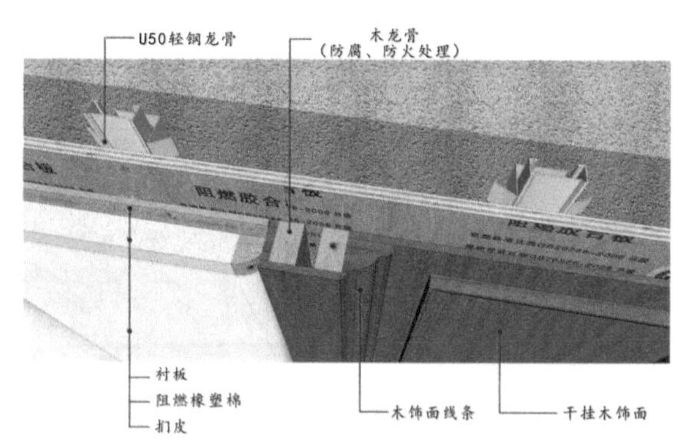

图 13–33　木板饰面 | 软包
——压条、直碰收口

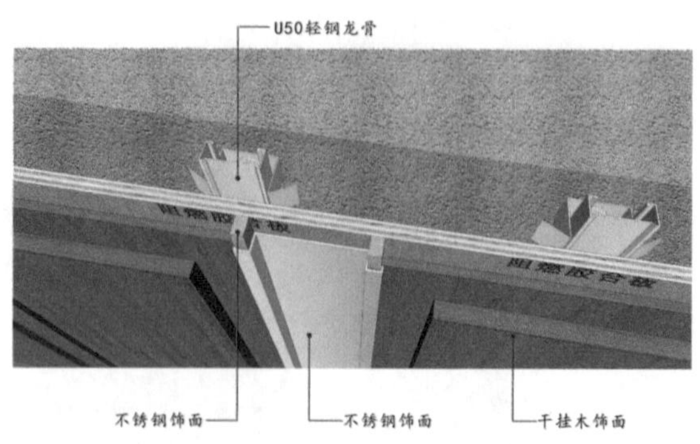

图 13–34　木板饰面 | 不锈钢饰面
——错台、压条收口

图 13-35　木板饰面 | 不锈钢饰面
——留缝收口

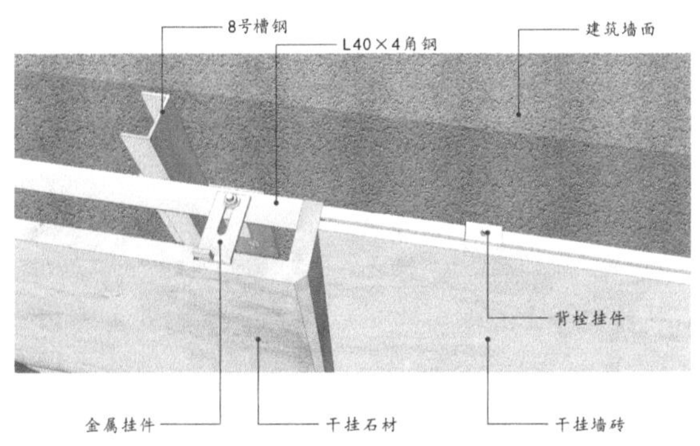

图 13-36　石材板饰面 | 陶瓷板饰面
——留缝收口

13.2.4　墙面转角（图 13-37～图 13-49）

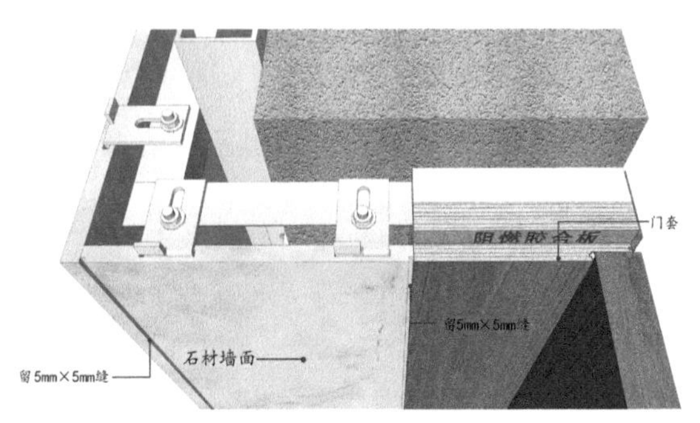

图 13-37　石材板饰面 | 木门套
——留缝收口

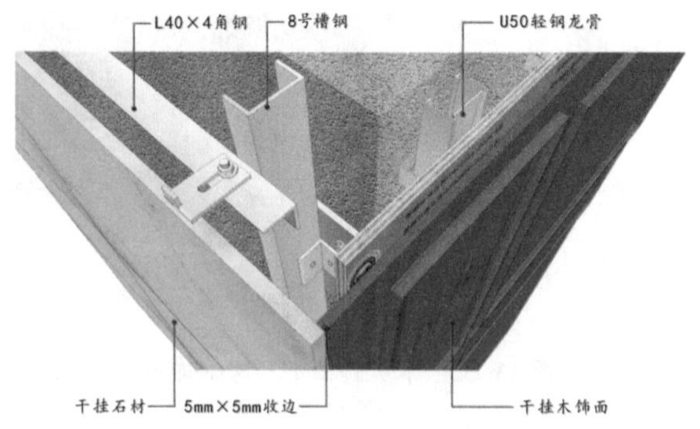

图 13-38　石材板饰面 | 木板饰面
——留缝收口

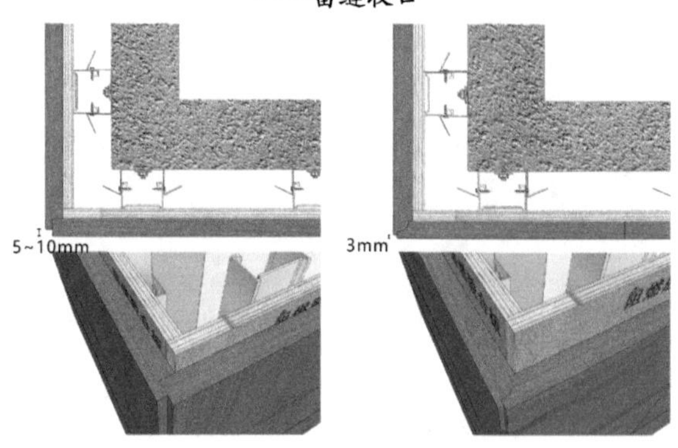

图 13-39　木板饰面 | 木板饰面（一）
——留缝收口

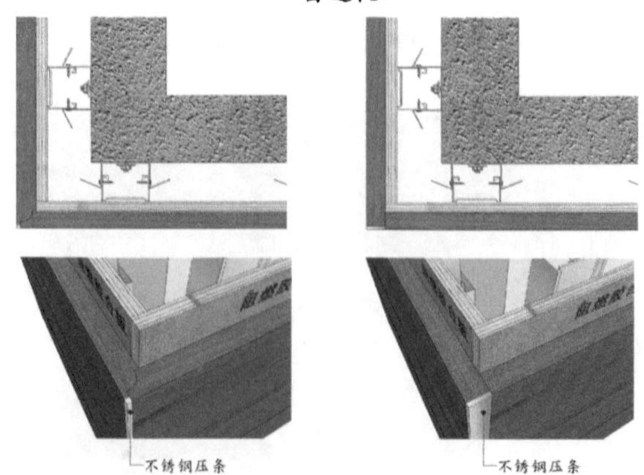

图 13-40　木板饰面 | 木板饰面（二）
——压条收口

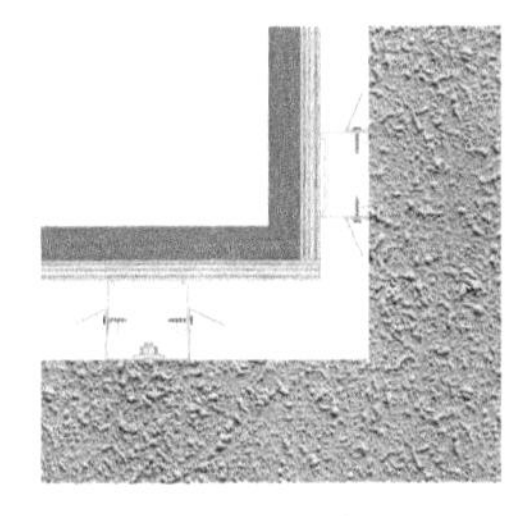

图 13-41　木板饰面 | 木板饰面（三）
——留缝收口

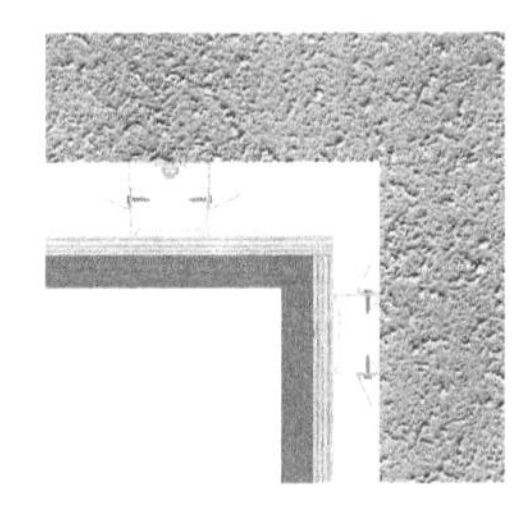

图 13-42　木板饰面 | 木板饰面（四）
——留缝收口

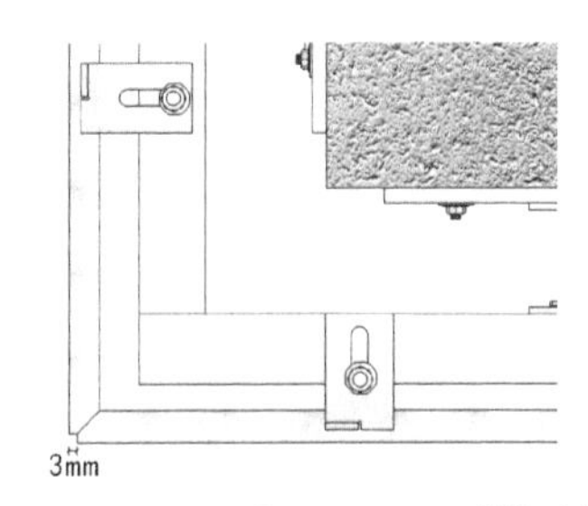

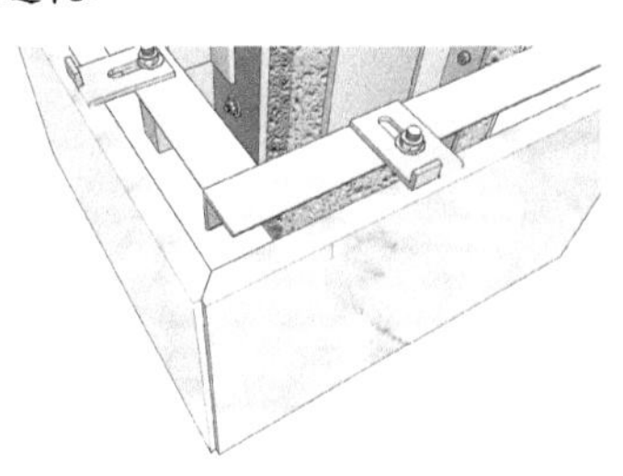

图 13-43　石材板饰面 | 石材板饰面（一）
——留缝收口

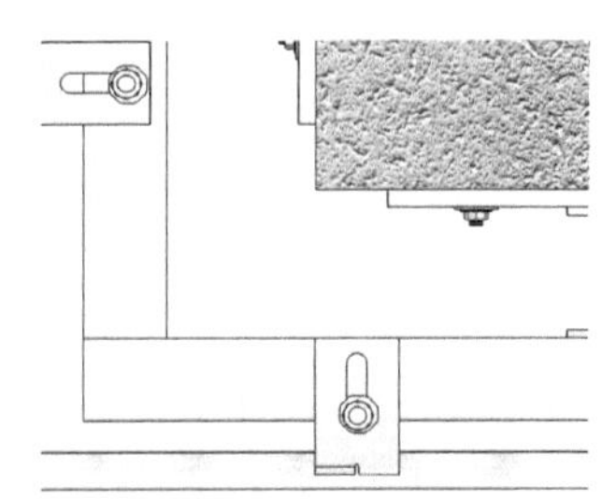
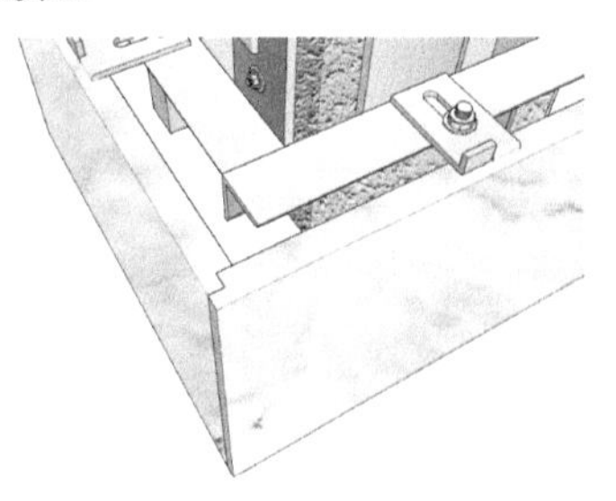

图 13-44　石材板饰面 | 石材板饰面（二）
——留缝收口

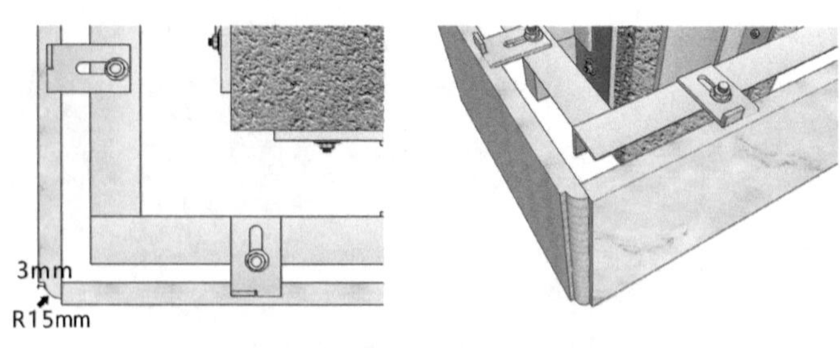

图 13-45 石材板饰面 | 石材板饰面（三）
——留缝收口

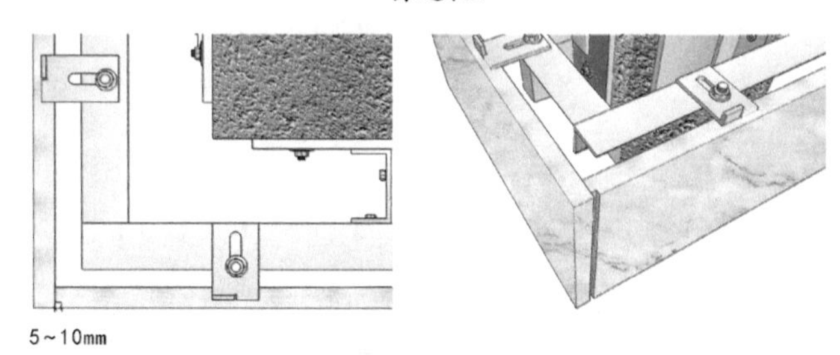

图 13-46 石材板饰面 | 石材板饰面（四）
——留缝收口

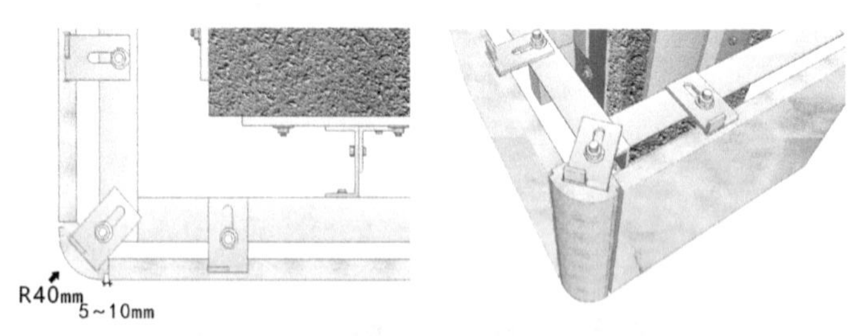

图 13-47 石材板饰面 | 石材板饰面（五）
——留缝收口

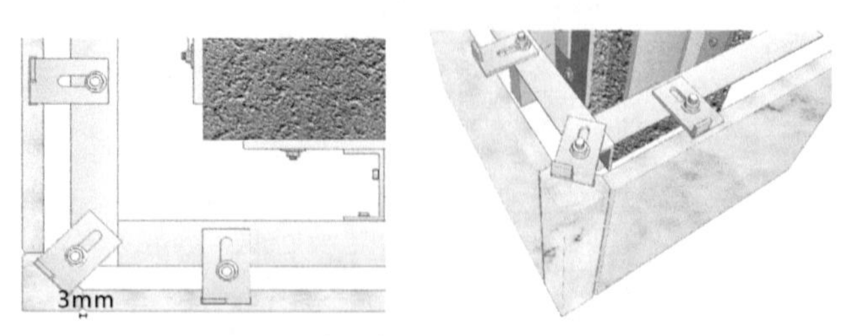

图 13-48 石材板饰面 | 石材板饰面（六）
——留缝收口

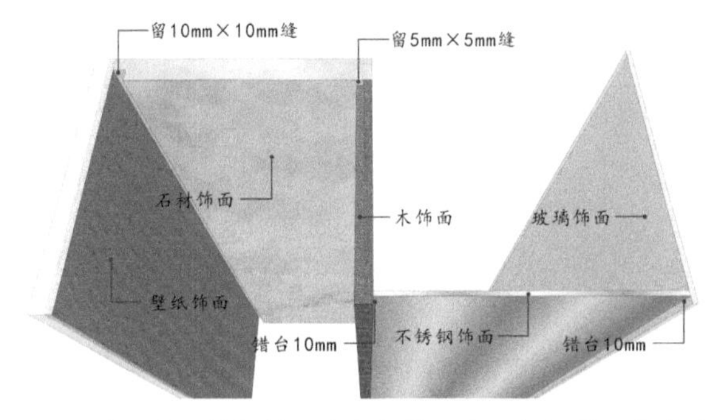

图 13-49　壁纸 | 石材板饰面 | 木板饰面 | 不锈钢饰面 | 玻璃饰面
——留缝、留缝、错台、错台收口

13.2.5　墙面 / 吊顶（图 13-50 ～图 13-53）

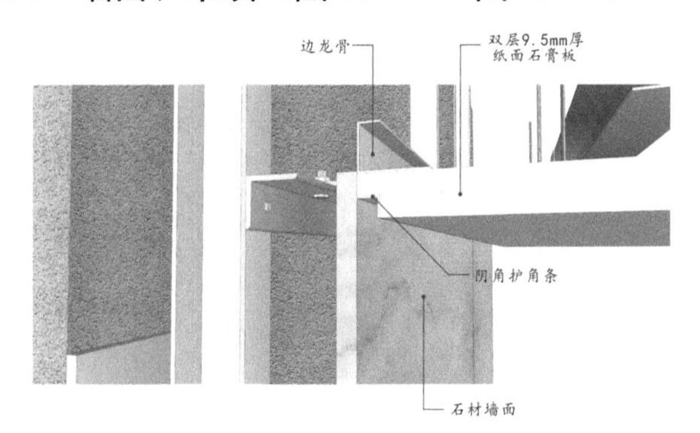

图 13-50　石材板饰面 | 石膏板吊顶
——压条收口

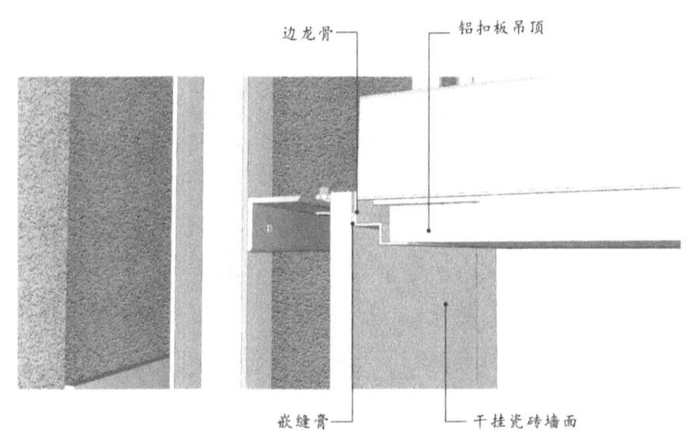

图 13-51　陶瓷板饰面 | 铝扣板吊顶
——压条收口

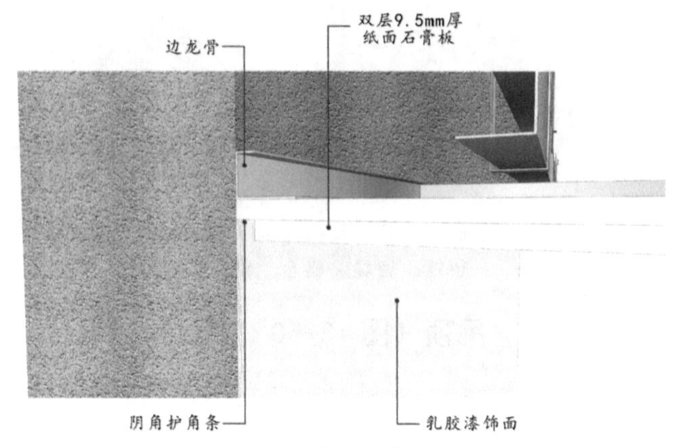

图 13-52　乳胶漆饰面｜石膏板吊顶
——压条收口

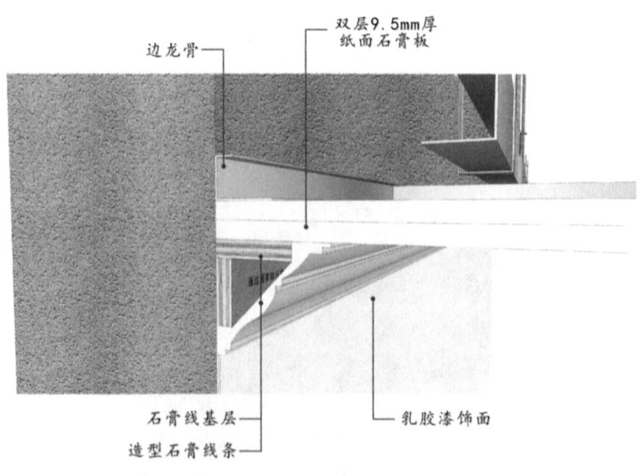

图 13-53　乳胶漆饰面｜石膏板吊顶
——压条收口

13.2.6 墙面/地面（图 13-54～图 13-60）

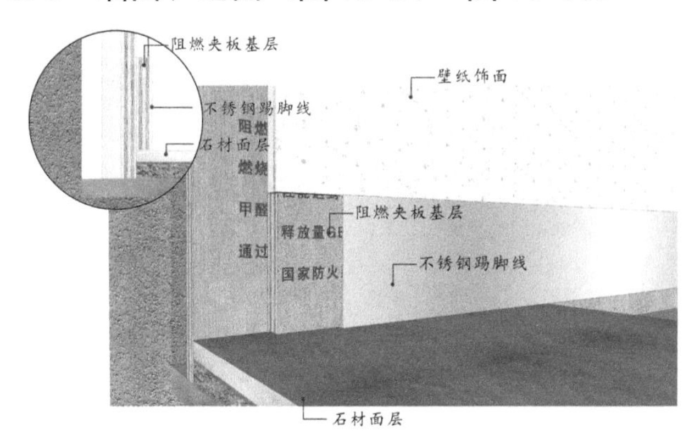

图 13-54 不锈钢踢脚 | 石材地面

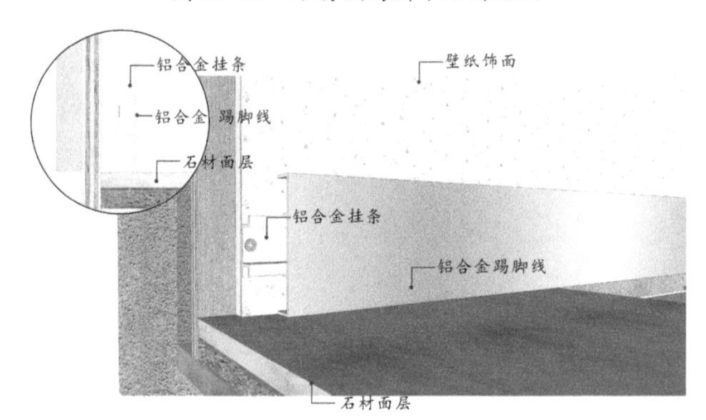

图 13-55 铝合金踢脚 | 石材地面

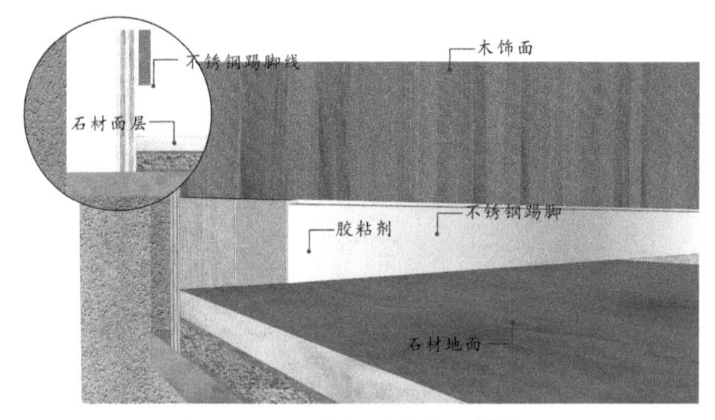

图 13-56 不锈钢踢脚 | 石材地面

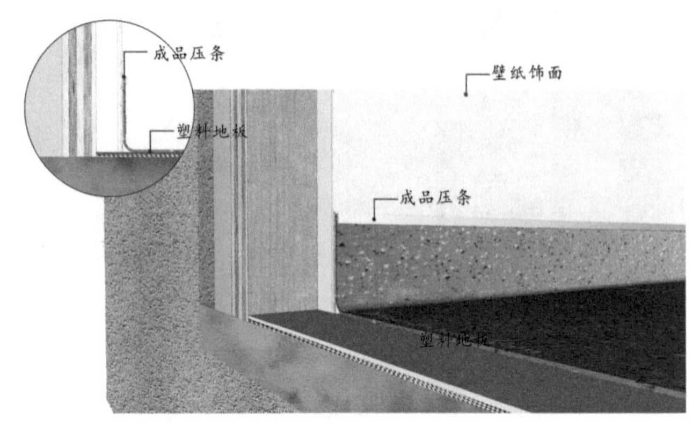

图 13-57　成品踢脚线 | 塑料板地面

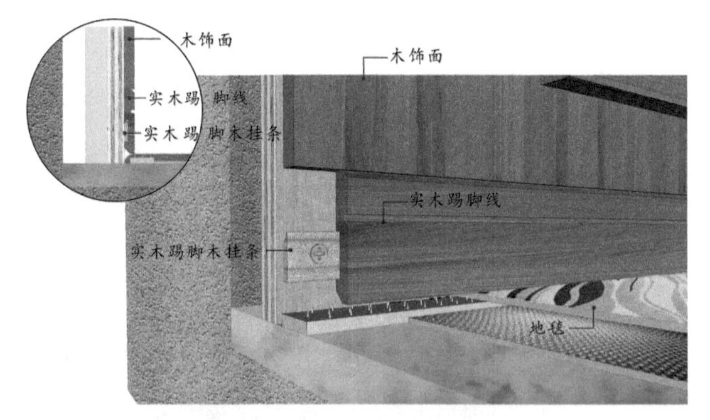

图 13-58　实木踢脚线 | 地毯地面

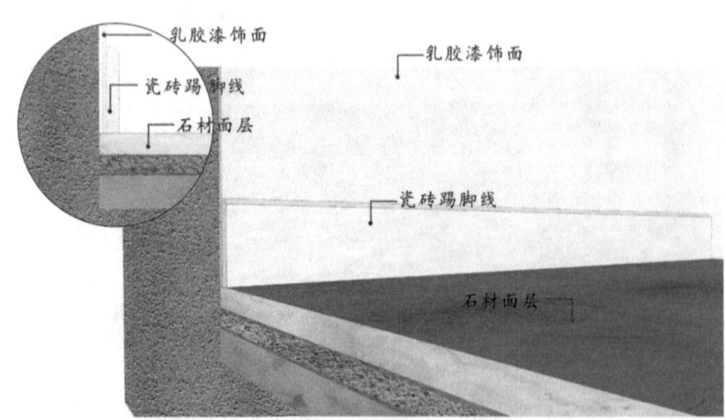

图 13-59　瓷砖踢脚线 | 石材地面

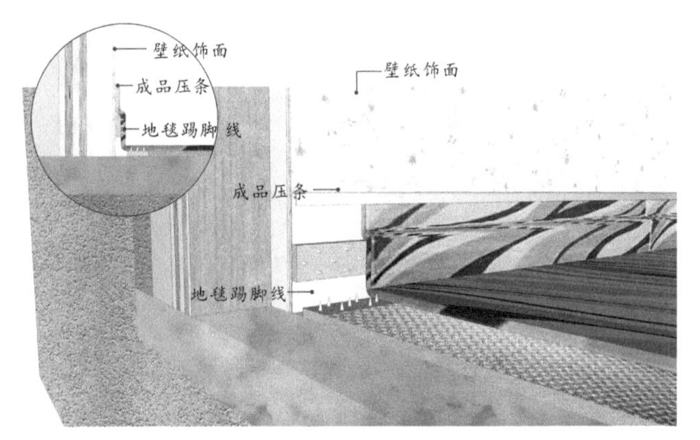

图 13-60　成品踢脚线 | 地毯地面

13.2.7　墙地面 / 幕墙（图 13-61 ～图 13-64）

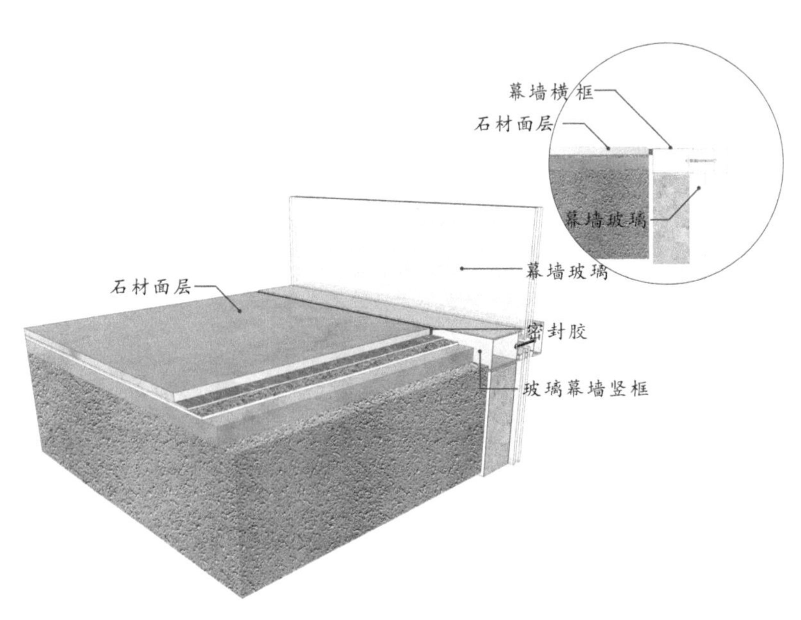

图 13-61　石材地面 | 幕墙玻璃
——打胶收口

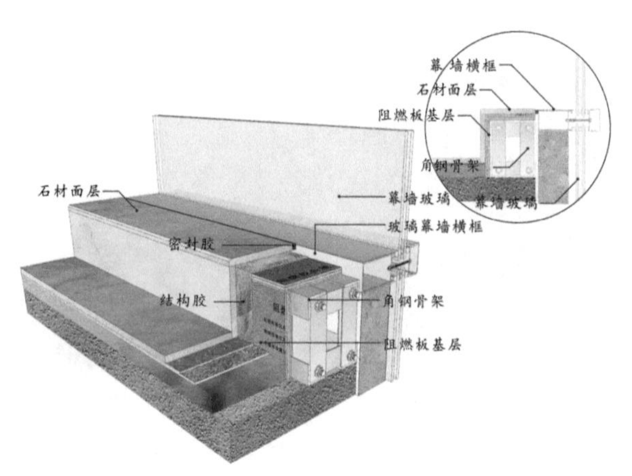

图 13-62　石材低台｜幕墙玻璃
——打胶收口

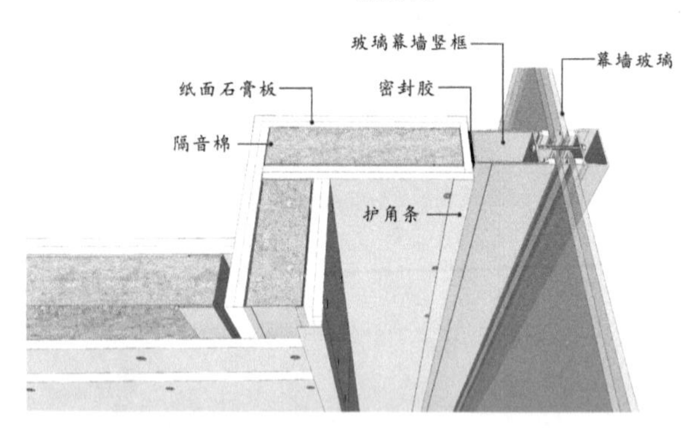

图 13-63　纸面石膏板隔墙｜幕墙玻璃
——打胶收口

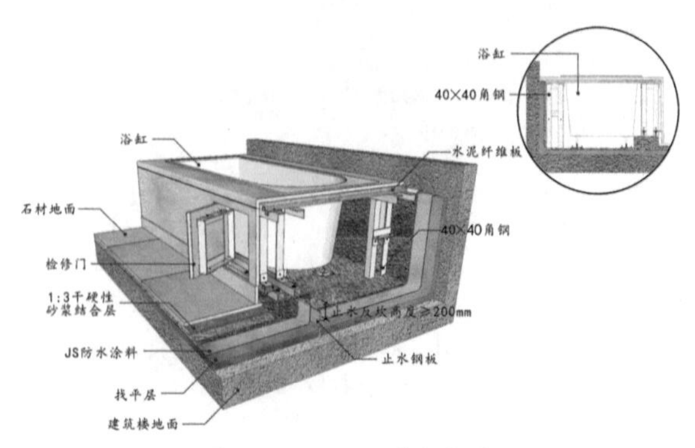

图 13-64　浴缸节点构造

附件 2

14 施工机具 & 检测器具

“工欲善其事，必先利其器。”合理使用**装饰机具**是保证装修质量，提高施工效率的重要手段，随着种类繁多，功能齐全的电动、气动中小型装饰机具的使用，使得装修施工精度更高，速度更快。

本章选编的施工机具包括通用工具、结构修整工具、装饰木工（及相关）工机具、装饰瓦工（及相关）工机具、装饰油工（及相关）工机具、地毯铺装工机具及精装验收检测器具。包括在各类机械中，介绍各类工具的结构、技术性能、使用要点和维护等保养方法，供选用时参考。

14.1 通用工具

14.1.1 激光投线仪

图 14-1 激光投线仪

激光投线仪也叫激光水准仪，是替代传统放线和弹线的工具。其是在普通水准仪望远筒上配装激光装置制作而成。激光装置由氦氖激光器和棱镜导光系统组成，利用激光束通过柱透镜或玻璃棒形成扇形激光面，投射形成水平和垂直激光线的仪器。见图 14–1。

激光投线仪分为三线型和五线型。三线型只能打出一根水平线、两根垂直线，由于形成扇面较小，很难照射到地面和顶面；五线型可以打出一根水平线和四根垂直线，在一次放样中就可以将一个点上的所有线放好。

投线仪的供电来源有电池供电和插座供电，并带有自动调平装置，但在架设脚架放样时，须预先调平脚架水平度。

14.1.2 墨斗

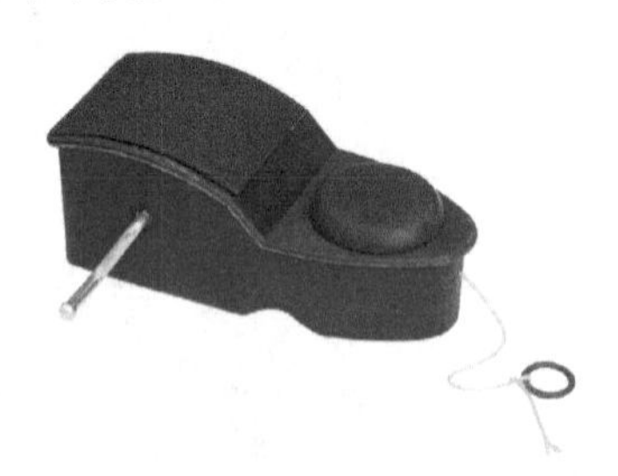

图 14-2 墨斗

墨斗是中国传统木工行业中极为常见的工具。见图 14–2。

墨斗由墨仓、线轮、墨线（包括线锥）、墨签四部分构成。

其用途有：

（1）做长直线（在泥、石、瓦等行业中也是不可缺少的）；将濡墨后的墨线一端固定，拉出墨线牵直拉紧在指定位置，再提起中段弹下即可。

（2）墨仓蓄墨，配合墨签和拐尺用以画短直线或者做记号。

（3）画竖直线（当铅坠使用）。

14.1.3 美工刀

美工刀俗称刻刀或壁纸刀，是一种用于美术手工艺品的刀，主要是用于切割质地较软的材料，多由塑刀柄和刀片两部分组成，为抽拉式结构，也有少数为金属刀柄。美工刀刀片多为斜口，用钝可顺刀片的画线折断，出现新的刀锋，方便使用。见图 14–3。

在装修施工中，美工刀的运用较多，剥电线绝缘皮，切割石膏板、饰面板、防火板以及壁纸等。

图 14–3 美工刀

14.1.4 钉锤

锤子是敲打物体使其移动或变形的工具，常用来敲钉子、矫正或是将物体敲开。见图 14–4。

羊角锤的一头是扁平的，一头呈羊角状叉开，除适合锤击外还可拔除钉子。

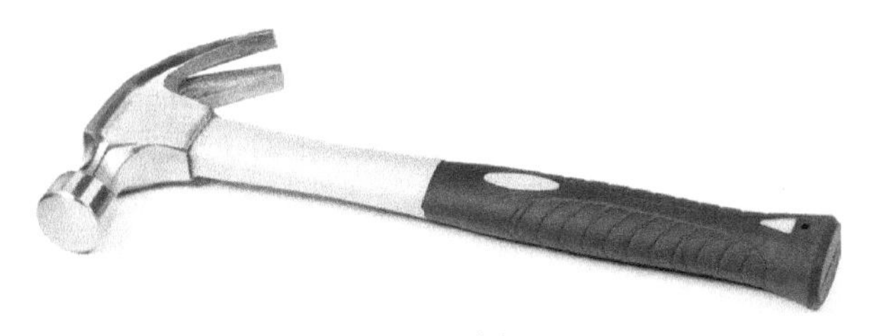

图 14–4 羊角锤

14.1.5 螺丝刀

螺丝刀是一种用来拧转螺钉的工具，通常有一个薄型楔头，可插入螺钉头的槽缝或凹口内，别名也叫起子。螺丝刀主要有一字和十字两种，此外常见的还有六角螺丝刀，包括六角和外六角两种。见图 14–5。

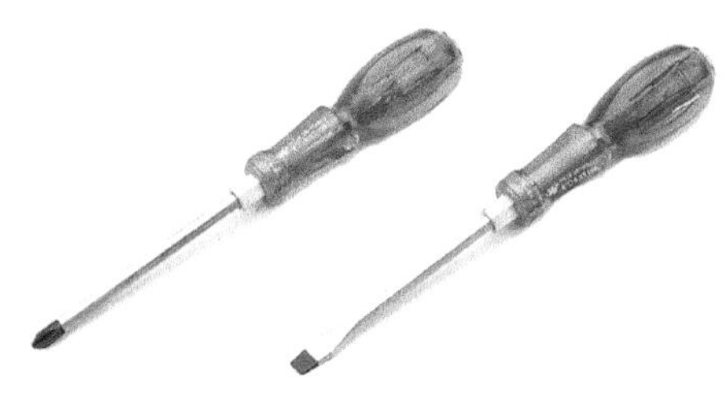

图 14–5 螺丝刀

14.2 结构修整工机具

14.2.1 电锤

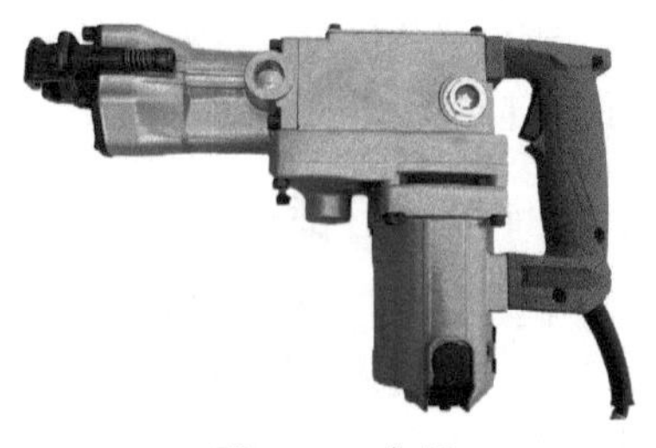

图 14-6 电锤

电锤是装饰施工中的常用机具，它主要用于混凝土等结构表面剔、凿和打孔作业。作为冲击钻使用时，则用于门窗、吊顶和设备安装中的钻孔、埋置膨胀螺栓。国产电锤一般使用交流电源，国外已有充电式电源，电锤使用更为方便。见图 14–6。

（1）主要构造

电锤由交直两用或单项串激式电机、传动系统、曲轴连杆、活塞及壳体等部分组成。电锤可以利用转换开关，使电锤的钻头处于不用的工作状态，即只转动不冲击、只冲击不转动和既冲击又转动，针对不同功能需要更换相应的钻头。冲击运动是由电机旋转、经齿轮减速、带动曲轴连杆机构，使压气活塞在气缸内往复运动，从而冲击锤杆，使锤头向前冲击。

（2）使用要点

① 保证使用的电源电压与电锤铭牌规定值相符。使用前，电源开关必须处于“断开”位置。电缆长度、线径、完好程度保证安全使用要求；如油量不足应加入同标号机油。

② 打孔作业时，钻头要垂直工作面，并不允许在孔内摆动；剔凿工作时，扳撬不应用力过猛，如遇钢筋，要设法避开。

③ 电锤为断续工作制，切勿长期连续工作，以免烧坏电机。

④ 电锤使用后，要及时保养维修，更换磨损零件，添加性能良好的润滑油。

14.2.2 风镐

风镐是直接利用压缩空气作介质，通过气动元件和控制开关，冲击气缸活塞，带动钎头（工作部件），实现钎头机械往复和回转运动，对工作面进行作业。由于风镐冲击力较大，被广泛用于修凿、开洞等作业。见图 14–7。

（1）主要构造

风镐主要由气缸、活塞、进排气机构、工作装置和壳体等部件组成。外接压缩空气胶管连接空压机。

图 14–7　风镐

（2）使用要点

① 使用前，要检查风镐的完好情况，螺栓有无松动，卡套和弹簧是否完整，压缩空气胶管连接是否良好等。

② 操作中必须精力集中，在指定修凿部位作业，通过眼看耳听，发现不正常声响和振动时，应立即停钻进行检查，排除故障。

③ 要保证风镐需要的压缩空气的气量和气压符合风镐的使用要求，保证其工作效率发挥。

④ 操作时风镐要扶稳，施压均匀。

⑤ 工作现场要有足够的照明。高处施工时，要有坚固可靠的工作架子。同时，做好碎块溅落伤人的防护措施。

14.2.3　混凝土钻孔机

混凝土钻孔机是通过空心钻头直接切削钢筋混凝土块，完成在墙面或地面的打孔工作。钻孔尺寸准确，孔壁光滑，特别是对孔周围的钢筋及混凝土无伤害，同时，大大减轻人工开孔的劳动强度。是机电管线安装开孔的理想机具。见图 14–8。

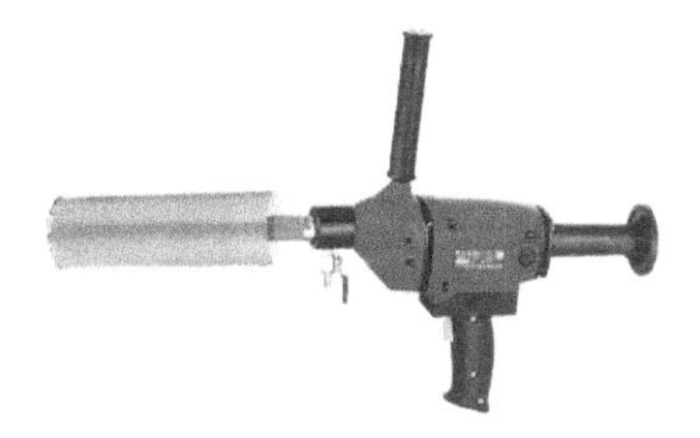

图 14–8　混凝土钻孔机

（1）主要构造

钻孔机由动力马达、钻头、底座和机身等部分组成。电机（马达）通过齿轮减速并驱动钻头，更换不同直径钻头，可以钻出不同直径的孔。

（2）使用要点

① 按照钻孔位置，固定机座。用膨胀螺栓把机座安装牢固，连接电源及冷却润滑水管。

② 选取钻头，调正位置，根据孔深度情况，备好附加延长棒。

③ 打开润滑水管，开动钻机，自动完成钻孔进刀。一般厚 110mm 钢筋混凝土板 1h 即可钻完。

④ 工作中，冷却润滑水管（细流）要保持供水，防止钻头过热损坏。

14.3 装饰木工（及相关）工机具

14.3.1 木工工具

（1）手推刨

传统木工工具，由刨身、刨铁、刨柄组成，用于刨削木材表面，刨削面光滑、平直，但刨铁易磨损，需经常打磨，较花时间。手推刨在木工施工中较多用于修整木方的使用面，使其光滑平整，还用于板材、线条等木质材质的修边和表面平整作业。使用频率甚至高于电刨。见图 14–9。

图 14–9 手推刨

（2）小手刨

微小型手推刨，没有长长的刨身，所以在刨削物体时不会受到限制，尤其适合小型物体使用。见图 14–10。

图 14–10 小手刨

（3）框锯

传统木工工具，由木框架、绞绳和锯条组成，用于装修的锯条多选用密锯齿的锯条，用于手动锯开木条和木板，是木工最常用的工具之一。在木工施工中，框锯用于部分木材的锯切，相对电动台锯而言，效率虽然慢点，但其优势在于便捷、无噪声、无扬尘。见图 14–11。

图 14–11 框锯

（4）开孔器

用于开出各种尺寸的圆孔，在施工中多为安装筒灯开孔而准备，钻头上面的间距是可以调节的。见图 14–12。

图 14–12 开孔器

14.3.2 电圆锯

图 14-13 电圆锯

电圆锯是对木材、纤维板、塑料和软电缆切割的工具。便携式木工电圆锯自重轻、效率高，是装饰施工最常用的。见图 14-13。

（1）主要构造

手提式圆锯由电机、锯片、锯片高度定位装置和防护装置组成。选用不同锯片切割相应材料，可以极大地提高效率。

（2）使用要点

① 使用圆锯时，工件要夹紧，锯割时不得滑动。在锯片吃入工件前就要启动电锯，转动正常后，按画线位置下锯。锯割过程中，改变锯割方向可能会产生卡锯、阻塞、甚至损坏锯片。

② 切割不同材料，最好选用不同的锯片，如纵横组合式锯片，可以适应多种切割；细齿锯片能较快地割软、硬木的横纹；无齿锯片还可以锯割砖、金属等。

③ 要保持右手紧握电锯，左手离开。同时，电缆应避开锯片，以免妨碍作业和锯伤。

④ 锯割快结束时，要强力掌握电锯，以免发生倾斜和翻倒。锯片没有完全停转时，人手不得靠近锯片。

⑤ 更换锯片时，要将锯片转至正确方向(锯片上右箭头表示)。要使用锋利锯片，提高工作效率，也可避免钝锯片长时间摩擦而引起危险。

14.3.3 电刨

手提式电刨是用于刨削木材表面的专用工具。体积小，效率高，比手工刨削提高工效 10 倍以上。同时刨削质量也容易保证，携带方便。广泛应用于木装饰作业。见图 14-14。

图 14-14 电刨

（1）主要构造

手提电刨由电机、刨刀、刨刀调整装置和护板等组成。

（2）使用要点

① 使用前，要检查电刨的各部件完好和电绝缘情况，确认没有问题后，方可投入使用。

② 根据电刨性能，调节刨削深度，提高效率和质量。

③ 双手前后握刨，推刨时平稳均匀地向前移动，刨到端头时应将刨身提起，以免损坏刨好的工作面。

④ 刨刀片用钝后即卸下重磨或更换。

⑤ 按使用说明书及时进行保养与维修，延长电刨使用寿命。

14.3.4 曲线锯

曲线锯主要用于切割各种木材及非金属，锯片多为碳钢，硬度高，切割效率快。工作原理是通过电动机带动往复杆及锯条往复运动进行锯割。在木工施工中，曲线锯可对板材进行曲线型切割，极大地满足了木工在装饰效果上的多样变化，同时还可以对较薄的板材进行镂空，制作出漂亮的镂空板。见图 14–15。

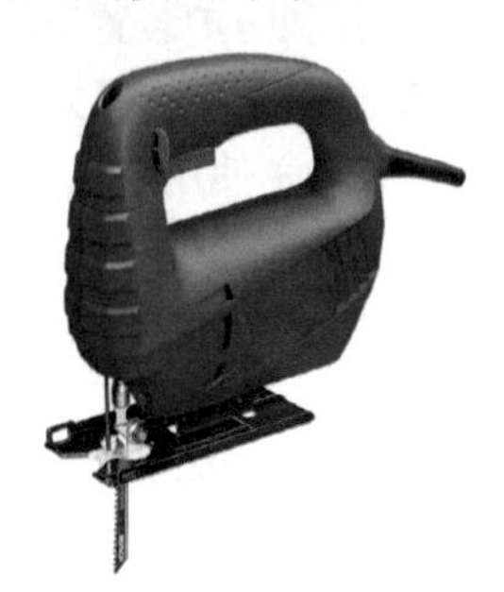

图 14–15　曲线锯

（1）主要构造

串激电机、减速齿轮、往复杆、平衡板、底板、开关、调速器等。

（2）使用要点

① 使用前，要检查曲线锯的各部件完好和电绝缘情况，确认没有问题后，方可投入使用。

② 板材厚度需注意，曲线锯不适合切割 3mm 以下的木板 (比如三夹板)。

③ 使用时选用合适的锯片以提高效率。使用前把两颗固定螺钉拧紧锁死，并用手用力顺着锯片纵向运动方向拉扯看看有无松动。

14.3.5 气动钉机

打钉机用于木龙骨上钉各种木夹板、纤维板、石膏板、刨花板及线条的作业。所用钉子有直形和 U 形 (钉书针式) 等几种。使用打钉机安全可靠，生产效率高，劳动强度低，可充分利用高级装饰板材。见图 14–16。

图 14–16　气动钉机

主要构造：

气动打钉机由气缸和控制元件等组成。使用时，利用压缩空气（＞0.3MPa）冲击缸中的活塞，实现往复运动，推动活塞杆上的冲击片，冲击落入钉槽中的钉子钉入工件中去。电动打钉机，接上电源直接就可使用。

14.3.6 气泵

气泵既“空气泵”，主要有电动气泵、手动气泵和脚动气泵，是一种气压型动力设备。在施工中多使用电动气泵，其以电力为动力，通过电力不停压缩空气，产生气压。根据电动机攻略的大小，可释放出不同压强的气压，带动各种气动工具作业。在木工施工中，气泵不是施工工具，而是提供动力的工具，气动钉枪、风批、喷枪等都是以它为动力进行作业的。见图 14–17。

图 14–17 气泵

14.3.7 型材切割机

型材切割机是对金属型材高效切割的机具。它利用砂轮磨削原理，高速旋转砂轮片实现切割，切割速度快、质量好，是建筑装饰和水电安装作业的常用机具。见图 14–18。

（1）主要构造

型材切割机由切割动力头、可转夹钳、驱动电机和机座等部分组成。使用时，将型材固定在夹钳上，启动电机，手动按下动力头，开始切割工作。

（2）使用要点

① 使用前检查绝缘电阻，检查各接线柱是否接牢，接好地线。

② 检查电源是否与铭牌额定的电压相符，不能在超过或低于额定电压 10% 的电压上使用。

③ 检查砂轮转动方向是否与防护罩壳上标示的旋转方向一致，

图 14–18 型材切割机

如发现相反，应立即停车，将插头中两支电线其中一支对调互换。切不可反向旋转。

④ 使用的砂轮片或合金圆锯片的规格不能大于铭牌上规定的规格，以免电机过载。绝对不能使用安全线速度低于切割速度的砂轮片。

⑤ 操作要均匀平稳，不能用力过猛，以免过载或影响砂轮片崩裂。操作人员手握手柄开关，身体侧向一旁，避免发生意外。

⑥ 使用中如发现异常杂音，要停车检查原因，排除后方可继续使用。

⑦ 切割机不能在有易燃或腐蚀气体条件下操作使用，以保证各电气原件正常工作。不用时宜存放于干燥和没有腐蚀性气体的地方。

14.3.8 电剪刀

电剪刀是用来剪切镀锌铁皮、薄钢板等板材的有效机具。剪切效率高，质量好。同时，操作方便，使用安全，可以剪切各种几何形状的工件，修剪边角。见图 14–19。

图 14–19 电剪刀

（1）主要构造

电剪刀由外壳绝缘介电强度整机、定子、电框保护绝缘等组成。它的电机是单相串激直流两用电动机。

（2）使用要点

① 剪切各种板材厚度，应符合剪刀剪切能力，不得超负荷操作。

② 电源电压与额定电压值的偏差不超过 ±10%。

③ 运行时声音均匀、和谐，不得有异常响声。否则，立即停止剪切，进行检查。

14.3.9 电动角向磨光机

电动角向磨光机是供磨削用的常用电动工具。该机可配用多种工作头：粗磨砂轮、细磨砂轮、抛光轮、橡皮轮、切割砂轮、钢丝轮等，从而起到磨削、抛光、切割、除锈等作用。在建筑装饰工程中应用极为广泛。见图 14–20。

图 14–20 电动角向磨光机

（1）主要构造

该机由电机、传动机构、磨头和防护罩等组成。橡胶手柄使操作较为方便。

（2）使用要点

①磨光机使用的砂轮，必须是增强纤维树脂砂轮，安全线速度不小于 80m/s。使用的电缆和插头具有加强绝缘性能，不能任意用其他导线和插头更换或接长。

②使用切割砂轮时，不得横向摆动，以免砂轮破裂。

③均匀操作，不得用力过猛，防止过载。

④保持磨光机的通风畅通、清洁，应经常清除油垢和灰尘。

⑤按使用说明书，定期进行保养。

14.3.10 拉铆枪

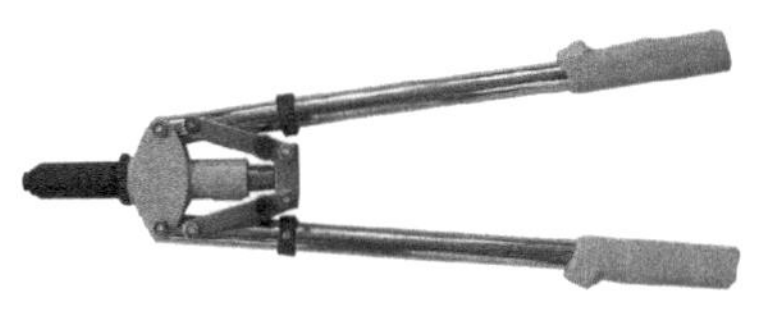

图 14–21 拉铆枪

用于各类金属板材、管材等的紧固铆接，广泛使用在装饰施工的铆接上。为解决金属薄板、薄管焊接螺母易熔，攻内螺纹易滑牙等缺点而开发，它可铆接不需要攻内螺纹、不需要焊接螺母的拉铆产品。见图 14–21。

拉铆枪主要用于空间狭小且螺母需安装在外时，使用气动或手动拉铆枪可一次铆固；取代传统的焊接螺母，弥补金属薄板和薄管焊接易熔、焊接螺母不顺等不足。

拉铆枪根据动力类型，可分为电动、手动、和气动。其中手动的普通用户使用最为广泛，价格低，操作方便。

拉铆枪使用方法：先张开拉铆枪的手把，插入铆钉，轻压手把把铆钉夹住（避免铆钉掉出），再将铆钉枪里的铆钉插入钻好的孔里，把枪用力向里推，直到铆钉的平面紧贴工件，最后用力压手把，直到把铆钉拉断。

14.3.11 气排枪

气排枪是一种直接完成紧固技术的工具。它是利用气排枪发射钉弹，使火药燃烧，释放出能量，把射钉钉在混凝土、砖砌体、钢铁、岩石上，将需要固定的构件，如管道、电缆、钢铁件、龙骨、吊顶、门窗、保温板、隔音层、装饰物等永久性的或临时固定上去，这种技术具有其他一些固定方法所没有的优越性：自带能源、操作快速、工期短、作用可靠、安全、节约资金、施工成本低、极大地减轻劳动强度等。见图 14–22。

（1）主要构造

气排枪主要由活塞、弹膛组件、击针、击针弹簧、钉管及枪体外套等部分组成。轻型气排枪有半自动活塞回位，半自动退壳。半自动气排枪有半自动供弹机构。

（2）使用要点

图 14–22　气排枪

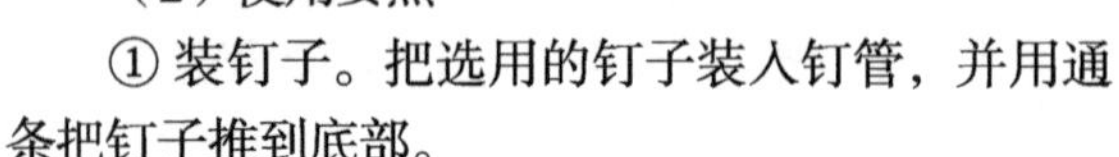

① 装钉子。把选用的钉子装入钉管，并用通条把钉子推到底部。

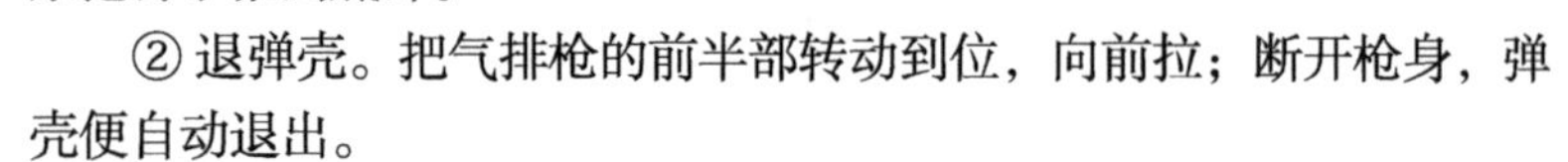

② 退弹壳。把气排枪的前半部转动到位，向前拉；断开枪身，弹壳便自动退出。

③ 装射钉弹。把射钉弹装入弹膛，关上气排枪，拉回前半部，顺时针方向旋转到位。

④ 击发。将气排枪垂直地紧压于工作面上，扣动扳机击发，如有弹不发火，重新把气排枪垂直紧压于工作面上，扣动扳机击发。如两次均发不出子弹时，应保持原射击位数秒，然后将射钉弹退出。

⑤ 在使用结束时或更换零件之前，以及断开气排枪之前，气排枪不准装射钉弹。

⑥ 气排枪要专人保管使用，并注意保养。

14.4 装饰瓦工（及相关）工机具

14.4.1 抹灰工具

（1）木抹子（图 14–23）

用木板制作而成，用于搓平底子灰表面。

（2）塑料抹子（图 14–24）

用聚乙烯硬质塑料板制作而成，用于压光纸筋灰面层。

（3）錾子（图 14–25）

用于剔凿饰面，常用合金钢制成，要求其强度高、韧性好。

（4）阴（阳）角抹子（图 14–26）

分为尖角及小圆角两种，用于阴（阳）角压光。

（5）托灰板（图 14–27）

用于抹灰时承托砂浆。

（6）金属抹子（图 14–28）

根据材质可分为铁抹子和钢皮抹子。铁抹子常用于抹水刷石、水磨面层及底子灰。钢皮抹子常用于水泥砂浆面层的抹灰压光。

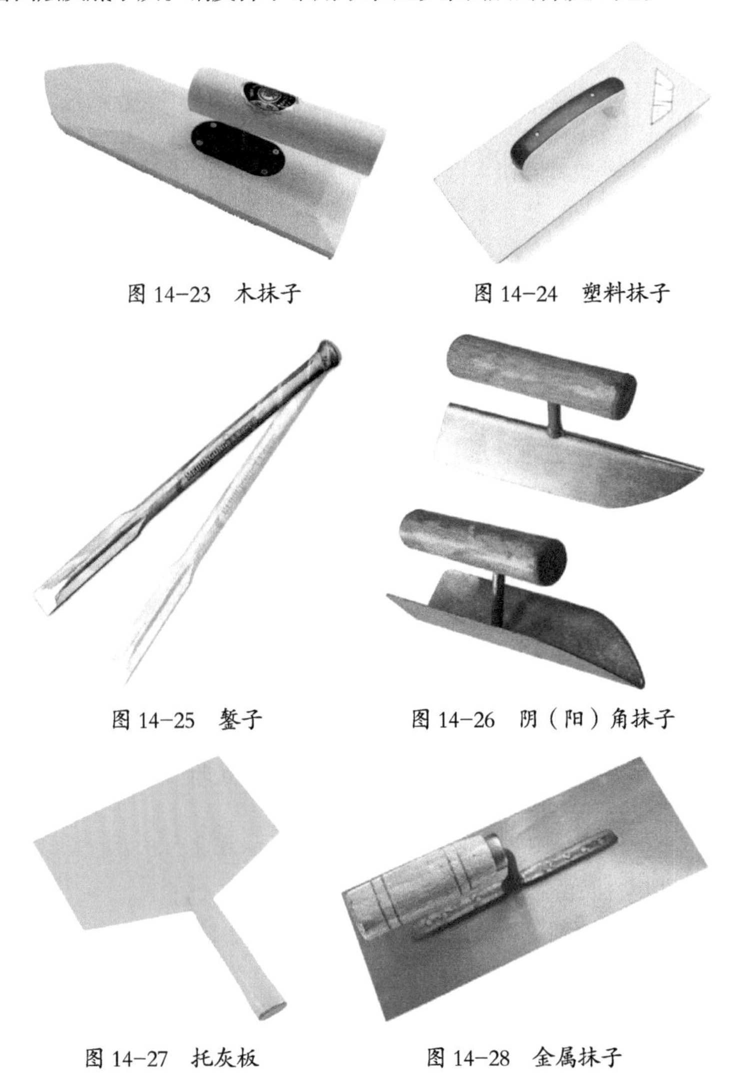

图 14–23　木抹子

图 14–24　塑料抹子

图 14–25　錾子

图 14–26　阴（阳）角抹子

图 14–27　托灰板

图 14–28　金属抹子

14.4.2 砂浆搅拌机

图 14-29 砂浆搅拌机

砂浆搅拌机是建筑装饰抹灰的常用机具。现场使用的砂浆搅拌机一般为强制式，也有利用小型鼓筒混凝土搅拌机拌和砂浆。砂浆拌和机还可拌和罩面的灰浆、纸筋灰等，实现一机多用。见图 14–29。

（1）主要构造

强制式砂浆拌和机主要由搅拌系统、装料系统、给水系统和进出料控制系统组成。它的拌和筒不动，通过主轴带动搅拌叶旋转，实现筒内的砂浆拌和。出料时，摇动手柄，有的出料活门开启，有的则是拌和筒整体倾斜一定角度，砂浆便从料口流出。

砂浆拌和机安装有车轮，方便工地转移或运输。

（2）使用要点

① 安装搅拌机的地方应平整夯实。固定式搅拌机应有可靠的基础，移动式机械应用方木或其他支撑架起、固定，保持水平。机座要离开地面一定距离，以便于出料。

② 作业前，检查传动机构，工作装置和防护、操作装置，保证各部完好，操作灵活。启动后，先空运转，检查搅拌叶旋转方向与机壳标注方向一致，方可加水加料，进行拌和作业。

③ 所有砂子必须过筛，防止石块、木棒等杂物进入拌筒。

④ 运转中不得用手或木棒等伸进搅拌筒内或在筒口清理灰浆。

⑤ 作业中如发生故障不能继续运转时，应立即切断电源，将筒内灰浆倒出，进行检修或排除故障。

⑥ 固定式搅拌机的上料斗能在轨道上平稳移动，并可停在任何位置。料斗提升时，严禁斗下有人。

⑦ 作业后要清除机械内外砂浆和积料，用水冲洗干净。

14.4.3 灰浆机

灰浆泵是用于装饰喷涂抹灰中的灰浆输送。它与输送管道、喷枪和操作机械手等，组成成套灰浆喷涂系统，用于大面积喷涂抹灰。见

图 14–30。

灰浆机按结构划分为柱塞泵、隔膜泵以及挤压泵等多种。

（1）主要构造

直接作用式灰浆泵（如柱塞泵）主要由泵缸，活塞（柱塞）及吸入、压出阀，动力传动机构组成。该泵利用柱塞的往复运动，将进入泵缸中的砂浆直接压送出去。

图 14–30　灰浆机

隔膜式灰浆泵是在泵缸中用橡胶膜分隔出一个泵室，膜的一边是往复运动的活塞，另一边则是吸入的灰浆。活塞运动促使隔膜往复运动，从而把灰浆吸入或推出，实现泵的作用。

（2）使用要点

① 泵机操作人员在使用前，要接受培训，了解机械性能，按操作说明书使用。

② 泵机必须安装平稳牢固。输送管道尽可能短，弯头少，接头连接紧密，不渗漏。

③ 泵送前，应检查球阀是否完好，泵内是否有干硬灰浆等物；各部零件是否紧固牢靠；安全阀是否调整到预定的安全压力。

④ 泵送前，应先用水进行泵送试验，以检查各部位有无渗漏。如有渗漏，应先排除。

⑤ 泵送时一定要先开机后加料，先用石膏润滑输送管道，再加入 120mm 稠度的灰浆，最后加入 80 ～ 120mm 的灰浆。

⑥ 泵送过程要随时观察压力表的泵送压力是否正常，如泵送压力超过预调的 1.5MPa 时，要反向泵送，使管道的部分灰浆返回料斗，再缓慢泵送。如无效，要停机卸压检查，不可强行泵送。

⑦ 泵送过程不宜停机。如必须停机时，每隔 4 ～ 5min 要泵送一次，泵送时间为 0.5min 左右，以防灰浆凝固。如灰浆供应不及时，应尽量让料斗装满灰浆，然后把三通阀手柄扳到回料位置，使灰浆在泵与料斗内循环，保持灰浆的流动性。如灰浆在 45min 内仍不能连续泵送出去，必须用石灰膏把全部灰浆从泵和输送管道里排净，待送来新灰浆后再继续泵送。

⑧ 每天泵送结束时，一定要用石灰膏把输送管道里的灰浆全部泵送出来，然后用清水将泵和输送管道清理干净。

14.4.4 手提切割机

图 14-31 手提式切割机

手提电动石材切割机适用于瓷片、瓷板及水磨石、大理石等板材的切割，换上砂轮锯片，可做其他材料的切割，是装饰作业的常用机具。见图 14-31。

（1）主要构造

手提式切割机的构造与一般电锯基本相同。仅锯片不同，国内外均有定型产品。

（2）使用要点

手提式电动切割机的切割刀片分为干湿两种，选用湿型刀片时需用水作冷却剂，为此，在切割工作开始前，要先接通水管，给水到刀口后才能按下开关，并匀速推进切割。

14.4.5 角磨机

角向钻磨机主要用于金属件的钻孔和磨削两用的工具。换上不同的工具头，可以实现钻、磨两种作业。同时，由于钻头与驱动电机轴线垂直，还可以完成一般电钻难以完成的工作。见图 14-32。

（1）主要构造

该机主要由电机、钻头和壳体组成。电机一般为交流单相。

（2）使用要点

① 磨光机使用的砂轮，必须是增强纤维树脂砂轮，安全线速度不小于 80m/s。使用的电缆和插头具有加强绝缘性能，不能任意用其他导线和插头更换或接长。

② 使用切割砂轮时，不得横向摆动，以免砂轮破裂。

③ 均匀操作，不得用力过猛，防止过载。

图 14-32 角磨机

14.5 装饰油工（及相关）工机具

14.5.1 油工工具

（1）扇灰刀（图 14–33）

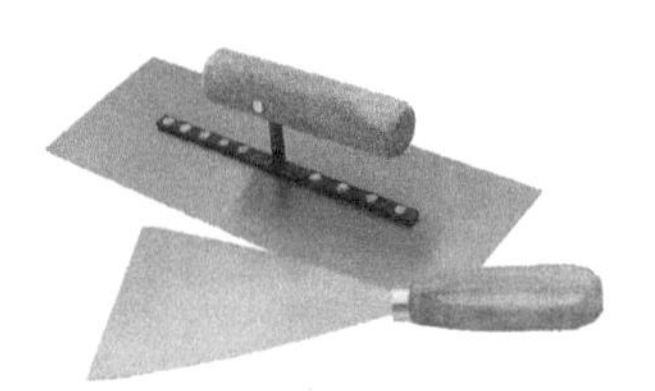
图 14–33 扇灰刀

扇灰刀材质有铁质和不锈钢两种。它由两项组成，一项是用于墙面抹灰的刮刀，一项是将粉浆从灰桶里挑出及修干净刮刀面上多余粉浆的铲刀，两项工具配合使用。在扇灰施工中，扇灰刀用于将双飞粉、腻子粉等粉浆刮抹于墙面上，找平墙面，减少墙面粗糙感，为后期壁纸、涂料等施工创造条件。

（2）砂纸夹板（图 14–34）

图 14–34 砂纸夹板

扇灰在每完成一遍刮腻子后都要打磨一遍，将不平整的地方打磨平整，再进行下一道工序。砂纸夹板是一个打磨的工具，它是将砂纸裁切成相应的大小，然后夹在砂纸板上进行打磨，相比于直接手持砂纸打磨要省事省力。

（3）滚筒（图 14–35）

图 14–35 滚筒

滚筒由圆柱形滚轴和加长手柄组成，用于墙面和顶面滚涂乳胶漆、彩色涂料的施工，普通滚筒只能刷出平面效果，花式滚筒还可以在墙面上滚出漂亮的花纹。

（4）羊毛刷（图 14–36）

图 14–36 羊毛刷

羊毛刷是油漆施工最常见的工具，涂料和油漆可以通过羊毛刷进行刷涂，而且在一些狭窄的空间也能进行操作。

14.5.2 涂料搅拌器

图 14–37 涂料搅拌器

涂料搅拌器是通过搅拌头的高速转动，使涂料(或油化)拌和均匀，满足涂料时稠度和颜色一致。

搅拌器构造简单，单相电机通过减速机构，带动长柄搅拌头。使用时，开动电机，将搅拌工作头插入涂料桶内，几分钟内就可以达到搅拌均匀效果。见图 14–37。

14.5.3 高压无气喷涂机

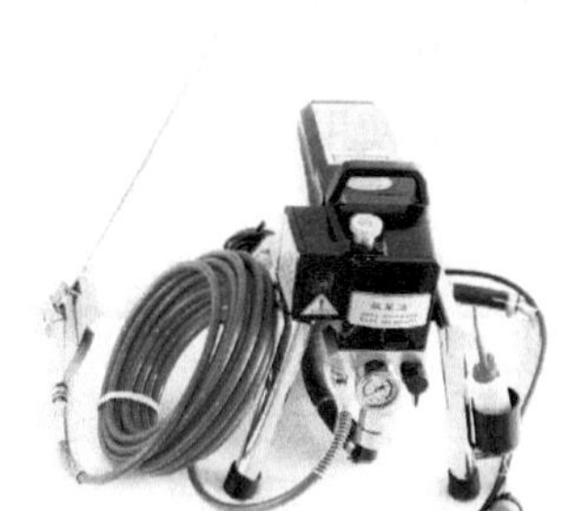

图 14–38 高压无气喷涂机

高压无气喷涂机是利用高压泵直接向喷嘴供应高压涂料，特殊喷嘴把涂料雾化，实现高压无气喷涂工艺的新型设备。其动力分为气动、电动等，高压泵有活塞式、柱塞式和隔膜式三种。隔膜式泵使用寿命长，适合于喷涂油性和水性涂料。见图 14–38。

（1）主要构造

高压无气喷涂机由高压涂料泵、输料管、喷枪、压力表、单向阀及电机等部分组成。吸料管插入涂料桶内，开动电机，高压泵工作，吸入涂料，达到预定压力时，就可以开始喷涂作业。

（2）使用要点

① 机器启动前要使调压阀、卸压阀处于开启状态。首次使用的待冷却后，按对角线方向，将涂料泵的每个内六角螺栓拧紧，以防连接松动。

② 喷涂燃点在 21℃以下的易燃涂料时必须接好地线。地线一头接电机零线位置，另一头接铁涂料桶或被喷的金属物体。泵机不得和被喷涂物放在同一房间里，周围严禁有明火。

③ 喷涂时遇喷枪堵塞，应将枪关闭，把喷嘴手柄旋转 180°，再开枪用压力涂料排除堵塞物。如无效，可停机卸压后拆下喷嘴，用竹丝疏通，然后用硬毛刷彻底清洗干净。

④ 严禁用手指试高压射流。喷涂间歇时，要随手关闭喷枪安全装

置，防止无意打开伤人。

⑤ 高压软管的弯曲半径不得小于 250mm，更不得在尖锐的物体上用脚踩高压软管。

⑥ 作业中停歇时间较长时，要停机卸压，将喷枪的喷嘴部位放入溶剂里。每天作业后，必须彻底清洗喷枪，清洗过程，严禁将溶剂喷回小口径的溶剂桶内，防止静电火花引起着火。

14.5.4 罐式喷涂机

罐式喷涂机是一种新型涂料喷涂设备，它由特制压力罐和喷枪组成。使用时，涂料装于罐内，压缩空气同时作用于喷枪和压力罐。罐内的高压空气起到压缩涂料作用。当喷枪出气阀打开时，涂料在两个方向气流作用下喷出。罐式喷涂机适用于大面积装饰施工，生产率高，喷涂质量好。见图 14–39。

图 14–39 罐式喷涂机

14.5.5 喷漆枪

喷漆枪就是喷油漆的工具，用于产品的表面处理，是涂装设备的一种。它是通过压缩空气使涂料雾化成细小漆滴，在气流带动下喷涂到被涂物表面，主要由喷冒、喷嘴、针阀和枪体组成，同时外部需要连接气压装置，如压力罐，压力桶，泵浦等。喷漆枪与传统的手工刷漆相比，更具时效性，更美观，效率比刷涂高 5 ～ 10 倍，涂膜细致、光滑、均匀。见图 14–40。

图 14–40 喷漆枪

14.6 地毯铺装工机具

14.6.1 拉毯撑

满铺地毯时用撑头端抓紧地毯，作业人员用膝盖撞击末端海绵垫以使地毯拉伸、展平。见图 14–41。

图 14–41 拉毯撑

14.6.2 地毯熨斗

地毯接缝连接时，用于加热地毯接缝处地毯烫带，使胶质溶解，粘牢地毯。见图 14–42。

图 14–42 地毯熨斗

14.6.3 扁铲

地毯展平挂在倒刺板上后，用扁铲轻击倒刺钉，使其倒伏，钩牢地毯。见图 14–43。

图 14–43 扁铲

14.7 装饰工程验收检测器具

对于一些需要进行量化验收的项目，如墙面平整度、方正度、垂直度等，须借助测量工具进行现场实测实量，以确定其质量是否符合标准。

14.7.1 垂直检测尺

垂直检测尺又称靠尺，为可展式结构，合拢长 1m，展开长 2m，主要用于检查墙、地面的平整度、垂直度及水平度。见图 14–44。

用于 1m 检测时，推下仪表盖。活动销推键向上推，将检测尺左侧面靠紧被测面（注意：握尺要垂直，观察红色活动销外露 3 ～ 5mm，摆动灵活），待指针停止自行摆动时，读取指针所指刻度数值，此数值即为被测面 1m 垂直度。

用于 2m 检测时，将检测尺展开后锁紧连接扣，检测方法同上，读取指针所指上行刻度数值，此数值即被测面 2m 垂直度偏差，每格为 1mm。如被测面不平整，可用侧面上下靠脚（中间靠脚不旋出）检测。偏差，每格为 1mm。

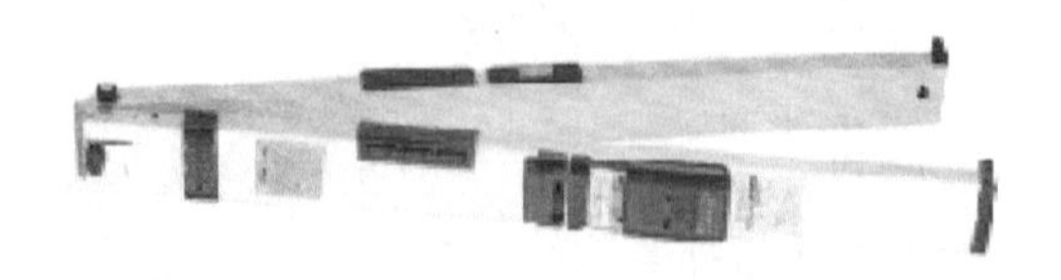

图 14–44 垂直检测尺

14.7.2 对角检测尺

对角检测尺为3节伸缩结构，中节尺设有3档刻度线，其功能主要是用来检测门窗洞口等构件或实体的对角线差，并通过对角线差来判定其方正程度。见图14–45。

检测时，视被检构件斜线长度，将大节尺推键锁定在中节尺上某档刻度线“0”位，再将对角检测尺两端尖角顶紧被测对角顶点，紧固小节尺。检测另一对角线时，松开大节尺推键，使其两端尖角顶住被测对角顶点后紧固推键，同时读出推键在刻度线上所指数值即为对角线差值。

图14–45 对角检测尺

14.7.3 直角检测尺

直角检测尺也称方尺，主要用于建筑工程阴阳角方正度检测及一般平面的垂直度或水平度检测。见图14–46。

检测时，将方尺打开，用两手持方尺紧贴被检阳角两个面、看其刻度指针所处状态，当处于“0”时，说明方正度为90°，即读数为“0”；当刻度指针向“0”的左边偏离时，说明角度大于90°；当刻度指针向“0”的左边偏离时，说明角度小于90°，偏离几个格，就是误差几毫米。对一个阳角或阴角的检测应该是取上、中、下三点的平均值。

图14–46 直角检测尺

14.7.4 卷线器

卷线器为塑料盒式结构，内有尼龙丝线，拉出全长15m，可检测建筑物体的平直，如砖墙砌体灰缝、踢脚线等（用其他检测工具不易检测物体的平直部位）。检测时，拉紧两端丝线，放在被测处，目测观察对比，检测完毕后，用卷线手柄顺时针旋转，将丝线收入盒内，然后锁上方扣。见图14–47。

图14–47 卷线器

14.7.5 楔形塞尺

图 14-48 楔形塞尺

楔形塞尺，宽约 10mm、长约 70mm，一端很薄，一端厚约 8mm 的楔形尺，一般由金属制成，在其中斜的一面上有刻度，可用来测量缝宽或者配合靠尺测量平整度偏差值。见图 14-48。

14.7.6 多功能磁力线坠

图 14-49 多功能磁力线坠

磁力线坠由盒体、参考线、坠头组成，主要用于检测木质、铁质、铝合金等材料垂直度，如门窗扇、门窗框的垂直度。见图 14-49。

使用时，将磁力线固定于被测物体上，固定高度按实际情况合理设置。然后，拉下铅锤，可用手轻触铅锤使其快速静止。利用钢直尺（或钢卷尺）测量线坠线与被测物体之间的间距，至少测量上、中、下三点的距离，取最大值为判定标准。

14.7.7 检测镜

检测镜进行观感质量检测时，可用以检测管道背后、门的上下冒头、弯曲面等肉眼不易直接看到的部分质量。见图 14-50。

伸缩杆是一种两节伸缩式结构，伸出全长 410mm，前端有 M16 螺栓，可装楔形塞尺、检测镜、活动锤头等，是辅助检测工具。见图 14-51。

使用中，往往将检测镜装在伸缩杆或对角检测尺上，以便于高处检测。

图 14-50 检测镜

图 14-51 伸缩杆

14.7.8 焊接检测尺

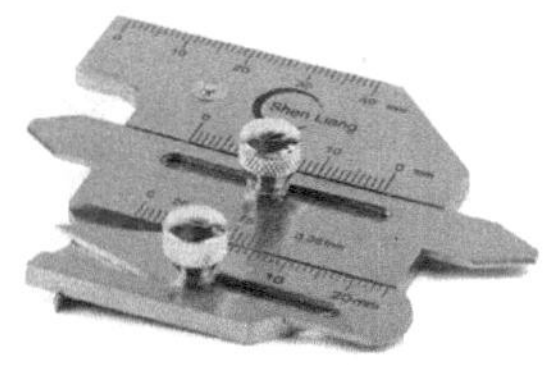

图 14-52 焊接检测尺

焊接检测尺的主尺正面边缘可用于对接校直和测量长度尺寸，高度标尺一端用于测量母材间的错位及焊缝高度，另一端用于测量角焊缝厚度，测角尺 15° 锐角面上的刻度用于测量间隙，测角尺与主尺配合可分别测量焊缝宽度及坡口角度，活动尺游标尺两端可作 60°、75°、90° 和 30° 角度样板使用，游标尺可测量焊缝咬边深度。见图 14-52。

14.7.9 百格网

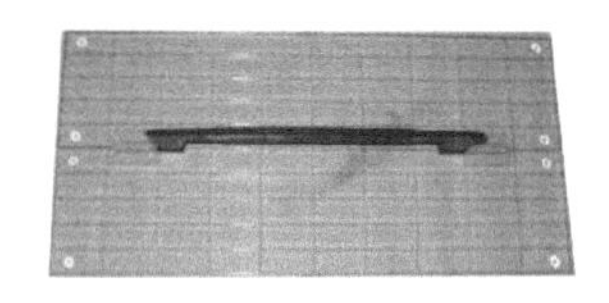

图 14-53 百格网

百格网是采用高透明度工业塑料，按照标准砖的尺寸（114mm×240mm）制成，在该矩形内均分为 100 分格，专用检测砌体的灰浆饱满度。见图 14-53。

检测时，要求在砌筑过程中，对每个操作者跟踪随机抽取三块砖，并将三块砖翻面朝上，查看砂浆对百格网的覆盖率，检测其饱满程度，取其三块砖的平均值作为测定值。

14.7.10 响鼓锤

图 14-54 响鼓锤

响鼓锤是一种由锤头和锤柄组成的小工具，锤头由锥状锤尖、柱状锤体组成。见图 14-54。

用来检测石材、瓷砖的空鼓面积或程度时，将锤尖置于其面板或面砖的角部，左右来回退着向面板或面砖的中部轻轻滑动，边滑动边听其声音，并通过滑动过程所发出的声音来判定空鼓的面积或程度。

检测水泥砂浆、混凝土面层的空鼓面积或程度时，将锤头置于距其表面 20 ～ 30mm 的高度，轻轻反复敲击，并通过轻击过程所发出的声音，来判定空鼓的面积或程度。

图 14-55 伸缩响鼓锤

伸缩响鼓锤也是常用的一种检测工具，用来检查地(墙)砖、乳胶漆墙面与较高墙面的空鼓情况。其使用方法是将响鼓锤拉伸至适合长度,并轻轻敲打瓷砖及墙体表面。即通过轻轻敲打过程所发出的声音，来判定空鼓的面积或程度。见图 14–55。

14. 7. 11　水平尺

水平尺一般都有三个玻璃管，每个玻璃管中都有一个气泡，主要用来测量水平度和垂直度。见图 14–56。

使用时，将水平尺放在被测量的物体上，水平尺的气泡偏向哪一边,则表示那一边偏高,就需要降低该侧的高度,或调高相反侧的高度;若水泡居于中心，则表示被测物体在该方向是水平的。

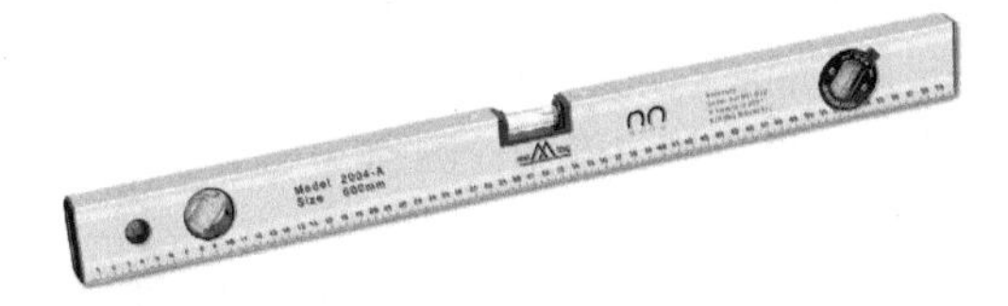

图 14–56　水平尺

14. 7. 12　钢卷尺

钢卷尺由外壳、尺条、制动、尺钩、提带、尺簧、防摔保护套和贴标八个部件构成，主要用来测量较长物体的尺寸、距离或配合其他工具测尺寸、距离。见图 14–57。

图 14–57　钢卷尺

测量时，将钢卷尺零刻度对准测量起始点，施以适当拉力，直接读取测量终止点所对应的刻度即可。

附件 3

15 装饰工程紧固件

紧固件 是指将两个或两个以上的构件（零件）紧固连接成整体时，所采用机械零件的总称。可把已有国家标准的紧固件称为标准紧固件，简称标准件。紧固件品种、规格繁多，性能用途各异，而且标准化、系统化、通用化程度极高。

紧固件分为：锚栓、螺钉、螺栓、螺柱、螺母、垫圈、挡圈、组合件、铆钉、销等。还可以根据用途、使用材质、强度等级、表面处理等进行其他多种分类。

15.1 锚栓

锚栓是指后锚固组件的总称，范围很广。按锚栓材质可分为金属锚栓、塑料锚栓、化学锚栓。

图 15-1 金属锚栓

金属锚栓：主要用于将构件或连接件紧固于混凝土或砖基体上，材质包括电镀锌钢、不锈钢。电镀锌钢锚栓是表面经电镀处理的碳钢，防腐性能好、应用广，价格较低；不锈钢锚栓防腐性能更优异，但价格较高。见图 15-1。

使用时，先用冲击钻或电锤在基体上钻相应尺寸的孔，将锚栓与膨胀套管插入孔内，套管外端与孔口齐平，再安装被紧固件，套上平垫圈、弹簧垫圈。旋紧螺母，使套管顶端胀开顺锚栓头外扩，与结构孔紧密连接。

塑料锚栓：适用于受力不大的固接施工，或是潮湿、有腐蚀性气体等介质的环境。一类是适用于高档装修要求的尼龙材质（PA）锚栓，另一类是满足一般要求的聚乙烯材质锚栓（PE），尼龙具有抗拉力强和抗老化等优点，相对价格也比普通的聚乙烯材质高。见图 15-2。

图 15-2 塑料锚栓

使用时，先在基体上用冲击钻或电锤钻出相应直径和深度的孔，把胀管塞入孔中，然后将螺钉穿过被固定件的通孔，旋入胀管内拧紧。

化学锚栓：一种化学粘接型的紧固材料，由乙烯基、环氧树脂与金属杆体组成。可用于各种幕墙、大理石干挂等固接要求较高的后置埋件安装，也可用于设备、护栏安装，建筑物加固改造等。见图 15-3。

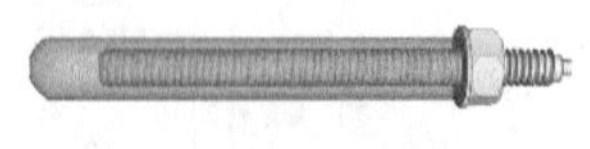

图 15-3 化学锚栓

使用前，根据工程设计要求，在基体相应位置用冲击钻或电锤钻孔，用专用气筒、毛刷或空压机清孔，孔内不应有灰尘与明水。确认玻璃管锚固包无外观破损、药剂凝固等异常现象，将其圆头朝内放入锚固孔并推至孔底。使用电钻及专用安装夹具，将螺杆强力旋转插入直至孔底，不应采用冲击方式。当旋至孔底或锚栓上标志位置时，立刻停止旋转，取下安装夹具，凝胶后至完全固化前避免扰动。

石膏板空腔翻转锚栓

除上述三种分类外，还有一些专用锚栓的分类方法。例如，加气混凝土专用锚栓、石膏板专用锚栓、多孔砖专用锚栓、地板用美固钉等。见图 15–4。

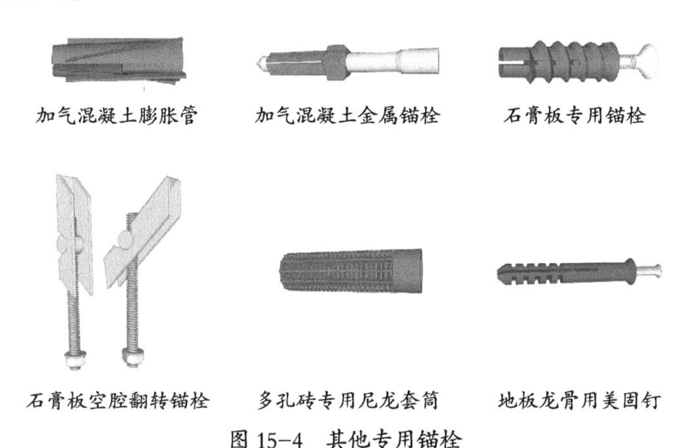

图 15–4　其他专用锚栓

15.2 螺钉

螺钉即螺丝，是利用物体的斜面圆形旋转和摩擦力的物理学和数学原理，循序渐进地紧固器物机件。

螺钉按牙形可分为机制螺钉、自攻螺钉、钻尾螺钉、木螺钉等。

机制螺钉：主要用于一个带有内螺纹孔的零件，与一个带有通孔的零件之间的紧固连接，或配合螺母紧固，属可拆卸连接。见图 15–5。

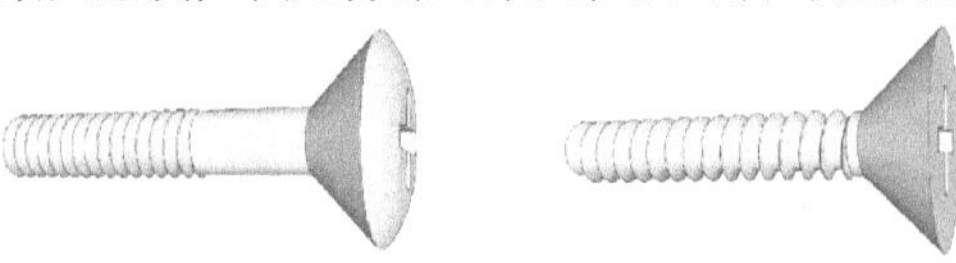

图 15–5　机制锚钉

自攻螺钉：螺杆上的螺纹为专用自攻螺钉螺纹。用于紧固连接两个厚度较薄的构件，使之成为整体。自攻螺钉具有较高的硬度，先在构件上打出小孔，让螺钉直接旋入构件的孔中，使构件中形成相应的内螺纹，属于可拆卸连接。见图 15–6。

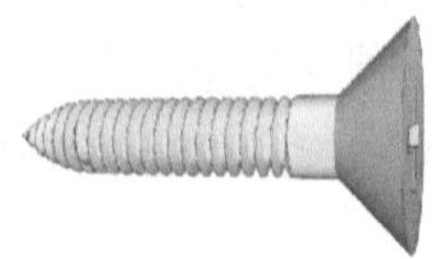

图 15-6　自攻锚钉

钻尾螺钉：尾部呈钻尾或尖尾状，无须辅助可直接在构件上钻孔、攻丝、锁紧，大幅节约施工时间。相比于普通螺丝，其韧拔力和维持力高，组合后时间长也不会松动，使用安全。见图 15–7。

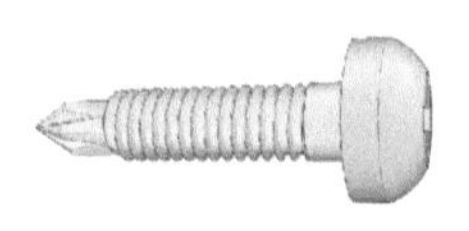

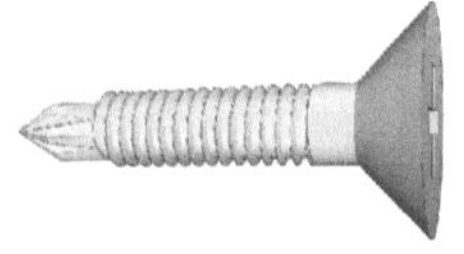

图 15-7　钻尾锚钉

木螺钉：螺杆上的螺纹为专用木螺钉螺纹，可直接旋入木质构件中。用于带通孔构件与一个木质构件紧固连接在一起，属于可拆卸连接。见图 15–8。

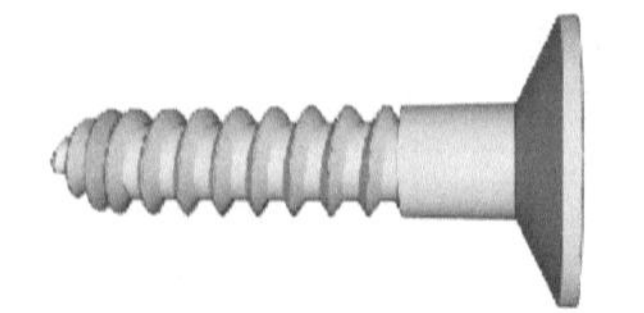

图 15-8　木螺钉

15.3 螺栓

螺栓是一种配用螺母的圆柱形带螺纹紧固件。由头部和螺杆（带有外螺纹的圆柱体）组成的一类紧固件，需与螺母配合，用于紧固连接两个带有通孔的构件。见图 15–9。

图 15-9　不锈钢螺栓

螺栓广泛应用于结构构件连接固定，

其材质主要有普通钢制螺栓及不锈钢螺栓。螺栓按形式及其应用技术，分为六角头螺栓、方头螺栓、大半圆头方颈螺栓，以及双头螺栓和地脚螺栓等；根据公差产品的精度等级，分为A级、B级、C级；其螺纹有粗牙和细牙、全螺纹和部分螺纹之别；按螺杆直径尺寸又分为普通螺杆螺栓和细杆螺栓。

15.4 抽芯铆钉

抽芯铆钉为单面铆接的紧固件，主要有：封闭型扁圆头抽芯铆钉、封闭型沉头抽芯铆钉、开口型沉头抽芯铆钉、开口型扁圆头抽芯铆钉等。抽芯铆钉具有机械强度高、使用方便、效率高、噪声低、铆接牢固等特点。装饰工程中用于薄壁铝合金构件、薄质零配件及薄型板材的铆固。见图15-10。

图15-10　抽芯铆钉

15.5 气排钉

钉类的一种，用胶粘接成一排，使用时直接将其放入气钉枪即可，非常方便，使用起来也十分快捷，主要用于家具制作、装饰施工和盒式包装。见图15-11、图15-12。

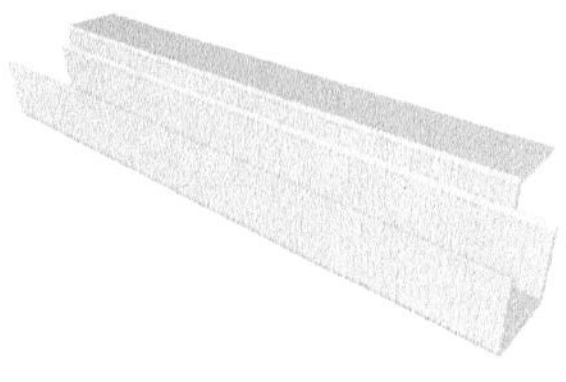

图15-11　码钉　　图15-12　气排钉

15.6 射钉

射钉的钉体以优质钢材通过特殊加工制成，具有高强度、高硬度和良好的韧性及抗腐蚀性能。在 −10～200℃时，其抗拉强度在 2000MPa 左右无变化；抗剪强度约为 1100 ～ 1200MPa，抗冲击韧性一般 ≥ 300（N•m）/cm^2；钉体弯曲 90° ～ 120° 不断裂。见图 15-13。

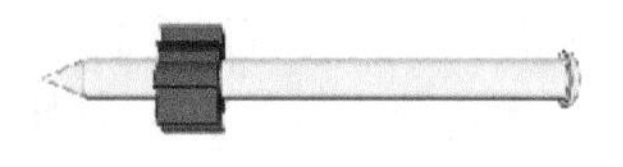

图 15-13　射钉

射钉分为一般射钉、高速枪射钉、螺纹射钉和特殊射钉等数种。射钉的产品型号、代号、规格及配件种类很多，选用时可根据基层需要同射钉弹、射钉枪等相配套。具体使用时应详细参照各生产商的产品说明。

15.7 水泥钢钉

水泥钢钉又称特种钢钉、高强水泥钢钉、镀锌水泥钉。钉杆较粗，材料为优质中碳钢，具有较高的硬度、强度和韧性。可将其打入混凝土水泥砂浆层、坚实的砖和砌块砌体及薄钢板，用以固接装饰工程中使用的一些附件、连接件或轻型吊顶的金属边龙骨等。见图 15-14。

图 15-14　水泥钢钉

装饰施工中，为防止在敲钉时钉件飞出，宜用钳子夹住水泥钉；操作人员应戴防护眼镜；水泥钢钉钉入基体深度应≥ 10 ～ 15mm。在砌体上固定骨架时，一般应采用金属锚栓，不宜采用钢钉。对于较坚硬的混凝土基体，宜先钻一个小孔，孔深约为钉入深度的 1/3，然后再钉入水泥钢钉。